소방자격증 **합격교재**

소방시설관리사
기출 및 적중모의고사

2차 / 설계 및 시공

서울고시각

**Stand by
Strategy
Satisfaction**

새로운 출제경향에 맞춘 수험서의 완벽서

머리말

본 교재는 소방시설관리사 2차 설계 및 시공 기출문제 및 실전대비모의고사를 수록하여 출제유형 분석 및 계산문제를 대비한 필수 교재로 활용될 것입니다.

본서는 대영소방전문학원 소방시설관리사 실기강의의 최종 참고자료로 합격의 나침반이 될 것입니다.

[본서의 특징]

1. 본 교재와 더불어 동영상강의와 연계하면 기초실력 향상에 도움이 됩니다.
2. 대영소방전문학원 홈페이지에서 다양한 자료 및 기출문제를 제공합니다.
3. 최근 출제문제에 대한 다각도의 접근으로 쉽게 문제를 풀 수 있는 응용력을 키워 줄 것입니다.
4. 현재 대영소방전문학원의 강의용 교재로서 교재만으로 해결이 어려운 부분은 홈페이지를 통해 쉽게 해결받을 수 있습니다.
   [www.dyedu.co.kr]

부족하지만 심혈을 기울여 쓴 본 교재가 수험생 여러분의 합격에 일조할 수 있는 수험서가 되기를 간절히 바라며, 다시 한 번 합격의 영광을 위해 불철주야 공부에 매진하고 있는 수험생 여러분께 가슴으로부터 우러나오는 격려와 애정을 표현하면서 수험생 여러분의 합격을 진심으로 기원합니다.

끝으로 본서가 나오기까지 물심양면으로 힘써주신 서울고시각 김용관 회장님, 김용성 사장님, 그리고 편집부 직원 여러분께 지면으로나마 감사의 말씀을 전합니다.

편저자 씀

시험 GUIDE

- **자격명** : 소방시설관리사
- **영문명** : Fire Facilities Manager
- **관련부처** : 소방청
- **시행기관** : 한국산업인력공단
- **응시자격**
  1. 아래 각 호에 어느 하나에 해당하는 자
     1) 소방기술사·위험물기능장·건축사·건축기계설비기술사·건축전기설비기술사 또는 공조냉동기계기술사
     2) 소방설비기사 자격을 취득한 후 2년 이상 소방청장이 정하여 고시하는 소방에 관한 실무경력(이하 "소방실무경력"이라 함)이 있는 자
     3) 소방설비산업기사 자격을 취득한 후 3년 이상 소방실무경력이 있는 자
     4) 「국가과학기술 경쟁력 강화를 위한 이공계지원 특별법」 제2조 제1호에 따른 이공계(이하 "이공계"라 한다) 분야를 전공한 사람으로서 다음 각 목의 어느 하나에 해당하는 사람
        가. 이공계 분야의 박사학위를 취득한 사람
        나. 이공계 분야의 석사학위를 취득한 후 2년 이상 소방실무경력이 있는 사람
        다. 이공계 분야의 학사학위를 취득한 후 3년 이상 소방실무경력이 있는 사람
     5) 소방안전공학(소방방재공학, 안전공학을 포함)분야를 전공한 후 다음 각 목의 어느 하나에 해당하는 사람
        가. 해당 분야의 석사학위 이상을 취득한 사람
        나. 2년 이상 소방실무경력이 있는 사람
     6) 위험물산업기사 또는 위험물기능사 자격을 취득한 후 3년 이상 소방실무경력이 있는 자
     7) 소방공무원으로 5년 이상 근무한 경력이 있는 자
     8) 소방안전 관련 학과의 학사학위를 취득한 후 3년 이상 소방실무경력이 있는 사람
     9) 산업안전기사 자격을 취득한 후 3년 이상 소방실무경력이 있는 자
     10) 다음 각 목의 어느 하나에 해당하는 사람
        가. 특급 소방안전관리대상물의 소방안전관리자로 2년 이상 근무한 실무경력이 있는 사람
        나. 1급 소방안전관리대상물의 소방안전관리자로 3년 이상 근무한 실무경력이 있는 사람
        다. 2급 소방안전관리대상물의 소방안전관리자로 5년 이상 근무한 실무경력이 있는 사람
        라. 3급 소방안전관리대상물의 소방안전관리자로 7년 이상 근무한 실무경력이 있는 사람
        마. 10년 이상 소방실무경력이 있는 사람
        ※ 응시자격 경력 산정 서류심사 기준일은 제1차 시험일임

※ 부정행위자로 처분을 받은 자에 대해서는 그 처분이 있는 날로부터 2년간 응시제한
 (소방시설 설치 및 관리에 관한 법률 제26조)

2. 결격사유

  1) 피성년후견인
  2) 「화재의 예방 및 안전관리에 관한 법률」, 「소방시설 설치 및 관리에 관한 법률」, 「소방기본법」, 「소방시설공사업법」 또는 「위험물안전관리법」에 따른 금고 이상의 실형을 선고받고 그 집행이 종료(집행이 종료된 것으로 보는 경우를 포함한다)되거나 집행이 면제된 날부터 2년이 지나지 아니한 사람
  3) 「화재의 예방 및 안전관리에 관한 법률」, 「소방시설 설치 및 관리에 관한 법률」, 「소방기본법」, 「소방시설공사업법」 또는 「위험물안전관리법」에 따른 금고 이상의 형의 집행유예의 선고를 받고 그 유예기간 중에 있는 사람
  4) 자격이 취소된 날부터 2년이 지나지 아니한 사람

• 시험과목 및 방법

구분	교시	시험과목	시험시간	문항수	시험방법
제1차 시험	1	1. 소방안전관리론(연소 및 소화·화재예방관리·건축물 소방 안전기준·인원수용 및 피난계획에 관한 부분에 한함) 및 연소속도·구획화재·연소생성물·연기의 생성 및 이동에 관한 부분에 한함 2. 소방수리학·약제화학 및 소방전기(소방관련 전기공사 재료 및 전기제어에 관한 부분에 한함) 3. 소방관련법령(「소방기본법」, 동법 시행령 및 동법 시행규칙, 「소방시설공사업법」, 동법 시행령 및 동법 시행규칙, 「화재의 예방 및 안전관리에 관한 법률」, 동법 시행령 및 동법 시행규칙, 「소방시설 설치 및 관리에 관한 법률」, 동법 시행령 및 동법 시행규칙, 「위험물안전관리법」, 동법 시행령 및 시행규칙, 「다중이용업소의 안전관리에 관한 특별법」, 동법 시행령 및 동법 시행규칙) 4. 위험물의 성상 및 시설기준 5. 소방시설의 구조원리(고장진단 및 정비를 포함)	09:30~11:35 (125분)	과목별 25문항 (총 125문항)	객관식 4지 택일형
제2차 시험	1	소방시설의 점검실무 행정(점검절차 및 점검기구 사용법)	09:30~11:00 (90분)	과목별 3문항 (총 6문항)	논술형
	2	소방시설의 설계 및 시공	11:50~13:20 (90분)		

시험 GUIDE

- **합격기준**

구분	합격결정기준
제1차 시험	매 과목 100점을 만점으로 하여 매 과목 40점 이상, 전 과목 평균 60점 이상 득점한 자
제2차 시험	시험과목별 5인의 채점위원이 각각 채점하는 독립 5심제이며, 최고점수와 최저점수를 제외한 점수가 채점위원 1명당 100점을 만점으로 하여 매 과목 평균 40점 이상 전 과목 평균 60점 이상 득점한 자

- **면제 대상자**

1. 과목 일부 면제자

번호	자격	1차 시험 면제 과목	2차 시험 면제 과목
1	소방기술사 자격을 취득한 후 15년 이상 소방실무경력이 있는 자	소방수리학·약제화학 및 소방전기 (소방관련 전기공사 재료 및 전기제어에 관한 부분에 한함)	
2	소방공무원으로 15년 이상 근무한 경력이 있는 사람으로서 5년 이상 소방청장이 정하여 고시하는 소방 관련 업무 경력이 있는 자	소방관련법령	
3	소방기술사·위험물기능장·건축사·건축기계설비기술사·건축전기설비기술사·공조냉동기계기술사		소방시설의 설계 및 시공
4	소방공무원으로 5년 이상 근무한 경력이 있는 자		소방시설의 점검실무 행정
5	소방공무원으로 5년 이상 근무한 경력이 있는 자로서 소방기술사·위험물기능장·건축사·건축기계설비기술사·건축전기설비기술사·공조냉동기계기술사		한 과목 선택하여 응시 가능

※ 1, 2호(또는 3, 4호) 모두에 해당하는 사람은 본인이 선택한 한 과목만 면제받을 수 있음

2. 전년도 제1차 시험 합격에 의한 면제자
  제1차 시험에 합격한 자에 대하여는 다음 회의 시험에 한하여 제1차 시험을 면제함

PART 01 설계 및 시공 기출문제

- 제1회 설계 및 시공 기출문제[1993년 5월 23일 시행] ················· 3
- 제2회 설계 및 시공 기출문제[1995년 3월 19일 시행] ················· 8
- 제3회 설계 및 시공 기출문제[1996년 3월 31일 시행] ················ 12
- 제4회 설계 및 시공 기출문제[1998년 9월 20일 시행] ················ 16
- 제5회 설계 및 시공 기출문제[2000년 10월 15일 시행] ··············· 21
- 제6회 설계 및 시공 기출문제[2002년 11월 3일 시행] ················ 29
- 제7회 설계 및 시공 기출문제[2004년 10월 31일 시행] ··············· 34
- 제8회 설계 및 시공 기출문제[2005년 7월 3일 시행] ················· 38
- 제9회 설계 및 시공 기출문제[2006년 7월 2일 시행] ················· 42
- 제10회 설계 및 시공 기출문제[2008년 9월 28일 시행] ··············· 45
- 제11회 설계 및 시공 기출문제[2010년 9월 5일 시행] ················ 50
- 제12회 설계 및 시공 기출문제[2011년 8월 21일 시행] ··············· 55
- 제13회 설계 및 시공 기출문제[2013년 5월 11일 시행] ··············· 60
- 제14회 설계 및 시공 기출문제[2014년 5월 17일 시행] ··············· 66
- 제15회 설계 및 시공 기출문제[2015년 9월 5일 시행] ················ 74
- 제16회 설계 및 시공 기출문제[2016년 9월 24일 시행] ··············· 82
- 제17회 설계 및 시공 기출문제[2017년 9월 23일 시행] ··············· 89
- 제18회 설계 및 시공 기출문제[2018년 10월 13일 시행] ·············· 98
- 제19회 설계 및 시공 기출문제[2019년 9월 21일 시행] ·············· 109
- 제20회 설계 및 시공 기출문제[2020년 9월 26일 시행] ·············· 118
- 제21회 설계 및 시공 기출문제[2021년 9월 18일 시행] ·············· 128
- 제22회 설계 및 시공 기출문제[2022년 9월 24일 시행] ·············· 137
- 제23회 설계 및 시공 기출문제[2023년 9월 16일 시행] ·············· 147
- 제24회 설계 및 시공 기출문제[2024년 9월 14일 시행] ·············· 160

Contents

PART 02 설계 및 시공 모의고사

- 제1회 설계 및 시공 모의고사 ·············· 173
- 제2회 설계 및 시공 모의고사 ·············· 184
- 제3회 설계 및 시공 모의고사 ·············· 193
- 제4회 설계 및 시공 모의고사 ·············· 201
- 제5회 설계 및 시공 모의고사 ·············· 207
- 제6회 설계 및 시공 모의고사 ·············· 215
- 제7회 설계 및 시공 모의고사 ·············· 225
- 제8회 설계 및 시공 모의고사 ·············· 232
- 제9회 설계 및 시공 모의고사 ·············· 242
- 제10회 설계 및 시공 모의고사 ·············· 249
- 제11회 설계 및 시공 모의고사 ·············· 259
- 제12회 설계 및 시공 모의고사 ·············· 266
- 제13회 설계 및 시공 모의고사 ·············· 275
- 제14회 설계 및 시공 모의고사 ·············· 284
- 제15회 설계 및 시공 모의고사 ·············· 294
- 제16회 설계 및 시공 모의고사 ·············· 303
- 제17회 설계 및 시공 모의고사 ·············· 312
- 제18회 설계 및 시공 모의고사 ·············· 320
- 제19회 설계 및 시공 모의고사 ·············· 328
- 제20회 설계 및 시공 모의고사 ·············· 335

설계 및 시공 기출문제
(제1회-제24회)

제1회 설계 및 시공 기출문제

[1993년 5월 23일 시행]

01 자동화재탐지설비의 다중전송방식의 특징을 기술하시오.

해설및정답 다중전송방식, 즉 멀티플렉싱이란 통신용어로 1통신 회선으로 동시에 많은 회선이 가능하게 하는 방법이다. 다중전송방식의 최대 장점은 통신 전선의 가닥수를 최소화할 수 있다는 점이다.
대형 소방대상물의 경보설비는 매 경계구역마다 배선이 필요한 P형보다는 동시에 수십 또는 수백 회로를 한 쌍의 전선으로 통신이 가능한 R형 수신기를 이용하는 추세에 있다.
① 선로수가 적게 들어 경제적이다.
② 선로길이를 길게 만들 수 있다.
③ 증설 또는 이설이 비교적 용이하다.

02 포소화설비의 약제 혼합방식에 대하여 설명하시오.

해설및정답
① 펌프 프로포셔너방식
펌프의 토출관과 흡입관 사이의 배관 도중에 설치한 흡입기에 펌프에서 토출된 물의 일부를 보내고 농도조절밸브에서 조정된 포소화약제의 필요량을 포소화약제 탱크에서 펌프 흡입측으로 보내어 이를 혼합하는 방식
② 프레져 프로포셔너방식
펌프와 발포기의 중간에 설치된 벤추리관의 벤추리작용과 펌프 가압수의 포소화약제 저장탱크에 대한 압력에 의하여 포소화약제를 흡입·혼합하는 방식
③ 라인 프로포셔너방식
펌프와 발포기의 중간에 설치된 벤추리관의 벤추리작용에 의하여 포소화약제를 흡입혼합하는 방식
④ 프레져 사이드 프로포셔너방식
펌프의 토출관에 압입기를 설치하여 포소화약제 압입용 펌프로 포소화약제를 압입시켜 혼합하는 방식
⑤ 압축공기포믹싱챔버방식
물, 포소화약제 및 공기를 믹싱챔버로 강제주입시켜 챔버 내에서 포수용액을 생성한 후 포를 방사하는 방식을 말한다.

기출문제

03 한 층에 옥내소화전이 6개이다. 층수가 10층 이상인 건축물로 전양정이 50[m]이며 전달계수는 1.1, 펌프의 효율은 60[%]이다. 펌프의 토출량(m³/min), 전동기 용량(kW)과 소요마력(HP)을 구하시오. (계산식을 쓰고 답하시오)

해설및정답
① 토출량(m³/min)
펌프의 정격토출량(Q) = N×130L/min = 2개×130L/min = 260L/min = 0.26[m³/min]

② 전동기 용량(kW)

전동기 용량(kW) $P = \dfrac{1,000 \times Q \times H}{102 \times \eta} \times K = \dfrac{1,000 \times \dfrac{0.26}{60} \times 50}{102 \times 0.6} \times 1.1 = 3.89[kW]$

③ 전동기 마력(HP)
$HP = \dfrac{1000 \times Q \times H}{76 \times \eta} \times K = 5.23 HP$

04 물분무등소화설비 중 분말소화설비의 5가지 장점을 기술하시오.

해설및정답
① 약제의 변질이나 성능의 저하가 없어 반영구적이다.
② 소방대상물을 오손하지 않고 인체에 무해하다.
③ 다른 소화설비보다 소화능력이 우수하며 소화시간이 짧다.
④ 약제는 완전 절연성이므로 고압전기기기의 소화에 안전하다.
⑤ 다른 설비에 비해 설비비가 저렴하다.

05 물올림장치의 설치개요 및 설치기준을 설명하시오.

해설및정답
1) 설치개요
물올림장치는 수원의 수위가 펌프보다 낮은 위치에 있을 때 설치하는 것으로 풋밸브의 역류방지 기능의 고장, 흡입배관의 누수 등으로 펌프 내에 물이 없을 때 원심펌프의 특성상 펌프가 공회전하게 되는데 이를 방지하기 위하여 펌프에 물을 계속 보급할 수 있도록 하는 장치이다.
2) 설치기준
① 물올림장치에는 전용의 수조를 설치할 것
② 수조의 유효수량은 100[L] 이상으로 하되, 구경 15[mm] 이상의 급수배관에 의하여 당해 탱크에 물이 계속 보급되도록 할 것

06 공동현상을 설명하시오.

해설 및 정답

1) 정의
   펌프의 흡입측 배관에서 발생하는 이상현상으로 펌프 내로 유입되는 유체의 압력이 해당 온도에서의 증기압보다 낮은 부분이 생기면 물이 기화되어 기포가 생성되는 현상
2) 발생원인
   ① 펌프가 수원보다 높고 흡입수두가 클 때
   ② 펌프의 임펠러 회전속도가 클 때
   ③ 펌프의 흡입관경이 작을 때
   ④ 흡입측 배관의 유속이 빠를 때
   ⑤ 흡입측 배관의 마찰손실이 클 때
   ⑥ 물의 온도가 높을 때
3) 공동현상시 발생현상
   ① 소음과 진동이 생긴다.
   ② 침식이 생긴다.
   ③ 토출량 및 양정이 감소되고 전체적인 펌프의 효율이 감소된다.
4) 공동현상의 방지법
   ① 펌프의 설치위치를 가급적 낮춘다.
   ② 회전차를 수중에 완전히 잠기게 한다.
   ③ 흡입 관경을 크게 한다.
   ④ 펌프의 회전수를 낮춘다.
   ⑤ 2대 이상의 펌프를 사용한다.
   ⑥ 양(兩)흡입 펌프를 사용한다.

07 연기 감지기에서 광전식 감지기의 구조 원리를 설명하시오. (구조는 산란광식 감지기)

해설 및 정답

① 산란광식 감지기는 연기를 포함한 미립자가 광원으로부터 방사되고 있는 광속에 의하여 산란반사를 일으키는 것을 이용하여 산란광으로부터 전기적인 변화를 포착하는 것이다.
② 구조는 주위의 빛을 완전히 차단시키고 연기만 진입하도록 한 암상자 내의 한쪽에서 발광소자의 광속을 한쪽 방향으로 조사시키고 이 광속의 산란광을 받는 방향에 수광소자(광전지)를 설치하고 있다.
③ 작동원리는 화재에 의하여 암상자 내에 연기가 유입되면 연기에 포함된 입자가 광속에 부딪혀 산란 반사를 일으키고 수광소자는 산란광의 일부를 받아 수광량의 변화를 검출하여 신호증폭회로, 스위칭회로를 통하여 수신기에 화재신호를 발신한다.
④ 분산(Mie Dispersion)법칙의 응용
   발광소자에서 일정파장의 광속을 조사하면 이 파장보다 큰 연기입자 표면에서 광속이 산란(난반사)되어 수광소자로 산란광이 유입되어 작동한다.

기출문제

08 건식 스프링클러설비의 Quick-opening Devices 종류 2가지를 논하시오.

해설 및 정답 급속개방기구(Quick-opening Devices)는 건식밸브 2차측에 설치하여 클래퍼를 신속하게 개방시키기 위한 보조장치로서 가속기(Accelerator)와 공기배출기(Exhauster) 등이 있다.

① 가속기(Accelerator) 설치
스프링클러헤드의 작동에 따라 건식밸브 2차측의 공기압력이 셋팅 압력보다 낮아졌을 때 가속기가 작동하며, 건식밸브 2차측의 압축공기 또는 질소가스의 일부를 클래퍼 하단부에 있는 중간챔버(Middle Chamber)로 보내어 클래퍼를 신속하게 개방되도록 한다.

② 공기배출기(Exhauster) 설치
건식밸브 2차측에 설치되며, 건식밸브 2차측 배관 내의 공기압력이 셋팅 압력보다 낮아졌을 때 공기배출기가 작동하여 2차측 배관 내의 압축공기를 대기 중으로 신속하게 배출시키고 건식밸브 2차측 배관 내의 급속한 압력 강하에 따라 클래퍼가 신속하게 개방된다.

09 일제개방밸브의 감압방식과 가압방식에 대하여 비교 설명하시오.

해설 및 정답 ① 감압개방방식
밸브 상부에 실린더가 장치되고 여기에 가압수를 충전하면 가압수가 다이아프램 또는 피스톤 등에 연결된 밸브시트를 눌러 관로를 폐쇄하고 있다.
화재감지기의 신호에 의하여 솔레노이드밸브가 개방되거나 수동개방밸브를 열거나 하면 실린더 내의 압력수가 방출되어 내부가 감압되므로 다이아프램 또는 피스톤이 상부로 올려져 일제개방밸브가 열린다.

② 가압개방방식
밸브의 실린더 내를 평상시에는 가압하여 두지 않고 있다가 화재감지기의 신호에 의하여 밸브 1차측과 실린더가 연결된 배관상에 설치된 솔레노이드밸브 또는 수동개방밸브가 개방되면 1차측의 가압수가 실린더 내로 송수 가압되어 일제개방밸브가 열린다.

10 준비작동식 스프링클러설비의 단계를 2단계로 구분하여 설명하시오.

해설및정답
① 1단계
화재가 발생하면 먼저 감지기의 동작(SVP 기동스위치의 조작, 수신기의 밸브기동스위치의 조작, 수동기동밸브의 개방)에 의해 솔레노이드밸브가 개방되며 이로 인하여 전자밸브의 동작에 따라 준비작동식밸브가 개방되면 1차측의 가압수가 2차측으로 유입된다.
② 2단계
2차측에 가압수가 충만되어 있다가 온도상승에 따른 폐쇄형헤드의 개방으로 가압수가 방수된다.

설계 및 시공 기출문제

[1995년 3월 19일 시행]

01 자동화재탐지설비에 대하여 다음 물음에 답하시오.

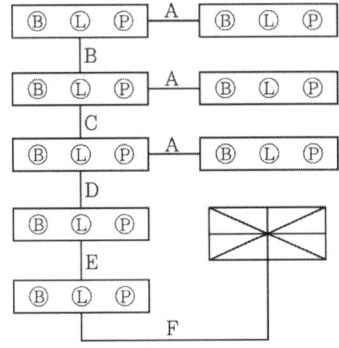

1) 〈그림〉의 계통도에서 간선(A~F)의 최소 전선수를 명기하시오. (단, 감지기와 경종 표시등 공통선은 별개로 하며, 전층 경보 방식임) [22.12.1 이후 전화선 및 우선경보개정]

해설및정답 1) 그림의 계통도에서 간선(A~F)의 최소 전선수

	A	B	C	D	E	F
응답선	1	1	1	1	1	1
지구선	1	2	4	6	7	8
공통선	1	1	1	1	1	2
경종선	1	1	1	1	1	1
표시등선	1	1	1	1	1	1
경종. 표시등 공통선	1	1	1	1	1	1
합 계	6	7	9	11	12	14

2) 중계기의 설치기준에 대하여 기술하시오.

해설및정답
① 수신기에서 직접 감지기회로의 도통시험을 행하지 아니하는 것에 있어서는 수신기와 감지기 사이에 설치할 것
② 조작 및 점검에 편리하고 화재 및 침수 등의 재해로 인한 피해를 받을 우려가 없는 장소에 설치할 것
③ 수신기에 따라 감시되지 아니하는 배선을 통하여 전력을 공급받는 것에 있어서는 전원입력측의 배선에 과전류 차단기를 설치하고 당해 전원의 정전이 즉시 수신기에 표시되는 것으로 하며, 상용전원 및 예비전원의 시험을 할 수 있도록 할 것

02 스프링클러 소화설비에 대해 다음 질문에 답하시오.

1) 펌프 토출량이 3,600[L/min]일 때 토출유속이 5[m/sec]이라면 배관의 내경은 몇 [mm]인가?

해설 및 정답

$Q=AU$에서 관의 단면적 $A=\dfrac{\pi}{4}D^2$이므로 $Q=\dfrac{\pi \times D^2}{4}U$이다.

여기에서

$D^2 = \dfrac{4Q}{\pi U}$이며, 양변에 제곱근을 하면

$D=\sqrt{\dfrac{4Q}{\pi U}} = \sqrt{\dfrac{4\times 0.06 m^3/\text{sec}}{3.14 \times 5 m/\text{sec}}} = 0.1236 \text{m} = 123.6[\text{mm}]$ ∴ 125[mm] 선정

2) 스프링클러헤드의 배치방식에 대해 분류하고 헤드 설치시 유의사항에 대해 기술하시오.

해설 및 정답

① 헤드의 배치방식
  ㉠ 정사각형 배치(정방형 배치)
  ㉡ 직사각형 배치(장방형 배치)
  ㉢ 나란히꼴 배치(지그재그형 배치)
  ㉣ 잡형 배치
  ㉤ 측벽형 배치

② 헤드 설치시 유의사항
  ㉠ 폐쇄형헤드 설치시 최고 주위온도에 따른 표시온도의 헤드를 설치할 것
  ㉡ 건식, 준비작동식설비, 일제살수식의 경우 상향형헤드를 설치할 것
  ㉢ 천장으로부터 30[cm] 이내 설치할 것
  ㉣ 헤드로부터 반경 60[cm] 이상의 공간을 확보하여 살수 방해가 없도록 할 것
  ㉤ 스프링클러헤드의 반사판은 그 부착면과 평행하게 설치할 것
  ㉥ 상부에 설치된 헤드의 방출수에 따라 감열부에 영향을 줄 우려가 있는 헤드에는 방출수를 차단할 수 있는 유효한 차폐판을 설치할 것

3) 폐쇄형 습식 스프링클러설비의 특징에 대해 기술하시오.

해설 및 정답

일반적으로 널리 사용하고 있는 방식으로 경보밸브 1차측 및 2차측 배관 내에 항시 가압수가 충전되어 있어 화재가 발생되어 폐쇄형 스프링클러헤드가 개방되면 소화수가 즉시 방사될 수 있는 설비이다.

[장점]
① 다른 스프링클러설비보다 구조가 간단하고 시공비가 저렴하다.
② 다른 방식에 비해 유지·관리가 용이하다.
③ 헤드 개방 후 즉시 살수가 개시되므로 신속한 소화가 가능하다.

[단점]
① 동결의 우려가 있는 장소에는 사용이 제한된다.
② 헤드 오동작시에는 수손의 피해가 크다.
③ 층고가 높을 경우 헤드의 개방이 시언되어 초기화새에 내처할 수 없나.

03 이산화탄소 소화설비 공사시 배관의 시공기준 및 재료 사용기준과 이음이 없는 배관에 대하여 기술하시오.

> **해설및정답**
>
> 1) 배관의 시공기준
>   배관은 전용으로 하여야 한다.
> 2) 재료의 사용기준
>   ① 강관을 사용하는 경우의 배관은 압력배관용 탄소강관(KS D3562) 중 스케줄 80(저압식에 있어서는 스케줄 40) 이상의 것 또는 이와 동등 이상의 강도를 가진 것으로 아연도금 등으로 방식처리된 것을 사용할 것
>   ② 동관을 사용하는 경우의 배관은 이음이 없는 동 및 동합금관으로서 고압식은 16.5[MPa] 이상, 저압식은 3.75[MPa] 이상의 압력에 견딜 수 있는 것을 사용할 것
>   ③ 고압식의 경우 개폐밸브 또는 선택밸브의 2차측 배관부속은 호칭압력 2.0[MPa] 이상의 압력에 견딜 수 있는 것을 사용하여야 하며, 1차측 배관부속은 호칭압력 4.0[MPa] 이상의 것을 사용하여야 하고, 저압식의 경우에는 2.0[MPa]의 압력에 견딜 수 있는 배관부속을 사용하여야 한다.
> 3) 이음이 없는 배관
>   이음이 없는 강관(무계목 강관 : Seamless Pipe)은 용접강관(Welded Pipe)과는 달리 이음매(Seam)가 없으며 용접강관으로는 사용할 수 없는 고압, 고온, 내식 등 특수 배관용, 기계구조용 및 열교환기용에는 필수 불가결한 강관으로써 각종 산업기계, 화학 Plant, 원자력, 자동차, 조선, 냉동기 Condenser, 반도체기기 배관, 계측기, 선박배관 등에 사용한다.

04 화재안전기술기준 NFTC 602 규정에 의한 옥내소화전, 스프링클러설비 비상전원회로(저압수전) 계통도를 도해하시오.

해설및정답

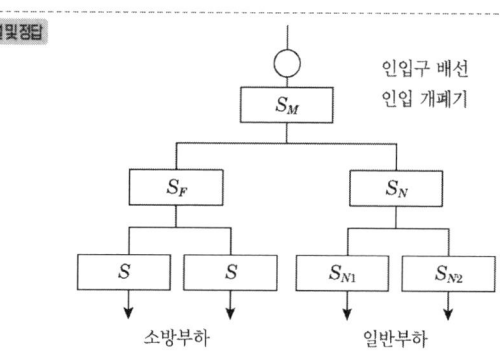

여기서 S는 저압용개폐기 및 과전류차단기임
① 일반회로의 과부하 또는 단락사고시 S_M이 S_N, S_{N1}, S_{N2}보다 먼저 차단되지 않을 것
② S_F는 S_N과 동등 이상의 차단용량일 것

05 지상 4층 건물에 옥내소화전을 설치하려고 한다. 각 층에 130[L/min]씩 송출하는 옥내소화전 3개씩을 배치하며, 이때 실양정은 40[m], 배관의 손실압력수두는 실양정의 25[%]라고 본다. 또 호스의 마찰손실수두가 3.5[m], 노즐선단의 손실수두는 17[m], 펌프효율이 0.75, 여유율은 1.2 이고, 30분간 연속 방수되는 것으로 하였을 때 다음사항을 구하시오.

1) 펌프의 토출량(m³/min)

해설및정답 Q = N × 130L/min = 2 × 130L/min = 260L/min = 0.26[m³/min]

2) 전양정(m)

해설및정답 $H = h_1 + h_2 + h_3 + 17m = 40m + (40 \times 0.25)m + 3.5m + 17m = 70.5[m]$

3) 펌프의 용량(kW)

해설및정답
$$P = \frac{1{,}000 \times Q \times H}{102 \times \eta} \times K = \frac{1{,}000 \times \frac{0.26}{60} \times 70.5}{102 \times 0.75} \times 1.2 = 4.79[kW]$$

4) 수원의 용량(m³)

해설및정답 수원의 용량(m³) = 0.26m³/min × 30분 = 7.8[m³] 이상

제3회 설계 및 시공 기출문제

[1996년 3월 31일 시행]

01 A구역(용기 3병), B구역(용기 5병, 체적 242[m³]), C구역(용기 3병)에 전역방출방식의 고압식 CO_2 소화설비를 설치하고자 한다. 이 경우 저장용기는 68[L]/45[kg], 압력스위치는 선택변 상단 배관상에 설치, CO_2 제어반은 저장용기실에 설치, 체크밸브는 ▸— 저장용기개방은 가스압력식이다. 각 물음에 답하시오.

1) CO_2 저장용기실의 계통도를 작도하시오. (단, 배관구경 및 케이블 규격은 생략해도 됨)

해설및정답

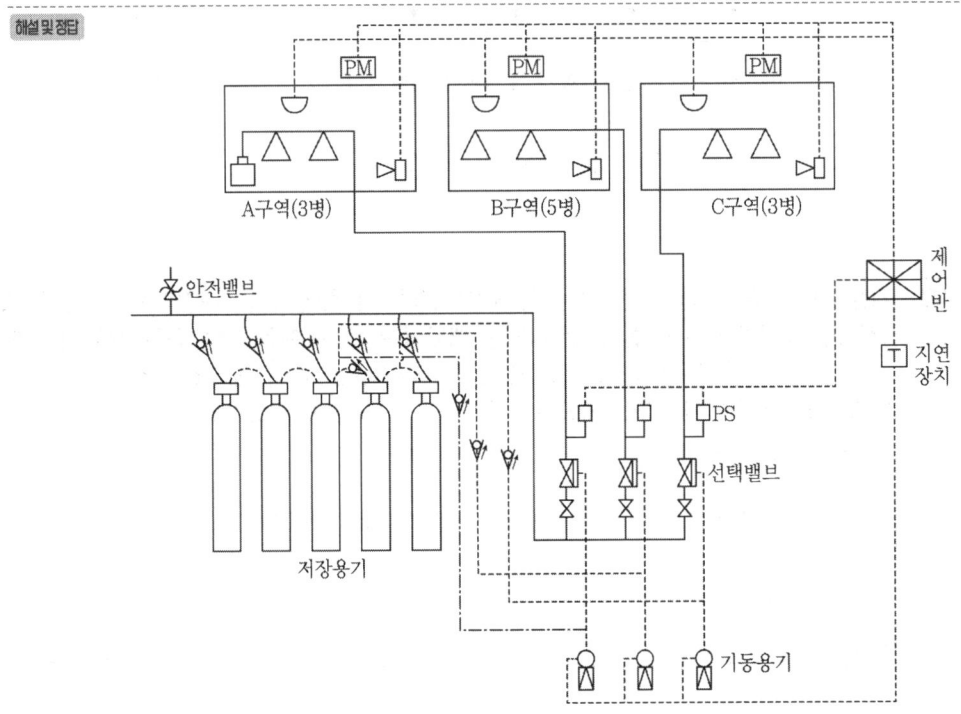

2) B구역에 약제방출 후 가스소화농도(%)를 계산하시오. (반올림하여 소수점 2자리까지 구한다)

해설및정답   ① 가스부피 계산(조건에 없으므로 0[℃] 1[atm] 상태라고 가정)

$$PV = \frac{W}{M}RT \text{에서}$$

$$V = \frac{WRT}{PM} = \frac{5 \times 45kg \times 0.082 \times 273}{1\,atm \times 44} = 114.47 [\text{m}^3]$$

② 가스소화농도 계산

$$CO_2(\%) = \frac{가스의\ 기화체적}{방호구역의\ 체적 + 가스의\ 기화체적} \times 100$$

$$= \frac{114.47m^3}{242m^3 + 114.47m^3} \times 100 = 32.11[\%]$$

02 P형과 R형 수신기를 설명하고 그 차이점을 간략히 비교(대용량 회로 기준)하시오.

[해설 및 정답]

① P형 수신기 : P형 수신기를 감지기, 발신기, 경종 등과 전선으로 연결하는 방식으로서 중·소규모의 건물에 많이 사용된다.

② R형 수신기 : R형은 고유의 신호를 발신하는 중계기에 접속된 다신호식(재래식) 감지기 또는 발신기가 작동하면 중계기에 고유번호로 변환되어 수신기로 신호전송을 하거나 고유신호 발생장치(아날로그/어드레스식)를 갖는 감지기를 직접 연결하여 신호를 수신, 제어하는 수신기이다. R형 수신기는 회선수가 많거나 대형건물, 동일 구내에 많은 건물이 있어 집중감시가 필요한 경우 등에 사용한다.

③ P형과 R형의 차이점 비교

항 목	P형 자동화재탐지설비	R형 자동화재탐지설비
시스템의 신뢰성	수신반에 고장이 발생한 경우에는 전체시스템이 마비됨	특정 중계기에 고장이 발생하더라도 기타 정상적인 중계기는 동작을 하므로 전체시스템의 마비는 없다.
유지관리	간선의 배선수가 많으므로 유지관리가 어렵고 수신반 내부회로 연결이 복잡하여 수리가 어렵다.	간선수가 적으므로 유지관리가 쉽고 내부 부품이 모듈화 되어 있어 수리기간 및 수리가 간단하다.
회로의 증설 및 변경	건축물의 증축, 내부구조의 변경으로 인하여 회로가 증설되는 경우, 기기장치로부터 수신반까지 배관, 배선을 추가해야 하며 회로가 증가될 경우 별도의 수신반을 추가로 설치해야 한다.	회로의 증설시에는 중계기의 예비회로를 사용하거나 별도의 중계기를 신규로 설치하고 기설치된 중계기에서 신호선만 분기하면 되므로 건축물을 손상시키지 않고 용이하게 회로의 증설을 할 수 있다.
배관, 배선의 공사비	간선수가 많아지므로 배관, 배선공사비 및 인건비가 많이 소요된다.	간선수가 적으므로 배관, 배선공사비 및 인건비가 절감된다.
수신기가격	수신반 가격은 R형에 비해 저렴하다.	수신반 가격이 P형에 비해 고가이다.
경제성	중소형 건물에 유리	대규모 건물, 다수동 건물에 유리

기출문제

03 물계통 소화설비의 가압펌프에 대하여 기술하시오.

1) 정격 토출량 및 양정이 각각 800[LPM] 및 80[m]인 표준 수직 원심펌프의 성능특성곡선을 그리고 체절점, 설계점, 150[%] 유량점 등을 명시하시오.

해설 및 정답

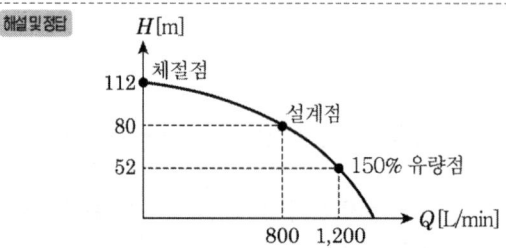

2) 소화펌프의 수온상승 방지장치를 2종류 이상 기술하고 그 규격을 설명하시오.

해설 및 정답

[수온상승 방지장치의 종류]
① 순환배관
② 릴리프밸브

[수온상승 방지장치의 규격]
① 순환배관 : 구경 20[mm] 이상, 체크밸브와 펌프 사이에서 분기
② 릴리프밸브 : 구경 20[mm] 이상, 순환배관상에 설치, 체절압력 이하에서 작동

04 다음은 스프링클러 가압송수장치 설치기준이다. 다음 ( ) 안에 알맞는 답을 쓰시오.

1) 가압송수장치의 정격토출압력은 하나의 헤드 선단에서 (a) 이상 (b) 이하의 방수압력이 될 수 있게 하는 크기일 것
2) 가압송수장치의 송수량은 (c)의 방수압력기준으로 (d) 이상의 방수성능을 가진 기준 개수의 모든 헤드로부터의 (e)을 충족시킬 수 있는 양 이상으로 할 것. 이 경우 (f)는 계산에 포함하지 아니할 수 있다.
3) 고가수조에는 (g) (h) (i) (j) 및 (k)을 설치할 것
4) 압력수조에는 (l) (m) (n) (o) (p) (q) (r) 및 압력저하 방지를 위한 (s)를 설치할 것

해설 및 정답

a : 0.1[MPa]	b : 1.2[MPa]	c : 0.1[MPa]	d : 80[L/분]
e : 방수량	f : 속도수두	g : 급수관	h : 배수관
i : 수위계	j : 맨홀	k : 오버플로우관	l : 수위계
m : 급수관	n : 배수관	o : 급기관	p : 맨홀
q : 압력계	r : 안전장치	s : 자동식 공기압축기	

05 어느 소방대상물에 스프링클러설비와 분말소화설비를 설치하고자 한다. 이때 폐쇄형 스프링클러헤드 설치 및 취급시 주의사항과 분말소화설비 배관시공시 주의사항을 기술하시오.

해설및정답

1) 폐쇄형 스프링클러헤드 설치시 주의사항
   ① 폐쇄형헤드 설치시 최고 주위온도에 따른 표시온도의 헤드를 설치할 것
   ② 건식, 준비작동식, 일제살수식설비의 경우 상향형헤드를 설치할 것
   ③ 천장으로부터 30[cm] 이내 설치할 것
   ④ 헤드로부터 반경 60[cm] 이상의 공간을 확보하여 살수 방해가 없도록 할 것
   ⑤ 스프링클러헤드의 반사판은 그 부착면과 평행하게 설치할 것
   ⑥ 상부에 설치된 헤드의 방출수에 따라 감열부에 영향을 줄 우려가 있는 헤드에는 방출수를 차단할 수 있는 유효한 차폐판을 설치할 것

2) 폐쇄형 스프링클러헤드 취급시 주의사항
   ① 운반시 헤드에 충격이 가해지지 않도록 할 것
   ② 건조하고 통풍이 잘되는 곳에 보관하여 부식을 방지할 것
   ③ 설치시 헤드 전용렌치를 사용하여야 하며, 무리한 힘을 가하지 말 것
   ④ 반드시 주위 온도에 적합한 스프링클러헤드를 선정할 것

3) 분말소화설비 배관 시공 시 주의사항
   ① 배관은 전용배관으로 할 것
   ② 강관을 사용하는 경우 배관은 아연도금에 의한 배관용 탄소강관이나 이와 동등 이상의 강도, 내식성 및 내열성을 가질 것
   ③ 축압식의 경우 20[℃]에서 압력 2.5[MPa] 이상 4.2[MPa] 이하인 것에 있어서는 압력배관용 탄소강관 중 이음이 없는 스케줄 40 이상의 것일 것
   ④ 동관은 고정압력 또는 사용압력의 1.5배 압력에 견딜 수 있는 것을 사용할 것
   ⑤ 밸브류는 개폐위치 또는 개폐방향을 표시한 것이어야 한다.
   ⑥ 관부속 또는 밸브류는 배관과 동등 이상의 강도 및 내식성이 있는 것이어야 한다.

설계 및 시공 기출문제

[1998년 9월 20일 시행]

01 근린생활시설로 사용되는 8층 건물에 스프링클러설비를 설치하고자 한다. 다음의 〈조건〉과 〈그림〉을 참고하여 물음에 답하시오.

조건
① 토출측 배관의 마찰손실은 토출측 실양정의 35[%]로 한다.
② 펌프 흡입측의 연성계는 355[mmHg]를 지시하고 있으며, 대기압은 1.03[kgf/cm²]이다.
③ 펌프의 수력효율 90[%], 체적효율 80[%]이며, 주어지지 않은 것은 무시한다.

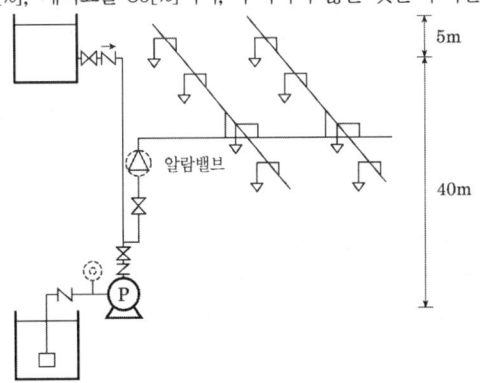

1) 펌프의 전양정

[해설 및 정답] 연성계 지시압력 환산수두 $= 355\text{mmHg} \times \dfrac{10.332\text{m}}{760\text{mmHg}} = 4.826[\text{m}] \fallingdotseq 4.83[\text{m}]$

H = 흡입실양정 + 토출측실양정 + 배관의 마찰손실수두 + 방사압력환산수두
= 4.83m + 40m + (40m × 0.35) + 10m = 68.83[m]

2) 펌프의 분당 토출량(m³/min)

[해설 및 정답] 20개 × 80L/min = 1.6[m³/min] (∵ 8층으로서 근린생활시설 용도이므로)

3) 펌프의 전효율

[해설 및 정답] 기계효율 × 수력효율 × 체적효율 = 1 × 0.9 × 0.8 = 0.72 = 72[%]

4) 펌프의 동력(축동력)

해설 및 정답

$$P = \frac{1000 \times Q \times H}{102 \times \eta} = \frac{1000 \times \left(\frac{1.6}{60}\right) \times 68.83}{102 \times 0.72} = 24.992[\text{kW}] ≒ 24.99[\text{kW}]$$

02 다음의 〈조건〉을 참고하여 경계구역의 수와 감지기의 개수를 산출하시오.

조건

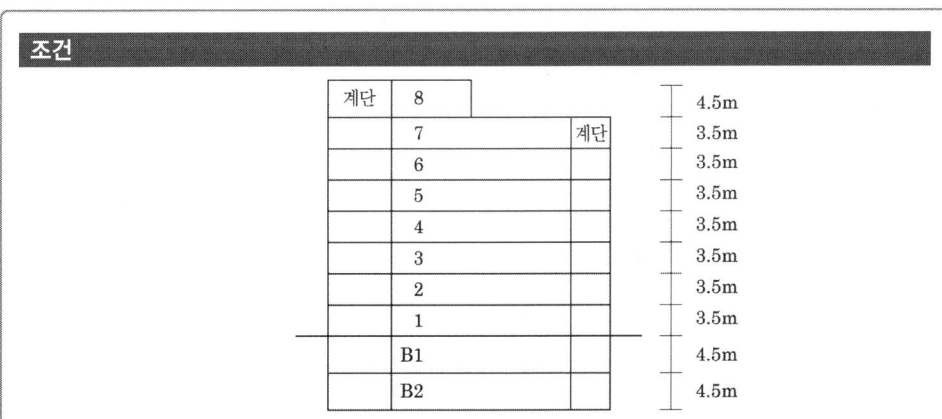

① 지하2층에서 지상7층 : 각 층 바닥면적 800[m²](한 변의 길이는 50[m]이다)
② 지상8층 : 바닥면적 400[m²]
③ 계단은 2개소 설치되어 있고 별도의 경계구역으로 한다.
④ 사용 감지기는 차동식스포트형 1종이다.
⑤ 주요구조부는 내화구조이다.
⑥ 계단에는 연기감지기 2종을 설치한다.
⑦ 지하2층에서 지상7층에는 샤워시설이 있는 화장실(면적 : 30[m²])이 각 층별 1개소씩 설치되어 있다.

해설 및 정답

1) 경계구역의 수
   ① 수평경계구역수
      ㉠ 지하2층~지상7층 : 층 당 경계구역 수=800m²/600m²=2개
         ∴ 9층×2개/층=18개
      ㉡ 지상8층 : 1개 경계구역
   ② 수직경계구역수
      ㉠ 지상층 : 계단이 2개소이므로 별도의 경계구역이 2개
      ㉡ 지하층 : 계단이 2개소이므로 별도의 경계구역이 2개
      ∴ 계단의 전체 경계구역은 4개
   ③ 총 경계구역수
      18개+1개+4개=23개

기출문제

2) 감지기의 개수
  ① 연기감지기 수량
    ㉠ 좌측 지상층 계단의 높이 = (3.5m×7)+4.5m = 29m
      $\dfrac{29m}{15m} = 1.93$ ∴ 2개
    ㉡ 우측 지상층 계단의 높이 = 3.5m×7 = 24.5m
      $\dfrac{24.5m}{15m} = 1.63$ ∴ 2개
      ∴ 지상층 계단에 필요한 감지기 = 2×2 = 4개
    ㉢ 지하층 계단은 높이가 9[m]이므로 $\dfrac{9m}{15m} = 0.6$ ∴ 1개
      ∴ 계단이 2개소이므로 2개 설치
    ∴ 전체 연기감지기수량 = 4개+2개 = 6개
  ② 차동식감지기의 수량
    ㉠ 1층에서 7층까지 감지기 수량 = $\dfrac{770m^2}{90m^2} = 8.6$ ∴ 9개
      ∴ 9개×7개층 = 63개
      8층 감지기 수량 = $\dfrac{400m^2}{45m^2} = 8.8$ ∴ 9개
    ㉡ 지하1층, 지하2층 감지기 수량 $\dfrac{770m^2}{45m^2} = 17.1$ ∴ 18개
      따라서 18개×2개층 = 36개
    ∴ 전체 감지기 수량 = 63+9+36 = 108개

03 다음 물음에 답하시오.

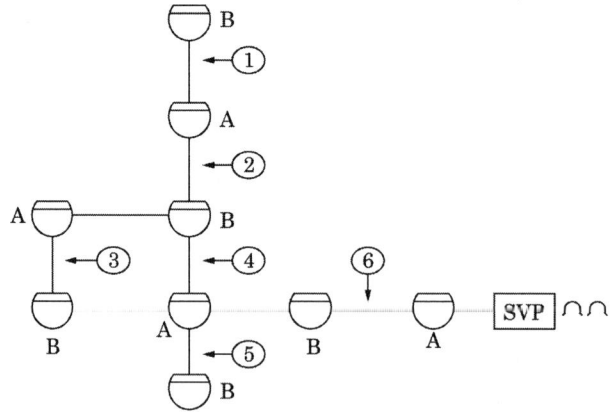

1) 각 번호에 해당하는 전선수에 대한 다음의 표를 완성하시오.

구간	①	②	③	④	⑤	⑥
전선수						

해설 및 정답 1) 감지기 선수

구간	①	②	③	④	⑤	⑥
전선수	4	8	4	4	4	8

2) 준비작동식에서 교차회로방식으로 설치하지 않아도 되는 감지기의 종류 5가지를 쓰시오.

해설 및 정답 교차회로 방식을 적용하지 않는 감지기의 종류
① 아날로그식 감지기
② 광전식 분리형 감지기
③ 불꽃감지기
④ 다신호식 감지기
⑤ 복합형 감지기(열복합형, 연복합형, 열·연복합형)
⑥ 축적형 감지기
⑦ 분포형 감지기
⑧ 정온식 감지선형 감지기

04 소화약제의 특성을 나타내는 용어 중 ODP와 GWP에 대하여 쓰고, 현재 국내에서 시판되고 있는 할로겐화합물 및 불활성기체소화약제의 상품명, 작동시간, 주된 소화원리에 대하여 쓰시오.

해설 및 정답 1) ODP와 GWP

① 오존파괴지수(ODP, Ozone Depletion Potential)의 정의
어떤 물질의 오존파괴 능력을 상대적으로 나타내는 지표로서 이를 오존파괴지수라 하며 다음과 같이 나타낸다.

$$ODP = \frac{\text{어떤 물질 1kg이 파괴하는 오존의 양}}{CFC-11,\ 1\text{kg이 파괴하는 오존의 양}}$$

② 지구온난화지수(GWP, Global Warming Potential)의 정의
어떤 물질의 지구온난화에 영향을 미치는 지표로서 이를 지구온난화지수라 하며 다음과 같이 나타낸다.

$$GWP = \frac{\text{어떤 물질 1kg에 의한 지구온난화 정도}}{CO_2\ 1\text{kg에 의한 지구온난화 정도}}$$

2) 현재 국내에서 시판되고 있는 할로겐화합물 및 불활성기체소화약제의 상품명, 작동시간, 주된 소화원리

상품명	FM-200	IG-541	NAFS-Ⅲ	FE-13
작동시간	10초	60초	10초	10초
주된 소화원리	부촉매소화	질식소화	부촉매소화	질식소화

기출문제

05 스프링클러헤드의 선정시 유의사항, 설치시 유의사항 및 배관 시공시 유의사항(시설기준이 아님)에 대하여 기술하시오.

해설및정답

1) 헤드 선정시 유의사항
   ① 폐쇄형헤드는 설치장소의 최고 주위온도에 맞는 표시온도의 헤드를 선정할 것
   ② 동결의 우려가 있는 부분의 헤드는 상향형으로 할 것
   ③ 연소의 우려가 있는 부분이나 천장의 높이가 높은 장소에는 개방형헤드를 설치할 것

2) 헤드 설치시 유의사항
   ① 폐쇄형헤드 설치시 최고 주위온도에 따른 표시온도의 헤드를 설치할 것
   ② 건식, 준비작동식설비에 폐쇄형헤드 설치시는 상향형헤드를 설치할 것
   ③ 천장으로부터 30[cm] 이내 설치할 것
   ④ 헤드로부터 반경 60[cm] 이상의 공간을 확보하여 살수 방해가 없도록 할 것
   ⑤ 스프링클러헤드의 반사판은 그 부착면과 평행하게 설치할 것
   ⑥ 상부에 설치된 헤드의 방출수에 따라 감열부에 영향을 줄 우려가 있는 헤드에는 방출수를 차단할 수 있는 유효한 차폐판을 설치할 것

설계 및 시공 기출문제

[2000년 10월 15일 시행]

01 자동화재탐지설비의 배선에 대하여 다음 물음에 답하시오.

1) 감지기회로를 송배전식으로 하고, 종단저항을 설치하는 이유

   해설 및 정답 감지기회로의 도통시험을 위하여 설치

2) 내화배선으로 시공해야 할 부분

   해설 및 정답 전원회로의 배선

3) 내화배선의 시공 방법

   해설 및 정답

사용전선의 종류	공 사 방 법
1. 450/750[V] 저독성 난연 가교 폴리올레핀 절연 전선 2. 0.6/1[kV] 가교 폴리에틸렌 절연 저독성 난연 폴리올레핀 시스 전력케이블 3. 6/10[kV] 가교 폴리에틸렌 절연 저독성 난연 폴리올레핀 시스 전력용 케이블 4. 가교 폴리에틸렌 절연 비닐시스 트레이용 난연 전력 케이블 5. 0.6/1[kV] EP 고무절연 클로로프렌시스 케이블 6. 300/500[V] 내열성 실리콘 고무 절연전선 (180[℃]) 7. 내열성 에틸렌-비닐 아세테이트 고무 절연 케이블 8. 버스덕트(Bus Duct) 9. 기타 전기용품안전관리법 및 전기설비기술기준에 따라 동등 이상의 내화성능이 있다고 주무부장관이 인정하는 것	금속관·2종 금속제 가요전선관 또는 합성 수지관에 수납하여 내화구조로 된 벽 또는 바닥 등에 벽 또는 바닥의 표면으로부터 25[mm] 이상의 깊이로 매설하여야 한다. 다만 다음 각 목의 기준에 적합하게 설치하는 경우에는 그러하지 아니하다. 가. 배선을 내화성능을 갖는 배선전용실 또는 배선용 샤프트·피트·덕트 등에 설치하는 경우 나. 배선전용실 또는 배선용 샤프트·피트·덕트 등에 다른 설비의 배선이 있는 경우에는 이로부터 15[cm] 이상 떨어지게 하거나 소화설비의 배선과 이웃하는 다른 설비의 배선 사이에 배선지름(배선의 지름이 다른 경우에는 가장 큰 것을 기준으로 한다)의 1.5배 이상의 높이의 불연성 격벽을 설치하는 경우
내화전선	케이블공사의 방법에 의하여 설치하여야 한다.

기출문제

02 스프링클러 소화설비에서 토출량이 2.4[m³/min], 유속이 3[m/sec]일 경우 다음 물음에 답하시오.

1) 토출측 배관의 구경을 계산하시오.

[해설 및 정답]
$Q = AU = \dfrac{\pi}{4} D^2 U$ 에서

$D = \sqrt{\dfrac{4Q}{\pi U}} = \sqrt{\dfrac{4 \times 2.4}{\pi \times 3 \times 60}} = 0.13m = 130[mm]$ ∴ 150[mm]로 선정

2) 조건상의 토출량을 방사할 경우의 기준개수는 몇 개로 계산되는가?

[해설 및 정답] 2400L/min ÷ 80L/min = 30개

3) 달시-와이스바하의 수식을 적용하여 입상관에서의 마찰손실수두(m)를 계산하시오(입상관 구경 150[A], 마찰손실계수 0.02, 높이 60[m], 유속 3[m/sec]이다).

[해설 및 정답]
$\Delta H = f \dfrac{L}{D} \dfrac{V^2}{2g} = 0.02 \times \dfrac{60}{0.15} \times \dfrac{3^2}{2 \times 9.8} = 3.67[m]$

03 포소화설비의 설계시 다음의 〈조건〉을 참고하여 물음에 답하시오.

> **조건**
> ① 고정지붕구조의 탱크에 Ⅱ형 방출구를 설치한다.
> ② 직경 35[m], 높이 15[m]인 휘발유탱크이다.
> ③ 6[%]형 수성막포 사용
> ④ 보조포소화전은 5개가 설치되어 있다.
> ⑤ 설치된 송액관의 구경 및 길이는 다음과 같다.
>
> | 구경 | 150[mm] | 125[mm] | 80[mm] | 65[mm] |
> |---|---|---|---|---|
> | 길이 | 100[m] | 80[m] | 70[m] | 50[m] |
>
> ⑥ 포 혼합장치는 프레져프로포셔너 방식을 사용한다.

1) 포소화약제 저장량(m³)

[해설 및 정답] 고정포방출구에서 필요량 + 보조포소화전에서 필요량 + 송액관의 내용적

① 고정포방출구에서 방출하기 위하여 필요한 양

$Q = A(m^2) \times Q_2(L/m^2) \times S$

Q : 포약제의 양(L)
A : 탱크의 액표면적(m²)
Q_2 : 표면적 1m²당의 방사량(L/m²)
S : 농도

$= \dfrac{\pi \times 35^2}{4} \times 220 \times 0.06 = 12,699.89[L]$

② 보조포소화전에서 방출하기 위하여 필요한 양
$Q = N \times 8000 \times S = 3개 \times 8000 \times 0.06 = 1440[L]$

③ 가장 먼 탱크까지의 송액관에 충전하기 위하여 필요한 양
$Q = A \times L \times 1000 \times S$
$= \dfrac{\pi}{4} \times (0.15^2 \times 100\text{m} + 0.125^2 \times 80\text{m} + 0.08^2 \times 70\text{m} + 0.065^2 \times 50\text{m}) \times 1000 \times 0.06$
$= 196[L]$

∴ 12699.89L + 1440L + 196L = 14335.89L = 14.34[m³]

2) 고정포방출구의 개수

해설 및 정답 위험물 탱크에 설치하는 고정포 방출구의 설치개수는 탱크 직경에 비례하며 고정지붕 구조의 탱크에 Ⅱ형 방출구를 설치할 때 탱크 직경 35[m] 이상 42[m] 미만인 탱크의 경우 3개의 Ⅱ형 방출구를 설치하여야 한다.

3) 혼합장치 토출유량의 범위(m³/min)

해설 및 정답 혼합장치의 토출유량은 펌프 토출량의 50[%] 이상 200[%] 이하
펌프의 토출량 = 고정포방출구에서 토출량 + 보조포소화전에서 토출량

① 고정포방출구에서 토출량
$Q = A(\text{m}^2) \times Q_1(\text{L/m}^2 \cdot \text{min})$

Q : 토출유량(L)
A : 탱크의 액표면적(m²)
Q_1 : 표면적 1m²당의 분당 방사량(L/m² · min)

$= \dfrac{\pi \times 35^2}{4} \times 4 = 3848.45[\text{L/min}]$

② 보조포소화전에서 토출량
$Q = N \times 400 = 3 \times 400 = 1200[\text{L/min}]$

∴ 펌프의 토출량(L/min) = 3848.45L/min + 1200L/min = 5048.45[L/min]

혼합장치의 토출유량(m³/min) = (5048.45 × 0.5)[L/min] ~ (5048.45 × 2)[L/min]
$= 2524.23[\text{L/min}] \sim 10,096.9[\text{L/min}]$

기출문제

04 다음은 CO_2 소화설비의 평면도이다. 다음 물음에 답하시오.

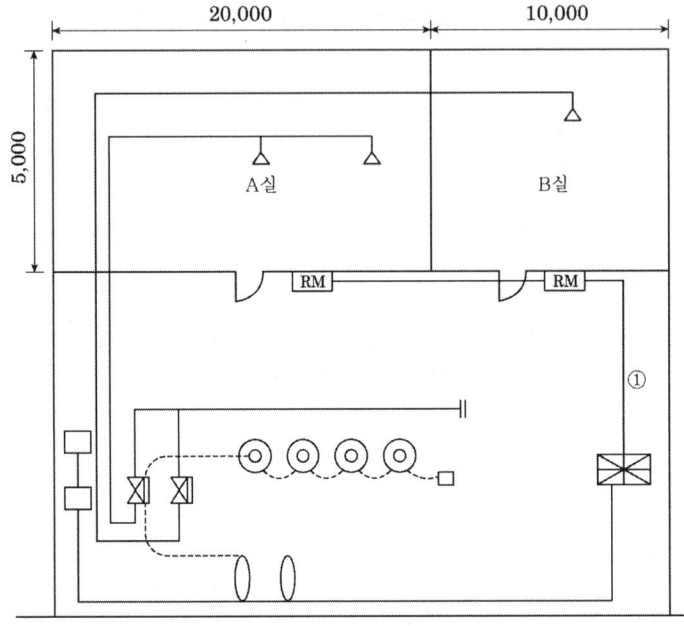

조건
① 차동식스포트형 2종 감지기를 사용한다.
② 방호구역은 내화구조이며 각 층의 층고는 4[m]이다.
③ 방호구역의 체적당 가스량은 0.4[kg/m³]로 계산한다.
④ 병당 약제 충전량은 45[kg]이다.
⑤ 감지기는 다음 표에 의한 바닥면적마다 1개 이상을 설치한다.

부착높이 및 소방대상물의 구조		차동식	
		1종	2종
4[m] 미만	주요구조부를 내화구조	90	70
	기타구조의 소방대상물	50	40
4[m] 이상, 8[m] 미만	주요구조부를 내화구조	45	35
	기타구조의 소방대상물	30	25

1) 필요약제 용기수는 몇 병인가?

해설 및 정답 $W = (V \times \alpha) + (A \times \beta)$

W : 이산화탄소의 약제량(kg)
V : 방호구역의 체적(m³)
α : 체적계수(kg/m³)
A : 자동폐쇄장치가 없는 개구부의 면적(m²)
β : 면적계수(kg/m²)

① A실의 약제량 산정
   $W = (20 \times 5 \times 4)\text{m}^3 \times 0.4\text{kg/m}^3 = 160\text{kg}$
   용기의 수 = 160kg/45kg = 3.56   ∴ 4병
② B실의 약제량 산정
   $W = (10 \times 5 \times 4)\text{m}^3 \times 0.4\text{kg/m}^3 = 80\text{kg}$
   용기의 수 = 80kg/45kg = 1.78   ∴ 2병

2) 미완성된 도면을 완성하고 전선가닥수를 최소로 할 때 ①번 부분의 전선수를 용도별로 쓰시오(방출지연 스위치는 없는 것으로 간주한다).

해설 및 정답   ① 미완성 도면의 완성

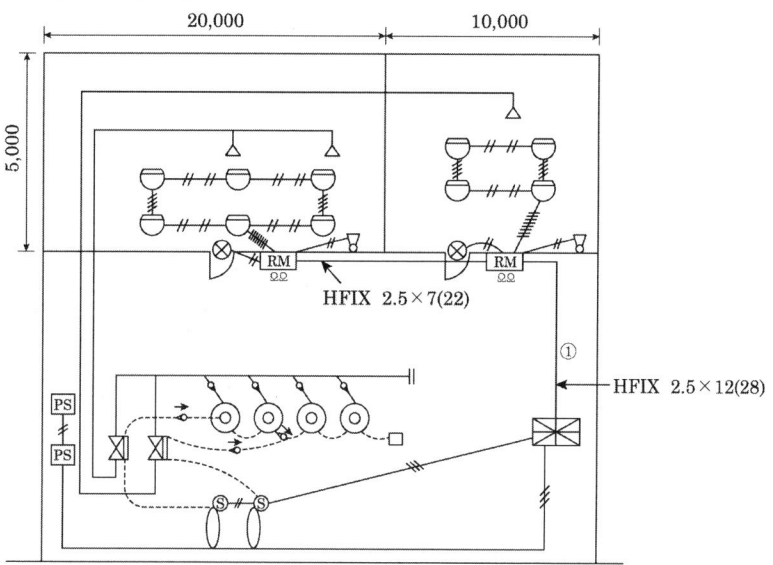

② ①번 부분의 용도별 전선수
   전원+, 전원-, (감지기A, 감지기B, 기동스위치, 방출표시등, 사이렌)×2

3) 감지기의 작동부터 약제 방출까지의 작동순서를 쓰시오.

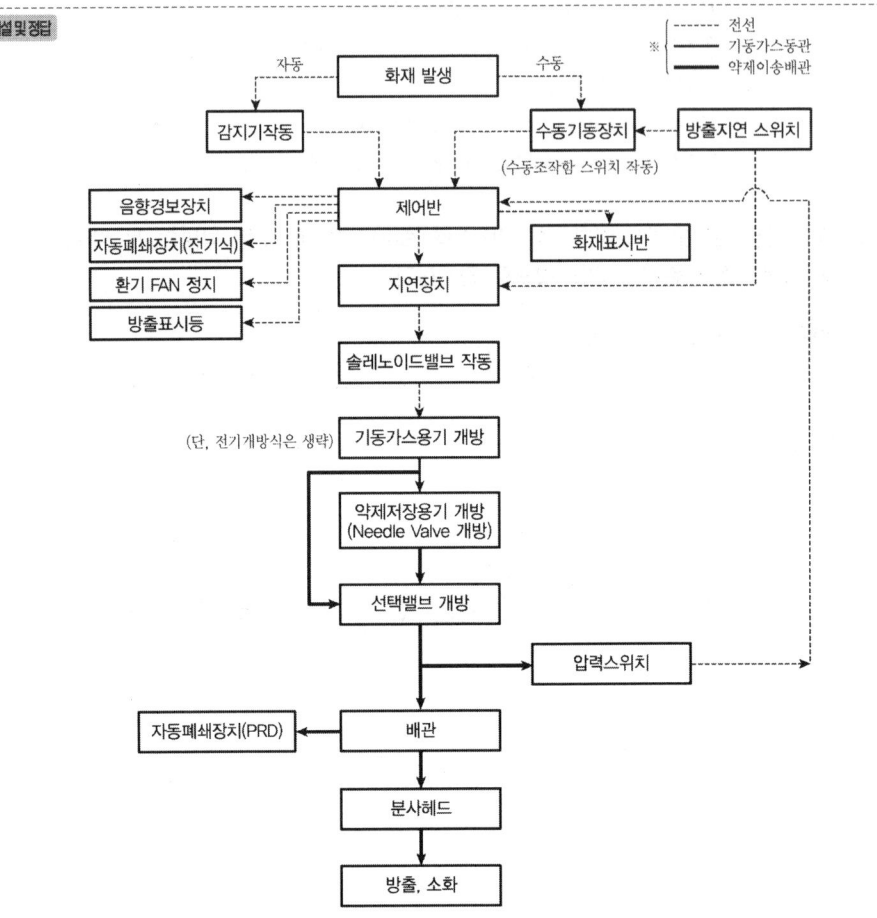

【 이산화탄소소화설비 동작순서 】

05 다음 〈그림〉을 보고 물음에 답하시오.

조건
① 전기실과 발전실은 표면화재로 본다.
② 층고는 4.5[m]이다.
③ 전기실과 서고에는 자동폐쇄장치가 설치되어 있지 않다. 전기실에는 1.8[m]×2[m], 서고에는 0.9[m]×2[m] 크기의 개구부가 설치되어 있다.
④ 저장용기의 내용적은 68[L], 충전비는 1.7이다.

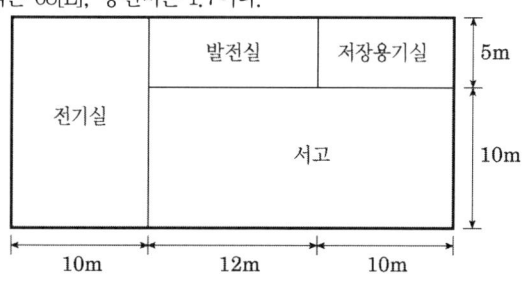

1) 전기실과 서고의 약제량(kg)을 계산하시오.

해설 및 정답 이산화탄소 약제량 산정

① 전기실
$$W = (V \times \alpha) + (A \times \beta)$$
W : 이산화탄소의 약제량(kg), V : 방호구역의 체적(m^3),
α : 체적계수(kg/m^3)
A : 자동폐쇄장치가 없는 개구부의 면적(m^2), β : 면적계수(kg/m^2)
$$W = \{(10 \times 15 \times 4.5)m^3 \times 0.8 kg/m^3\} + \{(1.8 \times 2)m^2 \times 5 kg/m^2\} = 558 kg$$

② 서고
$$W = (V \times \alpha) + (A \times \beta)$$
W : 이산화탄소의 약제량(kg), V : 방호구역의 체적(m^3),
α : 체적계수(kg/m^3)
A : 자동폐쇄장치가 없는 개구부의 면적(m^2), β : 면적계수(kg/m^2)
$$= \{(22 \times 10 \times 4.5)m^3 \times 2 kg/m^3\} + \{(0.9 \times 2)m^2 \times 10 kg/m^2\} = 1998[kg]$$

2) 전기실과 서고의 선택밸브 이후의 유량은 몇 [kg/sec]인가?

해설 및 정답 선택밸브 이후 유량(kg/sec)

$$유량(kg/sec) = \frac{저장약제량}{방사시간}$$

$$용기 1병당 충전질량(kg) = \frac{내용적}{충전비} = \frac{68}{1.7} = 40[kg]$$

기출문제

① 전기실을 담당하는 선택밸브의 유량
용기수＝558kg/40kg＝13.95   ∴ 14병
$$유량(kg/sec) = \frac{14 \times 40kg}{60sec} = 9.33[kg/sec]$$

② 서고를 담당하는 선택밸브의 유량
용기수＝1998kg/40kg＝49.95   ∴ 50병
$$유량(kg/sec) = \frac{50 \times 40kg}{7 \times 60sec} = 4.76[kg/sec]$$

3) 약제 용기실에 저장할 용기의 최소 병수는?

해설및정답 각 방호구역에 필요한 약제량 중 최대량을 저장할 수 있으므로 50병

4) 설치되어야 할 체크밸브의 개수는 몇 개인가?

해설및정답 가스체크밸브수＝저장용기수＋방호구역수＋(방호구역수－최대구역수－중복구역수)
＝50＋3＋(3－1－0)
＝55개

제6회 설계 및 시공 기출문제

[2002년 11월 3일 시행]

01 드렌처설비를 시공하고자 한다. 일반적인 사항을 간단히 기술하고 헤드의 방수량 및 배치에 대하여 기술하시오.

해설및정답
1) 일반적인 사항
   ① 드렌처설비는 연소의 확산을 방지하기 위한 설비이다.
   ② 연소할 우려가 있는 개구부에 드렌처설비를 설치한 경우에는 당해 개구부에 한하여 스프링클러헤드를 면제할 수 있다.
   ③ 드렌처설비의 종류로는 창문형, 외벽형, 지붕형, 처마형 등이 있다.

2) 헤드의 방수량 및 방사압력
   ① 방사량 : 80리터/분 이상
   ② 방사압력 : 0.1[MPa] 이상

3) 배치
   드렌처헤드는 개구부 위 측에 2.5미터 이내마다 1개를 설치할 것

02 성능시험배관의 시공방법을 기술하시오.

해설및정답
① 배관의 재질은 배관용탄소강관 또는 압력배관용탄소강관을 사용할 것
② 성능시험배관은 펌프의 토출측에 설치된 개폐밸브 이전에서 분기할 것
③ 배관시공시 절단부위 등은 거치름이 없도록 리머 등으로 마감처리를 깨끗이 할 것
④ 배관의 구경은 설치되는 유량계 및 접속배관에 따라 적합한 배관을 사용하거나 다음 식에 따라 산정할 것

$$1.5Q = 0.653 D^2 \sqrt{0.65P}$$

Q : 펌프의 정격토출량(리터/분), D : 성능시험배관의 구경(mm)
P : 펌프의 정격토출압력(kgf/cm^2)

$$D^2 = \frac{1.5Q}{0.653\sqrt{0.65P}} \qquad \therefore D = \sqrt{\frac{1.5Q}{0.653\sqrt{0.65P}}}$$

⑤ 유량측정장치를 기준으로 전단 직관부에는 개폐밸브를, 후단 직관부에는 유량조절밸브를 설치할 것
⑥ 유량계를 중심으로 1차측 개폐밸브까지의 길이는 지름의 8배 이상, 2차측 유량조절밸브까지의 길이는 5배 이상의 거리를 유지할 것
⑦ 유량계는 정격토출량의 175[%] 이상을 측정할 수 있는 성능이 있을 것

기출문제

03 바닥면적이 380[m²]인 경유거실의 제연설비에 대해 다음 물음에 답하시오.

1) 소요 배출량(CMH)을 산출하시오.

해설 및 정답 제연구역이 바닥면적 400[m²] 미만인 거실의 경우 소요배출량
배출량 = 바닥면적(m²) × 1m³/min · m² × 60min/hr
∴ 배출량(CMH) = 380m² × 1m³/min · m² × 60min/hr = 22,800(m³/hr)[CMH]

2) 흡입측 풍도(DUCT)의 높이를 600[mm]로 할 때 풍도의 최소 폭은 얼마(mm)인가? (단, 풍도내 풍속은 화재안전기술기준을 근거로 한다)

해설 및 정답 배출기의 흡입측 주덕트의 풍속은 15[m/sec] 이하이어야 하므로

흡입측 덕트의 단면적 $A = \dfrac{Q}{U} = \dfrac{\frac{22,800}{3,600} m^3/\sec}{15 m/\sec} = 0.42 m^2$

덕트의 단면적 = 높이 × 폭

∴ 폭 = $\dfrac{단면적(m^2)}{높이(m)} = \dfrac{0.42}{0.6} = 0.7m = 700$mm

3) 송풍기의 전압이 50[mmAq]이고 효율이 55[%]인 다익송풍기 사용시 축동력(kW)을 구하시오. (단, 회전수는 1200[rpm], 여유율은 20[%])

해설 및 정답 축동력(kW) = $\dfrac{P_t Q}{102\eta} = \dfrac{50 \times (22,800/3,600)}{102 \times 0.55} = 5.64$[kW]

4) 제연설비의 회전차 크기를 변경하지 않고 배출량을 20[%] 증가시키고자 할 때 회전수(rpm)를 구하시오.

해설 및 정답 상사법칙에 의해 배출기의 배출량은 배출기의 회전수에 정비례하므로

$N_2 = \dfrac{Q_2}{Q_1} \times N_1$ (Q : 배출량, N : 회전수)

∴ $N_2 = \dfrac{(22,800 \times 1.2) m^3/hr}{22,800 m^3/hr} \times 1,200 rpm = 1,440$[rpm]

5) 4)항의 회전수(rpm)로 운전할 경우 전압(mmAq)을 구하시오.

해설 및 정답 상사법칙에 의해 배출기의 배출압은 배출기의 회전수에 제곱에 비례하므로

$P_2 = \left(\dfrac{N_2}{N_1}\right)^2 \times P_1$ (P : 배출압력, N : 회전수)

∴ $P_2 = \left(\dfrac{1,440}{1,200}\right)^2 \times 50$mmAq = 72[mmAq]

6) 3)항에서의 계산결과를 근거로 15[kW] 전동기를 설치 후 풍량의 20[%]를 증가시켰을 경우 전동기 사용 가능여부를 설명하시오(계산과정을 나타낼 것).

해설및정답 풍량의 20[%]를 증가시키기 위한 전동기의 동력

$$전동기동력(kW) = \frac{P_t Q}{102\eta} \times K = \frac{72 \times \frac{22,800 \times 1.2}{3,600}}{102 \times 0.55} \times 1.2 = 11.7 [kW]$$

15[kW]는 11.7[kW]보다 크므로 사용할 수 있다.

7) 배연용 송풍기와 전동기의 연결방법에 대하여 설명하시오.

해설및정답 배출기의 전동기부분과 송풍기(배풍기) 부분은 분리하여 설치하여야 하며, 배풍기부분은 유효한 내열처리를 할 것

8) 제연설비에서 일반적으로 사용하는 송풍기의 명칭과 주요특징을 설명하시오.

해설및정답
① 송풍기의 명칭 : 원심 다익형 팬(Sirocco fan)
② 주요특징
　㉠ 날개의 구조가 전곡형(앞보기형)이다.
　㉡ 날개폭이 좁고 날개수가 많다.
　㉢ 저압으로 대용량의 공기를 이송할 때 사용된다.
　㉣ 가격이 저렴하고 설치공간이 작다.
　㉤ 효율이 낮아 구동동력은 풍량이 증가하면 급격히 증가한다.

04 동일 방호구역 내에 층별로 옥내소화전이 최대 3개씩 설치된 소방대상물이 있다. 최고위층에서 방수량을 측정하고자 한다. 다음 물음에 답하시오.

1) 피토게이지를 이용하여 노즐선단에서의 방수압을 측정하고자 한다. 측정위치에 대하여 설명하시오.

해설및정답 소화전 노즐(관창) 선단으로부터 노즐 구경의 1/2을 떨어뜨린 후 피토게이지(방수압력측정계) 선단 중심선과 노즐 중심선을 일치시키고 방수하면서 지시된 압력을 읽는다.

2) 피토게이지를 이용한 방수압 측정방법(순서)를 구체적으로 기술하시오.

해설및정답
① 최상층의 모든 소화전(최대 2개)을 모두 개방한다.
② 가장 말단 소화전에서 이물질 등의 완전배출을 위하여 3~5분 정도 계속 방수한다.
③ 노즐 선단에서 노즐구경 1/2 위치의 노즐 중심부에 피토게이지(방수압력측정계)의 측정구를 일치시킨다.
④ 피토게이지 압력계의 지침을 읽는다.

기출문제

3) 옥내소화전 방수량 공식 $Q = 0.653 D^2 \sqrt{P}$ (Q : lpm, D : mm, P : kgf/cm²)의 유도과정을 쓰시오.

해설및정답 $Q = AV$ [Q : 방수량(m³/s), A : 노즐의 단면적(m²), V : 방출유속(m/s)]

$$Q = \frac{\pi \times D^2}{4} \times C_V \sqrt{2 \times g \times h} = \frac{\pi \times D^2}{4} \times C_V \sqrt{2 \times g \times 10P}$$

$$= \frac{\pi \times D^2}{4} \times C_V 14 \sqrt{P} = 10.99 \times D^2 \times C_V \sqrt{P}$$

(Q의 단위 m³/s를 L/min로, D의 단위 m를 mm로 단위변환 하면)

$Q = 0.6597 \times D^2 \times C_V \sqrt{P}$

옥내소화전 노즐의 $C_V = 0.99$이므로 $Q = 0.653 \times D^2 \times \sqrt{P}$

4) 규정방수압 초과시 발생할 수 있는 문제점 2가지를 쓰시오.

해설및정답
① 반동력 증가로 인해 조작이 어려워 소화작업이 어렵다.
② 소방호스 등이 꼬여 있을 때 소방호스의 파손 우려가 있다.

5) 소화전 노즐에서 규정방수압 초과시 감압방식 4가지를 쓰고 간단히 설명하시오.

해설및정답
① 감압밸브방식
  소화전방수구에 감압밸브를 설치하는 방식
② 중간 펌프방식
  고층부를 담당하는 별도의 중간 펌프 및 중간 수조를 별도로 설치하는 방식
③ 고가수조방식
  고층부 및 저층부용 수조를 별도로 설치하는 방식
④ 구간별 전용배관방식
  고층부 및 저층부에 전용펌프와 전용배관을 설치하는 방식

05 바닥면적이 1,000[m²], 실의 높이가 3[m]인 컴퓨터실에 할론 1301 소화설비를 전역방출방식으로 하려고 한다. 다음 물음에 답하시오. (내화구조이며, 3[m]×2[m]의 자동폐쇄 되지 않는 개구부 1개소가 있다)

1) 할론 1301의 최소 약제량(kg)을 산출하시오.

해설및정답
$W(\text{kg}) = (V \times \alpha) + (A \times \beta)$
$= \{(1000 \times 3)\text{m}^3 \times 0.32 \text{kg/m}^3\} + \{(3 \times 2)\text{m}^2 \times 2.4 \text{kg/m}^2\}$
$= 974.4[\text{kg}]$

2) 할론 1301 소화약제 저장용기 수를 쓰시오. (저장용기는 50[kg]의 약제를 저장한다)

해설및정답 용기 수 = $\dfrac{약제량(kg)}{용기\ 1병당\ 충전량(kg/개)} = \dfrac{974.4(kg)}{50(kg/개)} = 19.49$

∴ 20병

3) 방호구역에 차동식스포트형 1종 감지기를 설치할 경우 감지기 수를 산출하시오.

해설및정답 감지기의 수 = $\dfrac{바닥면적(m^2)}{90(m^2)}$

$N_A = \dfrac{1,000}{90} = 11.11$ ∴ 12개

$N_B = \dfrac{1,000}{90} = 11.11$ ∴ 12개

∴ 감지기수 = $N_A + N_B$ = 12 + 12 = 24개

4) 감지회로의 최소 회로 수는 몇 개인가?

해설및정답 교차회로방식이므로 2개 회로

5) Soaking Time에 대하여 쓰시오.

해설및정답 가스계소화약제가 방사되어 재발화가 일어나지 않고 완전소화를 달성하기 위해서는 일정시간동안 고농도로 유지되어야 하는데 이때 필요한 시간을 Soaking Time이라 한다. 특히 심부화재를 가스계소화약제로 소화하는 경우 꼭 Soaking Time 이상의 시간동안 설계농도를 유지시켜야 한다.

6) 배관으로 강관을 사용할 경우 배관기준을 쓰시오.

해설및정답 강관을 사용하는 경우의 배관은 압력배관용 탄소강관(KS D 3562) 중 스케줄 40 이상의 것 또는 이와 동등 이상의 강도를 가진 것으로서 아연도금 등에 따라 방식처리된 것을 사용할 것

7) 약제 방출률이 2[kg/sec·cm²]이고, 방사 헤드수가 25개, 노즐 1개의 방사압이 20[kgf/cm²]일 경우 노즐의 최소 오리피스 분구면적(mm²)을 구하시오.

해설및정답 분출구의 면적(mm²) = $\dfrac{헤드\ 1개당의\ 방출량(kg)}{방출율(kg/cm^2 \cdot sec) \times 방출시간(sec)}$

$= \dfrac{20 \times 50kg/25개}{2kg/cm^2 \cdot sec \times 10sec}$

$= 2cm^2$

$= 200[mm^2]$

설계 및 시공 기출문제

[2004년 10월 31일 시행]

01 다음 각각의 물음에 답하시오. 30점

1) 제연설비 설치장소의 제연구획 기준 5가지를 열거하시오.

해설및정답
① 하나의 제연구역의 면적은 1,000[m²] 이내로 할 것
② 거실과 통로(복도를 포함한다. 이하 같다)는 각각 제연구획 할 것
③ 통로상의 제연구역은 보행중심선의 길이가 60[m]를 초과하지 아니할 것
④ 하나의 제연구역은 직경 60[m] 원내에 들어갈 수 있을 것
⑤ 하나의 제연구역은 2개 이상 층에 미치지 아니하도록 할 것. 다만, 층의 구분이 불분명한 부분은 그 부분을 다른 부분과 별도로 제연구획하여야 한다.

2) 옥내소화전 노즐선단에서의 방수압력이 7[kg/cm²]를 초과하는 경우 시공상 감압방식을 4가지 이상 기술하시오.

해설및정답
① 감압밸브 또는 오리피스 등에 의한 방식 – 소화전방수구에 감압밸브를 설치하는 방식
② 중간 펌프방식 – 고층부를 담당하는 별도의 중간 펌프 및 중간 수조를 별도로 설치하는 방식
③ 고가수조방식 – 고층부 및 저층부용 수조를 별도로 설치하는 방식
④ 구간별 전용배관방식 – 고층부 및 저층부에 전용펌프와 전용배관을 설치하는 방식

3) 배관의 외기온도변화나 충격 등에 따른 신축작용에 의한 손상 방지용 신축이음의 종류 3가지 이상 기술하시오.

해설및정답
① 루우프형
② 슬리브형
③ 벨로우즈형
④ 스위블형
⑤ 상온스프링형

4) 포소화설비 혼합장치의 종류 4가지 열거하고 간략히 설명하시오.

해설및정답
① 펌프 프로포셔너방식
펌프의 토출관과 흡입관 사이의 배관 도중에 설치한 흡입기에 펌프에서 토출된 물의 일부를 보내고 농도조절밸브에서 조정된 포소화약제의 필요량을 포소화약제 탱크에서 펌프 흡입측으로 보내어 이를 혼합하는 방식

② 프레져 프로포셔너방식
    펌프와 발포기의 중간에 설치된 벤추리관의 벤추리작용과 펌프 가압수의 포소화약제 저장탱크에 대한 압력에 의하여 포소화약제를 흡입·혼합하는 방식
③ 라인 프로포셔너방식
    펌프와 발포기의 중간에 설치된 벤추리관의 벤추리작용에 의하여 포소화약제를 흡입혼합하는 방식
④ 프레져 사이드 프로포셔너방식
    펌프의 토출관에 압입기를 설치하여 포소화약제 압입용 펌프로 포소화약제를 압입시켜 혼합하는 방식

5) 습식 외의 스프링클러설비에는 상향식스프링클러헤드를 설치하여야 하나, 하향식헤드를 사용할 수 있는 경우 3가지를 쓰시오.

> **해설 및 정답**
> ① 드라이펜던트스프링클러헤드를 사용하는 경우
> ② 스프링클러헤드의 설치장소가 동파의 우려가 없는 곳인 경우
> ③ 개방형스프링클러헤드를 사용하는 경우

02 다음 각각의 물음에 답하시오. 30점

1) 선택밸브 등을 이용하여 전기실 등을 방호하는 CO_2 소화설비(연기감지기와 가스압력식 기동장치를 채용한 자동기동방식)의 각종 전기적, 기계적 구성기기의 작동순서를 연기감지기(감지기 A, B)의 작동부터 분사헤드에서의 약제방출에 이르기까지 순차적으로 기술하시오. (단, 종합수신반과의 연동은 고려하지 않으며 감지기 A, B 중 감지기 A가 먼저 작동하고 전자사이렌의 기동은 하나의 감지기 작동 후 이루어지며, 압력스위치는 선택밸브 2차측에 설치되는 조건임. 기기의 명칭은 일반적인 용어를 사용하되 화재안전기술기준에서 사용되는 용어도 가능함)

> **해설 및 정답**
> A감지기 작동 – 화재표시등 점등, 전자사이렌 기동
> ↓
> B감지기 작동 – 자동폐쇄장치(전기식) 작동, 지연장치(타이머) 작동
> ↓
> 솔레노이드밸브 동작
> ↓
> 기동용기 개방
> ↓
> 저장용기의 용기밸브 개방 및 선택밸브 개방
> ↓
> 배관에 가스 방출
> ↓
> 압력스위치 작동 → 방출표시등 점등
> ↓
> 분사헤드에서 약제 방출

기출문제

2) 스프링클러설비의 감시제어반에서 확인되어야 하는 스프링클러설비의 구성기기의 비정상상태감시신호 4가지를 쓰시오. (단, 물올림탱크는 설치하지 않은 것으로 하며 수신반은 P형 기준임)

해설 및 정답
① 기동용 수압개폐장치의 압력스위치회로
② 수조의 저수위 감시회로
③ 유수검지장치 또는 일제개방밸브의 압력스위치회로
④ 일제개방밸브를 사용하는 설비의 화재감지기회로
⑤ 급수배관에 설치되는 개폐밸브의 폐쇄상태 확인회로

---

03 지상25층 지하1층의 계단실형 APT에 옥내소화전과 스프링클러설비를 설치할 경우 다음 각 물음에 답하시오. **40점**

> **조건**
> ① 지상층의 층당 바닥면적은 320[m²]이다.
> ② 옥내소화전은 층당 2개 설치되어 있다.
> ③ 폐쇄형 습식 스프링클러헤드 층당 28개 설치되어 있다.
> ④ 지하층의 바닥면적은 6,300[m²]로 방화구획 완화규정이 적용된다. 주차장헤드수는 100개이다.
> ⑤ 지하층에는 옥내소화전 9개와 준비작동식 스프링클러설비가 혼합 설치되어 있다.
> ⑥ 지하층은 주차장으로 아파트와 연결되어 있다.
> ⑦ 펌프는 옥내소화전과 스프링클러설비 겸용으로 한다.

1) 소화펌프의 토출량(L/min)과 전동기의 동력(kW)을 구하시오. (단, 실양정 70[m], 손실수두 25[m], 전달계수 1.1, 효율 65[%]로 하며, 방수압은 옥내소화전을 기준으로 하되 안전율 10[m]를 고려한다)

해설 및 정답
① 소화펌프의 토출량(L/min) = 옥내소화전설비의 토출량 + 스프링클러설비의 토출량
∴ (2개×130L/min) + (30개×80L/min) = 2,660[L/min]

② 전동기의 동력(kW)

$$P = \frac{1,000 \times Q \times H}{102 \times \eta} \times K$$

전양정(H) = $h_1 + h_2 + h_3$ + 17m = 25m + 10m + 70m + 17m = 122[m]

$$\therefore P = \frac{1,000 \times \left(\frac{2.66}{60}\right) \times 122}{102 \times 0.65} \times 1.1 = 89.736[kW] ≒ 89.74[kW]$$

2) 필요한 수원의 양을 구하고, 수원을 전량 지하수조로만 적용하고자 할 때, 화재안전기술기준(NFTC)에 의한 조치방법을 제시하시오

해설 및 정답
① 수원의 양 = 옥내소화전설비의 수원량 + 스프링클러설비의 수원량
∴ Q = (2개×2.6m³) + (30개×1.6m³) = 53.2[m³]

② 주펌프와 동등 이상의 성능이 있는 별도의 펌프를 내연기관의 기동과 연동하여 작동되거나 비상전원을 연결하여 설치할 것

3) 소화펌프의 토출측 주배관(mm)의 수리계산방식에 의한 최솟값을 구하시오. (배관내 유속은 옥내소화전화재안전기술기준-NFTC 102에 의한 상한값 사용)

해설및정답

$$Q = AU = \frac{\pi \times D^2}{4} \times U$$

주배관을 공용으로 사용하는 경우 옥내소화전설비 배관 기준에 적합하여야 하므로 배관의 구경은 유속이 4[m/s] 이하가 될 수 있는 구경 이상이어야 한다.

$$\therefore D = \sqrt{\frac{4Q}{\pi U}} = \sqrt{\frac{4 \times (2.66/60)}{\pi \times 4m/s}} = 0.1187[m] ≒ 118.7[mm] \quad \therefore 118.7[mm]$$

4) 하나의 계단으로부터 출입할 수 있는 세대수가 층당 2세대일 경우 스프링클러설비의 방호구역(지하 주차장 포함) 수를 구하시오.

해설및정답

방호구역의 수=지상층의 방호구역+지하층의 방호구역

① 지상층 방호구역 : 2개 층에 미치지 아니하여야 하므로 25구역

② 지하층 방호구역 : $\frac{6,300}{3,000} = 2.1$ ∴ 3구역

∴ 총 방호구역=25+3=28구역

5) 옥내소화전과 호스릴 옥내소화전의 차이점(수원, 방수압, 방수량, 배관, 수평거리)을 기술하시오.

해설및정답

	옥내소화전	호스릴 옥내소화전
수 원	$Q = N \times 2.6m^3$ N : 옥내소화전이 가장 많은 층의 설치개수(2개 이상이면 2개)	$Q = N \times 2.6m^3$ N : 옥내소화전이 가장 많은 층의 설치개수(2개 이상이면 2개)
방수압	0.17[MPa] 이상	0.17[MPa] 이상
방수량	130[L/min] 이상	130[L/min] 이상
배관	• 가지배관 : 40[mm] 이상 • 주배관 중 수직배관 : 50[mm] 이상	• 가지배관 : 25[mm] 이상 • 주배관 중 수직배관 : 32[mm] 이상
수평거리	25[m] 이하	25[m] 이하

설계 및 시공 기출문제

[2005년 7월 3일 시행]

01 옥외소화전설비에 대하여 아래 〈조건〉을 참고하여 문제에 답하시오. [30점]

조건
① 부압 흡입방식이다.
② 기동장치는 기동용 수압개폐장치를 사용한다.
③ 지상식 옥외소화전 2개가 설치되어 있다.

1) 펌프의 흡입측과 토출측의 주위 배관을 도시하고 밸브 및 기구 등의 이름을 쓰시오. [12점]

해설 및 정답

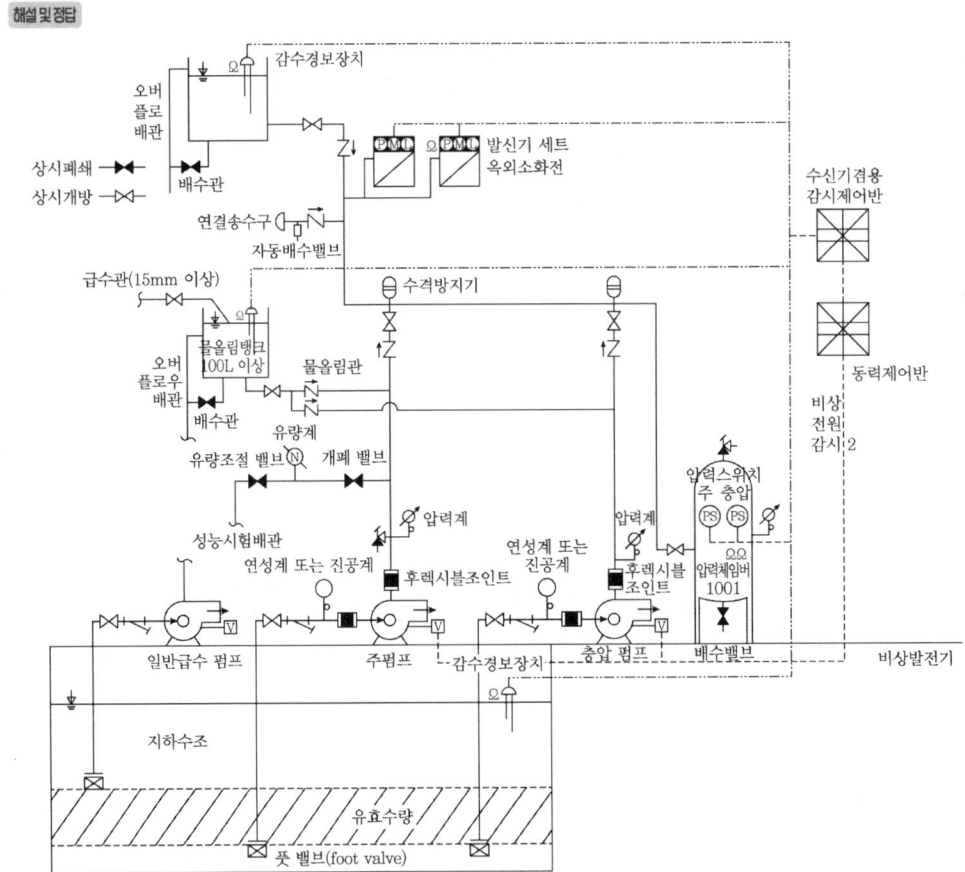

2) 안전밸브와 릴리프밸브의 차이점을 쓰시오. 6점

	안 전 밸 브	릴 리 프 밸 브
적용유체	기체 및 증기	액체
압력설정	제조시 작동압력을 설정하여 현장에서 작동압력 설정불가	현장에서 작동압력을 설정가능

3) 릴리프밸브의 압력설정방법을 쓰시오. 6점

① 제어반에서 주펌프 및 보조펌프의 운전스위치를 "수동"의 위치로 한다.
② 주펌프의 토출측밸브를 폐쇄하고 주펌프를 수동으로 기동한다.
③ 성능시험배관상의 유량조절밸브를 서서히 잠그면서 펌프 토출측 압력계의 지침이 릴리프밸브를 개방시키고자 하는 압력이 되도록 한다.
④ 릴리프밸브의 윗뚜껑을 열고 스패너로 조정나사를 돌려서 릴리프밸브를 개방시킨다.

4) 소화전의 동파방지를 위하여 시공시 유의해야 할 사항 2가지를 쓰시오. (동파방지 기구 등을 추가적으로 설치하는 것을 고려하지 않음) 6점

① 배관을 동결심도 밑으로 매설한다.
② 배수가 잘될 수 있도록 모래, 자갈 등으로 주변을 채운다.
③ 배관의 분기부분은 피복 등이 어려우므로 가급적 분기를 적게 한다.

02 콘루프형 위험물저장 옥외탱크(내경 15[m]×높이 10[m])에 Ⅱ형 포방출구 2개를 설치할 경우 다음 물음에 답하시오. 30점

조건
① 포수용액량 : 220[L/m²]
② 포방출률 : 4[L/m²·min]
③ 소화약제(포)의 사용농도 : 3[%]
④ 보조포소화전 4개 설치
⑤ 송액관 내경 100[mm], 길이 500[m]

1) 고정포방출구에서 방출하기 위하여 필요한 소화약제 저장량(L) 15점

$Q = A(\text{m}^2) \times Q_1(\text{L/m}^2) \times S$

Q : 포약제의 양(L)
A : 탱크의 액표면적(m²)
Q_1 : 표면적 1[m²]당의 수용액의 양(L/m²)
S : 농도

∴ $Q = \dfrac{\pi \times 15^2}{4} \text{m}^2 \times 220 \text{L/m}^2 \times 0.03 = 1,166.32[\text{L}]$

기출문제

2) 보조포소화전에서 방출하기 위하여 필요한 소화약제 저장량(L) 5점

해설 및 정답
$Q = N \times S \times 8,000$
Q : 포약제의 양(L)
N : 호스접결구의 수(최대 3개)
S : 농도
∴ $Q = 3 \times 0.03 \times 8,000\text{L} = 720[\text{L}]$

3) 탱크까지 송액관에 충전하기 위하여 필요한 소화약제 저장량(L) 5점

해설 및 정답
$Q = A(\text{m}^2) \times L \times 1,000 \times S$
Q : 포약제의 양(L)
A : 배관의 단면적(m^2)
L : 배관의 길이(m)
S : 농도
∴ $Q = \dfrac{\pi \times 0.1^2}{4} m^2 \times 500\text{m} \times 1,000\text{L/m}^3 \times 0.03 = 117.81[\text{L}]$

4) 그 합을 구하라. 5점

해설 및 정답 1,166.32L + 720L + 117.81L = 2,004.13[L]

---

03 한 개의 방호구역으로 구성된 가로 15[m], 세로 15[m], 높이 10[m]의 랙크식창고에 가로 5[m], 세로 10[m], 높이 8[m]의 랙크를 2개 설치, 특수가연물을 저장하고 있고, 라지드롭형스프링클러헤드 폐쇄형을 정방형으로 설치하려고 한다. 다음 각 물음에 답하시오. 40점

1) 헤드 설치수 15점

해설 및 정답
① 천장설치수
가로열 : $\dfrac{15m}{2 \times 1.7m \times \cos 45°} = 6.24$ ∴ 7개
세로열 : $\dfrac{15m}{2 \times 1.7m \times \cos 45°} = 6.24$ ∴ 7개
∴ $7 \times 7 = 49$개

② 랙크설치수

가로열 : $\dfrac{5m}{2 \times 1.7m \times \cos 45°} = 2.09$ ∴ 3개

세로열 : $\dfrac{10m}{2 \times 1.7m \times \cos 45°} = 4.16$ ∴ 5개

$\dfrac{8m}{3m} = 2.6$ ∴ 3열

∴ 3×5×3열×2개 = 90개

③ 총설치수 : 49 + 90 = 139개

2) 총 헤드를 담당하는 최소배관의 구경(스케줄방식배관) **15점**

해설 및 정답 규약에 의한 스프링클러설비배관의 구경 기준

급수관의 구경 구분	25	32	40	50	65	80	90	100	125	150
가	2	3	5	10	30	60	80	100	160	161 이상
나	2	4	7	15	30	60	65	100	160	161 이상
다	1	2	5	8	15	27	40	55	90	91 이상

무대부 또는 특수가연물을 취급하는 장소에 폐쇄형스프링클러헤드를 설치하는 경우의 배관구경은 "다"란을 따라야 한다.
설치하여야 할 헤드의 개수가 90개를 초과하므로 150mm

3) 옥상수조를 포함한 수원의 량(m³) **10점**

해설 및 정답 옥상수조를 포함한 수원의 양 = 저수조 저장량 + 옥상수조 저장량
특수가연물을 저장하는 창고이므로 기준개수는 30개를 적용한다.

$Q = 30 \times 9.6[m^3] + 30 \times 9.6[m^3] \times \dfrac{1}{3} = 384[m^3]$

제9회 설계 및 시공 기출문제

[2006년 7월 2일 시행]

01 n-heptane을 저장하는 5[m]×4[m]×4[m]인 저장창고에 전역방출방식의 FC-3-1-10 청정소화약제 소화설비를 설치할 경우 소요약제량을 계산하시오. 25점

조건
① 설계 기준온도는 20[℃]이다.
② 최소 소화농도는 8.5[%]이다.
③ 소화약제의 비체적 상수는 $K_1=0.2413$, $K_2=0.00088$이다.

해설 및 정답

$$W = \frac{V}{S} \times \left(\frac{C}{100-C}\right)$$

W : 소화약제의 무게(kg)
V : 방호구역의 체적(m^3)
S : 소화약제별 선형상수($K_1+K_2 \times t$)(m^3/kg)
C : 체적에 따른 소화약제의 설계농도([%])
t : 방호구역의 최소예상온도(℃)

$S=(K_1+K_2 \times t)=0.2413+0.00088 \times 20=0.2589[m^3/kg]$
C : 설계농도([%]) = 소화농도 × 1.3 = 8.5[%] × 1.3 = 11.05[%]

$$\therefore W = \frac{80m^3}{0.2589} \times \left(\frac{11.05}{100-11.05}\right) = 38.39[kg]$$

02 다음 물음에 각각 답하시오. 40점

1) 바닥면적 350[m^2], 높이 5[m], 전압 75[mmAq], 효율 65[%], 전달계수 1.1인 Fan의 동력을 마력(PS)으로 산정하시오. 10점

해설 및 정답

1) $P(PS) = \dfrac{P_t \times Q}{\eta \times 75} \times K$

P_t : 전압(kgf/m^2=mmAq)
Q : 배출풍량 (m^3/sec)
η : 효율, k : 전달계수

배출풍량(Q) = 350m^2 × 1$m^3/m^2 \cdot$ min = 350[m^3/min] 이상

$$\therefore \frac{75 \times \left(\dfrac{350}{60}\right)}{0.65 \times 75} \times 1.1 = 9.87[PS]$$

2) 길이가 3,000[m]인 터널이 있다. 설치할 수 있는 소방시설의 종류를 모두 쓰시오.(위험등급 미만) 10점

해설및정답 소화기, 옥내소화전설비, 연결송수관설비, 자동화재탐지설비, 비상경보설비, 비상콘센트설비, 무선통신보조설비, 비상조명등

3) 전실 제연설비의 제어반 기능 8가지를 쓰시오. 20점

해설및정답
① 급기용 댐퍼의 개폐에 대한 감시 및 원격조작기능
② 배출댐퍼 또는 개폐기의 작동여부에 대한 감시 및 원격조작기능
③ 급기송풍기와 유입공기의 배출용 송풍기(설치한 경우에 한한다)의 작동여부에 대한 감시 및 원격조작기능
④ 제연구역의 출입문의 일시적인 고정개방 및 해정에 대한 감시 및 원격조작기능
⑤ 수동기동장치의 작동여부에 대한 감시기능
⑥ 급기구 개구율의 자동조절장치(설치하는 경우에 한한다)의 작동여부에 대한 감시기능. 다만, 급기구에 차압표시계를 고정부착한 자동차압급기댐퍼를 설치하고 당해 제어반에도 차압표시계를 설치한 경우에는 그렇지 않다.
⑦ 감시선로의 단선에 대한 감시기능
⑧ 예비전원이 확보되고 예비전원의 적합여부를 시험할 수 있어야 할 것

03 칸막이가 없이 개방되어 있는 지상10층/지하2층 건축물에 자동화재탐지설비와 비상방송설비를 시공하고자 할 경우 각 번호에 알맞은 답을 적으시오. 35점

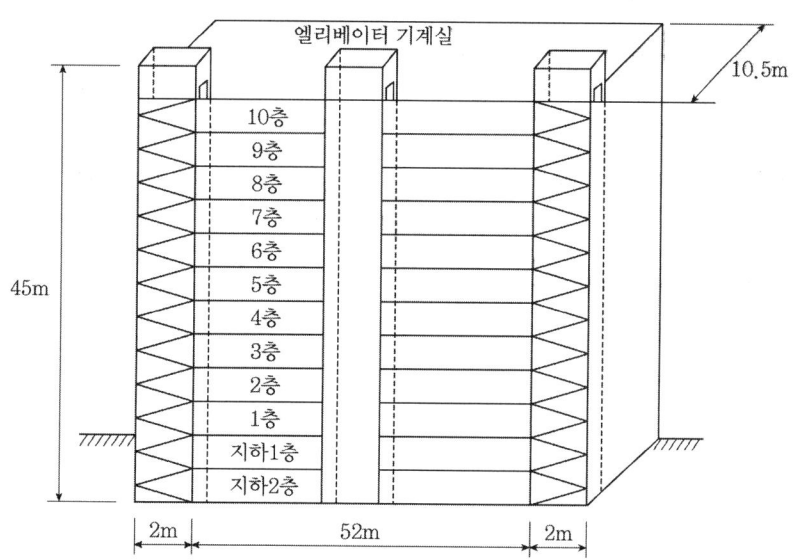

기출문제

1) 각 층 바닥면적이 동일한 위 건물에 필요한 자동화재탐지설비의 최소 경계구역수를 구하시오.

해설및정답
① 수평(층별) 경계구역의 수
　㉠ 면적기준 : 바닥면적 600[m²] 이하마다 1개의 경계구역으로 하여야 한다.
　　　바닥면적 = 56m × 10.5m = 588[m²]　∴ 1개의 경계구역
　㉡ 길이기준 : 한 변의 길이가 50[m] 이하마다 1개의 경계구역으로 하여야 한다.
　　　한변의 길이가 56[m]이므로 2개의 경계구역
　　　　∴ 수평 경계구역의 수 = 2 × 12개층 = 24개 경계구역
② 수직 경계구역의 수
　㉠ 계단
　　　계단의 경우 별도로 하되 지하2층의 경우는 지상층과 지하층을 구분하여야 한다.
　　　　∴ 좌측계단(지상1개, 지하1개) 2개 + 우측계단(지상1개, 지하1개) 2개 = 4구역
　㉡ 엘리베이터
　　　엘리베이터 승강로는 별도의 구역으로 선정한다.
　　　　∴ 1구역
　　　　∴ 수직 경계구역의 수 = 4 + 1 = 5개 경계구역
　전체 경계구역의 수 = 수평 경계구역의 수 + 수직 경계구역의 수
　∴ 24개 + 5개 = 29개 경계구역

2) 1층의 감지기가 동작할 경우 연동되어 비상방송이 송출되는 층을 모두 적으시오.

해설및정답 전층(22.12.1 이후 개정)

3) 다음 ( ) 안을 채우시오.

> 자동화재탐지설비에는 그 설비에 대한 감시상태를 (①)분간 지속한 후 유효하게 (②)분 이상 경보할 수 있는 (③)를 설치하여야 한다. 다만 (④)이 (⑤)인 경우에는 그러하지 아니하다.

해설및정답
① 60　② 10　③ 축전지설비 또는 전기저장장치　④ 상용전원
⑤ 축전지설비 또는 건전지를 주전원으로 사용하는 무선식설비

제10회 설계 및 시공 기출문제

[2008년 9월 28일 시행]

01 다음의 청정소화약제에 대하여 답하시오. [현행 할로겐화합물 및 불활성기체] **30점**

1) 다음의 용어 정의를 설명하시오. **6점**
   ① 할로겐화합물 및 불활성기체소화약제
   ② 할로겐화합물소화약제
   ③ 불활성기체소화약제

   해설 및 정답 ① 할로겐화합물 및 불활성기체소화약제
   할로겐화합물(할론1301, 할론2402, 할론1211 제외) 및 불활성기체로서 전기적으로 비전도성이며 휘발성이 있거나 증발 후 잔여물을 남기지 않는 소화약제
   ② 할로겐화합물소화약제
   불소, 염소, 브롬 또는 요오드 중 하나 이상의 원소를 포함하고 있는 유기화합물을 기본성분으로 하는 소화약제
   ③ 불활성기체소화약제
   헬륨, 네온, 아르곤 또는 질소가스 중 하나 이상의 원소를 기본성분으로 하는 소화약제

2) 할로겐화합물 및 불활성기체소화약제를 설치해서는 안 되는 장소를 쓰시오. **4점**

   해설 및 정답 ① 사람이 상주하는 곳으로서 최대허용설계농도를 초과하는 장소
   ② 위험물안전관리법 시행령 [별표1]의 제3류 위험물 및 제5류 위험물을 사용하는 장소. 다만, 소화성능이 인정되는 위험물은 제외한다.

3) 최대허용설계농도가 가장 높은 약제(불활성기체 제외) **3점**

   해설 및 정답 FC 3-1-10 : 40[%]

4) 최대허용설계농도가 가장 낮은 약제 **3점**

   해설 및 정답 FIC-13I1 (0.3[%])

5) 과압배출구 설치 장소를 쓰시오. **4점**

   해설 및 정답 방호구역에 소화약제 방출시 과압으로 인하여 구조물 등에 손상이 생길 우려가 있는 장소

기출문제

6) 자동폐쇄장치 설치기준을 쓰시오. [6점]

해설및정답
① 환기장치를 설치한 것에 있어서는 할로겐화합물 및 불활성기체소화약제가 방사되기 전에 당해 환기장치가 정지할 수 있도록 할 것
② 개구부가 있거나 천장으로부터 1[m] 이상의 아래부분 또는 바닥으로부터 당해 층의 높이의 3분의 2 이내의 부분에 통기구가 있어 할로겐화합물 및 불활성기체소화약제의 유출에 따라 소화효과를 감소시킬 우려가 있는 것에 있어서는 할로겐화합물 및 불활성기체소화약제가 방사되기 전에 당해 개구부 및 통기구를 폐쇄할 수 있도록 할 것
③ 자동폐쇄장치는 방호구역 또는 방호대상물이 있는 구획의 밖에서 복구할 수 있는 구조로 하고 그 위치를 표시하는 표지를 할 것

7) 저장용기 재충전 또는 교체기준을 쓰시오. [4점]

해설및정답
① 할로겐화합물소화약제
   저장용기의 약제량 손실이 5[%]를 초과하거나 압력손실이 10[%]를 초과할 경우에는 재충전하거나 저장용기를 교체할 것
② 불활성기체소화약제
   저장용기의 압력손실이 5[%]를 초과하는 경우 재충전하거나 저장용기를 교체할 것

02 특별피난계단의 계단실 및 부속실제연설비에 대하여 설명하시오. [40점]

1) 제연방식 기준 3가지를 쓰시오. [12점]

해설및정답
① 제연구역에 옥외의 신선한 공기를 공급하여 제연구역의 기압을 제연구역 이외의 옥내보다 높게 하되 일정한 기압의 차이를 유지하게 함으로써 옥내로부터 제연구역 내로 연기가 침투되지 못하도록 할 것
② 피난을 위하여 제연구역의 출입문이 일시적으로 개방되는 경우 방연풍속을 유지하도록 옥외의 공기를 제연구역 내로 보충공급하도록 할 것
③ 피난을 위하여 일시적으로 개방된 출입문이 다시 닫히는 경우 제연구역의 과압을 방지할 수 있는 유효한 조치를 하여 차압을 유지할 것

2) 제연구역 선정기준 3가지를 쓰시오. [12점]

해설및정답
① 계단실 및 그 부속실을 동시에 제연하는 것
② 부속실만을 단독으로 제연하는 것
③ 계단실을 단독 제연하는 것

3) 다음 조건을 보고 부속실과 거실 사이의 차압은 몇 [Pa]인지 구하고, 구해진 값과 화재안전 기준에서 정하는 최소차압과의 차이를 구하시오. (단, 풀이과정을 쓰고 최종답은 반올림하여 소수점 둘째자리까지 구할 것) 16점

> **조건**
> ① 제연설비 작동 전 거실에서 부속실로 통하는 출입문 개방에 필요한 힘(F_1)=50[N]
> ② 제연설비 작동상태에서 거실에서 부속실로 통하는 출입문 개방에 필요한 힘(F_2)=90[N]
> ③ 출입문 폭(W)=0.9[m], 높이(H)=2[m]
> ④ 손잡이는 출입문 끝에 있는 것으로 가정한다.
> ⑤ 스프링클러설비 미설치

해설 및 정답 제연구역(거실 또는 복도)의 출입문을 개방하기 위해 필요한 전체 힘

$$F = F_{dc} + F_P$$

단, $F_P = \dfrac{K_d W \cdot A \cdot \Delta P}{2(W-d)}$

여기서, F : 문을 개방하는데 필요한 전체 힘(N)
  F_{dc} : 도어체크의 저항력(N)
  F_P : 차압에 의해 방화문에 미치는 힘(N)
  K_d : SI단위일 경우 상수값(=1.0)
  W : 문의 폭(m)
  A : 방화문면적(m^2)
  ΔP : 비제연구역과의 차압(Pa)
  d : 손잡이에서 문의 끝까지의 거리

$$40 = \dfrac{1 \times 0.9 \times 1.8 \times \Delta P}{2 \times (0.9-0)}$$

$$\therefore \Delta P = \dfrac{40 \times 2 \times 0.9}{1 \times 0.9 \times 1.8} = 44.444(Pa) \quad \text{차압 } 44.44(Pa)$$

화재안전기술기준에서 정하는 최소차압은 40[Pa]이므로
44.44Pa - 40Pa = 4.444[Pa] 최소차압과의 차이는 4.44[Pa]

기출문제

03 헤드의 방수압력이 0.1[MPa]일 때 방수량이 80[L/min]인 폐쇄형스프링클러설비에서 수리계산으로 배관의 관경을 결정하는 경우 다음 〈조건〉을 보고 답을 쓰시오. (단, 풀이과정을 쓰고 최종 답을 반올림하여 소수점 둘째자리까지 구할 것) 30점

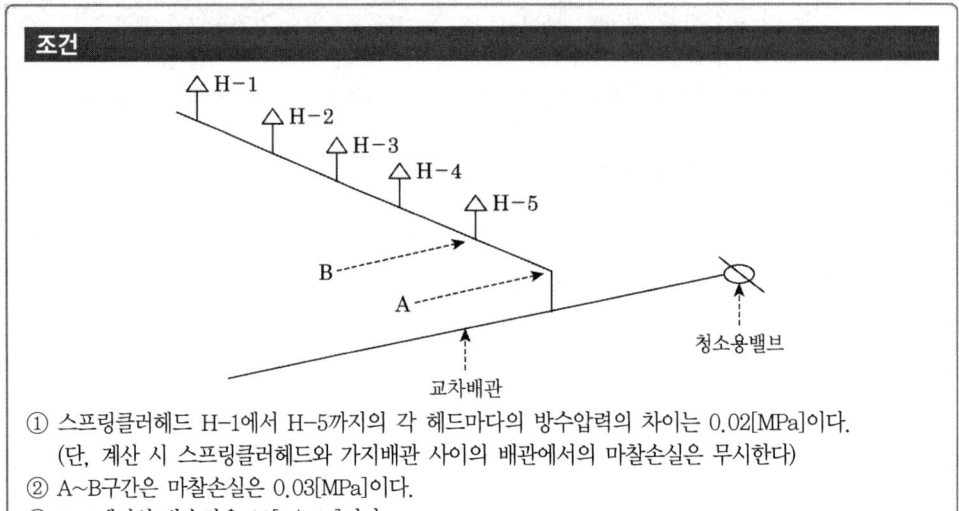

조건
① 스프링클러헤드 H-1에서 H-5까지의 각 헤드마다의 방수압력의 차이는 0.02[MPa]이다.
   (단, 계산 시 스프링클러헤드와 가지배관 사이의 배관에서의 마찰손실은 무시한다)
② A~B구간은 마찰손실은 0.03[MPa]이다.
③ H-1에서의 방수량은 80[L/min]이다.

1) A지점에서의 필요 최소압력은 몇 [MPa]인가? 10점

해설 및 정답 0.1+0.02+0.02+0.02+0.02+0.03 = 0.21

2) 각 헤드 (H-1, H-5)에서의 방수량은 몇 [L/min]인가? 5점

해설 및 정답
$Q = K\sqrt{10P}$ ∴ $K = \dfrac{Q}{\sqrt{10P}} = \dfrac{80}{\sqrt{10 \times 0.1}} = 80$

① H-1의 방수량 $q = 80\sqrt{1} = 80$ ∴ 80[L/min]
② H-2의 방수량 $q = 80\sqrt{1.2} = 87.635$ ∴ 87.64[L/min]
③ H-3의 방수량 $q = 80\sqrt{1.4} = 94.657$ ∴ 94.66[L/min]
④ H-4의 방수량 $q = 80\sqrt{1.6} = 101.192$ ∴ 101.19[L/min]
⑤ H-5의 방수량 $q = 80\sqrt{1.8} = 107.331$ ∴ 107.33[L/min]

3) A~B 구간에서의 유량은 몇 [L/min]인가? 5점

해설 및 정답 A~B 구간에서의 유량은 각 헤드에서의 방수량의 합이므로
80+87.64+94.66+101.19+107.33 = 470.82[L/min]

4) A~B구간 배관의 최소내경은 몇 [m]인가? 10점

해설및정답

$Q = A \cdot V = \dfrac{\pi d^2}{4} \cdot V$ 이므로

$d = \sqrt{\dfrac{4 \cdot Q}{\pi \cdot V}} = \sqrt{\dfrac{4 \times 470.82}{\pi \times 6 \times 1{,}000 \times 60}} = 0.0408[\text{m}] \fallingdotseq 0.04[\text{m}]$

제11회 설계 및 시공 기출문제

[2010년 9월 5일 시행]

01 다음은 소화펌프의 흡입측 배관을 도시한 도면이다. 다음 물음에 답하시오. [40점]

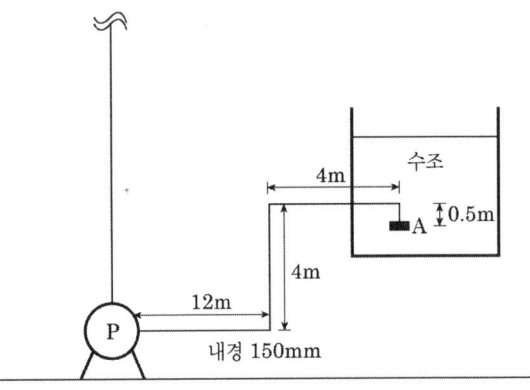

조건

① 펌프의 토출량은 180[m³/hr]이다.
② 소화펌프의 토출압력은 0.8[MPa]이다.
③ 흡입배관상의 관부속품(엘보등)의 직관 상당길이는 10[m]로 적용한다.
④ 소화수의 증기압은 0.0238[kgf/cm²], 대기압은 1[atm]으로 적용한다.
⑤ 배관의 압력손실은 아래의 하젠 윌리암스식으로 계산한다. (단, 속도수두는 무시한다)

$$\triangle H = 6.05 \times \frac{Q^{1.85} \times L}{C^{1.85} \times D^{4.87}} \times 10^6$$

$\triangle H$: 압력손실(mH₂O), Q : 유량(L/min)
C : 관마찰계수 100, L : 배관길이(m)
D : 배관내경(mm)

⑥ 유효흡입양정의 기준점은 A로 한다.

1) 흡입배관에서의 마찰손실 수두(mH₂O)를 계산하시오(단, 계산과정을 쓰고 답은 소수점 넷째 자리에서 반올림하여 셋째자리까지 구하시오. [10점]

해설 및 정답 L=12m+4m+4m+0.5m+10m=30.5[m]

D=150[mm]

C=100

Q=180m³/hr=3,000[L/min]

$$\therefore \triangle H = 6.05 \times \frac{3,000^{1.85} \times 30.5}{100^{1.85} \times 150^{4.87}} \times 10^6 = 2.5186[m]$$

∴ 2.519[mH₂O]

2) 유효흡입양정($NPSH_{av}$)를 구하시오. [10점]

해설및정답
$$NPSH_{av} = \frac{P}{r} - \frac{P_v}{r} - \frac{P_h}{r} + h = 10.332 - 0.238 - 2.519 + 3.5 = 11.075[mH_2O]$$

3) 필요흡입양정($NPSH_{re}$)이 7[mH₂O]일 때 정상적인 흡입 운전가능 여부를 판단하고 그 근거를 쓰시오. [5점]

해설및정답 정상 흡입가능 조건
$NPSH_{av} \geq NPSH_{re}$
$11.075 mH_2O > 7 mH_2O$
∴ 흡입가능

4) 유효흡입양정과 필요흡입양정의 개념을 쓰고 NPSH_av와 NPSH_re의 관계를 그래프로 설명하시오. [15점]

해설및정답 ① ㉠ 유효흡입양정($NPSH_{av}$) : 펌프가 설치되어 사용될 때 펌프 그 자체와는 무관하게 흡입측 배관의 설치방법등에 따라 결정되는 양정으로서 펌프중심으로 유입되는 액체의 절대압력이다.
㉡ 필요흡입양정($NPSH_{re}$) : 펌프가 공동현상을 일으키지 않고 정상작동되기 위해서 필요로 하는 흡입양정으로서 펌프의 구조 및 형태에 따라 결정되는 값이다.
② $NPSH_{av}$와 $NPSH_{re}$의 관계

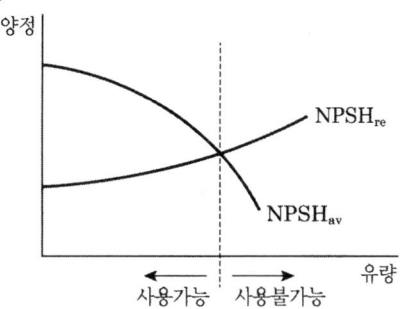

기출문제

02 물분무소화설비의 화재안전기술기준(NFTC 104)에 관하여 다음 각 물음에 답하시오. [30점]

> **조건**
> 아래 그림과 같이 바닥면이 자갈로 되어있는 절연유 봉입변압기에 물분무소화설비를 설치하고자 한다.

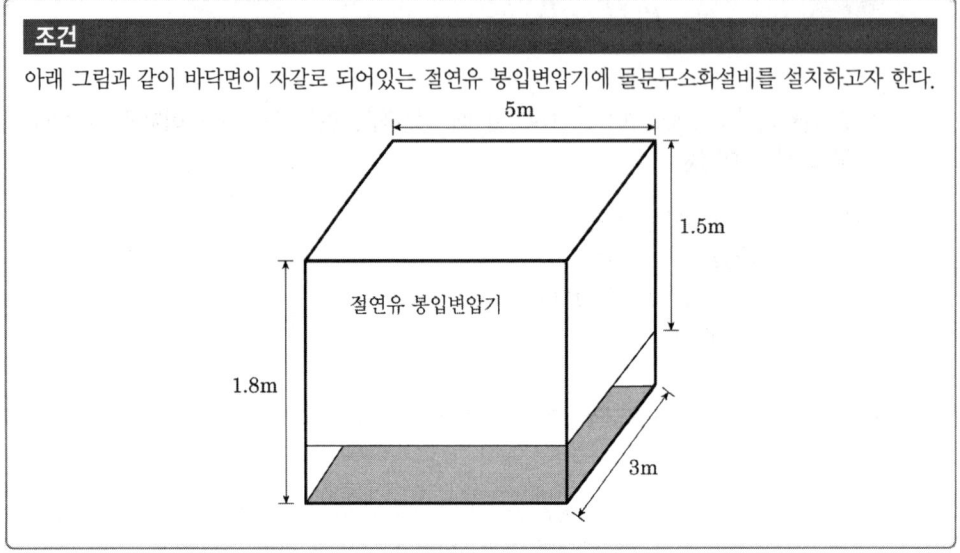

1) 소화펌프의 최소토출량(L/min)을 구하시오. (단, 계산과정을 쓰시오) [10점]

해설 및 정답
$A = (5m \times 3m) + (1.5m \times 3m \times 2) + (5m \times 1.5m \times 2) = 39[m^2]$
∴ $Q(L/min) = 39m^2 \times 10L/m^2 \cdot min = 390[L/min]$

2) 필요한 최소수원의 양(m^3)을 구하시오. [5점]

해설 및 정답
$Q(m^3) = 39m^2 \times 10L/m^2 \cdot min \times 20min \times \dfrac{1m^3}{1,000L} = 7.8[m^3]$

3) 고압의 전기기기가 있는 경우 물분무헤드와 전기기기의 이격기준 표를 답하시오. [7점]

해설 및 정답

전압(kV)	거리(cm)	전압(kV)	거리(cm)
66[kV] 이하	70[cm] 이상	154[kV] 초과 181[kV] 이하	180[cm] 이상
66[kV] 초과 77[kV] 이하	80[cm] 이상	181[kV] 초과 220[kV] 이하	210[cm] 이상
77[kV] 초과 110[kV] 이하	110[cm] 이상	220[kV] 초과 275[kV] 이하	260[cm] 이상
110[kV] 초과 154[kV] 이하	150[cm] 이상		

4) 차고 또는 주차장에 물분무소화설비를 설치하는 경우, 배수설비의 설치기준 4가지를 쓰시오.
8점

해설및정답
① 차량이 주차하는 장소의 적당한 곳에 높이 10[cm] 이상의 경계턱으로 배수구를 설치할 것
② 배수구에는 새어나온 기름을 모아 소화할 수 있도록 길이 40[m] 이하마다 집수관, 소화피트 등 기름분리장치를 설치할 것
③ 차량이 주차하는 바닥은 배수구를 향하여 $\frac{2}{100}$ 이상의 기울기를 유지할 것
④ 배수설비는 가압송수장치의 최대송수능력의 수량을 유효하게 배수할 수 있는 크기 및 기울기로 할 것

03
특정소방대상물에 소방시설 설치·유지 및 안전관리에 관한 법률과 국가화재안전기술기준을 적용하여 경보설비를 설치 및 시공하고자 한다. 다음 각 물음에 답하시오. 30점

1) 아래 표와 같이 구획된 3개의 실에 단독 경보형 감지기를 설치하고자 한다. 각 실에 필요한 최소설치수량과 그 근거를 쓰시오. 6점

실	A실	B실	B실
바닥면적(m²)	28	150	350

해설및정답
① 각 실별 최소설치수량

A실 : $\frac{28 m^2}{150 m^2/개} = 0.186$ ∴ 1개

B실 : $\frac{150 m^2}{150 m^2/개} = 1$ ∴ 1개

C실 : $\frac{350 m^2}{150 m^2/개} = 2.33$ ∴ 3개

② 적용근거 : 각 실(이웃하는 실내의 바닥면적이 각각 30[m²] 미만이고 벽체 상부 또는 일부가 개방되어 이웃하는 실내와 공기가 상호유통되는 경우 1개의 실로 본다)마다 설치하되 바닥면적이 150[m²]을 초과하는 경우에는 150[m²]마다 1개 이상 설치할 것

2) 자동화재탐지설비(NFTC 203)와 관련하여 다음 각 물음에 답하시오.
 (1) 지하층, 무창층 등으로 환기가 잘되지 아니하거나 실내면적이 40[m²] 미만인 경우, 바닥으로부터 감지기부착면까지의 거리가 2.3[m] 이하인 경우 설치가 가능한 적응성 있는 감지기 8가지를 쓰시오. 8점
 (2) 위의 장소에서 적응성있는 감지기를 제외한 일반감지기를 설치할 수 있는 조건을 쓰시오. 6점

해설및정답
(1) 분포형감지기, 광전식분리형감지기, 불꽃감지기, 정온식감지선형감지기, 축적방식의 감지기, 복합형감지기, 다신호방식의 감지기, 아날로그방식의 감지기
(2) 축적기능이 있는 수신기를 설치한 경우

기출문제

3) P형 1급 수신기와 감지기의 배선회로에 관한 각 물음에 답하시오. `10점`

> **조건**
> - 상시감시전류 : 2[mA]
> - 배선회로저항 : 100[Ω]
> - 릴레이저항 : 800[Ω]
> - 회로의 전압 : DC 24[V]
> - 기타 조건은 무시한다.

(1) 감지기의 종단저항은 몇 [Ω]인지 계산과정과 답을 쓰시오. `5점`
(2) 감지기 동작시 회로에 흐르는 전류는 몇 [mA]인가? (계산과정을 쓰고 소수점 셋째자리에서 반올림하여 둘째자리까지 구하시오) `5점`

해설 및 정답

(1) 감시전류 $I = \dfrac{전압}{릴레이저항 + 배선저항 + 종단저항}$ [A]

$$2 \times 10^{-3} = \dfrac{24}{800 + 100 + R(종단저항)}$$

$$\therefore R = 11,100 [\Omega]$$

(2) 동작전류 $I = \dfrac{전압}{릴레이저항 + 배선저항}$ [A]

$$I = \dfrac{24}{800 + 100}$$

$$I = 0.02666 [A]$$

$$\therefore I = 26.67 [mA]$$

설계 및 시공 기출문제

[2011년 8월 21일 시행]

01 지하2층 및 지상12층 구조인 계단식형 아파트에 다음과 같은 〈조건〉으로 옥내소화전 및 스프링클러설비를 설치하였다. 다음 물음에 답하시오.

조건
① 각 층에 옥내소화전 및 스프링클러설치
② 각 세대마다 헤드를 12개씩 설치하고 각 층당 2세대이다.
③ 지하층에 옥내소화전 방수구를 3조 설치하였다(지하는 기계실, 관리실 등으로 설치. 주차장 미설치).
④ 저수조, 펌프, 입상배관을 겸용으로 설치하였다.
⑤ 옥내소화전 설비의 경우 실양정은 48m이고 배관 및 배관부속의 마찰손실수두는 실양정의 15[%], 호스의 마찰손실수두는 실양정의 30[%]이다.
⑥ 스프링클러설비의 경우 실양정은 50m이고 배관 및 배관부속의 마찰손실수두는 실양정의 35[%]이다.
⑦ 펌프의 효율은 수력효율 90[%], 체적효율 80[%], 기계효율 75[%]이다.
⑧ 펌프의 전달계수는 1.1이다.

1) 주펌프의 전양정(m), 저수조량(m^3)을 구하시오. **5점**

> **해설 및 정답** ① 전양정
> 옥내소화전 : $H = h_1 + h_2 + h_3 + 17m = (48m \times 0.3) + (48m \times 0.15) + 48m + 17m$
> $\qquad\qquad\qquad = 86.6[m]$
> 스프링클러 : $H = h_1 + h_2 + 10[m]$
> $\qquad\qquad\qquad = (50m \times 0.35) + 50m + 10m = 77.5[m]$
> ∴ 86.6m
> ② 저수조량
> 옥내소화전 : $Q = 2 \times 2.6m^3 = 5.2[m^3]$
> 스프링클러 : $Q = 10 \times 1.6m^3 = 16[m^3]$
> ∴ $5.2m^3 + 16m^3 = 21.2[m^3]$

2) 펌프 토출량(L/min), 동력(kW)을 구하시오. **10점**

> **해설 및 정답** ① 토출량
> 옥내소화전 : $Q = 2 \times 130L/min = 260[L/min]$
> 스프링클러 : $Q = 10 \times 80L/min = 800[L/min]$
> ∴ $260L/min + 800L/min = 1,060[L/min]$

기출문제

② 동력

$$P(\text{kW}) = \frac{\gamma QH}{102\eta}K$$

$$= \frac{1,000 \times \left(\frac{1.06}{60}\right) \times 86.6}{102 \times (0.9 \times 0.8 \times 0.75)} \times 1.1 = 30.554\text{kW} \fallingdotseq 30.55[\text{kW}]$$

3) 옥상수조에 설치하는 부속장치에 대하여 쓰시오. 5점

해설 및 정답 수위계, 배수관, 급수관, 오버플로우관, 맨홀

4) 옥내소화전 방수구 설치제외장소를 쓰시오. 10점

해설 및 정답 불연재료로 된 소방대상물 또는 그 부분으로서 다음에 해당하는 장소
① 냉동창고의 냉동실, 냉장창고 냉장실
② 고온의 노가 설치된 장소 또는 물과 격렬하게 반응하는 물품의 저장 또는 취급장소
③ 발전소, 변전소 등으로서 전기시설이 설치된 장소
④ 식물원, 수족관, 목욕실, 수영장(관람석 제외) 또는 그 밖의 이와 유사한 장소
⑤ 야외음악당, 야외공연장 또는 그 밖의 이와 유사한 장소

5) 스프링클러 감시제어반과 동력제어반을 구분하여 설치하지 않아도 되는 경우에 대하여 쓰시오. 10점

해설 및 정답 ① 다음의 어느 하나에 해당하지 않는 특정소방대상물에 설치되는 경우
  ㉠ 지하층을 제외한 층수가 7층 이상으로서 연면적이 2,000[m^2] 이상인 것
  ㉡ 지하층의 바닥면적합계가 3,000[m^2] 이상인 것
② 내연기관에 따른 가압송수장치를 사용하는 경우
③ 고가수조에 따른 가압송수장치를 사용하는 경우
④ 가압수조에 따른 가압송수장치를 사용하는 경우

02 다음 물음에 답하시오. [30점]

1) 주거용 주방자동소화장치의 설치기준을 쓰시오. [10점]

해설 및 정답 주거용 주방자동소화장치는 다음의 기준에 따라 설치할 것
① 소화약제 방출구는 환기구(주방에서 발생하는 열기류 등을 밖으로 배출하는 장치를 말한다. 이하 같다)의 청소부분과 분리되어 있어야 하며, 형식승인 받은 유효설치 높이 및 방호면적에 따라 설치할 것
② 감지부는 형식승인 받은 유효한 높이 및 위치에 설치할 것
③ 차단장치(전기 또는 가스)는 상시 확인 및 점검이 가능하도록 설치할 것
④ 가스용 주방자동소화장치를 사용하는 경우 탐지부는 수신부와 분리하여 설치하되, 공기보다 가벼운 가스를 사용하는 경우에는 천장 면으로부터 30[cm] 이하의 위치에 설치하고, 공기보다 무거운 가스를 사용하는 장소에는 바닥 면으로부터 30[cm] 이하의 위치에 설치할 것
⑤ 수신부는 주위의 열기류 또는 습기 등과 주위온도에 영향을 받지 아니하고 사용자가 상시 볼 수 있는 장소에 설치할 것

2) 바닥면적 660[m²]인 의료시설에 능력단위 2단위의 소화기를 설치할 경우 설치수량을 구하시오. (주요구조부가 내화구조이며, 불연재료로 마감처리) [10점]

해설 및 정답 의료시설의 경우 바닥면적 50[m²]당 1단위 이상, 내화구조이고 난연재료 이상의 경우 기준면적의 2배 적용
∴ 100[m²]당 1단위 적용
∴ 660m² ÷ 100m²/단위 = 6.6단위
2단위 소화기구를 설치하므로 6.6단위 ÷ 2단위/개 = 3.3개 ∴ 4개

3) 소화수조 및 저수조의 화재안전기술기준(NFTC 402)에 대하여 조건에 따라 다음 물음에 답하시오.

> **조건**
> 1. 건축물의 연면적 : 38,500[m²]
> 2. 층별 바닥면적 : 지하 1층(2,000[m²]), 지상 1층(13,500[m²]), 지상 2층(13,500[m²]), 지상 3층(28,500[m²]) 특정 소방대상물로부터 180[m] 이내에 75[mm] 이상의 상수도관이 설치되지 않아 전용의 소화수조를 설치한다.

(1) 지하수조를 설치할 경우의 저수조에 확보하여야 할 저수량(m³)을 구하시오. [5점]
(2) 저수조에 설치하여야 할 흡수관 투입구, 채수구 설치수량을 구하시오. [5점]

해설 및 정답 (1) 특정소방대상물의 연면적을 아래 표에 의한 기준면적으로 나누어 얻은 수(소수점 이하는 1로 함)에 20[m³]을 곱한 양 이상일 것

구분	기준면적
1. 지상 1, 2층의 바닥면적 합계가 15,000[m²] 이상인 경우	7,500[m²]
2. 1호에 해당하지 아니한 경우	12,500[m²]

기출문제

∴ 1, 2층 바닥면적의 합이 27,000[m²]이므로(15,000[m²] 이상인 경우)

$$\frac{38,500m^2}{7,500m^2} = 5.13 ≒ 6$$

∴ 소화수조의 용량 = 6×20m³ = 120[m³]

(2) 흡수관투입구의 수 = 2개 (80[m³] 미만의 경우 1개, 80[m³] 이상의 경우 2개 이상)
채수구의 수 = 3개

소요수량(m³)	20[m³] 이상 40[m³] 미만	40[m³] 이상 100[m³] 미만	120[m³] 이상
채수구의 수	1개	2개	3개

03 조건에 따라 도로터널 화재안전기술기준(NFTC 603)에 대하여 물음에 답하시오. **30점**

> **조건**
> ① 편도 일방향 4차선 도로터널이다.
> ② 터널의 길이는 2,500[m]이다.

1) 터널에 설치하는 옥내소화전설비에서 방수구 최소 설치 수량 및 수원량(m³)을 구하시오. **10점**

해설 및 정답 ① 방수구 수 : 4차로 이상 일방향 터널의 경우 양쪽 측벽에 50[m] 간격으로 엇갈리게 설치
한쪽 측벽 = 터널입구 50m 이후 설치, 터널출구 50[m] 전 설치   ∴49개
한쪽 측벽 = 터널입구 25m 이후 설치, 터널출구 25[m] 전 설치   ∴50개
따라서 총 방수구수 = 99개 설치
② 수원량
$Q = 3 \times 190L/min \times 40min = 22,800[L] = 22.8[m^3]$

2) 터널에 설치하는 옥내소화전설비, 연결송수관설비의 노즐 선단 방수압력([MPa]), 방수량(lpm)을 쓰시오. **6점**

해설 및 정답 옥내소화전설비 방수압력 = 0.35[MPa] 이상 0.7[MPa] 이하
옥내소화전설비 방수량 = 190[L/min] 이상
연결송수관설비 방수압력 = 0.35[MPa] 이상
연결송수관설비 방수량 = 400[L/min] 이상

3) 터널 내의 최소 경계구역의 수와 적용 가능한 화재감지기 3가지를 쓰시오. (단, 경계구역은 다른 설비와의 연동은 없다) **6점**

해설 및 정답 터널의 경계구역은 100m마다 설정하므로 경계구역수 = $\frac{2,500m}{100m}$ = 25개

[적용가능한 화재감지기]
① 차동식분포형감지기
② 정온식감지선형감지기(아날로그식에 한한다)
③ 중앙기술심의위원회의 심의를 거쳐 터널화재에 적응성이 있다고 인정된 감지기

4) 터널 내 비상콘센트 최소 설치수량을 산정하고 설치기준을 쓰시오 8점

해설및정답 주행차로 우측측벽에 50m 간격으로 설치하므로 비상콘센트수 $= \dfrac{2,500m}{50m} - 1 = 49$개

[비상콘센트 설치기준]
① 비상콘센트설비의 전원회로는 단상교류 220[V]인 것으로서 그 공급용량은 1.5[kVA] 이상인 것으로 할 것
② 전원회로는 주배전반에서 전용회로로 할 것. 다만, 다른 설비의 회로의 사고에 영향을 받지 아니하도록 되어 있는 것에 있어서는 그러하지 아니하다.
③ 콘센트마다 배선용 차단기(KS C 8321)를 설치하여야 하며, 충전부가 노출되지 아니하도록 할 것
④ 주행차로의 우측측벽에 50[m] 이내의 간격으로 바닥으로부터 0.8[m] 이상 1.5[m] 이하의 높이에 설치할 것

설계 및 시공 기출문제

[2013년 5월 11일 시행]

01 다음 각 물음에 답하시오. 40점

1) 이산화탄소소화설비 저장용기의 설치기준 5가지를 쓰시오. 5점

해설및정답
① 저장용기의 충전비는 고압식은 1.5 이상 1.9 이하, 저압식은 1.1 이상 1.4 이하로 할 것
② 저압식 저장용기에는 내압시험압력의 0.64배부터 0.8배의 압력에서 작동하는 안전밸브와 내압시험압력의 0.8배부터 내압시험압력에서 작동하는 봉판을 설치할 것
③ 저압식 저장용기에는 액면계 및 압력계와 2.3[MPa] 이상 1.9[MPa] 이하의 압력에서 작동하는 압력경보장치를 설치할 것
④ 저압식 저장용기에는 용기내부의 온도가 섭씨영하 18[℃] 이하에서 2.1[MPa]의 압력을 유지할 수 있는 자동냉동장치를 설치할 것
⑤ 저장용기는 고압식은 25[MPa] 이상, 저압식은 3.5[MPa] 이상의 내압시험압력에 합격한 것으로 할 것

2) 이산화탄소소화설비의 분사헤드 설치제외 장소 4가지를 쓰시오. 5점

해설및정답
① 방재실·제어실등 사람이 상시 근무하는 장소
② 니트로셀룰로스·셀룰로이드제품 등 자기연소성물질을 저장·취급하는 장소
③ 나트륨·칼륨·칼슘 등 활성금속물질을 저장·취급하는 장소
④ 전시장 등의 관람을 위하여 다수인이 출입·통행하는 통로 및 전시실 등

3) 모피창고, 서고 및 에탄올 저장창고에 전역방출방식의 이산화탄소소화설비를 고압식으로 설치하려고 한다. 다음 각 물음에 답하시오. 30점

> 조건
> ① 모피창고의 크기 : 8[m]×6[m]×3[m], 개구부의 크기 : 2[m]×1[m]
>   자동폐쇄장치 설치, 설계농도는 75[%]
> ② 서고의 크기 : 5[m]×6[m]×3[m], 개구부의 크기 : 1[m]×1[m]
>   자동폐쇄장치 미설치, 설계농도는 65[%]
> ③ 에탄올 저장창고의 크기 : 5[m]×4[m]×2[m], 개구부의 크기 : 1[m]×1.5[m]
>   자동폐쇄장치 설치, 보정계수는 1.2
> ④ 충전비가 1.511이고 저장용기의 내용적은 68[L]이다.
> ⑤ 하나의 집합관에 3개의 선택밸브가 설치되어 있다.

(1) 모피창고, 서고의 소화약제의 산출 저장량(kg) 8점
(2) 에탄올 저장창고의 소화약제의 산출 저장량(kg) 5점

(3) 1병당 저장량(kg) **3점**
(4) 각 실별 저장용기수, 저장용기실의 최소 저장용기수 **5점**
(5) 모피창고 및 에탄올 저장창고의 산소농도가 10[%]일 때 CO_2[%]와 모피창고 및 에탄올 저장창고의 CO_2 방출체적(m^3)을 각각 구하시오. [이산화탄소 방사시 무유출적용] **9점**

해설및정답

(1) ① 모피창고의 소화약제의 산출 저장량(kg)
$$W = V \times \alpha$$
   W : 약제량(kg)
   V : 방호구역의 체적(m^3)
   α : 체적계수(kg/m^3)
∴ $W = (8 \times 6 \times 3)m^3 \times 2.7 kg/m^3 = 388.8 [kg]$

② 서고의 소화약제의 산출 저장량(kg)
$$W = V \times \alpha + A \times \beta$$
   W : 약제량(kg)
   V : 방호구역의 체적(m^3)
   α : 체적계수(kg/m^3)
   A : 개구부면적(m^2)
   β : 면적계수(kg/m^2)
∴ $W = (5 \times 6 \times 3)m^3 \times 2.0 kg/m^3 + (1 \times 1)m^2 \times 10 kg/m^2 = 190 [kg]$

(2) 에탄올 저장창고의 소화약제의 산출 저장량(kg)
$$W = V \times \alpha$$
   W : 약제량(kg)
   V : 방호구역의 체적(m^3)
   α : 체적계수(kg/m^3)
∴ $W = (5 \times 4 \times 2)m^3 \times 1.0 kg/m^3 = 40 [kg]$
최저약제량 45[kg] 이상, 보정계수 1.2이므로
필요약제량 = $45 kg \times 1.2 = 54 [kg]$

(3) $G = \dfrac{V}{C}$ [G : 충전질량(kg), V : 용기체적(L), C : 충전비]

∴ $G = \dfrac{68}{1.511} = 45.003 ≒ 45 kg/병$

(4) ① 각실별 저장용기 수
   ㉠ 모피창고 : 388.8kg ÷ 45kg/병 = 8.64병   ∴ 9병
   ㉡ 서고 : 190kg ÷ 45kg/병 = 4.22병   ∴ 5병
   ㉢ 에탄올저장창고 : 54kg ÷ 45kg/병 = 1.2병   ∴ 2병
   ② 저장용기실의 최소 저장용기수 : 9병

(5) ① 모피창고 및 에탄올 저장창고의 CO_2[%]
$$CO_2([\%]) = \dfrac{21 - O_2}{21} \times 100 = \dfrac{21 - 10}{21} \times 100 = 52.38 [\%]$$

② 모피창고 내 CO_2 방출체적(m^3)

$$CO_2(m^3) = \frac{21-O_2}{O_2} \times V = \frac{21-10}{10} \times 144m^3 = 158.4[m^3]$$

③ 에탄올 저장창고 내 CO_2 방출체적(m^3)

$$CO_2(m^3) = \frac{21-O_2}{O_2} \times V = \frac{21-10}{10} \times 40m^3 = 44[m^3]$$

02 다음 각 물음에 답하시오. 30점

1) 특별피난계단의 계단실 및 부속실 제연설비의 제연구역에 대한 급기 설치기준 5가지를 쓰시오. 8점

해설및정답
① 부속실을 제연하는 경우 동일수직선상의 모든 부속실은 하나의 전용수직풍도를 통해 동시에 급기할 것. 다만, 동일수직선상에 2대 이상의 급기송풍기가 설치되는 경우에는 수직풍도를 분리하여 설치할 수 있다.
② 계단실 및 부속실을 동시에 제연하는 경우 계단실에 대하여는 그 부속실의 수직풍도를 통해 급기할 수 있다.
③ 계단실만 제연하는 경우에는 전용수직풍도를 설치하거나 계단실에 급기풍도 또는 급기송풍기를 직접 연결하여 급기하는 방식으로 할 것
④ 하나의 수직풍도마다 전용의 송풍기로 급기할 것
⑤ 비상용승강기의 승강장을 제연하는 경우에는 비상용승강기의 승강로를 급기풍도로 사용할 수 있다.

2) 특별피난계단의 계단실 및 부속실 제연설비의 급기송풍기 설치기준을 쓰시오. 8점

해설및정답
① 송풍기의 송풍능력은 송풍기가 담당하는 제연구역에 대한 급기량의 1.15배 이상으로 할 것. 다만, 풍도에서의 누설을 실측하여 조정하는 경우에는 그러하지 아니한다.
② 송풍기에는 풍량조절장치를 설치하여 풍량조절을 할 수 있도록 할 것
③ 송풍기에는 풍량을 실측할 수 있는 유효한 조치를 할 것
④ 송풍기는 인접장소의 화재로부터 영향을 받지 아니하고 접근 및 점검이 용이한 곳에 설치할 것
⑤ 송풍기는 옥내의 화재감지기의 동작에 따라 작동하도록 할 것
⑥ 송풍기와 연결되는 캔버스는 내열성(석면재료를 제외한다)이 있는 것으로 할 것

3) 다음 조건을 보고 각 물음에 답하시오

> **조건**
> ① 예상제연구역인 거실의 바닥면적 : $A = 400m \times 22.5m = 900[m^2]$
> ② 제연경계하단까지의 수직거리 3.2[m]
> ③ 거실 대각선거리 : 45.9[m]
> ④ 팬의 효율 : 50[%]
> ⑤ 전압 65[mmAq]
> ⑥ 배출기 흡입측의 풍도높이 : 600[mm]

(1) 배출량(m^3/min)을 구하시오. **4점**
(2) 전동기용량(kW)을 구하시오 다만, 전달계수는 1.2이다. **4점**
(3) 흡입측 풍도의 최소폭(mm)을 구하시오. **4점**
(4) 흡입측 풍도 강판두께(mm)를 구하시오. **2점**

해설 및 정답

(1) 바닥면적 400[m^2] 이상, 직경 40[m] 이상 60[m] 원내, 수직거리 3[m] 초과이므로 65,000[m^3/h] 이상

∴ 65,000m^3/hr × 1hr × 60min = 1,083.333 ≒ 1,083.33[m^3/min]

(2) $P(kW) = \dfrac{P \times Q}{102 \times \eta} \times K$

P : 전압(kgf/m^2), Q : 배출량(m^3/sec), η : 효율, K : 전달계수

$P(kgf/m^2) = 65mmAq = 0.065mH_2O \times \dfrac{10,332 kgf/m^2}{10.332 mH_2O} = 65[kgf/m^2]$

∴ $P(kW) = \dfrac{65 \times \dfrac{1,083.33}{60}}{102 \times 0.5} \times 1.2 = 27.614 ≒ 27.61[kW]$

(3) 폭 = $\dfrac{면적}{높이}$, 흡입측풍도의 면적 = $\dfrac{배출량}{흡입측풍도의 풍속}$

흡입측풍도 내의 풍속은 15m/s이하여야 하므로

$A = \dfrac{\left(\dfrac{65,000}{3,600}\right)m^3/s}{15m/s} = 1.203 ≒ 1.2[m^2]$

폭 = $\dfrac{1.2m^2}{0.6m} = 2m ≒ 2,000[mm]$

(4) 풍도단면의 긴변이 2,000[mm]이므로 두께는 1[mm] 선정

풍도단면의 긴 변 또는 직경의 크기	450[mm] 이하	450[mm] 초과 750[mm] 이하	750[mm] 초과 1,500[mm] 이하	1,500[mm] 초과 2,250[mm] 이하	2,250[mm] 초과
강판두께	0.5[mm]	0.6[mm]	0.8[mm]	1.0[mm]	1.2[mm]

기출문제

03 다음 각 물음에 답하시오. [30점]

1) 미분무소화설비의 폐쇄형 미분무헤드의 표시온도가 79[℃]일 때 그 설치장소의 평상시 최고 주위온도(℃)를 구하시오. [5점]

해설및정답 Ta=0.9Tm-27.3℃ [Ta : 최고주위온도(℃), Tm : 헤드의 표시온도(℃)]
  Ta=0.9×79-27.3=43.8[℃]

2) 다음 조건을 참고하여 미분무소화설비의 수원 저장량(m^3)을 구하시오. [7점]

> **조건**
> 헤드개수 30개, 헤드당 설계유량 50[L/min], 설계방수시간 1시간, 배관의 총체적 0.07[m^3]

해설및정답 수원의 양
  $Q = N \times D \times T \times S + V = 30개 \times 0.05 m^3/(min \cdot 개) \times 60 min \times 1.2 + 0.07 m^3$
    $= 108.07 [m^3]$

3) 수신기에 소비전류 250[mA]인 시각경보기가 60[m] 간격으로 4개가 설치되어 있다. 마지막 시각경보기에 공급되는 전압(V)을 구하시오. (다만, 시각경보기는 병렬로 연결되어 있으며, 수신기에서의 공급전압은 DC 24[V]이고, 전선의 굵기는 2.0[mm^2]이다) [10점]

해설및정답 ① 수신기~최초 시각경보기
  $e = \dfrac{35.6LI}{1,000A} = \dfrac{35.6 \times 60m \times (0.25A \times 4)}{1,000 \times 2mm^2} = 1.068[V]$
  ② 첫 번째 시각경보기 ~ 두번째 시각경보기
  $e = \dfrac{35.6LI}{1,000A} = \dfrac{35.6 \times 60m \times (0.25A \times 3)}{1,000 \times 2mm^2} = 0.801[V]$
  ③ 두번째 시각경보기 ~ 세번째 시각경보기
  $e = \dfrac{35.6LI}{1,000A} = \dfrac{35.6 \times 60m \times (0.25A \times 2)}{1,000 \times 2mm^2} = 0.534[V]$
  ④ 세번째 시각경보기 ~ 네번째 시각경보기
  $e = \dfrac{35.6LI}{1,000A} = \dfrac{35.6 \times 60m \times (0.25A \times 1)}{1,000 \times 2mm^2} = 0.267[V]$
  ⑤ 마지막 시각경보기 공급전압
  $E = 24V - 1.068V - 0.801V - 0.534V - 0.267V = 21.33[V]$

4) 옥내소화전설비의 내화배선 공사방법을 쓰시오. (내화전선, MI케이블 제외) 8점

해설및정답 금속관, 2종 금속제 가요전선관 또는 합성수지관에 수납하여 내화구조로 된 벽 또는 바닥 등에 벽 또는 바닥의 표면으로부터 25[mm] 이상의 깊이로 매설하여야 한다. 다만 다음의 기준에 적합하게 설치하는 경우에는 그러하지 않다.
① 배선을 내화성능을 갖는 배선전용실 또는 배선을 배선용 샤프트·피트·덕트 등에 설치하는 경우
② 배선전용실 또는 배선용 샤프트·피트·덕트 등에 다른 설비의 배선이 있는 경우에는 이로부터 15[cm] 이상 떨어지게 하거나 소화설비의 배선과 이웃하는 다른 설비의 배선 사이에 배선지름(배선의 지름이 다른 경우에는 가장 큰 것을 기준으로 한다)의 1.5배 이상의 높이의 불연성 격벽을 설치하는 경우

제14회 설계 및 시공 기출문제

[2014년 5월 17일 시행]

01 다음 각 물음에 답하시오. `40점`

1) 아래 조건과 같이 주상복합 건축물의 각층에 A급 2단위, B급 3단위, C급 적응성의 소화기를 설치할 경우 다음 각 물음에 답하시오. (단, 수평거리에 따른 설치는 무시한다) `15점`

> **조건**
> ① 지하3층~지하1층 : 주차장 용도로서 층별면적은 3,500[m²](단, 지하3층 바닥면적 중 발전기실 80[m²], 변전실 250[m²], 보일러실 200[m²]가 구획되어 있다)
> ② 지상1층~지상5층 : 판매시설로서 층별면적 2,800[m²][단, 지상5층은 80[m²]의 음식점(음식점당 주방 35m², 나머지는 영업장으로 상호구획)이 6개로 구획되어 있고, 각 주방은 LNG로 사용하며, 연소기구로부터 보행거리 5[m] 이내에 있다]
> ③ 지상6층~지상33층 : 공동주택으로 각층 540[m²](4세대)이며 2세대별 각각 피난계단과 비상용승강기(부속실 겸용)가 있으며 내화구조로 구획됨
> ④ 발전기, 변전실을 제외한 전층 옥내소화전과 스프링클러설비 설치됨
> ⑤ 주요구조부는 내화구조, 내장재는 불연재임

(1) 지하3층~지하1층 층별로 설치하는 소화기 수량을 주용도, 부속용도별로 산출하시오. `6점`
(2) 지상1층~지상5층 층별로 설치하는 소화기 수량을 주용도, 부속용도별로 산출하시오. `7점`
(3) 지상6층~지상33층에 설치할 소화기 수량의 합계를 용도별로 산출하시오. `2점`

해설 및 정답

(1) ㉠ 지하3층

ⓐ 주용도 : $\dfrac{3,500m^2}{200m^2} = 17.5$단위, ∴ $\dfrac{17.5단위}{2단위} = 8.75$ ∴ 9개

33m² 초과 실 : 3개 ∴ 9 + 3 = 12개

ⓑ 부속용도

가. 발전기실 = $\dfrac{80m^2}{50m^2} = 1.6$ ∴ 2개

나. 변전실 = $\dfrac{250m^2}{50m^2} = 5$ ∴ 5개

다. 보일러실 = $\dfrac{200m^2}{25m^2} = 8$단위, ∴ $\dfrac{8단위}{3단위} = 2.66$ ∴ 3개

∴ 지하3층 주용도 12개, 부속용도 10개

㉡ 지하2층

ⓐ 주용도 : $\dfrac{3,500m^2}{200m^2} = 17.5$단위, ∴ $\dfrac{17.5단위}{2단위} = 8.75$ ∴ 9개

㉢ 지하1층 : 지하2층과 동일 ∴ 9개

∴ 지하3층~지하1층 주용도 : 30개, 부속용도 : 10개

(2) ㉠ 지상1층~지상4층

$$\frac{2,800m^2}{200m^2} = 14단위, \quad \therefore \frac{14단위}{2단위} = 7개$$

$$\therefore 7개 \times 4개층 = 28개$$

㉡ 지상5층

ⓐ 주용도 : $\frac{2,800m^2}{200m^2} = 14단위, \quad \therefore \frac{14단위}{2단위} = 7개$

$33m^2$ 초과 실 $2 \times 6 = 12개 \quad \therefore 12 + 7 = 19개$

ⓑ 부속용도 : 음식점주방 $\frac{35m^2}{25m^2} = 1.4단위, \quad \therefore \frac{1.4단위}{3단위} = 0.47 \quad \therefore 1개$

주방 6개×1개=6개

주방연소기 1개당 소화기 1개씩 비치, ∴ 6개

∴ 지상5층 주용도 : 19개, 부속용도 : 12개

(3) ㉠ 주용도 : $\frac{540m^2}{200m^2} = 2.7단위, \quad \therefore \frac{2.7단위}{2단위} = 1.35 \quad \therefore 2개$

∴ 2개 × 28개층 = 56개

㉡ 세대별 배치 : 4세대×28개층=112개

∴ 56+112=168개

2) 스프링클러 소화수가 입상배관을 통해 "a"지점에서 13[m] 위에 있는 "b"지점으로 송수된다. "a"지점에서의 배관내경은 80[mm]이며, 설치된 압력계의 압력은 5[kg/cm²]이다. "b"지점에서 배관내경은 65[mm]로 줄어들어 "a"지점에서 "b"지점까지 배관 및 관부속품 전체 마찰손실수두는 13[m]이다. 송수유량이 5,200[L/min]인 경우 "b"지점에서의 압력(Pa)을 구하시오. **6점**

해설 및 정답

$$\frac{P_a}{r} + \frac{U_a^2}{2g} + Z_a = \frac{P_b}{r} + \frac{U_b^2}{2g} + Z_b + h_L$$

$P_a = 50,000 [\text{kgf/m}^2]$

$r = 1,000 [\text{kgf/m}^3] = 9,800 [\text{N/m}^3]$

$$U_b = \frac{Q}{A_b} = \frac{\left(\frac{5.2}{60}\right)[\text{m}^3/\text{s}]}{\frac{\pi}{4}(0.065[\text{m}])^2} = 26.12[\text{m/s}], \quad U_a = \frac{Q}{A_a} = \frac{\left(\frac{5.2}{60}\right)[\text{m}^3/\text{s}]}{\frac{\pi}{4}(0.08[\text{m}])^2} = 17.24[\text{m/s}]$$

$Z_a = 0[\text{m}], \; Z_b = 13[\text{m}], \; h_2 = 13[\text{m}]$

$$\therefore \frac{50,000}{1,000} + \frac{(17.24)^2}{2 \times 9.8} + 0 = \frac{P_b}{9,800} + \frac{(26.12)^2}{2 \times 9.8} + 13 + 13$$

$\therefore P_b = 42,681.6 Pa$

기출문제

3) 다음 〈그림〉과 같이 화살표 방향으로 "가"지점에서 "나"지점으로 1,250[L/min]의 소화수가 흐르고 있다. "가", "나" 사이의 분기관의 내경은 65[mm]라고 할 때, 각 분기관에 흐르는 유량(L/min)을 계산하시오. (배관은 스테인레스 강관이며, 엘보 1개의 상당길이는 2.5[m]로 하고, 분기되는 두 지점의 마찰손실은 무시한다) **7점**

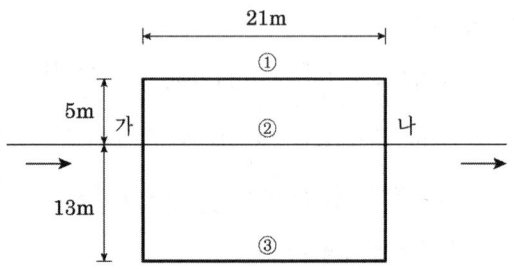

해설 및 정답 $Q_1 + Q_2 + Q_3 = 1,250[\text{L/min}]$, $\triangle P_1 = \triangle P_2 = \triangle P_3$

$\triangle P_1 = \triangle P_2$
$Q_1^{1.85} \times 36 = Q_2^{1.85} \times 21$, $\therefore \dfrac{36}{21} \cdot Q_1^{1.85} = Q_2^{1.85}$, $Q_2 = 1.34 Q_1$

$\triangle P_1 = \triangle P_3$
$Q_1^{1.85} \times 36 = Q_3^{1.85} \times 52$, $\therefore \dfrac{36}{52} \cdot Q_1^{1.85} = Q_3^{1.85}$, $Q_3 = 0.82 Q_1$

$\therefore Q_1 + 1.34 Q_1 + 0.82 Q_1 = 1,250[\text{L/min}]$, $3.16 Q_1 = 1,250[\text{L/min}]$

$\therefore Q_1 = 395.57[\text{L/min}]$
$\therefore Q_2 = 530.06[\text{L/min}]$
$\therefore Q_3 = 324.37[\text{L/min}]$

4) 펌프에 직결된 전동기(motor)에 공급되는 전원의 주파수가 50[Hz]이며, 전동기의 극수는 4극, 펌프의 전양정이 110[m], 펌프의 토출량은 180[L/s], 펌프 운전시 미끄럼(slip)율이 3[%]인 전동기가 부착된 편흡입 1단 펌프, 편흡입 2단 펌프 및 양흡입 1단 펌프의 비속도(단위 표기 포함)를 각각 계산하시오. **12점**

해설 및 정답 $Ns = \dfrac{N\sqrt{Q}}{\left(\dfrac{H}{n}\right)^{\frac{3}{4}}}$

$N = \dfrac{120f}{P}(1-s) = \dfrac{120 \times 50}{4} \times (1-0.03) = 1,455[\text{rpm}]$

$Q = 180\text{L/s} \times \dfrac{60\text{sec}}{1\text{min}} \times \dfrac{1\text{m}^3}{1,000\text{L}} = 10.8[\text{m}^3/\text{min}]$

∴ ① 편흡입 1단펌프

$$Ns = \frac{1{,}455\sqrt{10.8}}{(110)^{\frac{3}{4}}} = 140.78[\text{rpm}]$$

② 편흡입 2단펌프

$$Ns = \frac{1{,}455\sqrt{10.8}}{\left(\dfrac{110}{2}\right)^{\frac{3}{4}}} = 236.76[\text{rpm}]$$

③ 양흡입 1단펌프

$$Ns = \frac{1{,}455\sqrt{\dfrac{10.8}{2}}}{(110)^{\frac{3}{4}}} = 99.54[\text{rpm}]$$

02 다음 각 물음에 답하시오. (30점)

1) 아래 〈조건〉의 건축물에 자동화재탐지설비 설계시 최소 경계구역 수를 계산하시오. (단, 모든 감지기는 광전식 스포트형 연기감지기 또는 차동식 스포트형 감지기로서 표준 감시거리 및 감지면적을 가진 감지기로 설치하고 자동식 소화설비 경계구역은 제외) 8점

> **조건**
> ① 바닥면적 : 28m×42m=1,176[m²]
> ② 연면적 : 1,176m²/층×8개층+300m²(옥탑층)=9,708[m²]
> ③ 층수 : 지하 2층, 지상 6층, 옥탑층
> ④ 층고 : 4[m]
> ⑤ 건물높이 : 4m×9개층(지하2층 ~ 옥탑층)=36[m]
> ⑥ 주용도 : 판매시설
> ⑦ 층별 부속용도 : 지하2층 : 주차장
> • 지하1층 : 주차장 및 근린생활시설
> • 지상1층~ 지상6층 : 판매시설
> • 옥탑층 : 계단실, 엘리베이터 권상기실, 기계실, 물탱크실
> ⑧ 직통계단 : 지하2층 ~ 지상6층 1개, 지하2층 ~ 옥탑층 1개, 총 2개
> ⑨ 엘리베이터 : 1개소

해설 및 정답 ① 수평경계구역

   ㉠ 지하2층~지상6층 : $\dfrac{1{,}176m^2}{600m^2} = 1.96$ ∴ 2개

   ∴ 8개층 × 2개 = 16개

   ㉡ 옥탑층 : $\dfrac{300m^2}{600m^2} = 0.5$ ∴ 1개

   ∴ 수평경계구역 16+1=17개

② 수직경계구역
  ㉠ 지상계단 2개
  ㉡ 지하계단 2개
  ㉢ E/V 1개
  ∴ 수직경계구역 2+2+1=5개
  ∴ 총 경계구역수 22개

2) R형 자동화재탐지설비의 신호전송선로에 트위스트 쉴드선을 사용하는 이유, 트위스트 선로의 종류와 원리를 설명하시오. **8점**

해설 및 정답
- 이유 : 전자유도 방지, 신호간섭 경감, 외부노이즈 차단
- 종류 : ㉠ UTP케이블 : 비차폐연선, 신호선(랜선)의 한 종류
  ㉡ FTP케이블 : 공장배선용 사용
  ㉢ STP케이블 : 쉴드 트위스트 케이블, 일반적인 쉴드선
    cf) STP케이블
      ⓐ FR-CW-SB   ⓑ H-CW-SB
      ⓒ CVV-SB   ⓓ STP

3) 아래 〈조건〉을 참고하여 발전기 용량(kVA)을 계산하시오. **10점**

조건
① 발전기 용량계산은 PG방식을 적용하고, 고조파 부하는 고려하지 않음
② 기동방식에 따른 계수는 1.0 적용
③ 표준역률 : 0.8 → $\cos\theta = 0.8$, 허용전압강하 : 25[%] → $\triangle E = 0.25$,
  발전기 리액턴스 : 20[%] → $X'd = 0.2$, 과부하 내량 : 1.2 → $K = 1.2$

부하의 종류	출력(kW)	전부하 특성				시동 특성		시동 순서	비고
		역률([%])	효율([%])	입력(kVA)	입력(kW)	역률([%])	입력(kVA)		
비상조명등	8	100	–	8	8	–	8	1	
스프링클러펌프	45	85	88	60.1	51.1	40	140	2	Y-△기동
옥내소화전펌프	22	85	86	30.1	25.6	40	46	3	Y-△기동
제연급기팬	7.5	85	87	10.1	8.6	40	61		직입기동
합계	82.5	–	–	108.3	93.3	–	255		

해설 및 정답

① $PG_1 = \dfrac{\sum W_L \times L}{\cos\theta} = \dfrac{93.3 \times 1}{0.8} = 116.625 ≒ 116.63[\text{kVA}]$

② $PG_2 = \dfrac{1-\triangle E}{\triangle E} \times Xd \times Q_L = \dfrac{1-0.25}{0.25} \times 0.2 \times 140 = 84[\text{kVA}]$

    cf) $\triangle E$: 허용전압강하율
        Xd : 과도리액턴스
        Q_L : 최대기동돌입용량(kVA)
        $\sum W_L$: 부하입력합계(kW)
        L : 부하수용률(1.0)

③ $PG_3 = \dfrac{\sum W_0 + (Q_{Lmax} \times \cos\theta_{시동})}{K \times \cos}$

      $= \dfrac{(8+51.1) + \{(46+61) \times 0.4\}}{1.2 \times 0.8} = 106.145 ≒ 106.15[\text{kVA}]$

    $\sum W_0$: 시동순서 1, 2의 입력합계(kW)
    K : 과부하내량
    Q_{Lmax} : 시동순서 3(마지막) 입력합계(kVA)
    $\cos\theta_{시동}$: 시동특성역률
    $\cos\theta$: 표준역률

∴ 최대용량 116.63[kVA]

4) 금속마그네슘 화재에 대하여 다음 소화설비가 적응성이 없는 이유를 기술하고, 반응식을 쓰시오.
  (1) 이산화탄소소화설비 **2점**
  (2) 물분무소화설비 **2점**

해설 및 정답 (1) $2Mg + CO_2 \rightarrow 2MgO + C + Q\text{kal}$
        $Q\text{kal}$: 1204[kJ]의 열량방출 및 미연소된 탄소가 생성·연소하게 됨
    (2) $Mg + 2H_2O \rightarrow Mg(OH)_2 + H_2 \uparrow$
       수소발생, 폭발위험이 높아짐

기출문제

03 다음 각 물음에 답하시오. [30점]

1) 할로겐화합물소화약제 HCFC Blend-A 화학식과 조성비를 쓰시오. [5점]

해설및정답
$HCFC-123(CHCl_2CF_3) : 4.75[\%]$
$HCFC-22(CHClF_2) : 82[\%]$
$HCFC-124(CHClFCF_3) : 9.5[\%]$
$C_{10}H_{16} : 3.75[\%]$

2) IG-541 불활성기체소화약제에 관한 것이다. 다음 각 물음에 답하시오. [15점]

[조건]
① 실면적 : 300[m²], 층고 : 3.5[m], 소화농도 : 35.84[%]
② 노즐에서 소화약제 방사시 온도 : 20[℃]
③ 전기실로서 최소 예상온도 : 10[℃]
④ 1병당 80[L], 충전압력 : 19,965[KPa]

(1) 소화약제량 산출식을 쓰고, 각 기호를 설명하시오. [3점]
(2) IG-541의 선형상수 K_1과 K_2를 구하시오. [3점]
(3) IG-541의 소화약제량(m³)을 구하시오. [3점]
(4) IG-541의 최소 저장 용기 수를 구하시오. [3점]
(5) 선택밸브 통과시 최소유량(m³/s)을 구하시오. [3점]

해설및정답 IG-541

(1)

$$Q(m^3) = V(m^3) \times X(m^3/m^3)$$

- $Q(m^3)$: 소화약제량(m³)
- $V(m^3)$: 방호구역의 체적(m³)
- $X = 2.303 \times \dfrac{V_s}{S} \times \log\left(\dfrac{100}{100-C}\right)$
- X : 실체적당 소화약제의 부피(m³/m³)
- S : 소화약제별 선형상수 $(K_1 + K_2 \times t)$ (m³/kg)
- C : 체적에 따른 소화약제의 설계농도(%)
- V_s : 20℃에서의 소화약제의 비체적(m³/kg)
- t : 방호구역의 최소 예상온도(℃)

(2) $K_1 = \dfrac{22.4}{M}$

$M = (28 \times 0.52) + (40 \times 0.4) + (44 \times 0.08) = 34.08$

$\therefore K_1 = \dfrac{22.4}{34.08} = 0.6572 \, [m^3/kg]$

$K_2 = \dfrac{K_1}{273} = \dfrac{0.6572}{273} = 0.0024 \, [m^3/kg]$

(3) $Q(m^3) = V(m^3) \times X(m^3/m^3)$

$S = K_1 + K_2 \times t = 0.6572 + 0.0024 \times 10 = 0.6812 [\text{m}^3/\text{kg}]$

$V_s = K_1 + K_2 \times 20 = 0.6572 + 0.0024 \times 20 = 0.7052 [\text{m}^3/\text{kg}]$

$\therefore Q(m^3) = 1,050\text{m}^3 \times 2.303 \times \dfrac{0.7052}{0.6812} \times \log\left(\dfrac{100}{100 - 35.84 \times 1.35}\right)$

$= 719 [\text{m}^3]$

(4) $P_1 V_1 = P_2 V_2$

$V_2 = V_1 \times \dfrac{P_1}{P_2}$

$= 719 m^3 \times \dfrac{101.325 kPa}{(19965 + 101.325) kPa}$

$= 3.630 ≒ 3.63 [\text{m}^3]$

$\therefore \dfrac{3.63 m^3}{0.08 m^3} = 45.375 \qquad \therefore 46$병

(5) 2분 이내에 설계농도 95[%]에 해당하는 약제량 방출(A, C급 화재 2분, B급 화재 1분)

$\therefore Q(m^3/s) = \dfrac{1,050 m^3 \times 2.303 \times \dfrac{0.7052}{0.6812} \times \log\left(\dfrac{100}{100 - 35.84 \times 1.35 \times 0.95}\right)}{120 \text{sec}}$

$= 5.576 ≒ 5.58 [\text{m}^3/\text{s}]$

3) 자동소화장치 중 가스식, 분말식, 고체에어로졸식 자동소화장치의 설치기준을 쓰시오. **10점**

해설 및 정답

① 소화약제 방출구는 형식승인 받은 유효설치범위 내에 설치할 것
② 자동소화장치는 방호구역 내에 형식승인된 1개의 제품을 설치할 것. 이 경우 연동방식으로서 하나의 형식을 받은 경우에는 1개의 제품으로 본다.
③ 감지부는 형식승인된 유효설치범위내에 설치하여야 하며 설치장소의 평상시 최고주위온도에 따라 다음 표에 따른 표시온도의 것으로 설치할 것. 다만, 열감지선의 감지부는 형식승인 받은 최고주위온도 범위 내에 설치하여야 한다.

최고주위온도	표시온도
39[℃] 미만	79[℃] 미만
39[℃] 이상 64[℃] 미만	79[℃] 이상 121[℃] 미만
64[℃] 이상 106[℃] 미만	121[℃] 이상 162[℃] 미만
106[℃] 이상	162[℃] 이상

④ 위 ③에도 불구하고 화재감지기를 감지부로 사용하는 경우에는 캐비넷형 자동소화장치 설치기준에 따를 것

설계 및 시공 기출문제

[2015년 9월 5일 시행]

01 [제연설비의 화재안전기술기준(NFTC 501)]에 의거하여 다음 각 물음에 답하시오. 40점

1) 아래 〈조건〉과 〈평면도〉를 참고하여 다음 각 물음에 답하시오. 9점

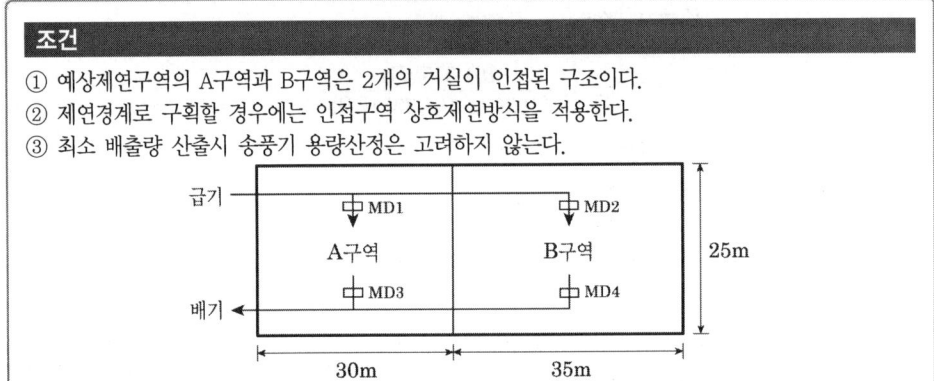

(1) A구역과 B구역을 자동방화셔터로 구획할 경우 A구역의 최소배출량(m^3/hr)을 구하시오. 3점
(2) A구역과 B구역을 자동방화셔터로 구획할 경우 B구역의 최소배출량(m^3/hr)을 구하시오. 3점
(3) A구역과 B구역을 제연경계로 구획할 경우 예상제연구역의 급, 배기 댐퍼별 동작상태(개방 또는 폐쇄)를 표기하시오. 3점

제연구역	급기댐퍼	배기댐퍼
A구역화재시	MD1 :	MD3 :
	MD2 :	MD4 :
B구역화재시	MD1 :	MD3 :
	MD2 :	MD4 :

해설 및 정답

(1) 바닥면적 = 30m × 25m = 750[m^2]
대각선의 길이 = $\sqrt{30^2 + 25^2}$ = 39.05[m], 40[m] 미만
따라서 40,000[m^3/hr] 선정

(2) 바닥면적 = 35m × 25m = 875[m^2]
대각선의 길이 = $\sqrt{35^2 + 25^2}$ = 43.01[m], 40[m] 이상
따라서 45,000[m^3/hr] 선정

(3)

제연구역	급기댐퍼	배기댐퍼
A구역화재시	MD1 : 폐쇄	MD3 : 개방
	MD2 : 개방	MD4 : 폐쇄
B구역화재시	MD1 : 개방	MD3 : 폐쇄
	MD2 : 폐쇄	MD4 : 개방

2) 제연설비 설치장소에 대한 제연구역의 구획 설정기준 5가지를 쓰시오. [6점]

해설및정답 ① 하나의 제연구역의 면적은 1,000[m²] 이내로 할 것
② 거실과 통로(복도를 포함한다. 이하 같다)는 각각 제연구획 할 것
③ 통로상의 제연구역은 보행중심선의 길이가 60[m]를 초과하지 아니할 것
④ 하나의 제연구역은 직경 60[m] 원내에 들어갈 수 있을 것
⑤ 하나의 제연구역은 2개 이상 층에 미치지 아니하도록 할 것. 다만, 층의 구분이 불분명한 부분은 그 부분을 다른 부분과 별도로 제연구획 하여야 한다.

3) 아래 〈그림〉과 같은 5개 거실에 제연(배연)설비가 설치되어 있는 경우에 대해 다음 물음에 답하시오. [25점]

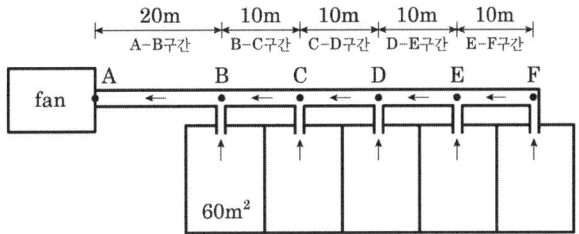

조건
① 각 실의 면적은 60[m²]로 동일하고, 배출량은 최소 배출량으로 한다.
② 주덕트는 사각덕트로 폭과 높이는 1,000[mm]와 500[mm]이다.
③ 주덕트의 벽면 마찰손실계수는 0.02로 모든 덕트구간에 동일하게 사용한다.
④ 사각덕트를 원형덕트로의 환산지름은 수력지름(hydraulic diameter)의 산출 공식을 이용한다.
⑤ 각 가지덕트에서 발생하는 압력손실의 합은 5[mmAq]로 한다.
⑥ 주덕트는 마찰손실 이외의 각종 부속품손실(부차적 손실)은 무시한다.
⑦ 송풍기에서 발생하는 압력손실은 무시한다.
⑧ 공기밀도는 1.2[kg/m³]이다.
⑨ 계산식과 풀이과정을 쓰고, 계산은 소수점 셋째자리에서 반올림한다.

(1) 송풍기의 최소 필요압력(Pa)을 계산하시오. [20점]
(2) 송풍기의 최소 필요공기동력(W)을 계산하시오. [5점]

해설및정답 (1) 송풍기의 최소 필요압력(mmAq) = 각 가지덕트에서 발생하는 압력손실의 합(5mmAq)
                                    + 주덕트에서의 압력손실의 합(mmAq)

각 실별 배출량 $= 300\text{m}^2 \times 1\text{m}^3/\text{min} \cdot \text{m}^2 \div 5 = 60\text{m}^3/\text{min} = 1\text{m}^3/\text{s}$
각 구간별 직경 $D = 4Rh$

$Rh = \dfrac{\text{유동단면적}}{\text{접수길이}} = \dfrac{1m \times 0.5m}{(1m+0.5m) \times 2} = 0.166 \fallingdotseq 0.17[\text{m}]$

$\therefore D = 4Rh = 4 \times 0.17m = 0.68[\text{m}]$

① E − F 구간(풍량 $1\text{m}^3/\text{s}$)

$h_L = f\dfrac{L}{D}\dfrac{U^2}{2g} = 0.02 \times \dfrac{10}{0.68} \times \dfrac{\left(\dfrac{1}{\dfrac{\pi}{4}(0.68)^2}\right)^2}{2 \times 9.8} = 0.113m \fallingdotseq 0.11m_{공기}$

② D − E 구간(풍량 $2\text{m}^3/\text{s}$)

$h_L = f\dfrac{L}{D}\dfrac{U^2}{2g} = 0.02 \times \dfrac{10}{0.68} \times \dfrac{\left(\dfrac{2}{\dfrac{\pi}{4}(0.68)^2}\right)^2}{2 \times 9.8} = 0.455m \fallingdotseq 0.46m_{공기}$

③ C − D 구간(풍량 $3\text{m}^3/\text{s}$)

$h_L = f\dfrac{L}{D}\dfrac{U^2}{2g} = 0.02 \times \dfrac{10}{0.68} \times \dfrac{\left(\dfrac{3}{\dfrac{\pi}{4}(0.68)^2}\right)^2}{2 \times 9.8} = 1.023m \fallingdotseq 1.02m_{공기}$

④ B − C 구간(풍량 $4\text{m}^3/\text{s}$)

$h_L = f\dfrac{L}{D}\dfrac{U^2}{2g} = 0.02 \times \dfrac{10}{0.68} \times \dfrac{\left(\dfrac{4}{\dfrac{\pi}{4}(0.68)^2}\right)^2}{2 \times 9.8} = 1.820m \fallingdotseq 1.82m_{공기}$

⑤ A − B 구간(풍량 $5\text{m}^3/\text{s}$)

$h_L = f\dfrac{L}{D}\dfrac{U^2}{2g} = 0.02 \times \dfrac{20}{0.68} \times \dfrac{\left(\dfrac{5}{\dfrac{\pi}{4}(0.68)^2}\right)^2}{2 \times 9.8} = 5.688m \fallingdotseq 5.69m_{공기}$

따라서 주배관의 마찰손실수두 $= 5.69\text{m}_{공기}$

mmAq로 환산. $5.69\text{m} \times 1.2\text{kgf}/\text{m}^3 = H\text{m} \times 1,000\text{kgf}/\text{m}^3$

$\therefore H = 0.0068\text{mAq} \fallingdotseq 6.8[\text{mmAq}]$

$\therefore$ 송풍기의 최소 필요압력(mmAq) $= 5\text{mmAq} + 6.8\text{mmAq} = 11.8[\text{mmAq}]$

$\therefore$ 송풍기의 최소 필요압력(Pa) $= 0.0118\text{mAq} \times \dfrac{101,325\text{Pa}}{10.332\text{mAq}}$

$\qquad\qquad\qquad\qquad\qquad\quad = 115.721 \fallingdotseq 115.72[\text{Pa}]$

(2) $P(\text{kW}) = \dfrac{PQ}{102} = \dfrac{11.8mmAq \times 5\text{m}^3/\sec}{102} = 0.578kW \fallingdotseq 578[\text{W}]$

02 다음 각 물음에 답하시오. [30점]

1) [유도등 및 유도표지의 화재안전기술기준(NFTC 303)]에 관하여 다음 물음에 답하시오. [7점]
   (1) 복도통로유도등에 관한 설치기준을 쓰시오. [5점]
   (2) 피난층에 이르는 부분의 유도등을 60분 이상 유효하게 작동시킬 수 있는 용량으로 비상전원을 설치하여야 하는 특정소방대상물을 쓰시오. [2점]

해설 및 정답

(1) ① 복도에 설치하되 2.2.1.1(옥내로부터 직접 지상으로 통하는 출입구 및 그 부속실출입구) 또는 2.2.1.2(직통계단, 직통계단의 계단실 및 그 부속실의 출입구)에 따라 피난구유도등이 설치된 출입구의 맞은편 복도에는 입체형으로 설치하거나, 바닥에 설치할 것
   ② 구부러진 모퉁이 및 위 ①에 따라 설치된 통로유도등을 기점으로 보행거리 20m마다 설치할 것
   ③ 바닥으로부터 높이 1m 이하의 위치에 설치할 것. 다만, 지하층 또는 무창층의 용도가 도매시장·소매시장·여객자동차터미널·지하역사 또는 지하상가인 경우에는 복도·통로 중앙부분의 바닥에 설치해야 한다.
   ④ 바닥에 설치하는 통로유도등은 하중에 따라 파괴되지 않는 강도의 것으로 할 것

(2) 아래의 특정소방대상물로부터 피난층에 이르는 부분
   ① 지하층을 제외한 층수가 11층 이상의 층
   ② 지하층 또는 무창층으로서 용도가 도매시장·소매시장·여객자동차터미널·지하역사 또는 지하상가

2) 아래 그림과 같이 휘발유저장탱크 1기와 중유저장탱크 1기를 하나의 방유제에 설치하는 옥외탱크저장소에 관하여 다음 각 물음에 답하시오. (단, 포소화약제량 계산에는 포송액관의 부피는 고려하지 않으며 방유제 용적계산에는 간막이둑 및 방유제 내의 배관체적은 무시한다. 계산은 소수점 셋째자리에서 반올림하여 둘째자리까지 구하시오) [12점]

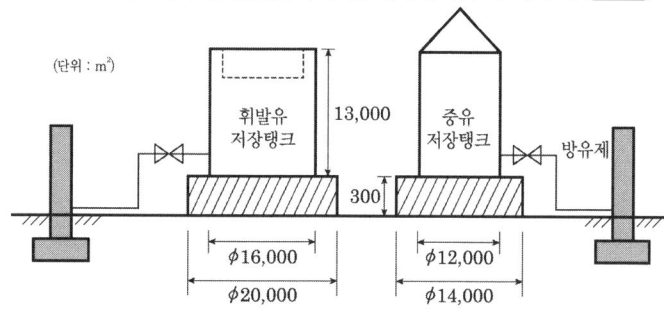

조건
① 휘발유 저장탱크 : 최대저장용량 1,900[m³], 플루팅루프탱크(탱크 내측면과 굽도리판 사이의 거리는 0.6[m]), 특형
② 중유 저장탱크 : 최대저장용량 1,000[m³], 콘루프탱크, Ⅱ형(인화점 70[℃] 이상)
③ 포소화약제의 종류 : 수성막포 3[%]   ④ 보조포소화전 : 3개 설치
⑤ 방유제 면적 : 1,500[m²]

(1) 최소 포소화약제의 저장량(L)을 계산하시오. [6점]
(2) 방유제 높이(m)를 계산하시오. [6점]

해설 및 정답

(1) 포소화약제량(L) = 최대저장탱크약제량(L) + 보조포소화전약제량(L)

① 휘발유탱크약제량
$$Q(L) = A(m^2) \times Q(L/m^2) \times S$$
$$= \left[\frac{\pi}{4}(16m)^2 - \frac{\pi}{4}(14.8m)^2\right] \times 240 L/m^2 \times 0.03 = 209.003 \fallingdotseq 209[L]$$

② 중유탱크약제량
$$Q(L) = A(m^2) \times Q(L/m^2) \times S$$
$$= \frac{\pi}{4}(12m)^2 \times 100 L/m^2 \times 0.03 = 339.292 \fallingdotseq 339.29[L]$$

③ 보조포소화전 약제량
$$Q(L) = N \times 8,000L \times S = 3 \times 8,000L \times 0.03 = 720[L]$$
∴ 포소화약제의 양(L) = 339.29L + 720L = 1,059.29[L]

(2) 방유제용량 = 최대탱크용량의 110[%] + 각 탱크 기초부분의 체적
       + 최대탱크 이외의 방유제 높이까지의 체적

방유제면적×방유제높이 = 최대탱크용량의 110[%] + 각 탱크 기초부분의 체적
       + 최대탱크 이외의 방유제 높이까지의 체적

$$1,500m^2 \times H(m) = 1,900m^3 \times 1.1 + \left(\frac{\pi}{4}(20m)^2 \times 0.3m + \frac{\pi}{4}(14m)^2 \times 0.3m\right)$$
$$+ \frac{\pi}{4}(12m)^2 \times (H-0.3)m$$

$$1,500m^2 \times H(m) = 2,090 + 140.43 + 113.1H - 33.93$$
$$1,386.9H = 2,196.5$$
∴ $H = 1.583 \fallingdotseq 1.58[m]$

3) [도로터널의 화재안전기술기준(NFTC 603)]에 관하여 다음 각 물음에 답하시오. **11점**
   (1) 3,000[m]인 편도 4차로의 일방향 터널에서 터널 양쪽의 측벽하단에 도로면으로부터 높이 0.8[m], 폭 1.2[m]의 유지보수 통로가 있을 경우 도로면을 기준으로 한 발신기 설치 높이를 쓰시오. **2점**
   (2) 비상경보설비에 대한 설치기준을 쓰시오. **4점**
   (3) 화재에 노출이 우려되는 제연설비와 전원공급선의 운전 유지조건을 쓰시오. **2점**
   (4) 제연설비의 기동은 자동 또는 수동으로 기동될 수 있도록 하여야 한다. 이 경우 제연설비가 기동되는 조건에 대하여 쓰시오. **3점**

해설 및 정답

(1) 0.8[m] + (0.8[m] 이상 1.5[m] 이하) = 1.6[m] 이상 2.3[m] 이하
(2) ① 발신기는 주행차로 한쪽 측벽에 50[m] 이내의 간격으로 설치하며, 편도 2차선 이상의 양방향 터널이나 4차로 이상의 일방향 터널의 경우에는 양쪽의 측벽에 각각 50[m] 이내의 간격으로 엇갈리게 설치할 것
② 발신기는 바닥면으로부터 0.8[m] 이상 1.5[m] 이하의 높이에 설치할 것
③ 음향장치는 발신기 설치위치와 동일하게 설치할 것. 다만, 「비상방송설비의 화재안전기술기준(NFTC 202)」에 적합하게 설치된 방송설비를 비상경보설비와 연

동하여 작동하도록 설치한 경우에는 비상경보설비의 지구음향장치를 설치하지 아니할 수 있다.
④ 음향장치의 음량은 부착된 음향장치의 중심으로부터 1[m] 떨어진 위치에서 90[dB] 이상이 되도록 할 것
⑤ 음향장치는 터널내부 전체에 동시에 경보를 발하도록 설치할 것
⑥ 시각경보기는 주행차로 한쪽 측벽에 50[m] 이내의 간격으로 비상경보설비 상부 직근에 설치하고, 전체 시각경보기는 동기방식에 의해 작동될 수 있도록 할 것
(3) 화재에 노출이 우려되는 제연설비와 전원공급선 및 제트팬 사이의 전원공급장치 등은 250[℃]의 온도에서 60분 이상 운전상태를 유지할 수 있도록 할 것
(4) ① 화재감지기가 동작되는 경우
② 발신기의 스위치 조작 또는 자동소화설비의 기동장치를 동작시키는 경우
③ 화재수신기 또는 감시제어반의 수동조작스위치를 동작시키는 경우

03 다음 각 물음에 답하시오[30점]

1) 수계소화설비에 대한 다음 각 물음에 답하시오. **9점**
   (1) 아래 그림은 펌프를 이용하여 옥내소화전으로 물을 배출하는 개략도이다. 열교환이 없으며, 모든 손실을 무시할 때, 펌프의 수동력(kW)을 계산하시오. (단, P_1은 게이지압이고, 물의 밀도는 $\rho = 998.2[kg/m^3]$, $g = 9.8[m/s^2]$, 대기압은 0.1[MPa], 전달계수 $k = 1.1$, 효율 $\eta = 75[\%]$이다. 계산은 소수점 셋째자리에서 반올림하여 둘째자리까지 구하시오) **5점**

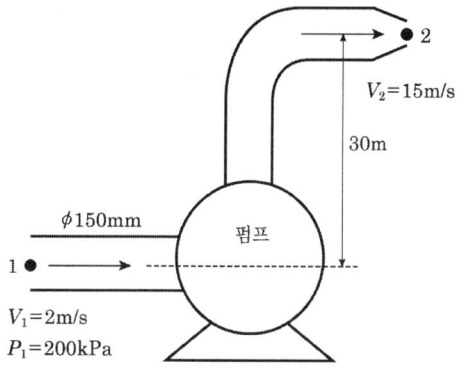

   (2) 「소방시설 설치 및 관리에 관한 법률 시행령」 별표 4에 의하여 문화 및 집회시설(동·식물원은 제외)의 전층에 스프링클러를 설치하여야 하는 특정소방대상물 4가지를 쓰시오. **4점**

해설및정답

(1) $\dfrac{P_1}{r} + \dfrac{U_1^2}{2g} + Z_1 + H = \dfrac{P_2}{r} + \dfrac{U_2^2}{2g} + Z_2 + h_L$

h_L : 무시, $Z_1 = 0[m]$, $Z_2 = 30[m]$, $P_2 = $ 대기압 $= 0$

$r = \rho \cdot g = 998.2 kg/m^3 \times 9.8 m/s^2 = 9,782.36[N/m^3]$

기출문제

$$\therefore \frac{200 \times 10^3 N/m^2}{9,782.36 N/m^3} + \frac{(2m/s)^2}{2 \times 9.8 m/s^2} + 0m + H$$

$$= \frac{0 N/m^2}{9,782.36 N/m^3} + \frac{(15m/s)^2}{2 \times 9.8 m/s^2} + 30m$$

$$H = \frac{0 N/m^2}{9,782.36 N/m^3} + \frac{(15m/s)^2}{2 \times 9.8 m/s^2} + 30m - \frac{200 \times 10^3 N/m^2}{9,782.36 N/m^3}$$

$$- \frac{(2m/s)^2}{2 \times 9.8 m/s^2} - 0m$$

$$H = 20.83[m]$$

$$P(kW) = \frac{\gamma Q H}{102} = \frac{998.2 \times (2 \times \frac{\pi}{4}(0.15)^2) \times 20.83}{102} = 7.204 \fallingdotseq 7.2[kW]$$

(2) ① 수용인원이 100명 이상인 것
② 영화상영관의 용도로 쓰이는 층의 바닥면적이 지하층 또는 무창층인 경우에는 500[m²] 이상, 그 밖의 층의 경우에는 1천[m²] 이상인 것
③ 무대부가 지하층·무창층 또는 4층 이상의 층에 있는 경우에는 무대부의 면적이 300[m²] 이상인 것
④ 무대부가 ③ 외의 층에 있는 경우에는 무대부의 면적이 500[m²] 이상인 것

2) 가로 15[m], 세로 10[m], 높이 4[m]인 전산기기실에 HFC-125를 설치하고자 한다. 아래 〈조건〉을 기준으로 다음 각 물음에 답하시오. (단, 약제팽창시 외부로의 누설을 고려한 공차를 포함하지 않으며, 계산은 소수점 다섯째자리에서 반올림하여 넷째자리까지 구하시오) **7점**

> **조건**
> ① 해당 약제의 소화농도는 A, C급 화재 시 7[%], B급 화재 시 9[%]로 적용한다.
> ② 전산기기실의 최소예상온도는 20[℃]이다.

(1) HFC-125의 K_1(표준상태에서의 비체적) 및 K_2(단위온도당 비체적 증가분) 값을 계산하시오. **2점**

(2) [할로겐화합물 및 불활성기체 소화설비의 화재안전기술기준(NFTC 107A)]에 규정된 방출시간 안에 방출하여야 하는 최소 약제량(kg)을 구하시오. **5점**

해설 및 정답

(1) $K_1 = \frac{22.4}{M} = \frac{22.4}{120} = 0.18666 \fallingdotseq 0.1867$

$K_2 = \frac{K_1}{273} = \frac{0.1867}{273} = 0.00068 \fallingdotseq 0.0007$

(2) $W(kg) = \frac{V}{S} \times \left(\frac{C \times 0.95}{100 - C \times 0.95}\right)$

$= \frac{15 \times 10 \times 4}{0.1867 + 0.0007 \times 20} \times \left(\frac{7 \times 1.35 \times 0.95}{100 - 7 \times 1.35 \times 0.95}\right)$

$= 294.85638[kg]$

$W(kg) = 294.8564[kg]$

3) [포소화설비의 화재안전기술기준(NFTC 105)]에 의거하여 아래 〈조건〉에 관한 다음 각 물음에 답하시오. **14점**

> **조건**
> ① 높이 3[m], 바닥크기가 10[m]×15[m]인 차고에 호스릴포소화전을 설치한다.
> ② 호스 접결구수는 6개이며, 5[%] 수성막포를 사용한다.

(1) 포소화약제 저장량(L)을 계산하시오. **4점**
(2) 차고 및 주차장에 호스릴포소화설비를 설치할 수 있는 조건을 쓰시오. **4점**
(3) 포소화설비 기동장치에 설치하는 자동경보장치의 설치기준을 쓰시오. **6점**

해설및정답
(1) $Q(L) = N \times 6{,}000L \times S \times 0.75 = 5 \times 6{,}000L \times 0.05 \times 0.75 = 1{,}125[L]$
(2) ① 완전 개방된 옥상주차장 또는 고가 밑의 주차장 등으로서 주된 벽이 없고 기둥뿐이거나 주위가 위해방지용 철주 등으로 둘러쌓인 부분
   ② 지상 1층으로서 지붕이 없는 부분
(3) ① 방사구역마다 일제개방밸브와 그 일제개방밸브의 작동여부를 발신하는 발신부를 설치할 것. 이 경우 각 일제개방밸브에 설치되는 발신부 대신 1개 층에 1개의 유수검지장치를 설치할 수 있다.
   ② 상시 사람이 근무하고 있는 장소에 수신기를 설치하되, 수신기에는 폐쇄형스프링클러헤드의 개방 또는 감지기의 작동여부를 알 수 있는 표시장치를 설치할 것
   ③ 하나의 소방대상물에 2 이상의 수신기를 설치하는 경우에는 수신기가 설치된 장소 상호간에 동시 통화가 가능한 설비를 할 것

제16회 설계 및 시공 기출문제

[2016년 9월 24일 시행]

01 다음 각 물음에 답하시오. [40점]

1) 가로 2[m], 세로 1.8[m], 높이 1.4[m]인 가연물에 국소방출방식의 고압식 이산화탄소소화설비를 설치하고자 한다. 다음 물음에 답하시오. (단, 저장용기는 68[L]/45[kg]을 사용하며, 입면에 고정된 벽체는 없다) [10점]
   (1) 방호공간의 체적(m³)를 구하시오. [2점]
   (2) 방호공간 벽면적의 합계(m²)를 구하시오. [2점]
   (3) 방호대상물 주위에 설치된 벽면적의 합계(m²)를 구하시오. [2점]
   (4) 이산화탄소소화설비의 최소 약제량 및 용기수를 구하시오. [4점]

해설 및 정답
(1) $V = (2m + 0.6m \times 2) \times (1.8m + 0.6m \times 2) \times (1.4m + 0.6m) = 19.2[m^3]$
(2) $A = 3.2m \times 2m \times 2$면 $+ 3m \times 2m \times 2$면 $= 24.8[m^2]$
(3) 주변 설치된 벽이 없으므로 0[m²]
(4) ① 최소약제량

$$W = 19.2m^3 \times \left(8 - 6\frac{0}{24.8}\right) kg/m^3 \times 1.4 = 215.04[kg]$$

② 용기 수

$$\frac{215.04kg}{45kg/병} = 4.78 \quad \therefore 5병$$

2) 체적 55[m³] 미만인 전기설비에서 심부화재발생 시 다음 물음에 답하시오. [30점]
   (1) 이산화탄소의 비체적(m³/kg)을 구하시오. (단, 심부화재이므로 온도는 10[℃]를 기준으로 하며 답은 소수점 셋째자리에서 반올림하며 둘째자리까지 구한다) [5점]
   (2) 자유유출(Free efflux)상태에서 방호구역 체적당 소화약제량 산정식을 쓰시오. [5점]
   (3) 이산화탄소소화설비의 화재안전기술기준(NFTC 106)에 따라 전역방출방식에 있어서 심부화재의 경우 방호대상물별 소화약제의 양과 설계농도를 쓰시오. [12점]
   (4) 전역방출방식에서 체적 55[m³] 미만인 전기설비 방호대상물의 설계농도를 구하시오. (단, 계산값은 소수점 셋째자리에서 반올림하여 둘째자리까지 구하고, 설계농도는 반올림하여 정수로 한다) [8점]

해설 및 정답
(1) 비체적 $= \dfrac{RT}{PM} = \dfrac{0.082 \times 283}{1 \times 44} = 0.527 \fallingdotseq 0.53[m^3/kg]$

(2) $\alpha(kg/m^3) = 2.303 \times \log\left(\dfrac{100}{100-C}\right) \times \dfrac{1}{S}$

C : 설계농도([%]), S : 소화약제의 비체적(m³/kg)

(3)

방호대상물	방호구역의 체적 1[m³]에 대한 소화약제의 양	설계농도 ([%])
① 유압기기를 제외한 전기설비, 케이블실	1.3[kg]	50
② 체적 55[m³] 미만의 전기설비	1.6[kg]	50
③ 서고, 전자제품창고, 목재가공품창고, 박물관	2.0[kg]	65
④ 고무류·면화류창고, 모피창고, 석탄창고, 집진설비	2.7[kg]	75

(4) 55m³ 미만의 경우 α값=1.6[kg/m³]

$$\therefore 1.6 kg/m^3 = 2.303 \times \log\left(\frac{100}{100-C}\right) \times \frac{1}{0.53 m^3/kg}$$

$$\frac{1.6 \times 0.53}{2.303} = \log\left(\frac{100}{100-C}\right)$$

$$0.3682 = \log\left(\frac{100}{100-C}\right)$$

$$10^{0.3682} = \left(\frac{100}{100-C}\right)$$

$$100 - C = \frac{100}{10^{0.3682}}$$

$$\therefore C = 100 - \frac{100}{10^{0.3682}} = 57.166 = 57.17[\%]$$

cf) Solve $C = 57.166$
       $= 57.17[\%]$

기출문제

02 다음 각 물음에 답하시오. 30점

1) 스프링클러설비의 화재안전기술기준(NFTC 103)에 따라 다음 각 물음에 답하시오. 24점

　(1) 일반건식밸브와 저압건식밸브의 작동순서를 쓰시오. 6점
　(2) 저압건식밸브 2차측 설정압력이 낮은 경우 장점 4가지를 쓰시오. 4점
　(3) 건식스프링클러 헤드의 설치장소 최고온도가 39[℃] 미만이고, 헤드를 하향식으로 할 경우 설치 헤드의 표시 온도와 헤드의 종류를 쓰시오. 2점
　(4) 건식스프링클러 2차측 급속개방장치(Quick opening device)의 액셀레이터(Accelerator), 익저스터(Exhauster) 작동원리를 쓰시오. 4점
　(5) 복합 건축물에 설치된 스프링클러 소화설비의 주펌프를 2대로 병렬운전 할 경우 장점 2가지를 쓰시오. 4점
　(6) 스프링클러소화설비의 가압방식 중 펌프방식에 있어서 풋밸브와 체크밸브의 이상 유무를 확인하는 방법을 쓰시오. (단, 수조는 펌프보다 아래에 있다) 4점

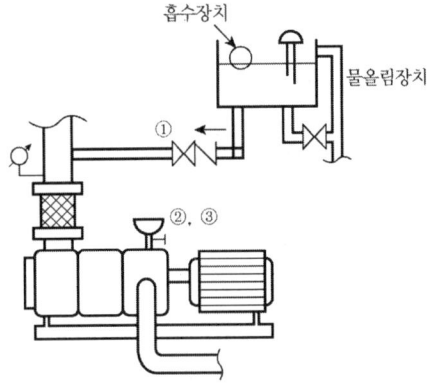

해설 및 정답
(1) ① 일반건식밸브의 작동순서
　　헤드가 작동하여 배관 내 압축공기의 압력이 설정압력 이하로 저하되면 엑셀레이터가 이를 감지하여 2차측의 압축공기를 1차측으로 우회시켜 클래퍼 하부에 있는 중간챔버로 보내줌으로써 수압과 공기압이 합해져 건식밸브가 개방된다.
　② 저압건식밸브의 작동순서
　　헤드가 작동하여 배관 내 압축공기의 압력이 설정압력 이하로 저하되면 중간챔버의 가압수와 액추에이터의 다이어프램 하부 스프링 힘에 의해 액추에이터의 다이어프램과 디스크는 밀려 올라가 가압수 출구개방과 동시에 가압수는 방출되니, 중간챔버는 감압되고 건식밸브는 개방된다.
(2) ① 소화수 방사시간의 단축(신속한 소화)
　② 클래퍼 개방시간 단축(신속한 알람)
　③ 헤드에서의 공기압으로 인한 오작동방지
　④ 개방압력에 의한 헤드파편의 파괴력 감소
(3) ① 표시온도 : 79[℃] 미만
　② 헤드의 종류 : 드라이펜던트헤드

(4) ① 액셀레이터(Accelerator, 가속기)
건식유수검지장치 2차측의 스프링클러헤드가 작동되어 공기압력이 일정압력 이상 낮아지면, 가속기가 이를 감지하여 2차측의 압축공기 일부를 클래퍼의 하부에 있는 중간실(챔버)로 보냄으로서, 1차측의 수압과 중간실의 공기압이 추가되어 클래퍼를 쉽게 개방되도록 해주는 장치이다.
② 익저스터(Exhauster, 공기배출기)
건식유수검지장치 2차측의 스프링클러헤드가 작동되어 공기압력이 설정압력보다 낮아지면 공기배출기로 2차측의 압축공기를 대기 중으로 신속하게 방출하여 클래퍼가 신속히 개방되도록 하는 장치이다. 이 장치는 2차측 공기가 스프링클러헤드를 통하여 화재지역에 공급되는 것을 막는 역할도 한다.

(5) ① 예비펌프의 개념으로 1대 고장시 안전성확보
② 토출량을 2배로 할 수 있어 펌프 동력이 작아져도 되며 전력소비나 제어의 효율화를 얻을 수 있다.

(6) ① 수원의 수위가 펌프보다 낮을 때(흡입배관이 부압(−)일 때)
㉠ 물올림장치의 급수배관을 폐쇄한다.
㉡ 펌프의 물올림컵을 서서히 열어본다.
㉢ 물올림컵의 수위상태를 확인한다.
• 수위의 변화가 없을 때 : 정상
• 물이 계속하여 넘칠 때 : 스모렌스키 체크밸브의 역류방지기능 이상
• 물이 빨려 들어갈 때 : 풋밸브의 역류방지기능 이상
② 수원의 수위가 펌프보다 높을 때(흡입배관이 정압(+)일 때)
㉠ 펌프 흡입측 개폐밸브를 폐쇄한다.
㉡ 펌프의 물올림컵을 서서히 열어본다.
㉢ 물올림컵의 수위상태를 확인한다.
• 수위의 변화가 없을 때 : 정상
• 물이 계속하여 넘칠 때 : 스모렌스키 체크밸브의 역류방지기능 이상

2) 간이스프링클러설비의 화재안전기술기준(NFTC 103A)에 따라 다음 각 물음에 답하시오. **6점**
(1) 상수도직결방식의 배관과 밸브의 설치순서를 쓰시오. **3점**
(2) 펌프를 이용한 배관과 밸브의 설치순서를 쓰시오. **3점**

해설및정답
(1) 수도용계량기, 급수차단장치, 개폐표시형밸브, 체크밸브, 압력계, 유수검지장치(압력스위치 등 유수검지장치와 동등 이상의 기능과 성능이 있는 것을 포함), 2개의 시험밸브의 순으로 설치할 것
(2) 수원, 연성계 또는 진공계(수원이 펌프보다 높은 경우를 제외), 펌프 또는 압력수조, 압력계, 체크밸브, 성능시험배관, 개폐표시형밸브, 유수검지장치, 시험밸브의 순으로 설치할 것

기출문제

03 노유자시설에 제연설비를 설치하려고 한다. 다음 〈그림〉과 〈조건〉을 참조하여 물음에 답하시오. [30점]

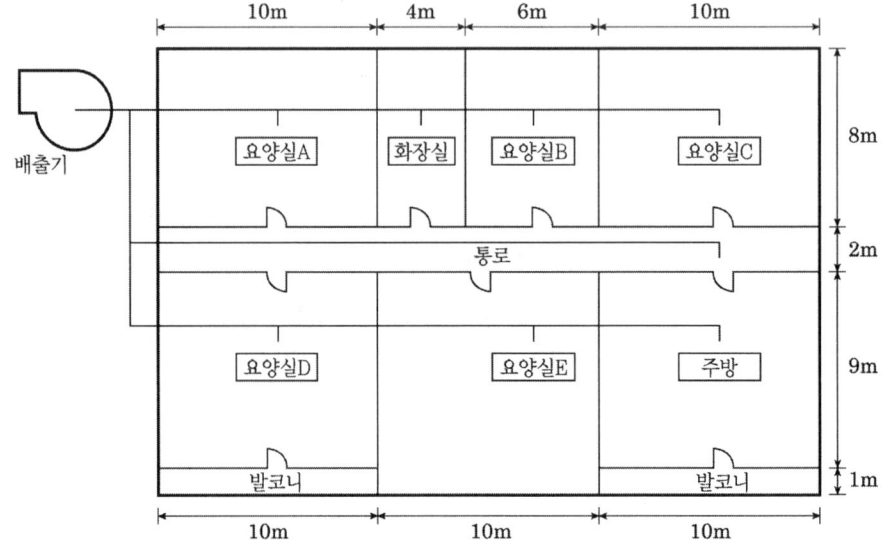

* 바닥에서 천장까지 수직거리는 3.5m임.

조건
① 노유자시설의 특성상 바닥면적에 관계없이 하나의 제연구역으로 간주한다.
② 공동배출방식에 따른다.
③ 본 노유자시설은 숙박시설(가족호텔) 제연설비기준에 따라 설치한다.
④ 통로배출방식이 가능한 예상제연구역은 모두 통로배출방식으로 한다.
⑤ 기계실, 전기실, 창고는 사람이 거주하지 않는다.
⑥ 건축물 및 통로의 주요구조는 내화구조이고, 마감재는 불연재료이며, 통로에는 가연성 내용물이 없다.

1) 배출기 최소풍량(m³/hr)을 구하시오. (각 실별 풍량 계산과정을 쓸 것) [8점]

해설 및 정답
① 요양실A
  $80\text{m}^2 \times 1\text{m}^3/\text{m}^2 \cdot \min \times 60\min/\text{hr} = 4,800[\text{m}^3/\text{hr}]$ ∴ 5,000[m³/hr] 선정
② 요양실B
  50m² 미만의 거실이므로 통로배출방식으로 갈음
③ 요양실C
  $80\text{m}^2 \times 1\text{m}^3/\text{m}^2 \cdot \min \times 60\min/\text{hr} = 4,800[\text{m}^3/\text{hr}]$ ∴ 5,000[m³/hr] 선정
④ 요양실D
  발코니를 설치한 객실의 경우 배출량 산정에서 제외
⑤ 요양실E
  $100\text{m}^2 \times 1\text{m}^3/\text{m}^2 \cdot \min \times 60\min/\text{hr} = 6,000[\text{m}^3/\text{hr}]$ ∴ 6,000[m³/hr] 선정

⑥ 주방
  $90\text{m}^2 \times 1\text{m}^3/\text{m}^2 \cdot \text{min} \times 60\text{min/hr} = 5,400[\text{m}^3/\text{hr}]$ ∴ 5,400[m³/hr] 선정
⑦ 화장실
  화장실의 경우 배출량 산정에서 제외
⑧ 30m인 통로 : 25,000[CMH] [50[m²] 미만의 거실을 통로배출로 갈음하는 경우]
  수직거리 3[m] 초과는 제연경계하단까지의 수직거리로서 제연경계구획시 적용 (45,000[CMH])
  BUT 조건상 바닥에서 천장까지 수직거리는 제연경계수직거리 아님
  벽구획 25,000[CMH] 적용
∴ 하나의 제연구역으로 간주한다고 하였으므로 ①~⑧의 총합=46,400[CMH] 선정

2) 배출기 회전수가 600[rpm]에서 배출량이 20,000[m³/hr]이고, 축동력이 50[kW]이면, 이 배출기가 1)의 최소풍량을 배출하기 위해 필요한 최소전동기동력(kW)을 구하시오. (단, 계산값은 소수점 셋째자리에서 반올림하여 둘째자리까지 구하고, 전동기 여유율은 15[%]를 적용한다) **4점**

해설 및 정답
$$L_2 = \left(\frac{Q_2}{Q_1}\right)^3 \times L_1 = \left(\frac{46,400}{20,000}\right)^3 \times 50 = 624.36[\text{kW}]$$
따라서 모터동력 = 624.36 × 1.15 = 718.01[kW]

3) '요양실E'에 대하여 다음 물음에 답하시오. **7점**
  (1) 필요한 최소공기유입량(m³/hr)을 구하시오. **2점**
  (2) 공기유입구의 최소면적(cm²)을 구하시오. **5점**

해설 및 정답 (1) 유입량은 배출량 이상이므로 6,000[m³/hr]
  (2) $6,000\text{m}^3/\text{hr} \times \frac{1\text{hr}}{60\text{min}} \times 35\text{cm}^2/(\text{m}^3/\text{min}) = 3,500[\text{cm}^2]$

4) 특정소방대상물의 소방안전관리에 대한 물음에 답하시오. **11점**
  (1) 소방시설 설치 및 관리에 관한 법령상 강화된 소방시설 기준의 적용대상인 노유자시설과 의료시설에 설치하는 소방설비를 쓰시오. **6점**
  (2) 피난기구의 화재안전기술기준(NFTC 301)에 따라 승강식피난기 및 하향식 피난구용 내림식사다리 설치기준 중 (ㄱ)~(ㅁ)에 해당되는 내용을 쓰시오. **5점**

  ▶ 승강식피난기 및 하향식 피난구용 내림식사다리는 다음 기준에 적합하게 설치할 것
  ① (ㄱ)
  ② (ㄴ)
  ③ (ㄷ)
  ④ (ㄹ)
  ⑤ (ㅁ)

⑥ 하강구 내측에는 기구의 연결 금속구 등이 없어야 하며 전개된 피난기구는 하강구 수평면적 공간 내의 범위를 침범하지 않는 구조이어야 할 것. 단, 직경 60[cm] 크기의 범위를 벗어난 경우이거나, 직하층의 바닥 면으로부터 높이 50[cm] 이하의 범위는 제외한다.
⑦ 대피실 내에는 비상조명등을 설치할 것
⑧ 대피실에는 층의 위치표시와 피난기구 사용설명서 및 주의사항 표지판을 부착할 것
⑨ 사용 시 기울거나 흔들리지 않도록 설치할 것
⑩ 승강식피난기는 한국소방산업기술원 또는 법 제42조 제1항에 따라 성능시험기관으로 지정받은 기관에서 그 성능을 검증받은 것으로 설치할 것

해설 및 정답
(1) ① 노유자시설에 설치하는 소방설비
  ㉠ 간이스프링클러설비
  ㉡ 자동화재탐지설비
  ㉢ 단독경보형감지기
② 의료시설에 설치하는 소방설비
  ㉠ 간이스프링클러설비
  ㉡ 자동화재탐지설비
  ㉢ 자동화재속보설비
  ㉣ 스프링클러설비
(2) ① (ㄱ) 승강식피난기 및 하향식 피난구용 내림식사다리는 설치경로가 설치층에서 피난층까지 연계될 수 있는 구조로 설치할 것. 단, 건축물 구조 및 설치 여건상 불가피한 경우는 그러하지 아니 한다.
② (ㄴ) 대피실의 면적은 2[m^2](2세대 이상일 경우에는 3[m^2]) 이상으로 하고, 「건축법 시행령」 제46조제4항의 규정에 적합하여야 하며 하강구(개구부) 규격은 직경 60[cm] 이상일 것. 단, 외기와 개방된 장소에는 그러하지 아니 한다.
③ (ㄷ) 하강구 내측에는 기구의 연결 금속구 등이 없어야 하며 전개된 피난기구는 하강구 수평투영면적 공간 내의 범위를 침범하지 않는 구조이어야 할 것. 단, 직경 60[cm] 크기의 범위를 벗어난 경우이거나, 직하층의 바닥 면으로부터 높이 50[cm] 이하의 범위는 제외 한다.
④ (ㄹ) 대피실의 출입문은 60분+ 또는 60분 방화문으로 설치하고, 피난방향에서 식별할 수 있는 위치에 "대피실" 표지판을 부착할 것. 단, 외기와 개방된 장소에는 그러하지 아니 한다.
⑤ (ㅁ) 착지점과 하강구는 상호 수평거리 15[cm] 이상의 간격을 둘 것

설계 및 시공 기출문제

[2017년 9월 23일 시행]

01 다음 물음에 답하시오. 40점

1) 특정소방대상물의 관계인이 특정소방대상물의 규모·용도 및 수용인원을 고려하여 스프링클러설비를 설치하고자 한다. "지붕 또는 외벽이 불연재료가 아니거나 내화구조가 아닌 공장 또는 창고시설"로서 스프링클러설비 설치대상이 되는 경우 5가지를 쓰시오. 5점

해설및정답
① 창고시설(물류터미널에 한정한다) 중 바닥면적의 합계가 2천5백[m²] 이상이거나 수용인원이 250명 이상인 것
② 창고시설(물류터미널은 제외한다) 중 바닥면적의 합계가 2천5백[m²] 이상인 것
③ 랙크식 창고시설 중 바닥면적의 합계가 750[m²] 이상인 것
④ 공장 또는 창고시설 중 지하층·무창층 또는 층수가 4층 이상인 것 중 바닥면적이 500[m²] 이상인 것
⑤ 공장 또는 창고시설 중 지정수량의 500배 이상의 특수가연물을 저장·취급하는 시설

2) 준비작동식스프링클러설비의 동작순서 block diagram을 완성하시오. 7점

해설및정답

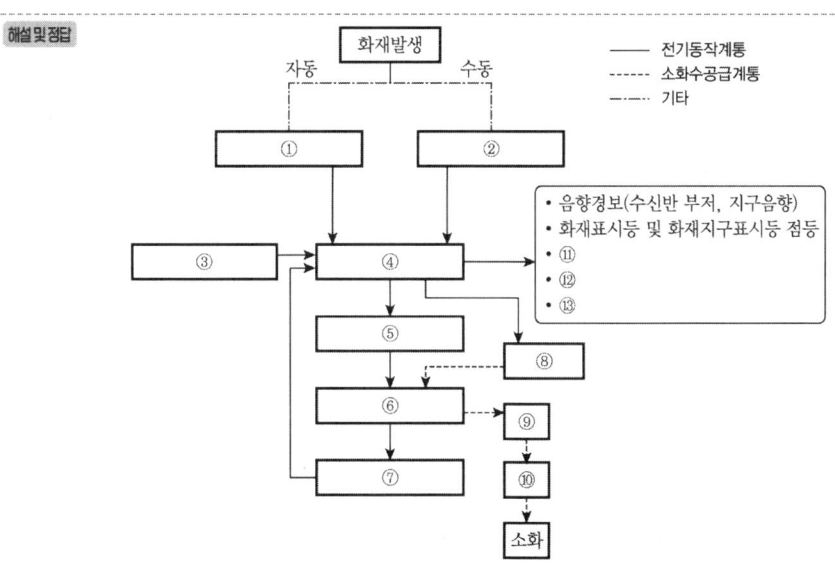

① 감지기 작동   ② 수동조작함 작동   ③ 탬퍼스위치
④ 제어반   ⑤ 솔레노이드밸브   ⑥ 유수검지장치(준비작동식밸브)
⑦ 압력스위치   ⑧ 소화펌프   ⑨ 배관
⑩ 헤드   ⑪ 밸브개방 확인   ⑫ 펌프기동 확인
⑬ 밸브주의 확인

기출문제

3) 감지기회로의 도통시험과 관련하여 다음의 각 물음에 답하시오. **4점**
   (1) 종단저항 설치기준 3가지를 쓰시오. **2점**
   (2) 회로도통시험을 전압계를 사용하여 시험 시 측정결과에 대한 가부판정기준을 쓰시오. **2점**

해설및정답
(1) ① 점검 및 관리가 쉬운 장소에 설치할 것
② 전용함을 설치하는 경우 그 설치 높이는 바닥으로부터 1.5[m] 이내로 할 것
③ 감지기 회로의 끝부분에 설치하며, 종단감지기에 설치할 경우에는 구별이 쉽도록 해당감지기의 기판 및 감지기 외부 등에 별도의 표시를 할 것
(2) 수신기상에 설치된 전압지시계를 이용하는 경우에는 각 회선의 전압계의 지시치(0[V]는 단선, 2~6[V]는 정상, 22~26[V]는 단락) 또는 정상전압LED 점등유무 상황이 정상일 것
   참고 : 감지기 말단 (종단저항)에서의 전압이 DC 19.2[V]~24[V]인지를 확인

4) 일제개방밸브를 사용하는 스프링클러설비에 있어서 일제개방밸브 2차측 배관의 부대설비 설치기준을 쓰시오. **4점**

해설및정답
① 개폐표시형밸브를 설치할 것
② 제1호에 따른 밸브와 준비작동식유수검지장치 또는 일제개방밸브 사이의 배관은 다음과 같은 구조로 할 것
   ㉠ 수직배수배관과 연결하고 동 연결배관상에는 개폐밸브를 설치할 것
   ㉡ 자동배수장치 및 압력스위치를 설치할 것
   ㉢ ㉡에 따른 압력스위치는 수신부에서 준비작동식유수검지장치 또는 일제개방밸브의 개방여부를 확인할 수 있게 설치할 것

5) 「위험물안전관리에 관한 세부기준」에서 부착장소의 최고주위온도와 스프링클러헤드 표시온도를 쓰시오. **5점**

부착장소의 최고주위온도(단위 : ℃)	표시온도(단위 : ℃)
①	②
③	④
⑤	⑥
⑦	⑧
⑨	⑩

해설및정답

부착장소의 최고주위온도(단위 : ℃)	표시온도(단위 : ℃)
28 미만	58 미만
28 이상 39 미만	58 이상 79 미만
39 이상 64 미만	79 이상 121 미만
64 이상 106 미만	121 이상 162 미만
106 이상	162 이상

6) 감지기 오작동으로 인하여 준비작동식밸브가 개방되어 1차측의 가압수가 2차측으로 이동하였으나 스프링클러헤드는 개방되지 않았다. 밸브 2차측 배관은 평상시 대기압 상태로서 배관 내의 체적은 3.2[m³]이고 밸브 1차측 압력은 5.8[kgf/cm²]이며, 물의 비중량은 9,800[N/m³], 공기의 분자운동은 이상기체로서 온도 변화는 없다고 할 때 다음 물음에 답하시오. (단, 계산과정을 쓰고, 계산값은 소수점 셋째자리에서 반올림하여 둘째자리까지 구하시오) **8점**
   (1) 오작동으로 인하여 밸브 2차측으로 넘어간 소화수의 양(m³)을 구하시오. **5점**
   (2) 밸브 2차측 배관 내에 충수되는 유체의 무게(kN)을 구하시오. **3점**

해설 및 정답

(1) $P_1 V_1 = P_2 V_2$

P_1 = 개방전 배관 내의 압력(1.0332kgf/cm²)

V_1 = 개방전 배관 내의 공기체적(3.2m³)

P_2 = 개방후 배관 내의 압력(1.0332+5.8=6.8332kgf/cm²)

V_2 = 개방후 배관 내의 공기체적(미지수)

따라서 $V_2 = 0.483 ≒ 0.48[m^3]$

따라서 2차측 소화수의 체적 = $3.2m^3 - 0.48m^3 = 2.72[m^3]$

(2) $F = \gamma V = 9.8 kN/m^3 \times 2.72 m^3 = 26.656 ≒ 26.66 [kN]$

7) 할로겐화합물 및 불활성기체소화설비의 화재안전기술기준(NFTC 107A)에 관한 다음 물음에 답하시오. (단, 계산과정을 쓰고, 계산값은 소수점 셋째자리에서 반올림하여 둘째자리까지 구하시오) **7점**

> **조건**
> • 최대허용압력 : 16,000[kPa]
> • 배관 재질 인장 강도 : 410[N/mm²]
> • 전기 저항 용접 배관 방식이며, 용접이음을 한다.
> • 배관의 바깥지름 : 8.5[cm]
> • 항복점 : 250[N/mm²]

(1) 배관의 최대허용응력(kPa)을 구하시오. **4점**
(2) 관의 두께(mm)를 구하시오. **3점**

해설 및 정답

(1) 허용응력은 인장강도의 1/4값과 항복점의 2/3값 중 작은 값×배관이음효율×1.2
따라서

$$SE = 410N/mm^2 \times \frac{1}{4} \times 0.85 \times 1.2 = 104.55 N/mm^2 = 104.55 \times 10^6 N/m^2$$
$$= 104,550 [kPa]$$

(2) 관의 두께(t) = $\frac{PD}{2SE} + A = \frac{16,000 \times 85}{2 \times 104,550} + 0 = 6.504 ≒ 6.5 [mm]$

기출문제

02 다음 물음에 답하시오. `30점`

1) 주요구조부가 내화구조인 건축물에 자동화재탐지설비를 설치하고자 한다. 다음 〈조건〉을 참고하여 물음에 답하시오. (단, 조건에 없는 내용은 고려하지 않는다) `9점`

> **조건**
> - 층수 : 지하2층, 지상9층
> - 바닥면적 : 층별 1,050[m^2](가로 35[m], 세로 30[m])
> - 연면적 : 11,550[m^2]
> - 각 층의 높이는 지하2층 4.5[m], 지하1층 4.5[m], 1층~9층 3.5[m], 옥탑층 3.5[m]
> - 직통계단은 건물 좌, 우측에 1개씩 설치
> - 옥탑층은 엘리베이터 권상기실로만 사용되며 건물 좌, 우측에 1개씩 설치
> - 각 층 거실과 지하주차장에는 차동식스포트형감지기 2종 설치
> - 연기감지기 설치장소에는 광전식스포트형 2종 설치
> - 지하 2개 층은 주차장 용도로 준비작동식유수검지장치(교차회로방식) 설치
> - 지상 9개 층은 사무실 용도로 습식유수검지장치 설치
> - 화재감지기는 스프링클러설비와 겸용으로 설치

(1) 전체경계구역의 수를 구하시오. `4점`
(2) 설치해야 할 감지기의 종류별 수량을 구하시오. `5점`

해설 및 정답 (1) ① 수평경계구역수
지하2층, 지하1층은 준비작동식 스프링클러설비로 층당 1구역
[스프링클러설비·물분무등소화설비 또는 제연설비의 화재감지장치로서 화재감지기를 설치한 경우의 경계구역은 해당 소화설비의 방사구역 또는 제연구역과 동일하게 설정할 수 있다]
지상1층~지상9층

$$\frac{1,050m^2}{600m^2/1구역} = 1.75구역, 층당 2구역 \times 9층 = 18구역$$

따라서 전체 수평경계구역수는 20구역
② 수직경계구역수
㉠ E/V는 2개소 있으므로 각 1구역 설정, 총 2구역
㉡ 계단(1개소) 지하2층 이상이므로 지상과 지하 분리하여 설정

$$지하 = \frac{4.5m \times 2층}{45m/1구역} = 0.2구역, 1구역 설정$$

$$지상 = \frac{3.5m \times 10층}{45m/1구역} = 0.78구역, 1구역 설정$$

따라서 계단 1개소당 2구역 설정, 계단 2개소이므로 총 4구역 설정
∴ 총경계구역수 = 26개
(2) ① 광전식 스포트형 2종 연기감지기
㉠ E/V 권상기실 2개소, 각 개소당 1개씩 설치, 총 2개
㉡ 계단 2개소, 각 계단당 지하 1개

지상 $\dfrac{10 \times 3.5m}{15m} = 2.33 ≒ 3$개 설치, 지하 1개, 각 계단당 4개

따라서 계단 연기감지기 설치수=8개

광전식 스포트형 2종 연기감지기 총 10개 설치

② 차동식 스포트형 2종 열감지기

㉠ 지하 1, 2층

$\dfrac{1,050m^2}{35m^2} = 30$개, A, B 교차회로이므로 60개 설치

따라서 2개층=120개 설치

㉡ 지상1층~9층

$\dfrac{1,050m^2}{70m^2} = 15$개 설치

9개층 설치이므로 $15 \times 9 = 135$개

차동식스포트형 2종 열감지기 총 255개 설치

2) 국가화재안전기술기준(NFTC)에 관한 다음 물음에 답하시오. **7점**

(1) 송수구 가까운 곳의 보기 쉬운 곳에 송수압력범위를 표시한 표지를 설치하여야 되는 소방시설 중 화재안전기술기준 상 규정하고 있는 소화설비의 종류 4가지를 쓰시오. **2점**

(2) 연결송수관설비의 송수구 설치기준 중 급수개폐밸브 작동표시스위치의 설치기준을 쓰시오. **3점**

(3) 특별피난계단의 계단실 및 부속실 제연설비에서 옥내의 출입문(방화구조의 복도가 있는 경우로서 복도와 거실 사이의 출입문)에 대한 구조기준을 쓰시오. **2점**

해설 및 정답 (1) 스프링클러설비, 물분무소화설비, 포소화설비, 연결송수관설비, 화재조기진압용스프링클러설비

(2) ① 급수개폐밸브가 잠길 경우 탬퍼 스위치의 동작으로 인하여 감시제어반 또는 수신기에 표시되어야 하며 경보음을 발할 것

② 탬퍼 스위치는 감시제어반 또는 수신기에서 동작의 유무확인과 동작시험, 도통시험을 할 수 있을 것

③ 급수개폐밸브의 작동표시 스위치에 사용되는 전기배선은 내화전선 또는 내열전선으로 설치할 것

(3) ① 출입문은 언제나 닫힌 상태를 유지하거나 자동폐쇄장치에 의해 자동으로 닫히는 구조로 할 것

② 거실 쪽으로 열리는 구조의 출입문에 자동폐쇄장치를 설치하는 경우에는 출입문의 개방 시 유입공기의 압력에도 불구하고 출입문을 용이하게 닫을 수 있는 충분한 폐쇄력이 있는 것으로 할 것

기출문제

3) 다중이용업소의 안전관리에 관한 특별법령상 다음 물음에 답하시오. **6점**
   (1) 다중이용업소에 설치·유지하여야 하는 안전시설등 중에서 구획된 실(室)이 있는 영업장 내부에 피난통로를 설치하여야 하는 다중이용업의 종류를 쓰시오. **2점**
   [2018.7.10. 삭제된 문제]
   (2) 다중이용업소의 영업장에 설치·유지하여야 하는 안전시설등의 종류 중 영상음향차단장치에 대한 설치·유지기준을 쓰시오. **4점**

해설 및 정답

(1) ① 단란주점영업과 유흥주점영업의 영업장
② 비디오물감상실업의 영업장과 복합영상물제공업의 영업장
③ 노래연습장업의 영업장
④ 산후조리업의 영업장
⑤ 고시원업의 영업장

(2) ① 화재 시 자동화재탐지설비의 감지기에 의하여 자동으로 음향 및 영상이 정지될 수 있는 구조로 설치하되, 수동(하나의 스위치로 전체의 음향 및 영상장치를 제어할 수 있는 구조를 말한다)으로도 조작할 수 있도록 설치할 것
② 영상음향차단장치의 수동차단스위치를 설치하는 경우에는 관계인이 일정하게 거주하거나 일정하게 근무하는 장소에 설치할 것. 이 경우 수동차단스위치와 가장 가까운 곳에 "영상음향차단스위치"라는 표지를 부착하여야 한다.
③ 전기로 인한 화재발생 위험을 예방하기 위하여 부하용량에 알맞은 누전차단기(과전류차단기를 포함한다)를 설치할 것
④ 영상음향차단장치의 작동으로 실내 등의 전원이 차단되지 않는 구조로 설치할 것

4) 아래 조건과 같은 배관의 A지점에서 B지점으로 40[kgf/s]의 소화수가 흐를 때 A, B 각 지점에서의 평균속도(m/s)를 계산하시오. (단, 조건에 없는 내용은 고려하지 않으며, 계산과정을 쓰고 답은 소수점 넷째자리에서 반올림하여 셋째자리까지 구하시오) **3점**

조건
- 배관의 재질: 배관용 탄소강관(KS D 3507)
- A지점: 호칭지름 100, 바깥지름 114.3[mm], 두께 4.5[mm]
- B지점: 호칭지름 80, 바깥지름 89.1[mm], 두께 4.05[mm]

해설 및 정답

$$U_A = \frac{W}{A\gamma} = \frac{40 kgf/s}{\frac{\pi}{4}(0.1143m - 0.009m)^2 \times 1,000 kgf/m^3} = 4.593 [m/s]$$

$$U_B = \frac{W}{A\gamma} = \frac{40 kgf/s}{\frac{\pi}{4}(0.0891m - 0.0081m)^2 \times 1,000 kgf/m^3} = 7.762 [m/s]$$

5) 「소방시설의 내진설계 기준」에 따른 수평직선배관의 종방향 흔들림 방지 버팀대에 대한 설치기준을 쓰시오. 5점

해설및정답
① 배관 구경에 관계없이 모든 수평주행배관·교차배관 및 옥내소화전설비의 수평배관에 설치하여야 한다. 다만, 옥내소화전설비의 수직배관에서 분기된 구경 50[mm] 이하의 수평배관에 설치되는 소화전함이 1개인 경우에는 종방향 흔들림 방지 버팀대를 설치하지 않을 수 있다.
② 종방향 흔들림 방지 버팀대의 설계하중은 설치된 위치의 좌우 12[m]를 포함한 24[m] 이내의 배관에 작용하는 수평지진하중으로 영향구역 내의 수평주행배관, 교차배관 하중을 포함하여 산정하며, 가지배관의 하중은 제외한다.
③ 수평주행배관 및 교차배관에 설치된 종방향 흔들림 방지 버팀대의 간격은 중심선을 기준으로 24[m]를 넘지 않아야 한다.
④ 마지막 흔들림 방지 버팀대와 배관 단부 사이의 거리는 12[m]를 초과하지 않아야 한다.
⑤ 영향구역 내에 상쇄배관이 설치되어 있는 경우 배관 길이는 그 상쇄배관 길이를 합산하여 산정한다.
⑥ 종방향 흔들림 방지 버팀대가 설치된 지점으로부터 600[mm] 이내에 그 배관이 방향전환되어 설치된 경우 그 종방향 흔들림방지 버팀대는 인접배관의 횡방향 흔들림 방지 버팀대로 사용할 수 있으며, 배관의 구경이 다른 경우에는 구경이 큰 배관에 설치하여야 한다.

03 다음 물음에 답하시오.

1) 소화기구 및 자동소화장치의 화재안전기술기준(NFTC 101)에 관하여 다음 물음에 답하시오. 8점
   (1) 소화기 수량산출에서 소형소화기를 감소할 수 있는 경우에 관하여 쓰시오. 2점

구 분	내 용
소화설비가 설치된 경우	㉠
대형소화기가 설치된 경우	㉡

   (2) 소화기 수량산출에서 소형소화기를 감소할 수 없는 특정소방대상물 4가지를 쓰시오. 2점
   (3) 일반화재를 적용대상으로 하는 소화기구의 적응성 있는 소화약제를 쓰시오. 4점

구 분	내 용
가스계소화약제	㉠
분말소화약제	㉡
액체소화약제	㉢
기타소화약제	㉣

해설및정답 (1) ㉠ 옥내소화전설비, 스프링클러설비, 물분무등소화설비, 옥외소화전설비를 설치한 경우 해당 설비의 유효범위의 부분에 대하여는 소화기의 3분의 2를 감소할 수 있다.

기출문제

  ⓒ 대형소화기를 설치한 경우 해당 설비의 유효범위의 부분에 대하여는 소화기의 2분의 1을 감소할 수 있다.
 (2) 소형소화기를 설치하여야 할 특정소방대상물 또는 그 부분에 옥내소화전설비·스프링클러설비·물분무등소화설비·옥외소화전설비 또는 대형소화기를 설치한 경우에는 해당 설비의 유효범위의 부분에 대하여는 제4조제1항제2호 및 제3호에 따른 소화기의 3분의 2(대형소화기를 둔 경우에는 2분의 1)를 감소할 수 있다. 다만, 층수가 11층 이상인 부분, 근린생활시설, 위락시설, 문화 및 집회시설, 운동시설, 판매시설, 운수시설, 숙박시설, 노유자시설, 의료시설, 아파트, 업무시설(무인변전소를 제외한다), 방송통신시설, 교육연구시설, 항공기 및 자동차관련 시설, 관광 휴게시설은 그러하지 아니하다.
 (3) ① 할론소화약제, 할로겐화합물 및 불활성기체소화약제
   ② 인산염류소화약제
   ③ 산알칼리소화약제, 강화액소화약제, 포소화약제, 물·침윤소화약제
   ④ 고체에어로졸화합물, 마른모래, 팽창질석·팽창진주암

2) 항공기 격납고에 포소화설비를 설치하고자 한다. 아래 〈조건〉을 참고하여 물음에 답하시오. **12점**

> **조건**
> - 격납고의 바닥면적 1,800[m²], 높이 12[m]
> - 격납고의 주요 구조부가 내화구조이고, 벽 및 천장의 실내에 면하는 부분은 난연재료임
> - 격납고 주변에 호스릴포소화설비 6개 설치
> - 항공기의 높이 : 5.5[m]
> - 전역방출방식의 고발포용 고정포방출구 설비 설치
> - 팽창비가 220인 수성막포 사용

(1) 격납고의 소화기구의 총 능력단위를 구하시오. **2점**
(2) 고정포방출구 최소 설치개수를 구하시오. **3점**
(3) 고정포방출구 1개당 최소 방출량(L/min)을 구하시오. **3점**
(4) 전체 포소화설비에 필요한 포수용액량(m³)을 구하시오. **4점**

해설 및 정답

(1) $\dfrac{1,800m^2}{200m^2} = 9$단위

(2) $\dfrac{1,800m^2}{500m^2} = 3.6$ ∴ 4개

(3) $Q(\text{L/min}) = V(m^3) \times 2\text{L/}m^3 \cdot \min \div 4$
        $= [(5.5m + 0.5m) \times 1,800m^2] \times 2\text{L/}m^3 \cdot \min \div 4 = 5,400[\text{L/min}]$

(4) $Q(m^3) = 5,400\text{L/min} \times 4 \times 10\min + 5 \times 6,000L = 246,000[\text{L}] = 246[m^3]$

3) 비상콘센트설비의 화재안전기술기준(NFTC 504) 등을 참고하여 다음 물음에 답하시오. **10점**
   (1) 업무시설로서 층당 바닥면적은 1,000[m²]이며, 층수가 25층인 특정소방대상물에 특별피난계단이 2개소일 경우 비상콘센트의 회로수, 설치개수 및 전선의 허용전류(A)를 구하시오. (단, 수평거리에 따른 설치는 무시하며, 전선관은 수직으로 설치되어 있으며, 허용전류는 25[%] 할증을 고려한다) **5점**
   (2) 소방용 장비 용량이 3[kW], 역률이 65[%]인 장비를 비상콘센트에 접속하여 사용하고자 한다. 층수가 25층인 특정소방대상물의 각층 층고는 4[m]이며, 비상콘센트(비상콘센트용 풀박스)는 화재안전기술기준에서 허용하는 가장 낮은 위치에 설치하고, 1층의 비상콘센트용 풀박스로부터 수전설비까지의 거리가 100[m]일 경우 전선의 단면적(mm²)을 구하시오. (단, 전압강하는 정격전압의 10[%]로 하고, 최상층 기준으로 한다) **5점**

해설 및 정답

(1) ① 회로수 = 4회로
   ② 설치수 = 30개
   ③ 전선의 허용전류
   $$I = \frac{P}{V} \times 1.25 = \frac{4{,}500\,VA}{220\,V} \times 1.25 = 25.568 \fallingdotseq 25.57[\text{A}]$$

(2) $e = \dfrac{35.6LI}{1{,}000A}$ 에서

$e = 220\,V \times 0.1 = 22[\text{V}]$

$L = 100m + 3.2m + 4m \times 23 + 0.8m = 196[\text{m}]$

$I = \dfrac{P}{V\cos\theta} = \dfrac{3{,}000}{220 \times 0.65} = 20.98[\text{A}]$

따라서 $A = \dfrac{35.6LI}{1{,}000\,e} = \dfrac{35.6 \times 196 \times 20.98}{1{,}000 \times 22} = 6.654[\text{mm}^2] \fallingdotseq 6.65[\text{mm}^2]$

제18회 설계 및 시공 기출문제

[2018년 10월 13일 시행]

01 다음 물음에 답하시오. `40점`

1) 벤츄리관(Venturi tube)에 대하여 답하시오. `17점`
   (1) 벤츄리관(Venturi tube)에서 베르누이 정리와 연속방정식 등을 이용하여 유량 구하는 공식을 유도하시오. `12점`

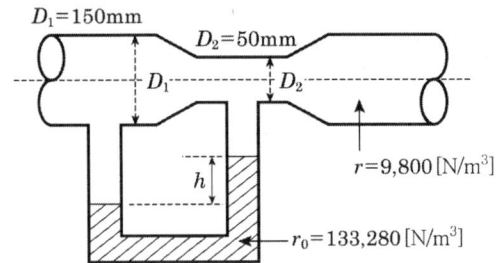

   (2) 위 〈그림〉과 같은 벤츄리관(Venturi tube)에서 액주계의 높이차가 200[mm]일 때, 관을 통과하는 물의 유량(m³/s)을 구하시오. (단, 중력가속도＝9.8[m/s²], π＝3.14, 기타 조건은 무시하며, 소수점 여섯자리에서 반올림하여 다섯자리까지 구하시오) `5점`

해설및정답 (1) 배관의 관경을 점차 축소, 확대시킨 벤츄리관의 정압을 측정하여 유량을 구할 수 있다.

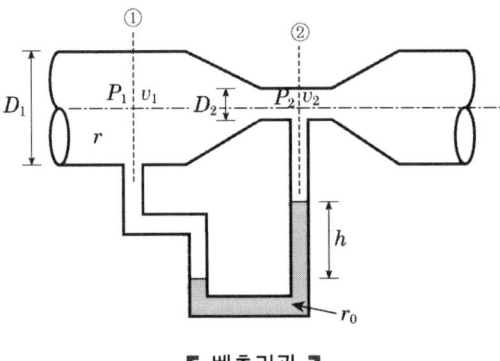

【 벤츄리관 】

관로의 ① 지점과 ② 지점에 대하여 베르누이 방정식을 적용하면

$$\frac{P_1}{\gamma} + \frac{U_1^2}{2g} + Z_1 = \frac{P_2}{\gamma} + \frac{U_2^2}{2g} + Z_2$$

$Z_1 = Z_2$ 이므로

$\frac{P_1}{\gamma} + \frac{U_1^2}{2g} = \frac{P_2}{\gamma} + \frac{U_2^2}{2g}$ 이다.

연속방정식 $A_1 U_1 = A_2 U_2$ 에서 $U_1 = \dfrac{A_2}{A_1} \cdot U_2$ 이므로

$$\dfrac{P_1 - P_2}{\gamma} = \dfrac{U_2^2 - U_1^2}{2g} = \dfrac{U_2^2}{2g}\left(1 - \dfrac{U_1^2}{U_2^2}\right) = \dfrac{U_2^2}{2g}\left\{1 - \left(\dfrac{A_2}{A_1}\right)^2\right\}$$

$$\therefore U_2 = \dfrac{1}{\sqrt{1 - \left(\dfrac{A_2}{A_1}\right)^2}} \cdot \sqrt{\dfrac{2g}{\gamma}(P_1 - P_2)}$$

시차액주계에서 $P_1 - P_2 = (\gamma_0 - \gamma)h$ 이며, 유량 $(Q) = AU$ 이므로

$$\therefore Q_2 = \dfrac{A_2}{\sqrt{1 - \left(\dfrac{A_2}{A_1}\right)^2}} \cdot \sqrt{2gh\left(\dfrac{\gamma_0}{\gamma} - 1\right)}$$

또는

$$\therefore Q_2 = \dfrac{A_2}{\sqrt{1 - \left(\dfrac{D_2^2}{D_1^2}\right)^2}} \cdot \sqrt{2gh\left(\dfrac{\gamma_0}{\gamma} - 1\right)}$$

(2) $Q(m^3/s) = A(m^2) \times U(m/s)$

① $A(m^2) = \dfrac{\pi \times D^2}{4} = \dfrac{3.14 \times 0.05^2}{4} = 0.0019625[m^2] = 0.00196[m^2]$

② $U(m/s) = \dfrac{1}{\sqrt{1-m^2}} \cdot \sqrt{2gh\left(\dfrac{\gamma_0}{\gamma}-1\right)}$

$\left(m = \dfrac{A_2}{A_1} = \dfrac{D_2^{\,2}}{D_1^{\,2}} = \dfrac{50^2}{150^2} = 0.1111111111 = 0.11111\right)$

$U(m/s) = \dfrac{1}{\sqrt{1-0.11111^2}} \times \sqrt{2 \times 9.8 m/s^2 \times 0.2m \times \left(\dfrac{133280 N/m^3}{9800 N/m^3} - 1\right)}$

$= 7.071731[m/s] = 7.07173[m/s]$

$\therefore Q(m^3/s) = A(m^2) \times U(m/s)$
$= 0.00196 m^2 \times 7.07173 m/s$
$= 0.0138605[m^3/s] = 0.01386[m^3/s]$

기출문제

2) 피난기구의 화재안전기술기준(NFTC 301)에 대하여 답하시오. **10점**
   (1) 4층 이상의 층에 피난사다리(하향식 피난구용 내림식사다리는 제외)를 설치하는 경우 기준을 쓰시오. **2점**
   (2) "피난기구는 계단·피난구 기타 피난시설로부터 적당한 거리에 있는 안전한 구조로 된 피난 또는 소화 활동상 <u>유효한 개구부</u>에 고정하여 설치하거나 필요한 때에 신속하고 유효하게 설치할 수 있는 상태에 둘 것"이라고 규정하고 있다. 여기에서 밑줄 친 유효한 개구부에 대하여 설명하시오. **3점**
   (3) 지상 10층(업무시설)인 소방대상물의 3층에 피난기구를 설치하고자 한다. 적응성이 있는 피난기구 8가지를 쓰시오. **2점**
   (4) 지상 10층(판매시설)인 소방대상물의 5층에 피난기구를 설치하고자 한다. 필요한 피난기구의 최소수량을 산출하시오. (단, 바닥면적은 2,000[m²]이며, 주요구조부는 내화구조이고, 특별피난계단이 2개소 설치되어 있다) **3점**

해설 및 정답

(1) 4층 이상의 층에 피난사다리(하향식 피난구용 내림식사다리는 제외한다)를 설치하는 경우의 기준
   - 금속성 고정사다리를 설치하고, 당해 고정사다리에는 쉽게 피난할 수 있는 구조의 노대를 설치할 것
(2) 유효한 개구부 : 가로 0.5[m] 이상 세로 1[m] 이상인 것을 말한다. 이 경우 개구부 하단이 바닥에서 1.2[m] 이상이면 발판 등을 설치하여야 하고, 밀폐된 창문은 쉽게 파괴할 수 있는 파괴장치를 비치하여야 한다.
(3) 업무시설 3층 적응성 있는 피난기구 8가지
   ① 미끄럼대   ② 피난사다리   ③ 구조대   ④ 완강기   ⑤ 피난교
   ⑥ 피난용트랩   ⑦ 다수인피난장비   ⑧ 승강식피난기
(4) 설치개수
   ① 설치개수 = $\dfrac{2,000 m^2}{800 m^2}$ = 2.5 ⇒ 3개
   ② 감소 - 주요구조부가 내화구조이고 특별피난계단이 2개소 설치되어 있으므로 설치개수의 $\dfrac{1}{2}$ 감소 가능
   ③ $\dfrac{3}{2}$개 = 1.5개(소수점 이하는 1로 한다)
   따라서, 2개

3) 이산화탄소소화설비의 화재안전기술기준(NFTC 106) 및 아래 〈조건〉에 따라 이산화탄소소화설비를 설치하고자 한다. 다음에 대하여 답하시오. **13점**

> **조건**
> - 방호구역은 2개 구역으로 한다.
>   A 구역은 가로 20[m]×세로 25[m]×높이 5[m]
>   B 구역은 가로 6[m]×세로 5[m]×높이 5[m]
> - 개구부는 다음과 같다.
>
> | 구분 | 개구부 면적 | 비 고 |
> |---|---|---|
> | A 구역 | 이산화탄소소화설비의 화재안전기술기준에서 규정한 최댓값 적용 | 자동폐쇄장치 미설치 |
> | B 구역 | 이산화탄소소화설비의 화재안전기술기준에서 규정한 최댓값 적용 | 자동폐쇄장치 미설치 |
>
> - 전역방출설비이며 방출시간은 60초 이내로 한다.
> - 충전비는 1.5, 저장용기의 내용적은 68[L]이다.
> - 각 구역 모두 아세틸렌저장창고이다.
> - 개구부 면적 계산 시에 바닥면적을 포함하고, 주어진 조건 외에는 고려하지 않는다.
> - 설계농도에 따른 보정계수는 아래의 표를 참고한다.
>
>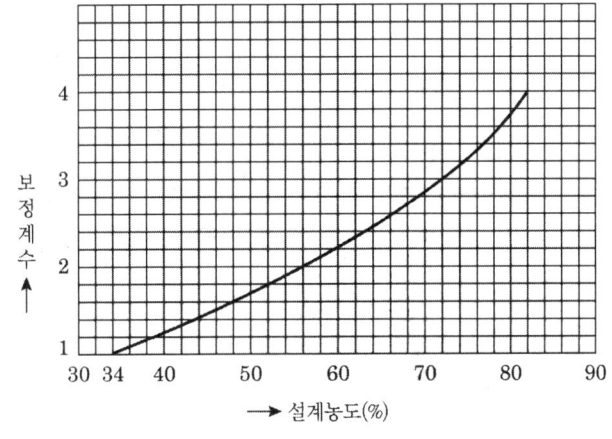

(1) 각 방호구역 내 개구부의 최대면적(m^2)을 구하시오. **2점**
(2) 각 방호구역의 최소 소화약제 산출량(kg)을 구하시오. **5점**
$$W = (V \times \alpha) \times N + (A \times \beta)$$
   W : 이산화탄소의 약제량(kg)
   V : 방호구역의 체적(m^3)
   α : 체적계수(kg/m^3)
   N : 보정계수
   A : 자동폐쇄장치가 없는 개구부의 면적(m^2)
   β : 면적계수(kg/m^3)
(3) 저장용기실의 최소 저장용기수 및 최소 소화약제 저장량(kg)을 구하시오. **4점**
(4) 이산화탄소소화설비의 화재안전기술기준 표 2.2.1.1.2에서 정하는 가연성액체 또는 가연성가스의 소화에 필요한 설계농도([%]) 기준 중 석탄가스와 에틸렌의 설계농도([%])를 쓰시오.
2점

기출문제

해설및정답

(1) 개구부의 최대면적은 방호구역 전체 표면적의 3[%] 이하
- A 구역
  $= \{[(20m \times 25m) \times 2면] + [(20m \times 5m) \times 2면] + [(25m \times 5m) \times 2면]\} \times 0.03$
  $= 1,450m^2 \times 0.03$
  $= 43.5[m^2]$
- B 구역
  $= \{[(6m \times 5m) \times 2면] + [(6m \times 5m) \times 2면] + [(5m \times 5m) \times 2면]\} \times 0.03$
  $= 170m^2 \times 0.03$
  $= 5.1[m^2]$

(2) 아세틸렌 설계농도 66[%]이므로 보정계수 2.6 이용
- A 구역 소화약제 산출량(kg)
  $= ([(20m \times 25m \times 5m) \times 0.75 kg/m^3] \times 2.6) + (43.5m^2 \times 5kg/m^2)$
  $= 5,092.5[kg]$
- B 구역 소화약제 산출량(kg) : $(6m \times 5m \times 5m) \times 0.8 kg/m^3 = 120[kg]$
  ∴ 135[kg]
  $W(kg) = 135kg \times 2.6 + 5.1m^2 \times 5kg/m^2 = 376.5[kg]$

(3) ① 최소 저장용기 수(저장용기 공용 사용 가정)

   1병당 충전량 : $C = \dfrac{V}{G}$, $G = \dfrac{V}{C} = \dfrac{68}{1.5} = 45.3333... ≒ 45.33 kg/병$

   A 구역 병수 $= 5,092.5kg \div 45.33kg/병 = 112.3428... ≒ 113병$
   B 구역 병수 $= 376.5kg \div 45.33kg/병 = 8.3057... ≒ 9병$
   따라서, 113병

   ② 최소 소화약제 저장량(kg) $= 113병 \times 45.33kg/병 = 5,122.29[kg]$

(4) ① 석탄가스 $= 37[\%]$
   ② 에틸렌 $= 49[\%]$

02 다음 물음에 답하시오. 30점

1) 화재안전기술기준 및 아래 〈조건〉에 따라 다음에 대하여 답하시오. 18점

조건
- 두 개의 동으로 구성된 건축물로서 A동은 50층의 아파트, B동은 11층의 오피스텔로서 지하층은 공용으로 사용된다.
- A동과 B동은 완전구획하지 않고 하나의 소방대상물로 보며, 소방시설은 각각 별개 시설로 구성한다.
- 지하층은 5개 층으로 주차장, 기계실 및 전기실로 구성되었으며 지하층의 소방시설은 B동에 연결되어 있다.
- A동, B동의 층고는 2.8[m]이며, 바닥면적은 30[m]×20[m]으로 동일하다.
- 지하층은 층고는 3.5[m]이며, 바닥면적은 80[m]×60[m]이다.
- 옥내소화전설비의 방수구는 화재안전기술기준상 바닥으로부터 가장 높이 설치되어 있으며, 바닥 등 콘크리트 두께는 무시한다.
- 고가수조의 크기는 8[m]×6[m]×6[m](H)이며 각 동 옥상 바닥에 설치되어 있다.
- 수조의 토출구는 물탱크의 바닥에 위치한다.
- 계산 시 π=3.14이며 소수점 셋째자리에서 반올림하여 둘째자리까지 구한다.
- 주어진 조건 외에는 고려하지 않는다.

(1) 옥내소화전설비를 정방형으로 배치한 경우, A동과 B동의 최소 수원(m³)을 각각 구하시오. 8점
(2) 스프링클러설비가 설치된 경우, 아파트와 오피스텔의 최소 수원(m³)을 각각 구하시오. 6점
(3) B동 고가수조의 소화용수가 자연낙차에 따라 지하 5층에 옥내소화전 방수구로 방수되는데 소요되는 최소시간(s)을 구하시오. 4점

해설 및 정답

(1) 옥내소화전 상호 간 거리

$$S = 2R\cos45^0 = 2 \times 25m \times \cos45^0 = 35.355... ≒ 35.36[m]$$

A동 ┌ 가로열 개수 $= \dfrac{30m}{35.36m} = 0.848... ≒ 1개$

　　└ 세로열 개수 $= \dfrac{20m}{35.36m} = 0.565... ≒ 1개$

따라서, 1개×1개=1개

$Q(m^3) = N개 \times 7.8m^3/개 = 1개 \times 7.8m^3/개 = 7.8[m^3]$

(50층 이상이므로 7.8[m³] 적용)

B동 1. 지상 ┌ 가로열 개수 $= \dfrac{30m}{35.36m} = 0.848... ≒ 1개$

　　　　　└ 세로열 개수 $= \dfrac{20m}{35.36m} = 0.565... ≒ 1개$

따라서, 1개×1개=1개

기출문제

2. 지하 ┌ 가로열 개수 = $\dfrac{80m}{35.36m}$ = 2.262... ≒ 3개

　　　　└ 세로열 개수 = $\dfrac{60m}{35.36m}$ = 1.696... ≒ 2개

따라서, 3개×2개=6개

$Q(m^3)$ = N개 × $7.8m^3$/개 = 5개 × $7.8m^3$/개 = 39[m^3]

[설치개수가 가장 많은 층의 설치개수(2개 이상 설치된 경우에는 2개)]

(2) • 아파트 최소 수원(m^3)

$Q(m^3)$ = N개 × $4.8m^3$/개 = 10개 × $4.8m^3$/개 = 48[m^3]

(아파트이므로 기준개수 10개 적용, 50층 이상이므로 4.8[m^3] 적용)

• 오피스텔 최소 수원(m^3)

$Q(m^3)$ = N개 × $1.6m^3$/개 = 30개 × $4.8m^3$/개 = 144[m^3]

(11층 이상이므로 기준개수 30개 적용)

(3) 고가수조 수원량이 소요되는데 걸리는 시간

$$t(\sec) = \dfrac{2 \cdot A_1 \cdot (\sqrt{H_1} - \sqrt{H_2})}{C \cdot A_2 \cdot \sqrt{2g}}$$

A_1 = 8m × 6m = 48m^2

A_2 = $\dfrac{3.14}{4}$ × $(0.04m)^2$

H_2 = 2.8m × 11 + 3.5m × 5 − 1.5m = 46.8m

H_1 = 46.8m + $\dfrac{(39+144)m^3}{(8 \times 6)m^2}$ = 50.612m ≒ 50.61m

∴ $t = \dfrac{2 \times (8 \times 6) \times (\sqrt{50.61} - \sqrt{46.8})}{1 \times \dfrac{3.14}{4} \times (0.04)^2 \times \sqrt{2 \times 9.8}}$

= 4713.514 ≒ 4713.51sec

cf) 자유낙하속도

$S = \dfrac{1}{2}gt^2$

[S : 거리(m), g : 중력가속도(9.8m/s^2), t : 시간(sec)]

$t = \sqrt{\dfrac{2S}{g}} = \sqrt{\dfrac{2 \times [(11층 \times 2.8m/층 + 5층 \times 3.5m/층) - 1.5m]}{9.8m/s^2}}$

= 3.0904... ≒ 3.09[sec]

2) 물의 압력-온도 상태도와 관련하여 다음에 대하여 답하시오. **12점**

(1) 물의 압력-온도 상태도(Pressure-Temperature Diagram)를 작도하고, 상태도에 임계점과 삼중점을 표시하고 각각을 설명하시오. **4점**

(2) 상태도에 비등(Ebullition) 현상과 공동(Cavitation) 현상을 작도하고 설명하시오. **4점**

(3) 물의 응축잠열과 증발잠열을 설명하고, 증발잠열이 소화효과에 미치는 영향을 설명하시오. **4점**

(1) • 물의 삼중점 : 0.01[℃]
삼중점이란 고체, 액체, 기체 3가지 상태가 공존하는 온도와 압력 조건을 삼중점이라고 한다.
• 물의 임계점 : 374.2[℃]
액체와 기체의 두 상태를 서로 분간할 수 없게 되는 임계상태에서의 온도와 이때의 증기압

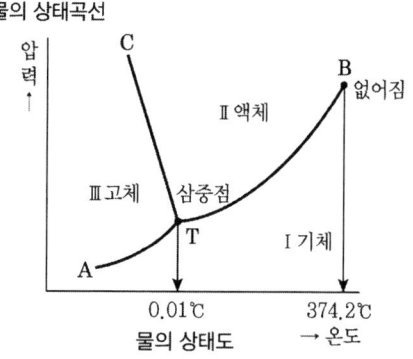

(2)

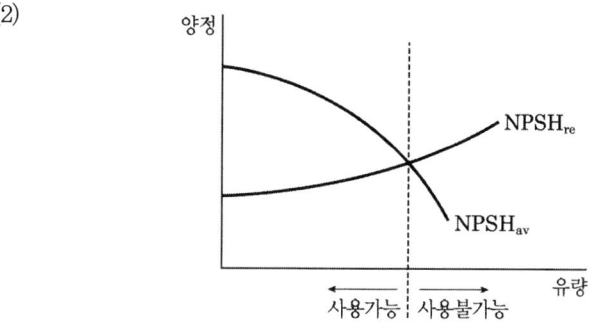

【 H-Q 곡선과 Cavitation 】

$NPSH_{re}$ 곡선이 비등곡선이 되므로 위 곡선에서 교차점 이후로 공동현상 발생

(3) • 응축잠열 : 기체가 액체로 변화되는 과정을 액화 또는 응축이라 하고 이때 필요한 잠열을 응축잠열이라 함
539[kcal/kg]
• 증발잠열 : 액체가 기체로 변화되는 과정을 기화 또는 증발이라 하고 이때 필요한 잠열을 증발잠열이라 함
539[kcal/kg]
• 소화수가 화재면 방사 시 증발하는 경우 물 1[kg]당 539[kcal]의 열을 빼앗아 증발하므로 화재면의 열을 냉각시켜 소화하게 됨

기출문제

03 다음 물음에 답하시오. `30점`

1) 자동화재탐지설비에 대하여 답하시오. `12점`
   (1) 아래 〈조건〉을 참조하여 실온이 18[℃]일 때, 1종 정온식 감지기의 최소작동시간(s)을 계산과정을 쓰고 구하시오. `10점`

   > **조건**
   > - 감지기의 공칭작동온도는 80[℃]이고, 작동시험온도는 100[℃]이다.
   > - 실온이 0[℃] 및 0[℃] 이외에서 감지기 작동시간의 소수점 이하는 절상하여 계산한다.

   (2) 자동화재탐지설비 및 시각경보장치의 화재안전기술기준(NFTC 203)에 따른 정온식 감지선형감지기의 설치 기준이다. ( ) 안의 내용을 차례대로 쓰시오. `2점`

   > 감지기와 감지구역의 각 부분과의 수평거리가 내화구조의 경우 1종 (①) 이하, 2종 (②) 이하로 할 것. 기타 구조의 경우 1종 (③) 이하, 2종 (④) 이하로 할 것.

   해설및정답 (1) 공칭작동온도의 125[%]가 되는 온도이고 풍속이 1[m/s]인 수직기류에 투입하는 경우 그 종별에 따라 다음 표에서 정하는 시간 이내에 작동하여야 한다.

종별	실온	
	0[℃]	0[℃] 이외
특종	40초 이하	실온 θ_r(℃)일 때의 작동시간 t(초)는 다음 식에 의하여 산출한다. $$t = \frac{to \log_{10}\left(1 + \dfrac{\theta - \theta_r}{\delta}\right)}{\log_{10}\left(1 + \dfrac{\theta}{\delta}\right)}$$
1종	40초 초과 120초 이하	
2종	120초 초과 300초 이하	

   (주) to : 실온이 0[℃]인 경우의 작동시간(초)
   　　θ : 공칭작동온도(℃)
   　　δ : 공칭작동온도와 작동시험온도와의 차

   $$t = \frac{41 \log_{10}\left(1 + \dfrac{80℃ - 18℃}{20℃}\right)}{\log_{10}\left(1 + \dfrac{80℃}{20℃}\right)} = 35.9445.. ≒ 36S$$

   따라서, 36초(소수점 이하 절상)

   (2) ① : 4.5[m]　　② : 3[m]　　③ : 3[m]　　④ : 1[m]

2) 가스계 소화설비에 대하여 답하시오. **10점**
   (1) 화재안전기술기준(NFTC 107A) 및 아래 〈조건〉에 따라, HCFC BLEND A를 이용한 소화설비를 설치하였을 때, 전체 소화약제 저장용기에 저장되는 최소 소화약제의 저장량(kg)을 산출하시오. **6점**

   > **조건**
   > - 바닥면적 300[m²], 높이 4[m]의 발전실에 소화농도는 7.0[%]로 한다.(B급 화재)
   > - 방사 시 온도는 20[℃], K_1 =0.2413, K_2 =0.00088이다.
   > - 저장용기의 규격은 65[L], 50[kg]용이다.

   (2) 위 (1)의 저장용기에 대하여 화재안전기술기준(NFTC 107A)에서 요구하는 저장용기 교체기준을 쓰시오. **2점**
   (3) 이산화탄소소화설비의 화재안전기술기준(NFTC 106)에 따라 이산화탄소소화설비의 설치장소에 대한 안전시설 설치기준 2가지를 쓰시오. **2점**

해설 및 정답

(1) $W = \dfrac{V}{S} \times \left[\dfrac{C}{(100-C)}\right]$

   W : 소화약제의 무게(kg)
   V : 방호구역의 체적(m³)
   S : 소화약제별 선형상수 $[K_1 + K_2 \times t]$(m³/kg)
   C : 체적에 따른 소화약제의 설계농도([%]) = 소화농도 × 안전계수(A급 화재 1.2, B급 화재 1.3, C급 화재 1.35)
   t : 방호구역의 최소예상온도(℃)

   ① $V = 300\text{m}^2 \times 4\text{m} = 1{,}200[\text{m}^3]$
   ② $S = K_1 + K_2 \times t℃ = 0.2413 + 0.00088 \times 20℃ = 0.2589[\text{m}^3/\text{kg}]$
   ③ $C = 7\% \times 1.3 = 9.1[\%]$

   $W(\text{kg}) = \dfrac{1{,}200\text{m}^3}{0.2589\text{m}^3/\text{kg}} \times \left(\dfrac{9.1\%}{100\% - 9.1\%}\right) = 464.009321[\text{kg}]$

   따라서, 464[kg]

   $\dfrac{464\text{kg}}{50\text{kg/병}} = 9.28 \quad \therefore \ 10병$

   ∴ 10병 × 50kg/병 = 500kg

(2) 교체기준 – 저장용기의 약제량 손실이 5[%]를 초과하거나 압력손실이 10[%]를 초과할 경우에는 재충전하거나 저장용기를 교체할 것

(3) 안전시설 설치기준
   ① 소화약제 방출시 방호구역 내와 부근에 가스방출시 영향을 미칠 수 있는 장소에 시각경보장치를 설치하여 소화약제가 방출되었음을 알도록 할 것
   ② 방호구역의 출입구 부근 잘 보이는 장소에 약제방출에 따른 위험경고표지를 부착할 것

기출문제

3) 특별피난계단의 계단실 및 부속실 제연설비의 화재안전기술기준(NFTC 501A)에 따라 부속실에 제연설비를 설치하고자 한다. 아래 〈조건〉에 따라 다음에 대하여 답하시오. **8점**

   조건
   - 제연구역에 설치된 출입문의 크기는 폭 1.6[m], 높이 2.0[m]이다.
   - 외여닫이문으로 제연구역의 실내 쪽으로 열린다.
   - 주어진 조건 외에는 고려하지 않으며, 계산값은 소수점 넷째자리에서 반올림하여 소수점 셋째자리까지 구한다.

   (1) 출입문의 누설틈새 면적(m²)을 산출하시오. **4점**

   (2) 위 (1)의 누설틈새를 통한 최소 누설량(m³/s)을 $Q = 0.827 A P^{\frac{1}{2}}$ 의 식을 이용하여 산출하시오. **4점**

   해설 및 정답

   (1) $A(\mathrm{m}^2) = \left(\dfrac{1.6\mathrm{m} + 2.0\mathrm{m} + 1.6\mathrm{m} + 2.0\mathrm{m}}{5.6\mathrm{m}} \right) \times 0.01\mathrm{m}^2 = 0.012857\ldots \fallingdotseq 0.013[\mathrm{m}^2]$

   (2) $Q(\mathrm{m}^3/\mathrm{s}) = 0.827 \times 0.013\mathrm{m}^2 \times 40^{\frac{1}{2}}\mathrm{Pa} = 0.06799\ldots \fallingdotseq 0.068[\mathrm{m}^3/\mathrm{s}]$

제19회 설계 및 시공 기출문제

[2019년 9월 21일 시행]

01 다음 물음에 답하시오. [40점]

1) 건축물 내 실의 크기가 가로 20[m]×세로 20[m]×높이 4[m]인 노유자시설에 제3종 분말소화기를 설치하고자 한다. 다음을 구하시오. (단, 건축물은 비내화구조이다) [3점]
   (1) 최소소화능력단위 [2점]
   (2) 2단위 소화기 설치시 소화기 개수 [1점]

해설 및 정답

1) (1) $\dfrac{20\text{m} \times 20\text{m}}{100\text{m}^2/1\text{단위}} = 4$단위

   (2) $\dfrac{4\text{단위}}{2\text{단위}/1\text{개}} = 2$개

2) 다음을 계산하시오. [21점]
   (1) 소방대상물(B급 화재)에 소화약제 HFC-23인 할로겐화합물소화설비를 설치한다. 다음 〈조건〉에 따라 답을 구하시오. [9점]

   조건
   - 소방대상물 크기 : 가로 20[m]×세로 8[m]×높이 6[m]
   - 소화농도 32[%]이다.
   - 저장용기는 80[L]이며, 최대충전밀도 중 가장 큰 것을 사용한다.
   - 소화약제 선형상수 값(K_1 =0.3164, K_2 =0.0012)
   - 방호구역의 온도는 20[℃]이다.
   - 화재안전기술기준의 $W = \dfrac{V}{S} \times \left(\dfrac{C}{100-C}\right)$ 식을 적용한다.
   - 소수점 셋째자리에서 반올림하여 둘째자리까지 구한다.
   - 주어진 조건 외에는 고려하지 않는다.

항목 \ 소화약제	HFC-23				
최대충전밀도(kg/m³)	768.9	720.8	640.7	560.6	480.6
21[℃] 충전압력(kPa)	4,198	4,198	4,198	4,198	4,198
최소사용설계압력(kPa)	9,453	8,605	7,626	6,943	6,392

   ① 소화약제 저장량(kg) [3점]
   ② 소화약제를 방사할 때 분사헤드에서의 유량(kg/s) [6점]

제19회 기출문제(2019.9.21.) • 109

기출문제

해설 및 정답 (1) ① $W(\text{kg}) = \dfrac{V}{S} \times \dfrac{C}{100-C}$

$V = 20 \times 8 \times 6 = 960[\text{m}^3]$

$S = K_1 + K_2 \times t = 0.3164 + 0.0012 \times 20 = 0.3404$

$C = 32\% \times 1.3 = 41.6[\%]$

$\therefore W = \dfrac{960}{0.3404} \times \dfrac{41.6}{100-41.6} = 2,008.917 \fallingdotseq 2,008.92[\text{kg}]$

② $m(\text{kg/sec}) = \left[\dfrac{V}{S} \times \dfrac{C \times 0.95}{100 - C \times 0.95} \right] \div 10\sec$

$= \left[\dfrac{960}{0.3404} \times \dfrac{41.6 \times 0.95}{100 - 41.6 \times 0.95} \right] \div 10\sec$

$= 184.283 \fallingdotseq 184.28[\text{kg/sec}]$

(2) 소방대상물(C급 화재)에 소화약제 IG-100 불활성기체소화설비를 설치한다. 다음 〈조건〉에 따라 답을 구하시오. **12점**

조건
- 소방대상물 크기 : 가로 20[m]×세로 8[m]×높이 6[m]
- 소화농도 30[%]이다.
- 저장용기는 80[L]이며, 충전압력 중 가장 적은 것을 사용한다.
- 소화약제 선형상수 값과 20[℃]에서 소화약제의 비체적은 같다고 가정한다.
- 화재안전기술기준의 $X = 2.303 \times \left(\dfrac{V_s}{S} \right) \times \log\left(\dfrac{100}{100-C} \right)$ 식을 적용한다.
- 소수점 셋째자리에서 반올림하여 둘째자리까지 구한다.
- 주어진 조건 외에는 고려하지 않는다.

항목 \ 소화약제	IG-01		IG-541			IG-55			IG-100		
21[℃] 충전압력(kPa)	16,341	20,436	14,997	19,996	31,125	15,320	20,423	30,634	16,575	22,312	28,000
최소사용 설계압력 (kPa) 1차측	16,341	20,436	14,997	19,996	31,125	15,320	20,423	30,634	16,575	22,312	227.4
최소사용 설계압력 (kPa) 2차측	비고2 참조										

비고) 1. 1차측과 2차측은 감압장치를 기준으로 한다.
2. 2차측 최소사용설계압력은 제조사의 설계프로그램에 의한 압력값에 따른다.

① 소화약제 저장량(m³) **4점**
② 소화약제 저장용기 수 **8점**

해설 및 정답 (2) ① $Q(\text{m}^3) = V \times 2.303 \times \dfrac{V_S}{S} \times \log\left(\dfrac{100}{100-C} \right)$

$V = 20 \times 8 \times 6 = 960[\text{m}^3]$

$S = V_S$

$$C = 30\% \times 1.35 = 40.5[\%]$$

$$Q(\text{m}^3) = 960 \times 2.303 \times 1 \times \log\left(\frac{100}{100-40.5}\right) = 498.515 \fallingdotseq 498.52[\text{m}^3]$$

② $Q(\text{m}^3) = 498.52[\text{m}^3]$

$$\frac{P_1 V_1}{T_1} = \frac{P_2 V_2}{T_2}$$

$$V_2 = V_1 \times \frac{P_1}{P_2} \times \frac{T_2}{T_1}$$

$$= 0.08\text{m}^3 \times \frac{(16,575+101.325)\text{kPa}}{101.325\text{kPa}} \times \frac{(273.15+20)\text{K}}{(273.15+21)\text{K}}$$

$$= 13.121 \fallingdotseq 13.12[\text{m}^3]$$

따라서 $\frac{498.52\text{m}^3}{13.12\text{m}^3/\text{병}} = 37.99$ ∴ 38병

3) 스프링클러설비가 소요되는 펌프의 전양정 66[m]에서 말단헤드 압력이 0.1[MPa]이다. 말단헤드 압력을 0.2[MPa]로 증가시켰을 때 다음 〈조건〉에 따라 답을 구하시오. **11점**

> **조건**
> - 하젠-윌리엄스의 식을 적용한다.
> - 방출계수 K값은 90이다.
> - 1[MPa]의 환산수두는 100[m]이다.
> - 실양정은 20[m]이다.
> - 소수점 셋째자리에서 반올림하여 둘째자리까지 구한다.
> - 주어진 조건 외에는 고려하지 않는다.

(1) 말단헤드 유량(L/min) **2점**
(2) 마찰손실압력([MPa]) **7점**
(3) 펌프의 토출압력([MPa]) **2점**

  (1) $Q(\text{L/min}) = 90 \times \sqrt{10 \times 0.2} = 127.279 \fallingdotseq 127.28[\text{L/min}]$

(2) 최초 마찰손실압력 = 66m − 10m − 20m = 36[m]

이후 마찰손실압력 = $36\text{m} \times \frac{127.28^{1.85}}{90^{1.85}} = 68.353 \fallingdotseq 68.35[\text{m}] = 0.683 \fallingdotseq 0.68[\text{MPa}]$

(3) 펌프토출압력([MPa]) = 20m + 68.35m + 20m = 108.35[m] ≒ 1.08[MPa]

기출문제

4) 다음 〈조건〉을 참조하여 할로겐화합물 및 불활성기체소화설비에서 배관의 두께(mm)를 구하시오. 5점

> **조건**
> - 가열맞대기 용접배관을 사용한다.
> - 배관의 바깥지름은 84[mm]이다.
> - 배관재질의 인장강도 440[MPa], 항복점 300[MPa]이다.
> - 배관 내 최대허용압력은 12,000[kPa]이다.
> - 화재안전기술기준이 $t = \dfrac{PD}{2SE} + A$ 식을 적용한다.
> - 소수점 셋째자리에서 반올림하여 둘째자리까지 구한다.
> - 주어진 조건 외에는 고려하지 않는다.

해설 및 정답

$t \text{(mm)} = \dfrac{PD}{2SE} + A$

$P = 12,000\,[\text{kPa}]$

$SE = 110 \times 10^3\,\text{kPa}(\text{인장강도의 } 1/4\text{값}) \times 0.6 \times 1.2 = 79,200\,[\text{kPa}]$

$D = 84\,[\text{mm}]$

$A = 0$

$\therefore\ t = \dfrac{12,000 \times 84}{2 \times 79,200} + 0 = 6.363 \fallingdotseq 6.36\,[\text{mm}]$

02 특별피난계단의 계단실 및 부속실 제연설비의 화재안전기술기준(NFTC 501A) 및 다음 〈조건〉을 참조하여 각 물음에 답하시오. **30점**

조건	
풍 량	• 업무시설로서 층수는 20층이고, 층별 누설량은 500[m³/hr], 보충량은 5,000[m³/hr]이다. • 풍량 산정은 화재안전기술기준에서 정하는 최소 풍량으로 계산한다. • 소수점은 둘째자리에서 반올림하여 첫째자리까지 구한다.
정 압	• 흡입 루버의 압력강하량 : 150[Pa] • System effect(흡입) : 50[Pa] • System effect(토출) : 50[Pa] • 수평덕트의 압력강하량 : 250[Pa] • 수직덕트의 압력강하량 : 150[Pa] • 자동차압댐퍼의 압력강하량 : 250[Pa] • 송풍기정압은 10[%] 여유율로 하고 기타 조건은 무시한다. • 단위환산은 표준대기압 조건으로 한다. • 소수점은 둘째자리에서 반올림하여 첫째자리까지 구한다.
전동기	• 효율은 55[%]이고 전달계수는 1.1이다. • 상기 풍량, 정압조건만 반영한다. • 소수점은 둘째자리에서 반올림하여 첫째자리까지 구한다.

1) 송풍기의 풍량(m³/hr)을 산정하시오. **8점**
2) 송풍기 정압을 산정하여 [mmAq]로 표기하시오. **14점**
3) 송풍기 구동에 필요한 전동기 용량(kW)을 계산하시오. **8점**

해설및정답

1) 송풍기의 풍량(m³/hr) = (누설량 + 보충량) × 1.15
   = [(500m³/hr · 층 × 20층) + 5,000m³/hr] × 1.15 = 17,250[m³/hr]

2) 송풍기의 정압(mmAq) = 150Pa + 50Pa + 50Pa + 250Pa + 150Pa + 250Pa = 900[Pa]
   900Pa × 1.1 = 990[Pa]

   송풍기정압(mmAq) = $990Pa \times \dfrac{10,332 mmH_2O\,(mmAq)}{101,325Pa} ≒ 100.94[mmAq]$

   ∴ 100.9[mmAq]

3) 전동기 용량(kW) = $\dfrac{100.9 mmAq \times 17,250 m^3/3,600s}{102 \times 0.55} \times 1.1 ≒ 9.47[kW]$

   ∴ 9.5[kW]

기출문제

03 다음 물음에 답하시오. 30점

1) 국가화재안전기술기준 및 다음 〈조건〉에 따라 각 물음에 답하시오. 7점

조건
- 스프링클러설비 펌프일람표

장비명	수량	유량(L/min)	양정(m)	비고
주펌프	1	2,400	120	전자식 압력스위치 적용
예비펌프	1	2,400	120	
충압펌프	1	60	120	

(1) 기동용수압개폐장치의 압력설정치([MPa])를 쓰시오. (단, 10[m]=0.1[MPa]로 하고, 충압펌프의 자동정지는 정격치로 하되 기동~정지 압력차는 0.1[MPa], 나머지 압력차는 0.05[MPa]로 설정하며 압력강하시 자동기동은 충압 - 주 - 예비펌프순으로 한다) 3점
① 주펌프 기동점, 정지점
② 예비펌프 기동점, 정지점
③ 충압펌프 기동점, 정지점

(2) 주펌프 또는 예비펌프 성능시험시 성능기준에 적합한 양정(m)을 쓰시오. 2점
① 체절운전시
② 정격토출량의 150[%] 운전시

(3) 펌프의 성능시험배관에 적합한 유량측정장치의 유량범위를 쓰시오. 2점
① 최소유량(L/min)
② 최대유량(L/min)

해설 및 정답

1) (1) ① 기동점=1.05[MPa], 정지점=1.68[MPa]
② 기동점=1[MPa], 정지점=1.68[MPa]
③ 기동점=1.1[MPa], 정지점=1.2[MPa]
[전자식압력스위치 사용, MCC에서 자기유지회로를 사용하지 않는 경우 주, 예비의 정지점은 체절압력 이상으로 설정]

(2) ① 168[m] 이하
② 78[m] 이상

(3) ① 2,400[L/min]
② 2,400×1.75=4,200[L/min]

2) 소방시설 설치 및 관리에 관한 법령 및 화재안전기술기준에 따라 각 물음에 답하시오. 10점

   (1) 특정소방대상물의 규모, 용도 및 수용인원 등을 고려하여 갖추어야 하는 소방시설의 종류 중 문화 및 집회시설(동·식물원 제외), 종교시설(주요구조부가 목조인 것 제외), 운동시설(물놀이형 시설 제외)의 모든 층에 설치하여야 하는 경우에 해당하는 스프링클러설비 설치대상 4가지를 쓰시오. 4점

   (2) 할로겐화합물 및 불활성기체소화설비의 화재안전기술기준(NFTC 107A)에 따른 배관의 구경 선정기준을 쓰시오. 2점

   (3) 무선통신보조설비의 화재안전기술기준(NFTC 505)에 따른 무선기기 접속단자 설치기준을 4가지만 쓰시오. 4점 [19회 이후 현행 삭제]

해설 및 정답
(1) ① 수용인원이 100명 이상인 것
② 영화상영관의 용도로 쓰이는 층의 바닥면적이 지하층 또는 무창층인 경우에는 500[m^2] 이상, 그 밖의 층의 경우에는 1천[m^2] 이상인 것
③ 무대부가 지하층·무창층 또는 4층 이상의 층에 있는 경우에는 무대부의 면적이 300[m^2] 이상인 것
④ 무대부가 ③ 외의 층에 있는 경우에는 무대부의 면적이 500[m^2] 이상인 것

(2) 배관의 구경은 해당 방호구역에 할로겐화합물소화약제는 10초 이내에, 불활성기체소화약제는 A·C급 화재 2분, B급 화재 1분 이내에 방호구역 각 부분에 최소설계농도의 95[%] 이상 해당하는 약제량이 방출되도록 하여야 한다.

(3) ① 화재층으로부터 지면으로 떨어지는 유리창 등에 의한 지장을 받지 않고 지상에서 유효하게 소방활동을 할 수 있는 장소 또는 수위실 등 상시 사람이 근무하고 있는 장소에 설치할 것
② 단자는 한국산업규격에 적합한 것으로 하고, 바닥으로부터 높이 0.8[m] 이상 1.5[m] 이하의 위치에 설치할 것
③ 지상에 설치하는 접속단자는 보행거리 300[m] 이내마다 설치하고, 다른 용도로 사용되는 접속단자에서 5[m] 이상의 거리를 둘 것
④ 지상에 설치하는 단자를 보호하기 위하여 견고하고 함부로 개폐할 수 없는 구조의 보호함을 설치하고, 먼지·습기 및 부식 등에 따라 영향을 받지 아니하도록 조치할 것
⑤ 단자의 보호함의 표면에 "무선기 접속단자"라고 표시한 표지를 할 것
[현행 삭제]

기출문제

3) 화재안전기술기준 및 다음 〈조건〉에 따라 각 물음에 답하시오. 13점

> **조건**
> - 지하주차장은 3개 층이며, 각 층의 바닥면적은 60[m]×60[m]이고, 층고는 4.5[m]이다.
> - 주차장의 준비작동식스프링클러설비 감지기는 교차회로방식으로 자동화재탐지설비와 겸용한다.
> - 지하3층 주차장은 기계실(450[m^2])과 전기실·발전기실(250[m^2])이 있다.
> - 지하3층 기계실은 습식스프링클러설비를 적용한다.
> - 주요구조부는 내화구조이다.
> - 주어진 조건 외에는 고려하지 않는다.

(1) 지하주차장 및 기계실에 차동식스포트형 감지기(2종)를 적용할 경우 총 설치수량을 구하시오. (단, 층별 하나의 방호구역 바닥면적은 최대로 적용한다) 5점

(2) 스프링클러설비 유수검지장치의 종류별 설치수량을 구하시오. 2점

(3) 폐쇄형스프링클러헤드를 사용하는 설비의 방호구역, 유수검지장치 설치기준을 6가지만 쓰시오. 6점

해설 및 정답 (1) [층별 하나의 방호구역 바닥면적은 최대로 적용하므로 3,000[m^2]와 600[m^2]로 분리하여 감지기수를 구하는 문제. 조건이 없는 경우 3,600[m^2]를 이용하여 감지기수를 구함]

① 지하1층~지하2층 주차장(준비작동식밸브 및 교차회로 방식의 감지기 적용)

$$N/1회로 = \frac{3{,}000\text{m}^2}{35\text{m}^2/1개} ≒ 85.71 → 86개$$

$$N/1회로 = \frac{600\text{m}^2}{35\text{m}^2/1개} ≒ 17.14 → 18개$$

∴ $N/1$회로 $= 86 + 18 = 104$개/1회로
$N/$층$=104$개/1회로$\times 2$회로$=208$개/1층
$N=208$개/1층$\times 2$층$=416$개

② 지하3층 주차장(준비작동식밸브 및 교차회로 방식의 감지기 적용)

$$N/1회로 = \frac{3{,}600 - (450\text{m}^2 + 250\text{m}^2)}{35\text{m}^2/1개} ≒ 82.86 \quad ∴ 1회로당 83개$$

∴ $N/1$층 $= 83$개/1회로 $\times 2$회로 $= 166$개

③ 지하3층 기계실(자동화재탐지설비 적용)

$$N = \frac{450\text{m}^2}{35\text{m}^2/1개} ≒ 12.86 \quad ∴ 13개$$

∴ 전체 개수=416개+166개+13개=595개
전기실, 발전기실의 경우 감지기수를 구하라는 조건은 아니다.

(2) ① 지하1층~지하3층 주차장 - 준비작동식(프리액션)밸브 적용

㉠ 지하1층~지하2층 : $N/1$층 $= \dfrac{3{,}600 m^2}{3{,}000 m^2/1개} = 1.2 \quad ∴ 2개/1층 \times 2층 = 4개$

ⓒ 지하3층 : $N/1층 = \dfrac{3,600m^2 - (450m^2 + 250m^2)}{3,000m^2/1개} ≒ 0.97$ ∴ 1개

따라서 준비작동식밸브 5개 설치

② 지하3층 주차장 - 습식(알람체크)밸브

$N/1층 = \dfrac{450m^2}{3,000m^2/1개} ≒ 0.15$ ∴ 1개

따라서 습식밸브 1개 설치

(3) ① 하나의 방호구역의 바닥면적은 3,000[m²]를 초과하지 아니할 것. 다만, 폐쇄형 스프링클러설비에 격자형배관방식(2 이상의 수평주행배관 사이를 가지배관으로 연결하는 방식을 말한다)을 채택하는 때에는 3,700[m²] 범위 내에서 펌프용량, 배관의 구경 등을 수리학적으로 계산한 결과 헤드의 방수압 및 방수량이 방호구역 범위 내에서 소화목적을 달성하는 데 충분할 것

② 하나의 방호구역에는 1개 이상의 유수검지장치를 설치하되, 화재발생시 접근이 쉽고 점검하기 편리한 장소에 설치할 것

③ 하나의 방호구역은 2개 층에 미치지 아니하도록 할 것. 다만, 1개 층에 설치되는 스프링클러헤드의 수가 10개 이하인 경우와 복층형구조의 공동주택에는 3개 층 이내로 할 수 있다.

④ 유수검지장치를 실내에 설치하거나 보호용 철망 등으로 구획하여 바닥으로부터 0.8[m] 이상 1.5[m] 이하의 위치에 설치하되, 그 실 등에는 가로 0.5[m] 이상 세로 1[m] 이상의 출입문을 설치하고 그 출입문 상단에 "유수검지장치실"이라고 표시한 표지를 설치할 것. 다만, 유수검지장치를 기계실(공조용기계실을 포함한다) 안에 설치하는 경우에는 별도의 실 또는 보호용 철망을 설치하지 아니하고 기계실 출입문 상단에 "유수검지장치실"이라고 표시한 표지를 설치할 수 있다.

⑤ 스프링클러헤드에 공급되는 물은 유수검지장치를 지나도록 할 것. 다만, 송수구를 통하여 공급되는 물은 그러하지 아니다.

⑥ 자연낙차에 따른 압력수가 흐르는 배관 상에 설치된 유수검지장치는 화재시 물의 흐름을 검지할 수 있는 최소한의 압력이 얻어질 수 있도록 수조의 하단으로부터 낙차를 두어 설치할 것

설계 및 시공 기출문제

[2020년 9월 26일 시행]

01 다음 물음에 답하시오. 40점

1) 간이스프링클러설비에 관한 다음 물음에 답하시오. 30점
   (1) 소방시설 설치 및 관리에 관한 법령상 간이스프링클러설비를 설치해야 하는 특정소방대상물을 쓰시오. 11점
   (2) 다중이용업소의 안전관리에 관한 특별법령상 간이스프링클러설비를 설치해야 하는 특정소방대상물을 쓰시오. 4점
   (3) 간이스프링클러설비의 화재안전기술기준(NFTC 103A)상 상수도직결형 및 캐비닛형 가압송수장치를 설치할 수 없는 특정소방대상물 3가지를 쓰시오. 6점
   (4) 간이스프링클러설비의 화재안전기술기준(NFTC 103A)상 가압수조 가압송수장치 방식에서 배관 및 밸브 등의 설치순서에 대하여 명칭을 쓰고 소방시설의 도시기호를 그리시오. 5점

   > 설치순서는 수원, 가압수조, (①), (②), (③), (④), (⑤), 2개의 시험밸브 순으로 설치한다.

   (5) 간이스프링클러설비의 화재안전기술기준(NFTC 103A)상 간이헤드 수별 급수관의 구경에 관한 내용이다. ( )에 들어갈 내용을 쓰시오. 4점

   > "캐비닛형" 및 "상수도직결형"을 사용하는 경우 주배관은 (①)[mm], 수평주행배관은 (②)[mm], 가지배관은 (③)[mm] 이상으로 할 것. 이 경우 최장배관은 제5조 제6항에 따라 인정받은 길이로 하며 하나의 가지배관에는 간이헤드를 (④)개 이내로 설치하여야 한다.

해설 및 정답 (1) 1) 공동주택 중 연립주택 및 다세대주택(연립주택 및 다세대주택에 설치하는 간이스프링클러설비는 화재안전기준에 따른 주택전용 간이스프링클러설비를 설치한다)
   2) 근린생활시설 중 다음의 어느 하나에 해당하는 것
      가) 근린생활시설로 사용하는 부분의 바닥면적 합계가 1천㎡ 이상인 것은 모든 층
      나) 의원, 치과의원 및 한의원으로서 입원실 또는 인공신장실이 있는 시설
      다) 조산원 및 산후조리원으로서 연면적 600㎡ 미만인 시설
   3) 의료시설 중 다음의 어느 하나에 해당하는 시설
      가) 종합병원, 병원, 치과병원, 한방병원 및 요양병원(의료재활시설은 제외한다)으로 사용되는 바닥면적의 합계가 600㎡ 미만인 시설
      나) 정신의료기관 또는 의료재활시설로 사용되는 바닥면적의 합계가 300㎡ 이상 600㎡ 미만인 시설

다) 정신의료기관 또는 의료재활시설로 사용되는 바닥면적의 합계가 300㎡ 미만이고, 창살(철재·플라스틱 또는 목재 등으로 사람의 탈출 등을 막기 위하여 설치한 것을 말하며, 화재 시 자동으로 열리는 구조로 되어 있는 창살은 제외한다)이 설치된 시설
4) 교육연구시설 내에 합숙소로서 연면적 100㎡ 이상인 경우에는 모든 층
5) 노유자 시설로서 다음의 어느 하나에 해당하는 시설
  가) 제7조제1항제7호 각 목에 따른 시설[같은 호 가목2) 및 같은 호 나목부터 바목까지의 시설 중 단독주택 또는 공동주택에 설치되는 시설은 제외하며, 이하 "노유자 생활시설"이라 한다]
  나) 가)에 해당하지 않는 노유자 시설로 해당 시설로 사용하는 바닥면적의 합계가 300㎡ 이상 600㎡ 미만인 시설
  다) 가)에 해당하지 않는 노유자 시설로 해당 시설로 사용하는 바닥면적의 합계가 300㎡ 미만이고, 창살(철재·플라스틱 또는 목재 등으로 사람의 탈출 등을 막기 위하여 설치한 것을 말하며, 화재 시 자동으로 열리는 구조로 되어 있는 창살은 제외한다)이 설치된 시설
6) 숙박시설로 사용되는 바닥면적의 합계가 300㎡ 이상 600㎡ 미만인 시설
7) 건물을 임차하여 「출입국관리법」 제52조제2항에 따른 보호시설로 사용하는 부분
8) 복합건축물(별표 2 제30호나목의 복합건축물만 해당한다)로서 연면적 1천㎡ 이상인 것은 모든 층

(2) 다중이용업소 간이스프링클러 설치대상
 ① 지하층에 설치된 영업장
 ② 숙박을 제공하는 형태의 다중이용업소영업장중 다음에 해당하는 영업장. 다만, 지상 1층에 있거나 지상과 직접 맞닿아 있는 층(영업장의 주된 출입구가 건축물의 외부의 지면과 직접 연결된 경우를 포함한다)에 설치된 영업장은 제외한다.
  ㉠ 산후조리업영업장
  ㉡ 고시원업영업장
 ③ 밀폐구조의 영업장
 ④ 제2조제7호의3에 따른 권총사격장의 영업장

(3) ① 근린생활시설로 사용하는 부분의 바닥면적 합계가 1천[㎡] 이상인 것은 모든 층
 ② 숙박시설 중 생활형 숙박시설로서 해당 용도로 사용되는 바닥면적의 합계가 600[㎡] 이상인 것
 ③ 복합건축물(별표 2 제30호나목의 복합건축물만 해당한다)로서 연면적 1천[㎡] 이상인 것은 모든 층

(4)

구분	명칭	도시기호
①	압력계	⌀
②	체크밸브	→N→

기출문제

③	성능시험배관	
④	개폐표시형밸브	
⑤	유수검지장치	

(5) ① : 32, ② : 32, ③ : 25, ④ : 3

2) 아래의 〈그림〉과 같은 돌연확대관에서 손실수두를 구하는 공식을 유도하고, 중력가속도 $g = 9.8[m/s^2]$, 직경 $D_1 = 50[mm]$, $D_2 = 400[mm]$, 유량 $Q = 800[L/min]$일 때 돌연확대관에서의 손실수두(m)를 계산하시오. (단, V_1, V_2는 각 지점의 유속이며, 계산값은 소수점 셋째자리에서 반올림하여 둘째자리까지 구하시오) **10점**

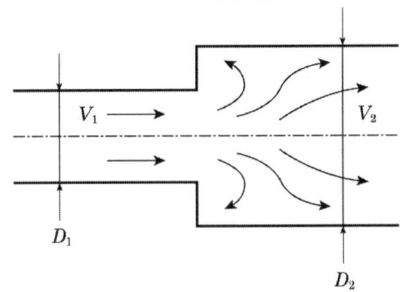

해설 및 정답 ① 공식유도

$$\frac{P_1}{\gamma} + \frac{U_1^2}{2g} + Z_1 = \frac{P_2}{\gamma} + \frac{U_2^2}{2g} + Z_2 + h_L, \quad Z_1 = Z_2$$

$$\therefore h_L = \frac{P_1 - P_2}{\gamma} + \frac{U_1^2 - U_2^2}{2g}$$

$$\Delta F = P_1 A_2 - P_2 A_2 = (P_1 - P_2) A_2$$

$$\Delta F = \rho Q (U_2 - U_1) = \rho A_2 U_2 (U_2 - U_1)$$

$$\therefore (P_1 - P_2) A_2 = \rho A_2 U_2 (U_2 - U_1)$$

$$P_1 - P_2 = \rho U_2 (U_2 - U_1)$$

위 식을 h_L식에 대입

$$h_L = \frac{\rho U_2 (U_2 - U_1)}{\rho g} + \frac{U_1^2 - U_2^2}{2g} = \frac{2U_2^2 - 2U_1 U_2 + U_1^2 - U_2^2}{2g}$$

$$= \frac{U_1^2 - 2U_1 U_2 + U_2^2}{2g} = \frac{(U_1 - U_2)^2}{2g}$$

$$h_L = \frac{(U_1 - U_2)^2}{2g}, \quad A_1 U_1 = A_2 U_2 \quad \therefore U_2 = \frac{A_1}{A_2} U_1$$

$$h_L = \frac{(U_1 - \frac{A_1}{A_2}U_1)^2}{2g} = \frac{U_1^2}{2g} - 2\left(\frac{A_1}{A_2}\right)\frac{U_1^2}{2g} + \left(\frac{A_1}{A_2}\right)^2 \frac{U_1^2}{2g}$$

$$= \left(1 - \frac{A_1}{A_2}\right)^2 \frac{U_1^2}{2g} = K\frac{U_1^2}{2g}$$

② 손실수두(m) 계산

$$h_L = \frac{(U_1 - U_2)^2}{2g}$$

$$U_1 = \frac{Q}{A_1} = \frac{\left(\frac{0.8}{60}\right) m^3/\sec}{\frac{\pi}{4}(0.05m)^2} = 6.790 ≒ 6.79 [m/\sec]$$

$$U_2 = \frac{Q}{A_2} = \frac{\left(\frac{0.8}{60}\right) m^3/\sec}{\frac{\pi}{4}(0.4m)^2} = 0.106 ≒ 0.11 [m/\sec]$$

$$\therefore h_L = \frac{(6.79 - 0.11)^2}{2 \times 9.8} = 2.276 ≒ 2.28 [m]$$

02 위험물안전관리에 관한 세부기준에 대한 다음 물음에 답하시오. `30점`

1) 제조소등에 가스계 소화설비를 설치하고자 한다. 다음 물음에 답하시오. `12점`
   (1) 해당 방호구역에 전역방출방식으로 IG 계열의 소화약제 소화설비를 설치하고자 한다. 아래 조건을 활용하여 IG-100, IG-55, IG-541을 각각 방사하는 경우 저장해야 하는 최소 소화약제의 양(m^3)을 구하시오. `6점`

   > **조건**
   > - 방호구역은 가로 20[m], 세로 10[m], 높이 5[m]이다.
   > - 방호구역에는 산화프로필렌을 저장하고 소화약제계수는 1.8이다.
   > - 방호구역은 1기압, 20[℃]이다.

   (2) 불활성가스 소화설비에서 전역방출방식인 경우 안전조치 기준 3가지를 쓰시오. `3점`
   (3) HFC-227ea, FIC-13I1, FK-5-1-12의 화학식을 각각 쓰시오. `3점`

해설 [위험물안전관리에 관한 세부기준 제134조 제3호 참조]

(1) ① IG-100

$$Q(m^3) = (20m \times 10m \times 5m) \times 0.516 \, m^3/m^3 \times 1.8 = 928.8 [m^3]$$

② IG-55

$$Q(m^3) = (20m \times 10m \times 5m) \times 0.477 \, m^3/m^3 \times 1.8 = 858.6 [m^3]$$

③ IG-541

$$Q(m^3) = (20m \times 10m \times 5m) \times 0.472 \, m^3/m^3 \times 1.8 = 849.6 [m^3]$$

기출문제

(2) ① 기동장치의 방출용스위치 등의 작동으로부터 저장용기의 용기밸브 또는 방출밸브의 개방까지의 시간이 20초 이상 되도록 지연장치를 설치할 것
② 수동기동장치에는 ①에 정한 시간 내에 소화약제가 방출되지 않도록 조치를 할 것
③ 방호구역의 출입구 등 보기 쉬운 장소에 소화약제가 방출된다는 사실을 알리는 표시등을 설치할 것

(3) ① HFC-227ea → CF_3CHFCF_3 (헵타 플루오로 프로판)
② FIC-13I1 → CF_3I (트리 플루오로 부탄)
③ FK-5-1-12 → $CF_3CF_2C(O)CF(CF_3)_2$ (도데카 플루오로-2-메틸 펜탄-3-원)

2) 이소부틸알콜을 저장하는 내부 직경이 40[m]인 고정지붕구조의 탱크에 Ⅱ형 포 방출구를 설치하여 방호하려고 한다. 아래 〈조건〉을 이용하여 다음 물음에 답하시오. **12점**

> **조건**
> - 포소화약제는 3[%] 수용성액체용 포소화약제를 사용한다.
> - 고정식포방출구의 설계압력환산수두는 35[m], 배관의 마찰손실수두는 20[m], 낙차 30[m]이다.
> - 펌프의 수력효율은 87[%], 체적효율 85[%], 기계효율 80[%]이며, 전동기의 전달계수는 1.1로 한다.
> - 저장탱크에서 고정포 방출구까지 사용하는 송액관의 내경은 100[mm]이고, 송액관의 길이는 120[m]이다.
> - 보조포소화전은 쌍구형(호스접결구가 2개)으로 2개가 설치되어 있다.
> - 포수용액의 비중은 1로 본다.
> - 위험물 안전관리에 관한 세부기준을 따른다.
> - 계산값은 소수점 셋째자리에서 반올림하여 둘째자리까지 구하시오.
> - 기타 조건은 무시한다.

(1) Ⅱ형 포방출구의 정의를 쓰시오. **2점**

(2) 소화하는데 필요한 최소 포수용액량(L), 최소 수원의 양(L), 최소 포약제의 저장량(L)을 각각 계산하시오. **6점**
① 최소 포수용액량
② 최소 수원의 양
③ 최소 포소화약제 저장량

(3) 전동기의 출력(kW)을 계산하시오. (단, 유량은 포수용액량으로 한다) **4점**

해설 및 정답 (1) 고정지붕구조 또는 부상덮개부착고정지붕구조(옥외저장탱크의 액상에 금속제의 플로팅, 팬 등의 덮개를 부착한 고정지붕구조의 것을 말한다. 이하 같다)의 탱크에 상부포주입법을 이용하는 것으로서 방출된 포가 탱크 옆판의 내면을 따라 흘러내려 가면서 액면 아래로 몰입되거나 액면을 뒤섞지 않고 액면상을 덮을 수 있는 반사판 및 탱크 내의 위험물증기가 외부로 역류되는 것을 저지할 수 있는 구조·기구를 갖는 포방출구

(2) ① ㉠ 고정포 방출구에 필요한 포수용액량
$$Q(\text{L}) = \left[\frac{\pi}{4} \times (40\text{m})^2\right] \times 240\text{L/m}^2 \times 1.25$$
$$= 376,991.1184 ≒ 376,991.12[\text{L}]$$
㉡ 보조포소화전에 필요한 포수용액량
$$Q(\text{L}) = 3개 \times 8,000\text{L/개} = 24,000[\text{L}]$$
㉢ 송액관 보정량에 필요한 포수용액량
$$Q(\text{L}) = \left[\frac{\pi}{4} \times (0.1\text{m})^2\right] \times 120\text{m} \times \frac{1,000\text{L}}{1\text{m}^3}$$
$$= 942.477 ≒ 942.48[\text{L}]$$
∴ ㉠+㉡+㉢ = 376,991.12 + 24,000 + 942.48 = 401,933.6[L]

② $Q(\text{L}) = 401,933.6 \times 0.97 = 389,875.592 ≒ 389,875.59[\text{L}]$

③ $Q(\text{L}) = 401,933.6 - 389,875.59 = 12,058.01[\text{L}]$

(3) $\text{kW} = \dfrac{r \cdot Q \cdot H}{102 \cdot \eta} \cdot K$

$r = 1,000\text{kgf/m}^3$

① 고정포방출구에 필요한 포수용액량
$$Q(\text{m}^3/\text{s}) = \frac{\pi}{4} \times (40\text{m})^2 \times 8\text{L/min} \cdot \text{m}^2 \times 1.25 \times \frac{1\text{m}^3}{1,000\text{L}} \times \frac{1\text{min}}{60\text{s}}$$
$$= 0.2094395102 ≒ 0.21[\text{m}^3/\text{s}]$$

② 보조포소화전에 필요한 포수용액량
$$Q(\text{m}^3/\text{s}) = 3개 \times 400\text{L/min} \cdot 개 \times \frac{1\text{m}^3}{1,000\text{L}} \times \frac{1\text{min}}{60\text{s}}$$
$$= 0.02[\text{m}^3/\text{s}]$$

∴ 합한 양 = 0.21 + 0.02 = 0.23[m³/s]

$H = 35\text{m} + 20\text{m} + 30\text{m} = 85[\text{m}]$

$\eta = 0.87 \times 0.85 \times 0.8 = 0.5916 ≒ 0.6$

$K = 1.1$

∴ $\text{kW} = \dfrac{1,000 \times 0.23 \times 85}{102 \times 0.6} \times 1.1 = 351.388 ≒ 351.39[\text{kW}]$

기출문제

3) 위험물 안전관리에 관한 세부기준 상 스프링클러설비의 기준에 관한 다음 물음에 답하시오. **6점**

   (1) 폐쇄형 스프링클러헤드를 설치하는 경우 스프링클러헤드의 부착위치에 관한 사항이다. 다음 ( )에 들어갈 내용을 쓰시오. **2점**

   > • 가연성 물질을 수납하는 부분에 스프링클러헤드를 설치하는 경우에는 제1호 가목의 규정에 불구하고 당해 헤드의 반사판으로부터 하방으로 (①)[m], 수평방향으로 (②)[m]의 공간을 보유할 것
   > • 개구부에 설치하는 스프링클러헤드는 당해 개구부의 상단으로부터 높이 (③)[m] 이내의 벽면에 설치할 것

   (2) 스프링클러설비의 유수검지장치 설치기준 2가지를 쓰시오. **2점**
   (3) 스프링클러설비의 기준에 관한 내용이다. 다음 ( )에 들어갈 내용을 쓰시오. **2점**

   > 건식 또는 (①)의 유수검지장치가 설치되어 있는 스프링클러설비는 스프링클러헤드가 개방된 후 (②)분 이내에 당해 스프링클러헤드로부터 방수될 수 있도록 할 것

해설 및 정답
(1) ① 0.9
    ② 0.4
    ③ 0.15
(2) ① 유수검지장치의 1차측에는 압력계를 설치할 것
    ② 유수검지장치의 2차측에 압력의 설정을 필요로 하는 스프링클러설비에는 당해 유수검지장치의 압력설정치보다 2차측의 압력이 낮아진 경우에 자동으로 경보를 발하는 장치를 설치할 것
(3) ① 준비작동식
    ② 1

03 다음 물음에 답하시오. [30점]

1) 하디크로스 방식(Hardy Cross Method)의 유체역학적 기본원리 3가지를 쓰시오. [3점]

해설및정답
① 질량보존의 법칙(유입유량과 유출유량은 같다)
② 에너지보존의 법칙(분기배관의 마찰손실은 같다)
③ 분기배관의 유량의 합은 총 유량과 같다.

2) 하디크로스 방식(Hardy Cross Method)의 계산절차 중 4단계~8단계의 내용을 쓰시오. [5점]

> - 1단계 : 모든 루프의 각 경로와 관련있는 배관길이, 관경, C factor(조도)와 같은 중요한 변수를 알아야 한다.
> - 2단계 : 각 변수를 적절한 단위로 수치변환한다. 부속류에 대한 국부손실은 등가배관길이로 변환하여야 한다. 각 구간별 유량을 제외한 모든 변수값을 계산하도록 한다.
> - 3단계 : 루프에 의해 이어지는 연속성이 충족되도록 적절한 분배유량을 가정한다.
> - 4단계 : (①   )
> - 5단계 : (②   )
> - 6단계 : (③   )
> - 7단계 : (④   )
> - 8단계 : (⑤   )
> - 9단계 : 새롭게 보정된 분배유량으로 dP_f 값이 충분히 작아질때까지 4단계~7단계를 반복한다.
> - 10단계 : 마지막 확인사항으로 임의의 경로에 대한 유입점부터 유출점까지의 마찰손실압력을 계산한다. 다른 경로로 두 번째 계산된 마찰손실압력값은 예상되는 범위 내의 동일한 값이 되어야 한다.

해설및정답
① 각 경로별 마찰손실을 계산한다.
② 마찰손실 합을 계단한다.(마찰손실합이 오차범위 이내이면 작업종료)
③ 각 경로별 마찰손실합계가 오차범위밖이면 각 배관 마찰손실을 추정된 흐름(유량)으로 나누어준다.
④ 유량을 보정한다.
⑤ 재계산을 위한 유량을 결정한다.

기출문제

3) 〈그림〉과 같이 A지점으로 물이 유입되어 B지점으로 유출되고 있다. A~B 사이에 있는 세 개 분기관의 내경이 40[mm]라고 할 때 각 분기관으로 흐르는 유량을 계산하시오. **8점**

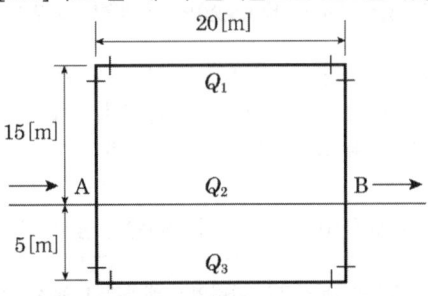

조건
- 배관의 마찰손실압력을 구하는 공식은 다음과 같다.

$$\triangle P = 6.174 \times 10^4 \times \frac{Q^{1.85}}{C^{1.85} \times D^{4.87}} \times L$$

  여기서, $\triangle P$: 마찰손실압력([MPa])
  Q : 유량(L/min), C : 조도(120)
  D : 배관경(mm), L : 배관길이(m)
- 유입점과 유출점에는 1,000[L/min]의 유량이 흐르고 있다.
- 90도 엘보의 등가길이는 2[m]이며, A와 B 두 지점의 배관부속 마찰손실은 무시한다.
- 계산값은 소수점 셋째자리에서 반올림하여 둘째자리까지 구하시오.

해설 및 정답

$Q_1 + Q_2 + Q_3 = 1,000 \text{L/min}$

$\triangle P_1 = \triangle P_2 = \triangle P_3$

$\triangle P_1 = \triangle P_2$

$Q_1^{1.85} \times 54 = Q_2^{1.85} \times 20$

$\therefore \dfrac{54}{20} \cdot Q_1^{1.85} = Q_2^{1.85}$

$Q_2 = 1.71 Q_1$

$\triangle P_1 = \triangle P_3$

$Q_1^{1.85} \times 54 = Q_3^{1.85} \times 34$

$\therefore \dfrac{54}{34} \cdot Q_1^{1.85} = Q_3^{1.85}$

$Q_3 = 1.28 Q_1$

$\therefore Q_1 + 1.71 Q_1 + 1.28 Q_1 = 1,000 [\text{L/min}]$

$3.99 Q_1 = 1,000 \text{L/min}$

$\therefore Q_1 = 250.63 [\text{L/min}]$

$\therefore Q_2 = 428.57 [\text{L/min}]$

$\therefore Q_3 = 320.8 [\text{L/min}]$

4) 스프링클러설비의 방수압과 방수량 관계식 $Q = 80\sqrt{10P}$ (Q : L/min, P : [MPa])의 유도 과정을 쓰시오. (단, 헤드의 오리피스 내경(d)은 12.7[mm], 방출계수(C)는 0.75이며, 중력가속도(g)는 9.81[m/s^2], 1[MPa] = 10[kgf/cm^2]으로 가정한다) **8점**

해설 및 정답

$Q = CAU$

$Q = C \times \dfrac{\pi}{4}D^2 \times \sqrt{2gh}$

$\quad = C \times \dfrac{\pi}{4}D^2 \times \sqrt{2 \times 9.81 \times 10P}$ (P : kgf/cm^2)

$\quad = C \times 10.995 D^2 \sqrt{P}$

$K = \dfrac{Q}{C D^2 \sqrt{P}} \times 10.995$

$\quad Q : 1[\text{m}^3/\text{s}] = 60,000[\text{L/min}]$

$\quad D : 1[\text{m}] = 1,000[\text{mm}]$

$\quad C, P$는 그대로

$\therefore K = \dfrac{60,000}{1,000^2} \times 10.995 = 0.6597$

$\therefore Q = 0.6597 \times C \times D^2 \times \sqrt{P}$

$C = 0.75$, $D = 12.7$[mm], P를 [MPa]로 변환시 $10P$

$\therefore Q = 0.6597 \times 0.75 \times 12.7^2 \times \sqrt{10P} \fallingdotseq 79.8\sqrt{10P}$

5) 스프링클러설비의 화재안전기술기준(NFTC 103)상 다음 물음에 답하시오. **6점**
   (1) 개폐밸브의 개폐상태를 감시제어반에서 확인할 수 있도록 설치하여야 하는 급수개폐밸브 작동표시스위치의 설치기준을 쓰시오. **3점**
   (2) 기동용수압개폐장치를 기동장치로 사용하는 경우 설치하여야 하는 충압펌프의 설치기준을 쓰시오. **3점**

해설 및 정답

(1) ① 급수개폐밸브가 잠길 경우 탬퍼 스위치의 동작으로 인하여 감시제어반 또는 수신기에 표시되어야 하며 경보음을 발할 것
② 탬퍼 스위치는 감시제어반 또는 수신기에서 동작의 유무확인과 동작시험, 도통시험을 할 수 있을 것
③ 급수개폐밸브의 작동표시 스위치에 사용되는 전기배선은 내화전선 또는 내열전선으로 설치할 것

(2) ① 펌프의 토출압력은 그 설비의 최고위 살수장치(일제개방밸브의 경우는 그 밸브)의 자연압보다 적어도 0.2[MPa]이 더 크도록 하거나 가압송수장치의 정격토출압력과 같게 할 것
② 펌프의 정격토출량은 정상적인 누설량보다 적어서는 아니되며 스프링클러설비가 자동적으로 작동할 수 있도록 충분한 토출량을 유지할 것

제21회 설계 및 시공 기출문제

[2021년 9월 18일 시행]

01 다음 물음에 답하시오. 40점

1) 아래 그림과 같이 관 속에 가득찬 40[℃]의 물이 중량 유량 980[N/min]으로 흐르고 있다. B 지점에서 공동현상이 발생하지 않도록 하는 A지점에서의 최소압력(kPa)을 구하시오. (단, 관의 마찰 손실은 무시하고, 40[℃] 물의 증기압은 55.32[mmHg]이다. 계산값은 소수점 다섯째자리에서 반올림하여 소수점 넷째자리까지 구하시오) 10점

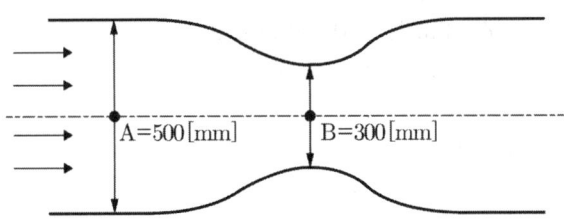

해설및정답

$$U_A = \frac{W}{A\gamma} = \frac{\left(\dfrac{980N}{60\sec}\right)}{\dfrac{\pi}{4}(0.5m)^2 \times 9,800N/m^3} = 0.00848 \fallingdotseq 0.0085[m/\sec]$$

$$U_B = \frac{W}{A\gamma} = \frac{\left(\dfrac{980N}{60\sec}\right)}{\dfrac{\pi}{4}(0.3m)^2 \times 9,800N/m^3} = 0.02357 \fallingdotseq 0.0236[m/\sec]$$

$$\frac{P_A}{\gamma} + \frac{U_A^2}{2g} = \frac{P_B}{\gamma} + \frac{U_B^2}{2g}$$

$$\frac{P_A}{9.8kN/m^3} + \frac{(0.0085m/\sec)^2}{2 \times 9.8m/\sec^2}$$

$$= \frac{(55.32-760)mmHg \times \dfrac{101.325kPa}{760mmHg}}{9.8kN/m^3} + \frac{(0.0236m/\sec)^2}{2 \times 9.8m/\sec^2}$$

$P_A = -93.94936[kPa_{gauge}] \fallingdotseq -93.9494[kPa_{gauge}]$

∴ 93.9494[kPa_{gauge}]   [참고 : 절대압 = 7.3756kPa_{abs}]

2) 도로터널의 화재안전기술기준(NFTC 603)에 대하여 아래 조건에 따라 다음 물음에 답하시오.
15점

> **조건**
> - 제연설비 설계화재강도의 열량으로 5분 동안 화재가 진행되었다.
> - 소화수 및 주위온도는 20[℃]에서 400[℃]로 상승하였다.
> - 물의 비중은 1, 물의 비열은 4.18[kJ/kg℃], 물의 증발잠열은 2,253.02[kJ/kg], 대기압은 표준대기압, 수증기의 비열은 1.85[kJ/kg℃]
> - 동력은 3상, 380[V], 30[kW]
> - 효율은 0.8, 전달계수는 1.2, 전양정은 25[m]
> - 계산값은 소수점 셋째자리에서 반올림하여 소수점 둘째자리까지 구하시오.
> - 기타 조건은 무시한다.

(1) 물분무소화설비가 작동하여 소화수가 방사되는 경우 수원의 용량(m^3)을 구하시오. (단, 방사된 소화수와 생성된 수증기의 40[%]만 냉각소화에 이용되는 것으로 가정한다) 10점

(2) 방사된 수원을 보충하기 위해 필요한 최소시간(s)을 구하시오. 5점

해설 및 정답

(1) $Q = mC\Delta T + mr + mC\Delta T$

$Q = 20MW \times 5\min = 20 \times 10^6 J/\sec \times 300\sec = 6 \times 10^9 [J] = 6 \times 10^6 [kJ]$

$6 \times 10^6 kJ = m \times 4.18 kJ/kg℃ \times 80℃$
$\qquad + m \times 2,253.02 kJ/kg + m \times 1.85 kJ/kg℃ \times 300℃$

$m = 1,909.356 ≒ 1,909.36 [kg]$

40[%]가 냉각에 참여. 따라서 수원량 $= \dfrac{1,909.36}{0.4} = 4,773.4 kg ≒ 4.77 [m^3]$

∴ 4.77[m^3]

(2) $P(kW) = \dfrac{\gamma QH}{102\eta}K$

$30 = \dfrac{1000 \times \dfrac{4.77}{t(\sec)} \times 25}{102 \times 0.8} \times 1.2$

$t = 58.455 ≒ 58.46 \sec$

∴ 58.46[sec]

3) 다음은 소방시설 자체점검사항 등에 관한 고시에서 정하고 잇는 소방시설도시기호에 관한 것이다. (   )에 알맞은 명칭을 쓰고 도시기호를 그리시오. **5점**

명 칭	도시기호
(㉠)	
(㉡)	
(㉢)	
이온화식 감지기(스포트형)	(㉣)
시각경보기(스트로브)	(㉤)

해설및정답
㉠ 분말, 탄산가스, 할로겐 헤드
㉡ 포헤드(평면도)
㉢ 방수구
㉣ S I
㉤ ▱

4) 스프링클러헤드의 특성에 대하여 다음 물음에 답하시오. **10점**
(1) 화재조기진압용 스프링클러설비의 화재안전기술기준(NFTC 103B)에서 화재조기진압용 스프링클러설비를 설치할 장소의 구조 중 해당 층의 높이와 천장의 기울기 기준을 쓰시오. **2점**
(2) 화재조기진압용 스프링클러설비의 화재안전기술기준(NFTC 103B)에서 화재조기진압용 스프링클러 가지배관 사이의 거리를 쓰시오. **2점**
(3) 필요방사밀도(RDD : Required Delivered Density)의 개념을 쓰시오. **2점**
(4) 실제방사밀도(ADD : Actual Delivered Density)의 개념을 쓰시오. **2점**
(5) 필요방사밀도와 실제방사밀도의 관계를 설명하시오. **2점**

해설및정답
(1) ① 해당 층의 높이 : 해당 층의 높이가 13.7[m] 이하일 것. 다만, 2층 이상일 경우에는 해당 층의 바닥을 내화구조로 하고 다른 부분과 방화구획 할 것
② 천장의 기울기 : 천장의 기울기가 1,000분의 168을 초과하지 않아야 하고, 이를 초과하는 경우에는 반자를 지면과 수평으로 설치할 것

(2) 가지배관 사이의 거리는 2.4[m] 이상 3.7[m] 이하로 할 것. 다만, 천장의 높이가 9.1[m] 이상 13.7[m] 이하인 경우에는 2.4[m] 이상 3.1m 이하로 한다.

(3) RDD의 정의 : 화재를 진화하는데 필요한 최소한의 물의 방수량을 가연물 상단의 표면적으로 나눈 값

$$\text{RDD} = \frac{Q_R}{A} \, [\text{L/min} \cdot \text{m}^2]$$

Q_R : 필요방수량(L/min)

A : 가연물상단 표면적(m²)

(4) ADD의 정의 : 화재시 화염의 상승기류를 뚫고 실제화염에 침투하여 가연물에 방수되는 물의 방수량을 가연물상단의 표면적으로 나눈 값

$$\text{ADD} = \frac{Q_A}{A} \, [\text{L/min} \cdot \text{m}^2]$$

Q_A : 실제 침투방수량(L/min)

A : 가연물상단 표면적(m²)

(5) RDD와 ADD의 관계그래프

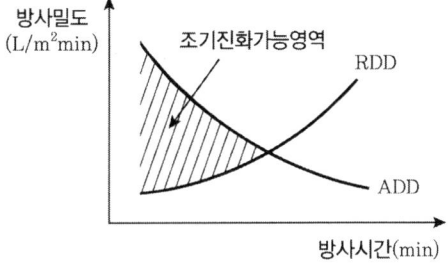

기출문제

02 다음 물음에 답하시오. [30점]

1) 이산화탄소소화설비 화재안전기술기준(NFTC 106)에 대하여 다음 물음에 답하시오. [8점]
   (1) 이산화탄소소화설비의 분사헤드 설치 제외 장소 4가지를 쓰시오. [4점]
   (2) 가연성 액체 또는 가연성 가스의 소화에 필요한 설계농도에 관하여 (   )에 들어갈 내용을 쓰시오. [4점]

방호대상물	설계농도(%)
수소	75
(㉠)	66
산화에틸렌	(㉡)
(㉢)	40
사이크로 프로판	37
이소부탄	(㉣)

해설 및 정답
(1) ① 방재실·제어실 등 사람이 상시 근무하는 장소
② 니트로셀룰로스·셀룰로이드제품 등 자기연소성물질을 저장·취급하는 장소
③ 나트륨·칼륨·칼슘 등 활성금속물질을 저장·취급하는 장소
④ 전시장 등의 관람을 위하여 다수인이 출입·통행하는 통로 및 전시실 등

(2) ㉠ 아세틸렌
㉡ 53
㉢ 에탄
㉣ 36

2) 바닥면적 600[m²], 높이 7[m]인 전기실에 할론소화설비(Halon 1301)를 전역방출방식으로 설치하고자 한다. 용기의 부피 72[L], 충전비는 최댓값을 적용하고, 가로 1.5[m]로 2[m]의 출입문에 자동폐쇄장치가 없을 경우 다음 물음에 답하시오. [12점]
   (1) 할론소화설비의 화재안전기술기준(NFTC 107)에 따른 최소 약제량(kg) 및 저장용기 수(개)를 구하시오. [4점]
   (2) 할론소화설비의 화재안전기술기준(NFTC 107)에 따라 계산된 최소 약제량이 방사될 때 실내의 약제농도가 6[%]라면, Halon 1301 소화약제의 비체적(m³/kg)을 구하시오. (단, 비체적은 소수점 여섯째자리에서 반올림하여 다섯째자리까지 구하시오) [5점]
   (3) 저장용기에 저장된 실제 저장량이 모두 방사된 경우, (2)에서 구한 비체적 값을 사용하여 약제농도(%)를 계산하시오. (단, 계산값은 소수점 셋째자리에서 반올림하여 둘째자리까지 구하시오) [3점]

해설 및 정답 (1) $w = (600m^2 \times 7m) \times 0.32 kg/m^3 + (1.5m \times 2m) \times 2.4 kg/m^2$

$= 1351.2 [kg]$

$C = 0.9 \sim 1.6 \Rightarrow 1.6$ 적용

$G = \dfrac{V}{C} = \dfrac{72L}{1.6} = 45 [kg/병]$

∴ 병수 $= \dfrac{1351.2 kg}{45 kg/병} \fallingdotseq 30.03$ ∴ 31병

(2) $6 = \dfrac{x}{(600 \times 7) + x} \times 100$

∴ $x \fallingdotseq 268.09 [m^3]$

∴ 비체적 $= \dfrac{268.09 m^3}{1351.21 kg} = 0.19841 [m^3/kg]$

(3) $m^3 = (45 kg/병 \times 31병) \times 0.19841 m^3/kg = 276.78 [m^3]$

∴ $\% = \dfrac{276.78}{600 \times 7 + 276.78} \times 100 = 6.18 [\%]$

∴ $6.18 [\%]$

3) 고층건축물의 화재안전기술기준(NFTC 604)에 대하여 다음 물음에 답하시오. 10점
　(1) 피난안전구역에 설치하는 소방시설 중 인명구조기구, 피난유도선을 제외한 나머지 3가지를 쓰시오. 3점
　(2) 피난안전구역에 설치하는 소방시설 설치기준 중 피난유도선 설치기준 4가지를 쓰시오. 3점
　(3) 피난안전구역에 설치하는 소방시설 설치기준 중 인명구조기구 설치기준 4가지를 쓰시오. 4점

해설 및 정답 (1) ① 제연설비
　　② 비상조명등
　　③ 휴대용 비상조명등
(2) ① 피난안전구역이 설치된 층의 계단실 출입구에서 피난안전구역 주 출입구 또는 비상구까지 설치할 것
　② 계단실에 설치하는 경우 계단 및 계단참에 설치할 것
　③ 피난유도 표시부의 너비는 최소 25[mm] 이상으로 설치할 것
　④ 광원점등방식(전류에 의하여 빛을 내는 방식)으로 설치하되, 60분 이상 유효하게 작동할 것

기출문제

(3) ① 방열복, 인공소생기를 각 2개 이상 비치할 것
② 45분 이상 사용할 수 있는 성능의 공기호흡기(보조마스크를 포함한다)를 2개 이상 비치하여야 한다. 다만, 피난안전구역이 50층 이상에 설치되어 있을 경우에는 동일한 성능의 예비용기를 10개 이상 비치할 것
③ 화재시 쉽게 반출할 수 있는 곳에 비치할 것
④ 인명구조기구가 설치된 장소의 보기 쉬운 곳에 "인명구조기구"라는 표지판 등을 설치할 것

03 다음 물음에 답하시오. [30점]

1) 경보설비의 비상전원으로 사용되는 축전지가 방전할 때 아래 그림과 같이 시간에 따라 방전 전류가 감소하는 경우, 이에 적합한 축전지의 용량(Ah)을 구하시오. (단, 보수율 0.8, 용량환산시간 K는 아래표와 같다) [9점]

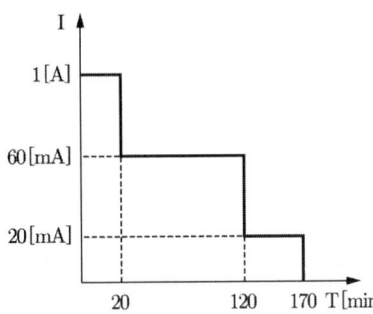

시간(min)	10	20	30	50	100	110	120	150	170
K	1.3	1.4	1.7	2.5	3.4	3.6	3.8	4.8	5.0

해설 및 정답

① $C_1 = \dfrac{1}{L}K_1I_1 = \dfrac{1}{0.8} \times 1.4 \times 1 = 1.75[Ah]$

② $C_2 = \dfrac{1}{L}(K_1I_1 + K_2(I_2 - I_1)) = \dfrac{1}{0.8} \times (3.8 \times 1 + 3.4(0.06 - 1))$

$\quad\quad = 0.755[Ah]$

③ $C_3 = \dfrac{1}{L}(K_1I_1 + K_2(I_2 - I_1) + K_3(I_3 - I_2))$

$\quad\quad = \dfrac{1}{0.8} \times ((5 \times 1) + 4.8(0.06 - 1) + 2.5(0.02 - 0.06))$

$\quad\quad = 0.485[Ah]$

∴ 1.75[Ah] 선정

2) 자동화재탐지설비 회로에 감지기, 경종, 사이렌 등이 전선으로 연결되어 있을 경우, 각 기기에 흐르는 전류와 개수는 다음과 같다. 각 기기에 인가되는 전압을 80[%] 이상으로 유지하기 위한 전선의 최소 공칭 단면적(mm^2)을 구하시오. (단, 수신기 공급전압 : 24[V], 감지기 : 20[mA] 10개, 경종 : 50[mA] 5개, 사이렌 : 30[mA] 2개, 전선의 고유저항률 : $\frac{1}{58}[\Omega mm^2/m]$, 도전율 : 97[%], 수신기와 기기간 거리 : 250[m]) **8점**

해설 및 정답

$D.C\ 24V \times \frac{80}{100}\% = 19.2[V]$

1) $e = 24V - 19.2V = 4.8[V]$
2) $L = 250[m]$
3) $I = (0.02A/개 \times 10개) + (0.05A/개 \times 5개) + (0.03A/개 \times 2개)$
   $= 0.51[A]$

$e = 2IR = 2I(\rho\frac{l}{A})$

$= 2I(\frac{1}{58} \times \frac{1}{0.97} \times \frac{l}{A})$

$= 0.0356I\frac{l}{A}$

$4.8V = 0.0356 \times 0.51 \times \frac{250}{Amm^2}$

$\therefore Amm^2 = 0.95[mm^2]$

정답 : 1.5mm^2

3) 자동화재탐지설비 및 시각경보장치의 화재안전기술기준(NFTC 203)에 의한 정온식 감지선형 감지기의 설치기준이다. (   )에 들어갈 내용을 쓰시오 **5점**

- (㉠)이나 고정금구를 사용하여 감지선이 늘어지지 않도록 설치할 것
- 단자부와 마감 고정금구와의 설치간격은 (㉡)[cm] 이내로 설치할 것
- 감지선형 감지기의 굴곡반경은 (㉢)[cm] 이상으로 할 것
- 감지기와 감지구역의 각 부분과의 수평거리가 내화구조의 경우 1종 (㉣)[m] 이하, 2종 (㉤)[m] 이하로 할 것. 기타구조의 경우 1종 3[m] 이하, 2종 1[m] 이하로 할 것

해설 및 정답
㉠ 보조선
㉡ 10
㉢ 5
㉣ 4.5
㉤ 3

기출문제

4) 아래 그림은 전동기 시퀀스 제어회로 중 일부 회로의 타임차트이다. 이에 맞는 회로의 명칭을 쓰고, 그림의 스위치 소자를 이용하여 시퀀스 제어회로를 완성하시오. 8점

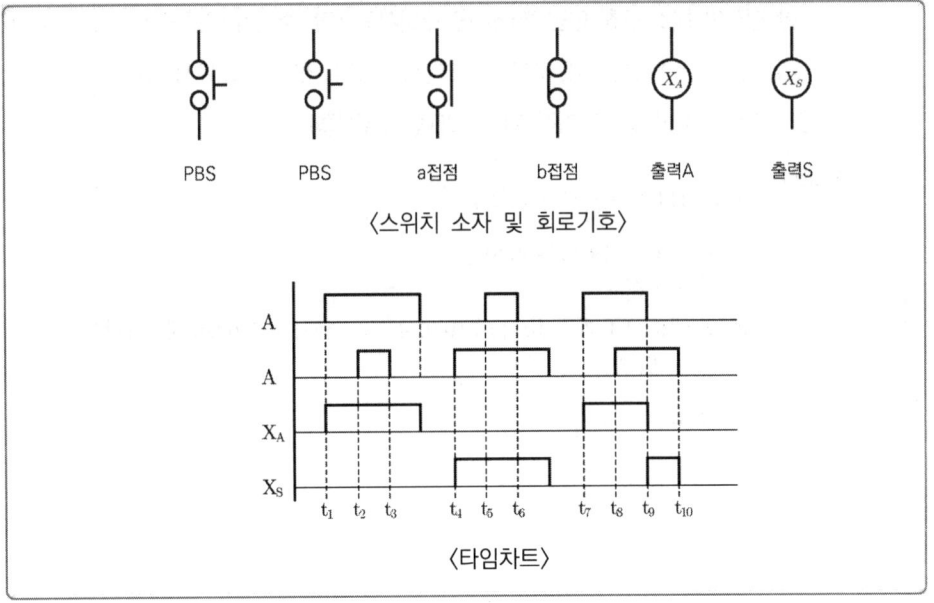

(1) 회로의 명칭 :
(2) 제어회로 완성 :

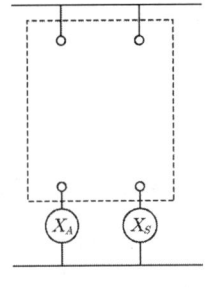

〈시퀀스 제어회로〉

해설및정답 (1) 인터록 회로(선입력 우선 회로 또는 선입력 우선 회로 또는 병렬우선 회로)
(2)

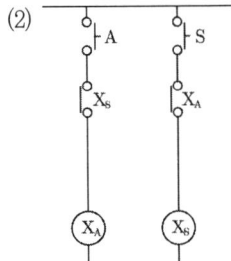

제22회 설계 및 시공 기출문제

[2022년 9월 24일 시행]

01 다음 계통도 및 조건을 보고 물음에 답하시오. 40점

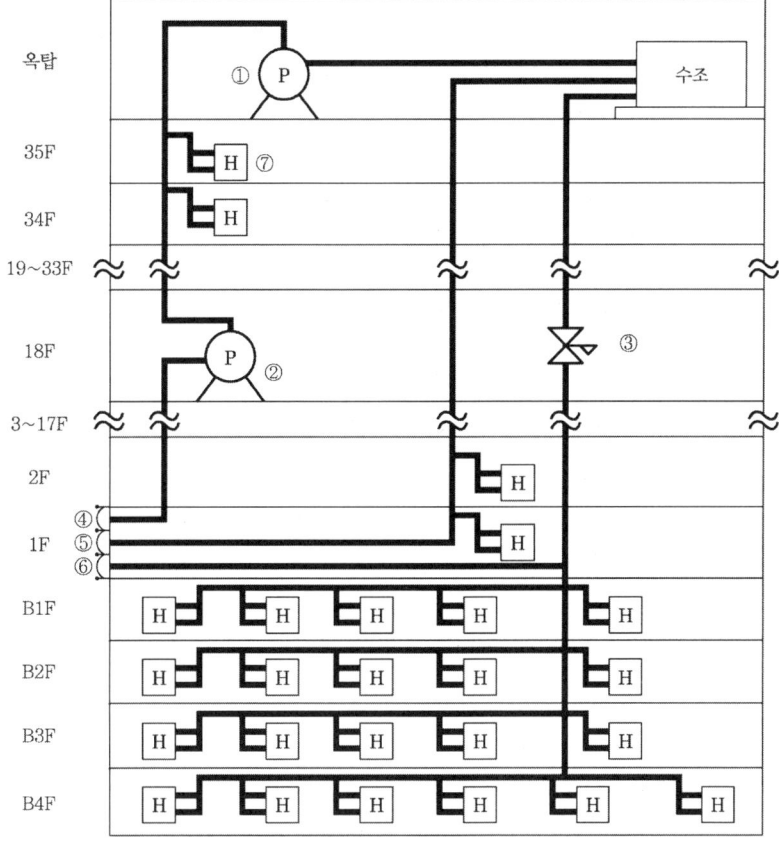

		[범례]
①	P	옥내소화전 주펌프
②	P	연결송수관설비 가압펌프
③	⋈	저층부 옥내소화전 감압밸브
④	⊃	연결송수관설비 흡입측 송수구
⑤	⊃	중층부 옥내소화전 및 연결송수관설비 겸용 송수구
⑥	⊃	저층부 옥내소화전 및 연결송수관설비 겸용 송수구
⑦	H	옥내소화전

기출문제

> **조건**
> ○ 지하 4층/지상 35층 주상복합 건축물로 각 층의 높이는 3[m]로 동일함
> ○ 송수구는 지상 1층 바닥으로부터 1[m] 높이에 설치됨
> ○ 옥내소화전 설치개수는 지상 1층~지상 35층 각 층 1개, 지하 1층~지하 3층 각 총 5개, 지하 4층 6개임
> ○ 옥내소화전설비 고층부는 펌프방식이고 중층부, 저층부는 고가수조방식이며 저층부 구간은 지하 1층에서 지하 4층까지임
> ○ 옥내소화전 및 연결송수관 설비의 배관 및 부속류 마찰손실은 낙차의 30[%]를 적용함
> ○ 펌프의 효율은 50[%], 전달계수는 1.1을 적용함
> ○ 옥내소화전 방수구는 바닥으로부터 1[m] 높이, 연결송수관설비 방수구는 바닥으로부터 0.5[m] 높이에 설치됨
> ○ 펌프와 바닥 사이 및 수조와 바닥 사이 높이는 무시함
> ○ 옥내소화전 호스 마찰손실 수두는 7[m], 연결송수관설비 호스 마찰손실 수두는 3[m]
> ○ 감압밸브는 바닥으로부터 1[m] 높이에 설치됨
> ○ 수두 10[m]는 0.1[MPa]로 함
> ○ 계산값은 소수점 넷째자리에서 반올림하여 소수점 셋째자리까지 구함
> ○ 기타 조건은 무시함

1) 수조의 최소 수원의 양(m³)과 고층부의 필요한 최소 동력[kW]을 구하시오. **10점**

해설 및 정답

① 최소수원
  ㉠ 고층부 $Q = N \times 5.2\text{m}^3 = 1 \times 5.2\text{m}^3 = 5.2\text{m}^3$
  ㉡ 중층부 $Q = N \times 5.2\text{m}^3 = 1 \times 5.2\text{m}^3 = 5.2\text{m}^3$
  ㉢ 저층부 $Q = N \times 5.2\text{m}^3 = 5 \times 5.2\text{m}^3 = 26\text{m}^3$
  따라서 26m^3 (최대량 적용)

② 고층부 최소동력(kW)

$$P(\text{kW}) = \frac{\gamma Q H}{102\,\eta} K$$

$H = h_1 + h_2 + h_3 + 17\text{m}$
$\quad = -2\text{m} + (2\text{m} \times 0.3) + 7\text{m} + 17\text{m} = 22.6\text{m}$

$Q = 130\text{L/min}$

$$\therefore \frac{1{,}000 \times \dfrac{0.13}{60} \times 22.6}{102 \times 0.5} \times 1.1 = 1.0561 \fallingdotseq 1.056\text{kW}$$

2) 고가수조방식으로 적용 가능한 중층부의 가장 높은 층을 구하시오. 6점

해설 및 정답
$H(낙차) = h_1 + h_2 + 17\text{m}$
$H = (H \times 0.3) + 7\text{m} + 17\text{m}$
따라서 $H = 34.2857 ≒ 34.286\text{m}$
층 : $34.286\text{m} \div 3\text{m}/층 = 11.428$ ∴ 11층 아래
적용층 : 35층 − 11층 = 24층

3) 지상 18층에 설치된 감압밸브 2차측 압력을 0[MPa]로 설정했다면, 지하 1층의 옥내소화전 노즐선단에서 방수압력[MPa]을 구하시오. 5점

해설 및 정답
$H = h_1 + h_2 + h_3 + h_4$
$1\text{m}(18층) + (3\text{m}/층 \times 17개층) + 2\text{m}(B1층) = (54\text{m} \times 0.3) + 7\text{m} + X$
$54\text{m} = (54\text{m} \times 0.3) + 7\text{m} + X$
$X = 30.8\text{m} ≒ 0.308\text{MPa}$

4) 연결송수관설비 흡입측 송수구에서 소방차 인입압력이 0.7[MPa]이다. 이때 연결송수관설비 가압송수장치에 필요한 최소 동력[kW]을 구하시오. 5점

해설 및 정답
$P(\text{kW}) = \dfrac{\gamma Q H}{102\eta} K$
$H = h_1 + h_2 + h_3 + 35\text{m} - 70\text{m}$
$h_1 = 2\text{m} + (3\text{m}/층 \times 33개층) + 0.5\text{m} = 101.5\text{m}$
$H = 101.5\text{m} + 101.5\text{m} \times 0.3 + 3\text{m} + 35\text{m} - 70\text{m} = 99.95\text{m}$
$Q = 2400\text{L/min}$ 적용

∴ $\dfrac{1000 \times \dfrac{2.4}{60} \times 99.95}{102 \times 0.5} \times 1.1 = 86.2313 ≒ 86.231\text{kW}$

5) 지상 10층과 지하 4층에 필요한 최소 연결송수관설비 송수구 압력[MPa]을 각각 구하시오. 10점

해설 및 정답
① 지상 10층에 필요한 송수구 압력(MPa)
$H = h_1 + h_2 + h_3 + h_4$
$h_1 = 2\text{m}(1층) + (3\text{m}/층 \times 8개층) + 0.5\text{m}(10층) = 26.5\text{m}$
$h_2 = 26.5\text{m} \times 0.3 = 7.95\text{m}$
$h_3 = 3\text{m}$
$h_4 = 35\text{m}$
∴ $H = 26.5 + 7.95 + 3 + 35 - 72.45\text{m} ≒ 0.7245\text{MPa} ≒ 0.725\text{MPa}$

기출문제

② 지하 4층에 필요한 송수구 압력(MPa)

$H = h_1 + h_2 + h_3 + h_4$

$h_1 = -12.5\text{m} \ [1\text{m}(1층) + (3\text{m}/층 \times 3개층) + 2.5\text{m}(지하\ 4층)]$

$h_2 = 12.5\text{m} \times 0.3 = 3.75\text{m}$

$h_3 = 3\text{m}$

$h_4 = 35\text{m}$

따라서 $H = -12.5\text{m} + 3.75\text{m} + 3\text{m} + 35\text{m} = 29.25\text{m} \fallingdotseq 0.2925\text{MPa} \fallingdotseq 0.293\text{MPa}$

6) 옥내소화전에 사용하는 가압송수장치 4가지 방식을 쓰시오. 4점

해설및정답
① 전동기에 따른 펌프를 이용하는 방식
② 고가수조의 낙차를 이용하는 방식
③ 압력수조를 이용하는 방식
④ 가압수조를 이용하는 방식

02 다음 물음에 답하시오. 30점

1) 지하 2층, 지상 11층인 철근콘크리트 구조의 신축 건축물에 자동화재탐지설비를 설계하고자 한다. 조건을 참고하여 물음에 답하시오. 17점

조건
- 각 층의 바닥면적은 650[m²]이고, 한 변의 길이는 50[m]를 넘지 않는다.
- 각 층의 층고는 4[m]이고, 반자는 없다.
- 각 층은 별도로 구획되지 않고, 복도는 없는 구조이다.
- 지하 2층에서 지상 11층까지는 직통계단 1개소와 엘리베이터 1개소가 있다.
- 각 층의 계단실 면적은 10[m²], 엘리베이터 승강로의 면적은 10[m²]이다.
- 각 층에는 샤워시설이 있는 50[m²]의 화장실이 1개소 있다.
- 각 층의 구조는 모두 동일하고, 건물의 용도는 사무실이다.
- 각 층에는 차동식 스포트형 감지기 1종, 계단과 엘리베이터에는 연기감지기 2종을 설치한다.
- 수신기는 지상 1층에 설치한다.
- 조건에 주어지지 않은 사항은 고려하지 않는다.

(1) 건축물의 최소 경계구역 수를 구하시오. 5점

해설 및 정답

① 수평경계구역

$$\frac{650\text{m}^2 - (10\text{m}^2 + 10\text{m}^2)}{600\text{m}^2/1경계구역} = 1.05 \fallingdotseq 2구역/층$$

따라서 2경계구역/층 × 13개층 = 26경계구역

② 수직경계구역

직통계단 ㉠ 지상 : $\dfrac{4\text{m}/층 \times 11층}{45\text{m}/1경계구역} = 0.977 \fallingdotseq 1경계구역$

㉡ 지하 : $\dfrac{4\text{m}/층 \times 2층}{45\text{m}/1경계구역} = 0.177 \fallingdotseq 1경계구역$

∴ 계단 2경계구역

엘리베이터 : 1경계구역

따라서 총 경계구역 = 26+2+1 = 29경계구역

∴ 29경계구역

기출문제

(2) 감지기 종류별 최소 설치 수량을 구하시오. **5점**

해설및정답 ① 차동식스포트형 1종

$$\frac{580\text{m}^2}{45\text{m}^2/\text{개}} = 12.88 ≒ 13\text{개/층}$$

∴ 13개/층 × 13층 = 169개

② 연기감지기 2종
　　㉠ 엘리베이터 : 1개
　　㉡ 계단 – 지상 : $\frac{4\text{m/층} \times 11\text{층}}{15\text{m/개}} = 2.93 ≒ 3\text{개}$

　　　　　　 – 지하 : $\frac{4\text{m/층} \times 2\text{층}}{15\text{m/개}} = 0.53 ≒ 1\text{개}$

　　따라서 계단 총 4개

∴ ① 차동식스포트형 1종 : 169개
　② 연기감지기 2종 : 5개

(3) 지상 1층에 화재가 발생하였을 경우, 경보를 발하여야 하는 층을 모두 쓰시오. **2점**

해설및정답 지하1층, 지하2층, 지상1층, 지상2층, 지상3층, 지상4층, 지상5층

(4) 지상 1층에 P형1급 수신기를 설치할 경우, 모든 경계구역으로부터 수신기에 연결되는 배선내역을 쓰고 각각의 최소 전선가닥수를 구하시오. (단, 모든 감지기 배선의 종단저항은 해당 층의 발신기세트 내부에 설치하고, 경종과 표시등은 하나의 공통선을 사용한다) **5점** (22.12.1 이전 직상 1개층 우선 경보기준문제) [수신기 내 다이오드 설치 등 직상 4개 층 경보 가능하도록 설치]

해설및정답 경종및표시등 공통선 1가닥
　　　　경종선 12가닥
　　　　표시등선 1가닥
　　　　회로공통선 5가닥
　　　　응답선 1가닥
　　　　회로선 29가닥

2) 3상 유도전동기의 Y-△ 기동제어회로 중 하나이다. 물음에 답하시오. **13점**

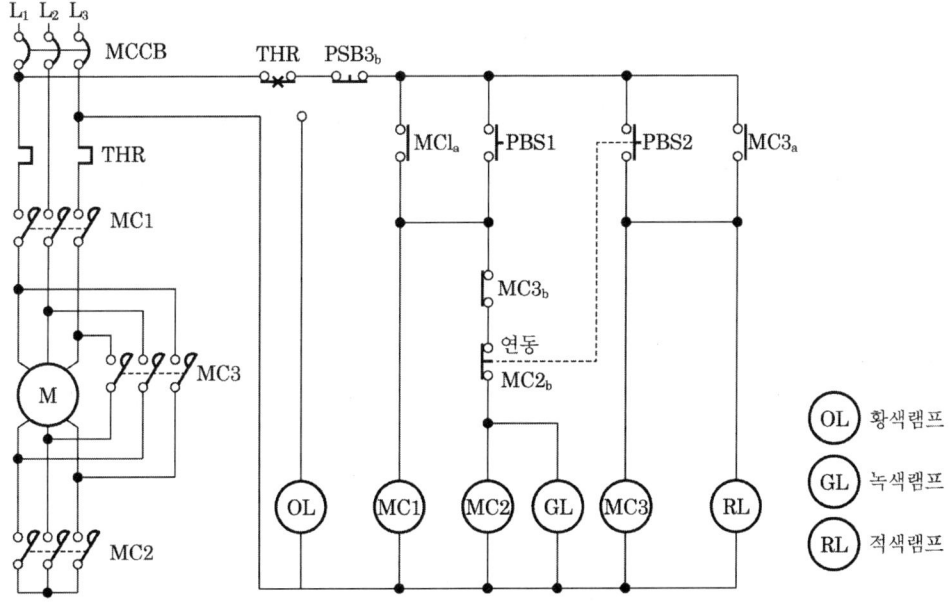

(1) Y-△ 기동제어회로를 사용하는 가장 큰 이유를 쓰시오. **3점**

해설및정답 기동전류를 낮춰 전동기의 손상방지

(2) Y결선에서의 기동전류는 △결선에 비해 몇 배가 되는지 유도과정을 쓰시오. **5점**

해설및정답

$$I_Y = \frac{V_Y}{Z} = \frac{\frac{1}{\sqrt{3}}V_\Delta}{Z} = \frac{V_\Delta}{\sqrt{3}\,Z}$$

$$I_\Delta(I_l) = \sqrt{3}\,I_P, \text{ 여기서 } I_P = \frac{V_P}{Z}$$

$$I_\Delta = \sqrt{3}\,I_P = \sqrt{3}\,\frac{V_P}{Z} = \frac{\sqrt{3}\,V_P}{Z} = \frac{\sqrt{3}\,V_\Delta}{Z}$$

$$\therefore \frac{I_Y}{I_\Delta} = \frac{\frac{V_\Delta}{\sqrt{3}\,Z}}{\frac{\sqrt{3}\,V_\Delta}{Z}} = \frac{1}{3}$$

(3) 전동기가 △결선으로 운전되고 있을 때, 점등되는 램프를 쓰시오. **3점**

해설및정답 RL(적색램프)

(4) 도면에서 THR의 명칭과 회로에서의 역할을 쓰시오. **2점**

해설및정답 열동계전기, 전동기에 과부하 발생시 회로를 차단하여 전동기보호

03 다음 물음에 답하시오. **30점**

1) 아래 그림은 정상류가 형성되는 제연송풍기의 상류측 덕트 단면이다. 다음 조건에 따른 물음에 답하시오. **12점**

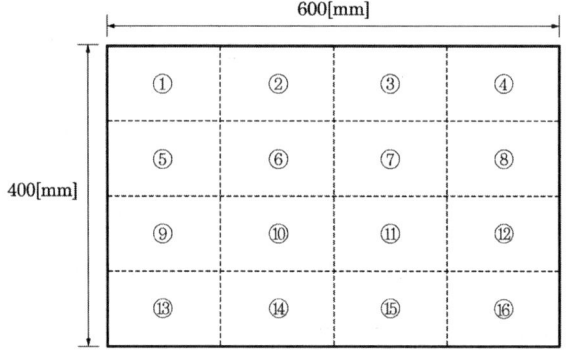

조건
- 덕트 단면의 크기는 600[mm]×400[mm]이며, 제연송풍기 풍량을 피토관을 이용하여 동일면적 분할법(폭방향 4개점, 높이방향 4개점으로 총 16개점)으로 측정한다.
- 그림에 나타낸 ①~⑯은 장방형 덕트 단면의 측정점 위치이다.
- 측정위치 ⑥, ⑦, ⑩, ⑪에서 전압과 정압의 차이는 모두 86.4[Pa]이고 ②, ③, ⑤, ⑧, ⑨, ⑫, ⑭, ⑮에서 모두 38.4[Pa]이며 ①, ④, ⑬, ⑯에서 모두 21.6[Pa]이다.
- 덕트마찰계수 $f = 0.01$, 유체밀도 $\rho = 1.2 [kg/m^3]$, 덕트지름은 수력지름(hydraulic diameter) 수식을 활용한다.
- 계산값은 소수점 넷째자리에서 반올림하여 소수점 셋째자리까지 구한다.
- 기타 조건은 무시한다.

(1) 제연송풍기의 풍량(m³/hr)을 구하시오. **12점**

해설및정답 풍량

$$Q(\text{m}^3/\text{hr}) = 3600\,V\,A = 3{,}600\,\text{sec/hr} \times V(\text{m/s}) \times A(\text{m}^2)$$
$$= 3600 \times \frac{(1.29\sqrt{86.4} \times 4) + (1.29\sqrt{38.4} \times 8) + (1.29\sqrt{21.6} \times 4)}{16} \times (0.6 \times 0.4)$$
$$= 7{,}338.342\,9 \fallingdotseq 7{,}338.343\,\text{m}^3/\text{hr}$$

(2) 덕트 내 평균 풍속(m/s)을 구하시오. **5점**

해설및정답 평균유속

$$V = \frac{(1.29\sqrt{86.4} \times 4) + (1.29\sqrt{38.4} \times 8) + (1.29\sqrt{21.6} \times 4)}{16}\,(\text{m/s})$$
$$= 8.4934 \fallingdotseq 8.493\,\text{m/sec}$$

(3) 달시-와이스바하(Darcy-Weisbach)식을 이용하여 단위 길이당 덕트마찰 손실(Pa/m)을 구하시오. **6점**

해설및정답

$$P = \gamma\,h_L = \gamma \times f\frac{L}{D}\frac{U^2}{2g} = \rho g \times f\frac{L}{D}\frac{U^2}{2g} = \rho \times f\frac{L}{D}\frac{U^2}{2}$$

여기서, $f = 0.01$, $\rho = 1.2\,\text{kg/m}^3$, $L = 1\text{m}$
$U = 8.493\,\text{m/sec}$
$$D = 4Rh = 4 \times \frac{(0.6\text{m} \times 0.4\text{m})}{(0.6\text{m} \times 2 + 0.4\text{m} \times 2)} = 0.48\text{m}$$

따라서 $P = 1.2 \times 0.01 \times \dfrac{1}{0.48} \times \dfrac{8.493^2}{2} = 0.9016 \fallingdotseq 0.902\,\text{Pa/m}$

기출문제

2) 아래 그림과 같이 구획된 3개의 거실에서 각 거실 A, B, C의 예상제연구역에 대한 최저 배출량(m^3/hr)을 각각 구하시오. **6점**

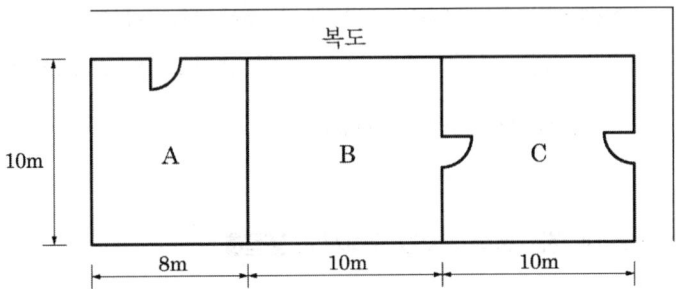

해설 및 정답

① 실A : $80m^2 \times 1m^3/m^2 \cdot min \times 60min/hr = 4,800m^3/hr$
∴ $5,000m^3/hr$

② 실B : $100m^2 \times 1m^3/m^2 \cdot min \times 60min/hr = 6,000m^3/hr$
∴ $6,000m^3/hr$

③ 실C : $100m^2 \times 1m^3/m^2 \cdot min \times 60min/hr = 6,000m^3/hr$
∴ $6,000m^3/hr$

3) 고층건축물의 화재안전기술기준(NFTC 604)상 피난안전구역에 설치하는 소방시설 설치기준에서 제연설비 설치기준을 쓰시오. **3점**

해설 및 정답

피난안전구역과 비 제연구역간의 차압은 50pa(옥내에 스프링클러설비가 설치된 경우에는 12.5Pa) 이상으로 하여야 한다. 다만 피난안전구역의 한쪽 면 이상이 외기에 개방된 구조의 경우에는 설치하지 아니할 수 있다.

제23회 설계 및 시공 기출문제

[2023년 9월 16일 시행]

01 다음 물음에 답하시오. [40점]

1) 이산화탄소 소화설비를 설치하려고 한다. 조건을 참고하여 물음에 답하시오. [16점]

> **조건**
> ○ 전자제품 창고의 크기는 가로 12m, 세로 8m, 높이 4m이다.
> ○ 전역방출방식(심부화재)으로 설계하고 기준온도는 10℃로 한다.
> ○ 10℃에서의 이산화탄소의 비체적은 0.52m³/kg 이다.
> ○ 약제가 저장용기로부터 헤드로 방출될 때까지 배관 내 유량(kg/min)은 일정하다.
> ○ 계산값은 소수점 넷째자리에서 반올림하여 소수점 셋째자리까지 구한다.
> ○ 개구부 가산량 및 그 외 기타 조건은 무시한다.

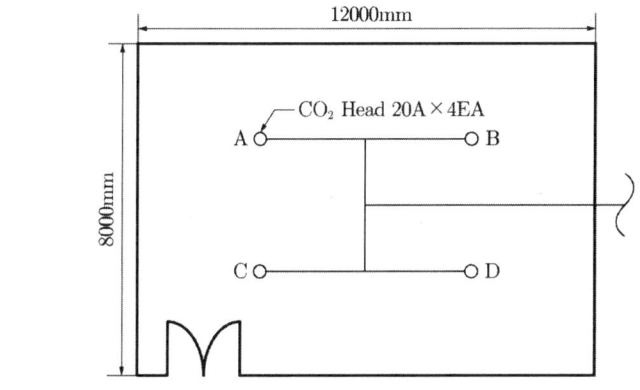

(1) 소화약제의 최소 저장량(kg)을 구하시오. [3점]

해설 및 정답

$$W[kg] = V[m^3] \times \alpha [kg/m^3]$$
$$= (12[m] \times 8[m] \times 4[m]) \times 2[kg/m^3]$$
$$= 768[kg]$$

∴ 768[kg]

기출문제

(2) 약제방사 후 2분이 경과한 시점에 A헤드에서의 최소 방사량(kg/min)을 구하시오. `5점`

해설및정답 2분 내 30% 농도가 되기 위한 약제량

$$W[kg/m^3] = 2.303 \times \log\left(\frac{100}{100-30}\right) \times \frac{1}{0.52}$$
$$= 0.686\,[kg/m^3]$$

최소방사량$(kg/\min) = V[m^3] \times W[kg/m^3] \div t[\min]$
$$= (12[m] \times 8[m] \times 4[m]) \times 0.686\,[kg/m^3] \div 2\,[\min]$$
$$= 131.712\,[kg/\min]$$

헤드1개 기준 최소방사량$(kg/\min) = 131.712\,[kg/\min] \div 4\,[개]$
$$= 32.928\,[kg/\min]$$

∴ 32.928[kg/min]

(3) 소화약제 최소 저장량(kg)을 방호구역 내에 모두 방사할 때까지 소요되는 시간(초)을 구하시오. `4점`

해설및정답 $768\,[kg] \div 131.712\,[kg/\min] \times 60\,[s/\min] = 349.8462\ldots ≒ 349.846\,[s]$

∴ 349.846 [s]

(4) 이산화탄소소화설비의 화재안전기술기준(NFTC 106)에서 정하고 있는 저장용기 기준 5가지를 쓰시오. (단, 저장용기 설치장소 기준은 제외) `4점`

해설및정답
① 저장용기의 충전비는 고압식은 1.5 이상 1.9 이하, 저압식은 1.1 이상 1.4 이하로 할 것
② 저압식 저장용기에는 내압시험압력의 0.64배부터 0.8배의 압력에서 작동하는 안전밸브와 내압 시험압력의 0.8배부터 내압시험압력에서 작동하는 봉판을 설치할 것
③ 저압식 저장용기에는 액면계 및 압력계와 2.3MPa 이상 1.9MPa 이하의 압력에서 작동하는 압력 경보장치를 설치할 것
④ 저압식 저장용기에는 용기 내부의 온도가 섭씨 영하 18℃ 이하에서 2.1MPa의 압력을 유지할 수 있는 자동냉동장치를 설치할 것
⑤ 저장용기는 고압식은 25MPa 이상, 저압식은 3.5MPa 이상의 내압시험압력에 합격한 것으로 할 것

2) 할로겐화합물 및 불활성기체 소화약제 산출식에 관한 다음 물음에 답하시오. **10점**
   (1) 할로겐화합물 소화약제량 산출식은 무유출(No efflux)방식을 기초로 유도하는데 그 이유를 쓰고, 산출식을 유도하시오. **5점**

   해설 및 정답

   ① 무유출 적용 이유
   소화약제 농도가 저농도, 방사압이 낮은 관계로 개구부, 누설틈새를 통하여 미세한 누설이 있으나, 10초의 매우 짧은 시간동안 저농도로 방사가 되므로 정상누설에 대한 허용오차를 포함하므로 무유출 적용한다.

   ② 농도 $C[\%] = \dfrac{\text{방사한 소화약제 부피}}{\text{방호구역 체적} + \text{방사한 소화약제 체적}} \times 100$

   농도 $C[\%] = \dfrac{v}{V+v} \times 100$

   $v = S(\text{소화약제 비체적}) \times W(\text{소화약제 체적})$

   농도 $C = \dfrac{W \times S}{V + W \times S} \times 100$

   $C \times [V + W \times S] = W \times S \times 100$

   $W \times S \times 100 - C \times W \times S = V \times C$

   $W \times S [100 - C] = V \times C$

   따라서 $W = \dfrac{V}{S} \times \dfrac{C}{100 - C}$

   (2) 불활성기체 소화약제량 산출식은 자유유출(Free efflux)방식을 기초로 유도하는데 그 이유를 쓰고, 산출식을 유도하시오. **5점**

   해설 및 정답

   ① 불활성가스 소화약제가 방호구역에 방사되는 경우 소화약제량이 매우 크므로 소화약제의 방사 시 소화약제의 압력에 의해 방호구역 내 기체가 외부로 누설되므로 자유유출로 적용한다.

   ② 공식유도

   $e^x = \dfrac{100}{100 - C}$

   X : 방호구역에 방사된 방호구역 부피당 소화약제의 부피(m^3/m^3)
   e : 자연대수

   $X = \ln\left(\dfrac{100}{100-C}\right) = 2.303 \log\left(\dfrac{100}{100-C}\right)$

   이 식에서 기준온도인 20℃에서 실제온도를 보정하면

   $X = 2.303 \times \dfrac{V_S}{S} \times \log\left(\dfrac{100}{100-C}\right)$ 이 되며,

   S : 소화약제의 비체적(밀도의 역수)
     $= K_1 + K_2 \times t[℃]$

   $\therefore Q[m^3] = V[m^3] \times X[m^3/m^3]$

기출문제

3) 할로겐화합물 및 불활성기체 소화설비를 설치하려고 한다. 조건을 참고하여 물음에 답하시오. [14점]

> **조건**
> ○ 바닥면적 240m², 층고 4m인 방호구역에 전역방출방식으로 설치한다.
> ○ HFC-227ea의 설계농도는 8.8%로 한다.
> ○ IG-100의 설계농도는 39.4%로 한다.
> ○ 방호구역의 최소예상온도는 15℃이다.
> ○ HFC-227ea의 화학식은 CF_3CHFCF_3이다.
> ○ 원자량은 다음과 같다.
>
> | 기호 | H | C | N | F | Ar | Ne |
> |------|---|----|----|----|----|----|
> | 원자량 | 1 | 12 | 14 | 19 | 40 | 20 |
>
> ○ HFC-227ea의 용기는 68리터(충전량 50kg), IG-100의 용기는 80리터(충전량 12.4m³)를 사용한다.
> ○ (1)의 계산값은 소수점 다섯째자리에서 반올림하여 소수점 넷째자리까지 구한다.
> ○ (2)(3)(4)는 (1)에서 직접 구한 선형상수 K_1과 K_2를 이용한다.

(1) HFC-227ea와 IG-100의 선형상수 K_1과 K_2를 위의 조건을 이용하여 직접 구하시오.
[2점]

해설및정답

1) $HFC-227ea$

$$-K_1 = \frac{22.4}{12 \times 3 + 19 \times 7 + 1} = 0.13176 = 0.1318$$

$$-K_2 = \frac{0.1318}{273} = 0.0004827 = 0.0005$$

∴ $K_1 = 0.1318 \quad K_2 = 0.0005$

2) $IG-100$

$$-K_1 = \frac{22.4}{28} = 0.8$$

$$-K_2 = \frac{0.8}{273} = 0.00293 = 0.0029$$

∴ $K_1 = 0.8 \quad K_2 = 0.0029$

(2) HFC-227ea를 소화약제로 선정할 경우 필요한 최소 용기 수를 구하시오. **3점**

해설 및 정답
- 방호구역 체적 $V[\text{kg}] = 240[\text{m}^2] \times 4[\text{m}] = 960[\text{m}^3]$
- 소화약제별 선형상수 $S[\text{m}^3/\text{kg}] = 0.1318 + 0.0005 \times 15[℃] = 0.1393[\text{m}^3/\text{kg}]$
- 설계농도 $C = 8.8[\%]$
- 최소 소화약제량 $W[\text{kg}] = \dfrac{V}{S} \times \dfrac{C}{100-C}$

$$= \dfrac{960}{0.1393} \times \dfrac{8.8}{100-8.8}$$
$$= 664.97903$$
$$= 664.979[kg]$$

- 최소용기수

$$\dfrac{6664.979[kg]}{50[kg/병]} = 13.29958 = 13.2996 ≒ 14병$$

∴ 14병

(3) IG-100을 소화약제로 선정할 경우 필요한 최소 용기 수를 구하시오. **3점**

해설 및 정답
- 방호구역 체적 $V[\text{kg}] = 240[\text{m}^2] \times 4[\text{m}] = 960[\text{m}^3]$
- 소화약제별 선형상수 $S[\text{m}^3/\text{kg}] = 0.8 + 0.0029 \times 15[℃] = 0.8435[\text{m}^3/\text{kg}]$
- 20℃에서 약제비체적$[\text{m}^3/\text{kg}] = 0.8 + 0.0029 \times 20[℃] = 0.858[\text{m}^3/\text{kg}]$
- 설계농도 $C = 39.4[\%]$
- 최소소화약제량 $Q[\text{m}^3] = 2.303 \times \log\left(\dfrac{100}{100-39.4}\right) \times 960[\text{m}^3] \times \dfrac{0.858[\text{m}^3/\text{kg}]}{0.8435[\text{m}^3/\text{kg}]}$

$$= 489.19419[m^3]$$
$$= 489.1942[m^3]$$

- 최소용기수

$$\dfrac{489.1942[m^3]}{12.4[m^3/병]} = 39.45114 = 39.4511 ≒ 40병$$

∴ 40병

기출문제

(4) 방호구역이 사람이 상주하는 곳이라면 HFC-227ea와 IG-100의 최대 용기 수를 구하시오. **6점**

해설 및 정답
(1) $HFC-227ea$(최대허용 설계농도 10.5% 적용)

- 소화약제량 $W[\text{kg}] = \dfrac{V}{S} \times \dfrac{C}{100-C}$

$\qquad = \dfrac{960}{0.1393} \times \dfrac{10.5}{100-10.5}$

$\qquad = 808.51183$

$\qquad = 808.5118[kg]$

- 용기수

$\dfrac{808.5118[kg]}{50[kg/병]} = 16.17023 = 16.1702$, 최대 용기 수는 16병

∴ 16병

(2) $IG-100$(최대허용 설계농도 43% 적용)

- 소화약제량 $Q[m^3] = 2.303 \times \log\left(\dfrac{100}{100-43}\right) \times 960[m^3] \times \dfrac{0.858[m^3/kg]}{0.8435[m^3/kg]}$

$\qquad = 549.00953[m^3]$

$\qquad ≒ 549.0095[m^3]$

- 용기수

$\dfrac{549.0095[m^3]}{12.4[m^3/병]} = 44.27495 = 44.275$, 최대 용기 수는 44병

∴ 44병

☞ HFC-227ea : 16병, IG-100 : 44병

02 다음 물음에 답하시오. 30점

1) 도로터널의 제연설비 중 제트 팬의 시퀀스 제어회로이다. 물음에 답하시오. 19점

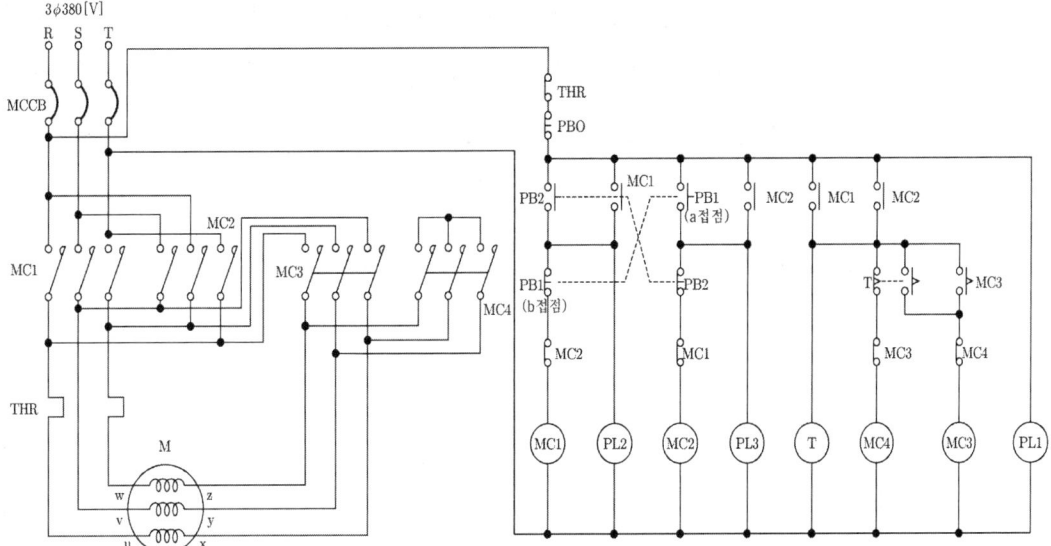

(1) MCCB를 ON시키고 PB2를 눌렀다 떼었을 때 동작 시퀀스를 쓰시오. (단, 타이머 설정시간은 3초이다.) 3점

해설및정답
① 배선용차단기 MCCB를 투입하면 PL1이 점등된다.
② PB2를 누르면 전자접촉기 MC1이 여자됨과 동시에 PL2가 점등되며 타이머 ⓣ, 전자접촉기 MC4가 여자된다(Y기동). 이때, PB2에서 손을 떼어도 MC1-a 보조접점에 의하여 전자접촉기 MC1은 자기유지된다(MC2는 인터락으로 인해 기동되지 않는다).
③ 3초 후 T-b접점에 의해 전자접촉기 MC4가 소자되고, T-a접점에 의해 MC3이 여자되며, 이때 MC3-a 자기유지접점에 의하여 전자접촉기 MC3은 자기유지된다(△기동).

(2) 유도전동기에 정격전압 3상 380[V]를 공급할 때, 전자개폐기 MC3 및 MC4 동작 시 전동기 각 상의 권선에 인가되는 전압[V]을 각각 쓰시오. 2점

해설및정답
① MC3 동작 시 380[V]
② MC4 동작 시
$\dfrac{380}{\sqrt{3}} = 219.393 ≒ 219.39[V]$ (∵ Y결선 시 △결선 전압의 $\dfrac{1}{\sqrt{3}}$ 배))

기출문제

(3) 제어회로의 입력신호가 다음과 같을 때 타임차트 ①~⑥을 완성하시오. (단, MC1 ~ MC4는 전자코일, PL1과 PL2는 램프, 타이머 설정시간은 3초, 타임차트 1칸은 3초로 한다.) **12점**

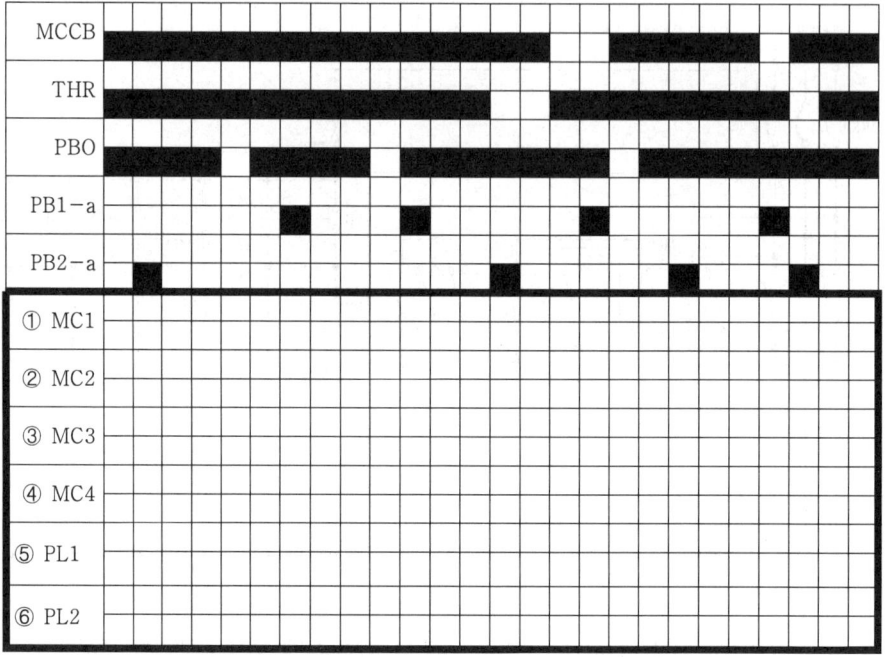

해설 및 정답

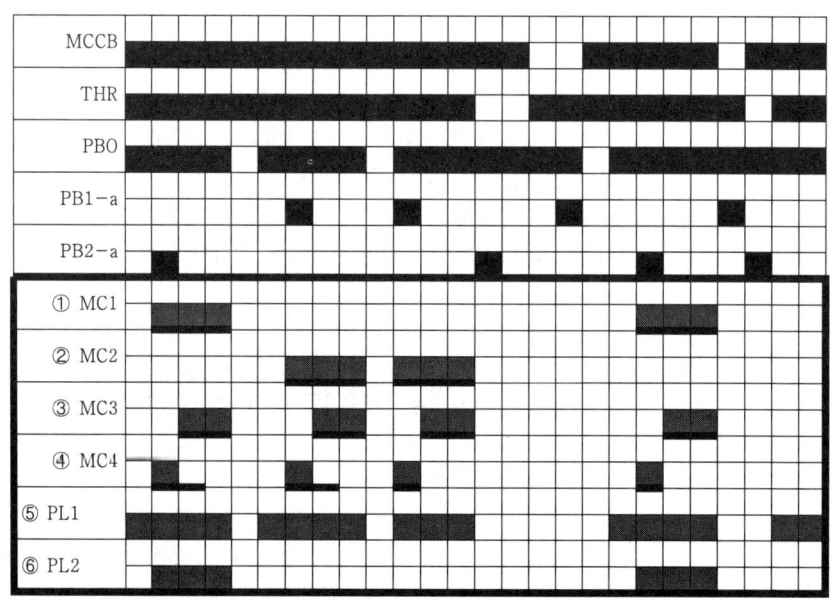

(4) 순시동작 한시복귀 타이머를 사용할 경우 입력신호가 다음과 같을 때 b접점의 타임 차트를 완성하시오. 2점

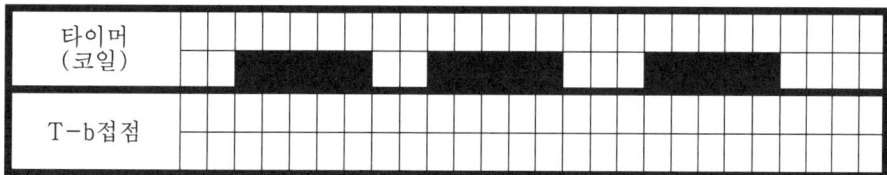

해설 및 정답

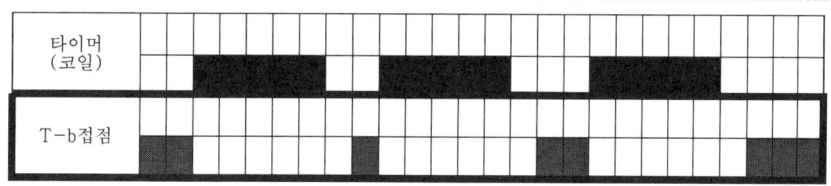

2) 다음 물음에 답하시오. 11점

(1) 수신반에서 500[m] 이격된 지점의 감지기가 작동할 때 26[mA]의 전류가 흘렀다. 전압강하계산식(간이식)을 이용하여 전압강하[V]를 구하시오. (단, 전선을 표준연동선으로 굵기는 단선 1.2[mm]이며, 계산값은 소수점 셋째자리에서 반올림하여 소수점 둘째자리까지 구한다.) 3점

해설 및 정답

$$e = \frac{KLI}{1000A} = \frac{35.6 \times 500[m] \times 0.026[A]}{1000 \times (\frac{\pi}{4} \times (1.2mm)^2)}$$

$$= 0.4092[V]$$
$$= 0.41[V]$$

∴ 0.41[V]

기출문제

(2) 3상 380[V], 100[kVA] 옥내소화전 펌프용 유도전동기가 역률 65[%](지상)로 운전 중이다. 전력용콘덴서를 설치하여 역률을 95[%](지상)로 개선하고자 할 경우 필요한 콘덴서 용량[kVar]을 구하시오. (단, 계산값은 소수점 셋째자리에서 반올림하여 소수점 둘째자리까지 구한다.) **5점**

해설 및 정답

$$P[kVar] = P \times \left(\frac{\sqrt{1-\cos\theta_1^2}}{\cos\theta_1} - \frac{\sqrt{1-\cos\theta_2^2}}{\cos\theta_2} \right)$$

$$= (100[kVA] \times 0.65) \times \left(\frac{\sqrt{1-0.65^2}}{0.65} - \frac{\sqrt{1-0.95^2}}{0.95} \right)$$

$$= 54.62895[kVar]$$

$$= 54.63[kVar]$$

∴ 54.63[kVar]

(3) 스프링클러 펌프와 연결된 3상 380[V], 60[Hz], 50[kW]의 전동기가 있다. 이 전동기의 동기속도와 회전속도를 구하시오. (단, 슬립은 0.04, 극수는 4극이다.) **3점**

해설 및 정답

(1) 동기속도

$$- N_S = \frac{120f}{P} = \frac{120 \times 60}{4} = 1800[rpm]$$

(2) 회전속도

$$- N = \frac{120f}{P}(1-s) = \frac{120 \times 60}{4}(1-0.04) = 1728[rpm]$$

∴ 동기속도 : 1800[rpm], 회전속도 : 1728[rpm]

03 다음 물음에 답하시오. 30점

1) 지상 5층 건물에 옥내소화전설비를 설치하고자 한다. 다음 조건을 참고하여 펌프의 전동기 소요동력(kW)을 구하시오. (단, 계산값은 소수점 셋째자리에서 반올림하여 둘째자리까지 구한다.) 3점

조건
- 각 층의 소화전(개) : 3
- 분당 방수량(ℓ/min) : 130
- 실 양정(m) : 60
- 배관의 압력손실수두(m) : 실 양정의 30%
- 호스의 마찰손실수두(m) : 4
- 노즐선단 방수압력(MPa) : 0.17
- 펌프효율(%) : 70
- 여유율(A) : 1.2
- 전달계수(K) : 1.1

해설 및 정답

$$P[kW] = \frac{\gamma \times Q \times H}{102 \times \eta} \times K$$

$$= \frac{1,000[kgf/m^3] \times (0.26[m^3/\min] \div 60[s/\min]) \times (60 + 60 \times 0.3 + 4 + 17)[m]}{102 \times 0.7} \times 1.1 \times 1.2$$

$$= 7.931[kW] \fallingdotseq 7.93[kW]$$

∴ 7.93[kW]

2) 옥내소화전설비의 화재안전기술기준(NFTC 102)상 불연재료로 된 특정소방대상물 또는 그 부분으로서, 옥내소화전 방수구를 설치하지 않을 수 있는 곳 5가지를 쓰시오. 5점

해설 및 정답
① 냉장창고 중 온도가 영하인 냉장실 또는 냉동창고의 냉동실
② 고온의 노가 설치된 장소 또는 물과 격렬하게 반응하는 물품의 저장 또는 취급 장소
③ 발전소·변전소 등으로서 전기시설이 설치된 장소
④ 식물원·수족관·목욕실·수영장(관람석 부분을 제외한다) 또는 그 밖의 이와 비슷한 장소
⑤ 야외음악당·야외극장 또는 그 밖의 이와 비슷한 장소

기출문제

3) 옥내소화전설비의 화재안전기술기준(NFTC 102)에 관한 다음 물음에 답하시오. [6점]
   (1) 비상전원 3가지를 쓰시오. [3점]

   해설및정답
   ① 자가발전설비
   ② 축전지설비(내연기관에 따른 펌프를 사용하는 경우에는 내연기관의 기동 및 제어용 축전지를 말한다)
   ③ 전기저장장치(외부 전기에너지를 저장해 두었다가 필요한 때 전기를 공급하는 장치)

   (2) 비상전원을 설치하지 아니할 수 있는 경우 3가지를 쓰시오. [3점]

   해설및정답
   ① 2 이상의 변전소에서 전력을 동시에 공급받을 수 있는 경우
   ② 하나의 변전소로부터 전력의 공급이 중단되는 때에는 자동으로 다른 변전소로부터 전원을 공급받을 수 있도록 상용전원을 설치한 경우
   ③ 가압수조방식인 경우

4) 다음은 소방시설 자체점검사항 등에 관한 고시에서 정하고 있는 소방시설 도시기호에 관한 것이다. 명칭에 알맞은 도시기호를 그리시오. [3점]

명 칭	도시기호
옥외소화전	(ㄱ)
소화전 송수구	(ㄴ)
옥내소화전 방수용기구병설	(ㄷ)

해설및정답

ㄱ	⌂H
ㄴ	⋈
ㄷ	◧

5) 다음은 옥내소화전의 노즐에서 방수량을 구하는 공식이다. 이 공식의 유도과정을 쓰시오. **9점**

$$Q = 0.6597 D^2 \sqrt{P}$$

여기서, Q : 방수량 ($\ell/\min$)
D : 노즐구경 (mm)
P : 방수압력 (kg/cm^2)

해설 및 정답

$Q = A \cdot U$ ($Q : m^3/s$, $A : m^2$, $U : m/s$), ($A = \frac{\pi}{4}D^2$, $U = \sqrt{2gH}$)

$= \frac{\pi}{4}D^2 \times \sqrt{2gH}$ ($U = \sqrt{2gH} = \sqrt{2g10P}$) → $H : m$, $P : kgf/cm^2$)

$= \frac{\pi}{4}D^2 \times \sqrt{2g10P}$

∴ $Q = 10.9956 \cdot D^2 \cdot \sqrt{P}$ ($Q : m^3/s$, $D : m$, $P : kgf/cm^2$) ◦◦◦ ①

$m^3/s : \ell/\min = 1 : 60,000$ ∴ $m^3/s = \frac{1}{60,000}\ell/\min$ ◦◦◦ ②

$m : mm = 1 : 1,000$ ∴ $m = \frac{1}{1,000}mm$ ◦◦◦ ③

②, ③을 ①식에 대입

$\frac{1}{60,000}\ell/\min = 10.9956 \times (\frac{1}{1,000}mm)^2 \times \sqrt{P}$

$\ell/\min = 0.6597 \times mm^2 \times \sqrt{P}$

$Q = 0.6597 \cdot D^2 \cdot \sqrt{P}$ [$P : kgf/cm^2$]

Q : 유량($\ell/\min/$개), D : 노즐(오리피스) 직경(mm), C : 노즐(오리피스) 유량계수,
P : 방수압력(kgf/cm²)

6) 소방시설의 내진설계 기준상 지진분리장치 설치 기준 4가지를 쓰시오. **4점**

해설 및 정답

① 지진분리장치는 배관의 구경에 관계없이 지상층에 설치된 배관으로 건축물 지진분리이음과 소화배관이 교차하는 부분 및 건축물 간의 연결배관 중 지상 노출 배관이 건축물로 인입되는 위치에 설치하여야 한다.
② 지진분리장치는 건축물 지진분리이음의 변위량을 흡수할 수 있도록 전후좌우 방향의 변위를 수용할 수 있도록 설치하여야 한다.
③ 지진분리장치의 전단과 후단의 1.8m 이내에는 4방향 흔들림 방지 버팀대를 설치하여야 한다.
④ 지진분리장치 자체에는 흔들림 방지 버팀대를 설치할 수 없다.

설계 및 시공 기출문제

[2024년 9월 14일 시행]

01 다음 물음에 답하시오. 40점

1) 특별피난계단의 계단실 및 부속실 제연설비에 관한 다음 물음에 답하시오. 23점

조건
- 지하 4층/지상 3층의 스프링클러설비가 없는 내화구조 건축물로 특별피난계단 부속실에 제연설비가 설치되어 있다.
- 방화문 크기(높이×폭) : 2.0m×1.0m
- 중력가속도 : 9.8m/s²
- 현재기온 : 20℃
- 공기의 밀도 : 1.204kg/m³
- 유량계수 C : 0.7
- 차압은 법적 최소차압을 적용한다.
- 특별피난계단의 계단실 및 부속실 제연설비의 화재안전성능기준(NFPC 501A), 화재안전기술기준(NFTC 501A)을 따른다.
- 계산값은 소수점 다섯째자리에서 반올림하여 소수점 넷째자리까지 구한다.

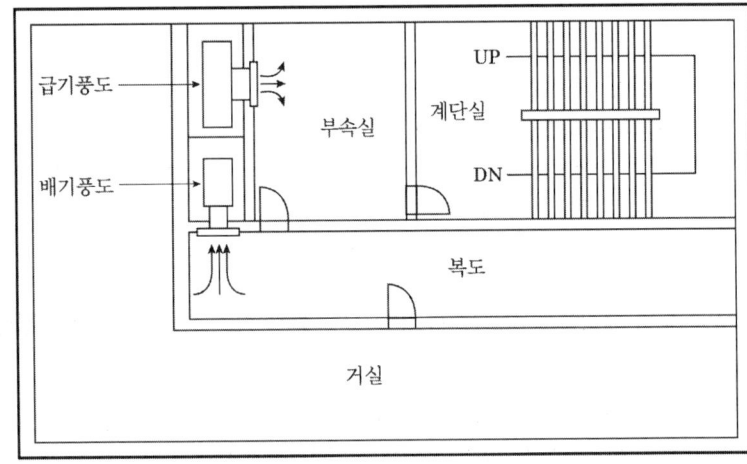

(1) 지상 2층의 부속실과 복도 사이의 누설량을 구하려고 한다. 다음을 각각 계산하시오 **10점**

① 화재안전기술기준을 적용한 누설량(m³/s)

해설및정답
$Q = C \cdot A \times 1.29 \sqrt{P}$
$A = \dfrac{L}{l} \times Ad = \dfrac{6\text{m}}{5.6\text{m}} \times 0.01\text{m}^2 = 0.01071.. ≒ 0.0107\text{m}^2$
$P = 40\text{Pa}$
$C = 0.7$
$Q = 0.7 \times 0.0107 \times 1.29 \sqrt{40} = 0.06105 ≒ 0.0611\text{m}^3/\text{s}$
∴ $0.0611\text{m}^3/\text{s}$

② 「문세트(KS F 3109)」에 따른 기준을 적용한 최대 허용 누설량(m³/s)

해설및정답 차압이 25Pa일 때 공기누설량은 $0.9\text{m}^3/\text{m}^2 \cdot \text{min}$ 이하일 것
∴ $Q \propto \sqrt{P}$ 이므로 40Pa일 때 공기누설량은 다음과 같다.
$\sqrt{25Pa} : 0.9 = \sqrt{40Pa} : x$
$x = 1.13841 ≒ 1.1384\text{m}^3/\text{m}^2 \cdot \text{min}$
∴ 누설량 $Q = (2\text{m} \times 1\text{m}) \times 1.1384\text{m}^3/\text{m}^2 \cdot \text{min} \times \dfrac{1\text{min}}{60\text{sec}} = 0.03794 ≒ 0.0379\text{m}^3/\text{s}$
∴ $0.0379\text{m}^3/\text{s}$

(2) 특별피난계단 부속실의 배출용 송풍기 최소 풍량(m³/hr) 및 입상덕트의 최소 크기(m²)를 각각 계산하시오 **4점**

해설및정답
① 배출용 송풍기 풍량 = 방연풍속 × 출입문 1개 면적
 $= 0.5\text{m/s} \times 2\text{m}^2 = 1\text{m}^3/\text{s}$
② 입상덕트 $A = \dfrac{Q}{15} = \dfrac{1\text{m}^3/\text{s}}{15\text{m/s}} = 0.06666 ≒ 0.0667\text{m}^2$
∴ ① 배출용 송풍기 풍량 : $1\text{m}^3/\text{s}$
② 입상덕트 최소 면적 : 0.0667m^2

(3) 출입문 개방에 필요한 최대 힘을 기준으로 출입문에 설치된 폐쇄장치(Door Closer)의 폐쇄력(N)을 계산하시오 **4점**

해설및정답
$F(\text{출입문 개방에 필요한 힘}) = F_{dc} + K \dfrac{W \cdot A \cdot \Delta P}{2(W-d)}$
$110 = F_{dc} + 1 \times \dfrac{1 \times 2 \times 40}{2(1-0)}$
$F_{dc} = 70\text{N}$

기출문제

(4) 수직풍도를 「건축물의 피난·방화구조 등의 기준에 관한 규칙」 제3조 제2호의 기준에 맞게 설치할 경우 다음 (   )에 들어갈 내용을 쓰시오. 5점

> ○ 철근콘크리트조 또는 철골철근콘크리트조로서 두께가 (ㄱ)센티미터 이상인 것
> ○ 골구를 철골조로 하고 그 양면을 두께 (ㄴ)센티미터 이상의 철망모르타르 또는 두께 (ㄷ)센티미터 이상의 콘크리트블록·벽돌 또는 석재로 덮은 것
> ○ 철재로 보강된 콘크리트블록조·벽돌조 또는 석조로서 철재에 덮은 콘크리트블록 등의 두께가 (ㄹ)센티미터 이상인 것
> ○ 무근콘크리트조·콘크리트블록조·벽돌조 또는 석조로서 그 두께가 (ㅁ)센티미터 이상인 것

해설및정답 ㄱ : 7   ㄴ : 3   ㄷ : 4   ㄹ : 4   ㅁ : 7

2) 특별피난계단의 계단실 및 부속실 제연설비에 관한 다음 물음에 답하시오. 9점

> **조건**
> ○ 누설량 : 2.5m³/s   ○ 보충량 : 1.5m³/s
> ○ 전압 : 600Pa   ○ 풍도의 누기율 : 누설량의 40%
> ○ 송풍기 효율 : 60%   ○ 전달계수 : 1.1

(1) 급기송풍기 풍량(m³/hr)을 계산하시오. 3점

해설및정답 송풍기 풍량 = 누설량 + 보충량 + 누설을 고려한 양
             = 2.5m³/s + 1.5m³/s + 2.5m³/s × 0.4 = 5m³/s
∴ 5m³/s × 3,600s/hr = 18,000m³/hr
∴ 18,000m³/hr

(2) 급기송풍기 동력(kW)을 계산하시오. 3점

해설및정답
$P(kW) = \dfrac{PQ}{102\eta}K$

$P = 600\,\text{Pa} \times \dfrac{10{,}332\,\text{mmAq}}{101{,}325\,\text{Pa}} = 61.18134 ≒ 61.1813\,\text{mmAq}$

$P(kW) = \dfrac{61.1813 \times \dfrac{18{,}000}{3{,}600}}{102 \times 0.6} \times 1.1 = 5.49831 ≒ 5.4983\,\text{kW}$

∴ 5.4983kW

(3) 급기송풍기 풍량을 기준으로 한 입상덕트의 최소 크기(m²)를 계산하시오. 3점

해설및정답 급기풍도 내의 풍속은 15m/s 이하

$$A = \frac{Q}{U} = \frac{\left(\frac{18,000}{3,600}\right)\text{m}^3/\text{s}}{15\text{m/s}} = 0.33333.. ≒ 0.3333\,\text{m}^2$$

∴ 0.3333m²

3) 아래 그림과 같이 벽으로 구획된 3개의 거실을 상부급기·상부배기방식의 공동예상 제연구역으로 할 경우 다음 물음에 답하시오. 8점

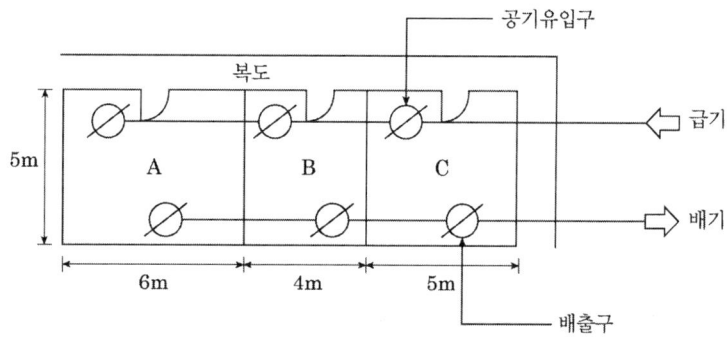

(1) 공동예상 제연구역의 최소 전체 배출량(m³/hr)을 구하시오. 4점

해설및정답 [5m × (6m + 4m + 5m)] × 1m³/min·m² × 60min/hr = 4,500m³/hr
최소 5,000m³/hr 이상
∴ 5,000m³/hr

(2) A, B, C실의 공기유입구와 배출구의 최소 직선거리(m)를 각각 구하시오. 4점

해설및정답 공기유입구와 배출구간의 직선거리는 5m 이상 또는 구획된 실의 장변의 2분의 1 이상으로 할 것
∴ A : 3m(장변 6m의 1/2), B : 2.5m(장변 5m의 1/2), C : 2.5m(장변 5m의 1/2)

기출문제

02 다음 물음에 답하시오. `30점`

1) 다음 그림을 보고 물음에 답하시오(단, 계산값은 소수점 셋째자리에서 반올림하여 소수점 둘째자리까지 구한다). `14점`

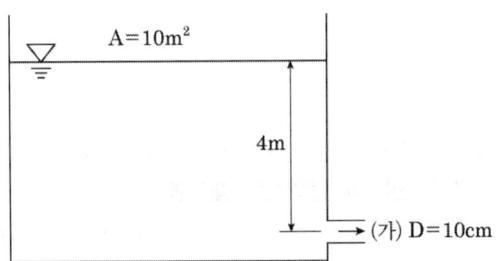

- A : 수면의 면적
- D : 방출구의 직경
- 최고 유효수면과 최저 유효수면의 거리 : 4m

(1) (가)에서 대기 중으로 방출되는 물의 최대유량(L/min)을 계산하시오(단, 유량계수 및 배관계통의 마찰손실은 무시한다). `4점`

해설및정답 $Q = A \times U$

$$= \frac{\pi}{4}(0.1\text{m})^2 \times \sqrt{2 \times 9.8 \times 4} \ (\text{m/s}) \times 60\,\text{s/min} \times 1{,}000\,\text{L/m}^3$$

$$= 4{,}172.527 ≒ 4{,}172.53\,\text{L/min}$$

∴ 4,172.53L/min

(2) 수조에서 물을 배수하고자 할 때 사용되는 배수시간 산출 공식을 연속방정식과 토리첼리의 정리를 이용하여 유도하시오. `6점`

해설및정답 공식유도

$A_1 V_1 = A_2 V_2$ 에서 $A_1 \cdot \dfrac{dh}{dt} = C \cdot A_2 \cdot \sqrt{2gh}$

$$dt = \frac{A_1}{C \cdot A_2} \cdot \frac{1}{\sqrt{2gh}} \cdot dh$$

$$\int dt = \int_0^H \frac{A_1}{C \cdot A_2} \cdot \frac{1}{\sqrt{2g}} \cdot \frac{1}{\sqrt{h}} dh = \frac{A_1}{C \cdot A_2} \cdot \frac{1}{\sqrt{2g}} \times \int_0^H h^{-\frac{1}{2}} dh$$

$$t = \frac{A_1}{C \cdot A_2} \cdot \frac{1}{\sqrt{2g}} \times [2h^{\frac{1}{2}}]_0^H$$

$$t = \frac{2A_1(\sqrt{H_1} - \sqrt{H_2})}{C \cdot A_2 \sqrt{2g}}$$

(3) 위 (2)의 공식에 따라 (가)에서 수조의 최고 유효수면부터 최저 유효수면까지 배수하는데 걸리는 최소 시간 t(s)를 계산하시오(단, 유량계수 및 배관계통의 마찰손실은 무시한다). **4점**

해설및정답
$$t = \frac{2A_1(\sqrt{H_1} - \sqrt{H_2})}{CA_2\sqrt{2g}} = \frac{2 \times 10 \times (\sqrt{4} - \sqrt{0})}{\frac{\pi}{4}(0.1)^2 \times \sqrt{2 \times 9.8}} = 1{,}150.381 \fallingdotseq 1{,}150.38 \sec$$

∴ 1,150.38sec

2) 가스계소화설비에 관한 다음 물음에 답하시오(단, 계산값은 소수점 넷째자리에서 반올림하여 소수점 셋째자리까지 구한다). **13점**

(1) 할론소화설비의 화재안전기술기준(NFTC 107)에 관한 내용이다. (   )에 들어갈 내용을 쓰시오. **2점**

> 기동용가스용기의 체적은 (ㄱ)L 이상으로 하고, 해당 용기에 저장하는 질소 등의 비활성기체는 (ㄴ)MPa 이상(21℃ 기준)의 압력으로 충전할 것. 다만, 기동용가스용기의 체적을 1L 이상으로 하고, 해당 용기에 저장하는 이산화탄소의 양은 0.6kg 이상으로 하며, 충전비는 1.5 이상 1.9 이하의 기동용 가스용기로 할 수 있다.

해설및정답   ㄱ : 5   ㄴ : 6.0(또는 6)

(2) 다음 조건을 보고 배관의 최대허용압력(kPa)을 계산하시오. **4점**

> **조건**
> ○ 배관은 전기저항 용접에 의해 제조된 압력배관용 탄소강관이다.
> ○ 배관의 호칭지름은 40mm(외경 48.6mm)이며, 두께는 2.43mm이다.
> ○ 배관재질의 인장강도는 400MPa이고, 항복점은 250MPa이다.
> ○ 계산은「할로겐화합물 및 불활성기체소화설비의 화재안전기술기준(NFTC 107A)」상의 관련식을 근거로 한다.

해설및정답
$$t = \frac{PD}{2SE} + A$$

인장강도의 $\frac{1}{4}$ 값 = 100MPa

SE = 100MPa × 0.85 × 1.2 = 102MPa

$2.43mm = \frac{P \times 48.6}{2 \times 102}$

P = 10.2MPa = 10,200kPa

∴ 10,200kPa

기출문제

(3) 할로겐화합물소화약제량(kg)의 산출식에서 적용되는 소화약제별 선형상수 $S(m^3/kg)$는 $K_1 + K_2 \times t$를 말한다. 아보가드로의 법칙과 샤를의 법칙의 개념을 쓰고 이를 이용하여 K_1과 K_2를 설명하시오. **4점**

해설및정답
① 아보가드로의 법칙 : 표준상태(1기압 0℃)에서 모든 기체 1Kmol(1mol)은 $22.4m^3$ (22.4L)의 부피를 갖고 그 속에는 6.023×10^{23}개의 분자가 존재한다.
② 샤를의 법칙 : 압력이 일정할 때 온도와 부피는 서로 비례한다.
③ K_1 의미 : 1기압 0℃에서의 소화약제의 비체적
④ K_2 의미 : K_1을 273등분한 값으로, 온도 1K(1℃) 변화 시 1kg당 체적(m^3)변화 값

(4) 심부화재 방호대상물에서 10℃를 기준으로 이산화탄소소화약제의 선형상수 $S(m^3/kg)$를 산출하시오. **3점**

해설및정답
$S = K_1 + K_2 \times t(℃)$

$K_1 = \dfrac{22.4}{M} = \dfrac{22.4}{44} = 0.509090 ≒ 0.50909$

$K_2 = \dfrac{K_1}{273} = \dfrac{0.50909}{273} = 0.001864 ≒ 0.00186$

$S = 0.50909 + 0.00186 \times 10 = 0.52769 m^3/kg$

또는 $S = \dfrac{RT}{PM} = \dfrac{0.082 \times 283}{1 \times 44} = 0.527409 ≒ 0.52741 m^3/kg$

∴ 0.52769(또는 0.52741)m^3/kg

3) 「소화기구 및 자동소화장치의 화재안전기술기준(NFTC 101)」상 LPG를 연료 외의 용도로 저장하고 있을 때 부속용도별로 추가하는 소화기구 설치기준을 가스 저장량별로 구분하여 모두 쓰시오. **3점**

해설및정답

200kg 미만	저장하는 장소	능력단위 3단위 이상의 소화기 2개 이상
	제조·사용하는 장소	능력단위 3단위 이상의 소화기 2개 이상
200kg 이상 300kg 미만	저장하는 장소	능력단위 5단위 이상의 소화기 2개 이상
	제조·사용하는 장소	바닥면적 $50m^2$마다 능력단위 5단위 이상의 소화기 1개 이상
300kg 이상	저장하는 장소	대형소화기 2개 이상
	제조·사용하는 장소	바닥면적 $50m^2$마다 능력단위 5단위 이상의 소화기 1개 이상

03 다음 물음에 답하시오(단, 계산값은 소수점 둘째자리에서 반올림하여 소수점 첫째자리까지 구한다). `30점`

1) 자동화재탐지설비의 감지기 회로에 관한 다음 조건을 보고 물음에 답하시오. `10점`

> **조건**
> ○ 감지기 배선은 1.5mm²의 HFIX 전선을 사용한다.
> ○ 전선에 사용된 도체의 고유저항은 $1.7×10^{-8}$ Ω·m이다.
> ○ 종단저항(10kΩ)은 회로의 말단 감지기에 설치한다.
> ○ 수신기에서 말단 감지기까지의 배선 거리는 150m이다.
> ○ 수신기에서 하나의 감지기 회로에 사용된 릴레이저항은 800Ω이다.
> ○ 수신기의 감지기 회로전압은 DC 24V이다.

(1) 감지기 회로의 선로저항(Ω)을 계산하시오. `3점`

해설 및 정답

$$R = \rho \frac{L}{A} = 1.7×10^{-8}Ω·m × \frac{150m}{1.5×10^{-6}m^2} = 1.7Ω$$

∴ 1.7Ω

(2) 평상시 감지기 회로에 흐르는 감시전류 I_1(mA), 말단 감지기가 동작했을 때 감지기회로에 흐르는 동작전류 I_2(mA)를 각각 계산하시오. `3점`

해설 및 정답

$$감시전류 = \frac{전압}{선로저항 + 릴레이저항 + 종단저항} = \frac{24}{1.7 + 800 + 10,000}$$
$$= 0.002221A = 2.22mA$$

$$동작전류 = \frac{전압}{선로저항 + 릴레이저항} = \frac{24}{1.7 + 800}$$
$$= 0.02993A = 29.93mA$$

∴ ① 감시전류 : 2.2mA
　② 동작전류 : 29.9mA

기출문제

(3) 자동화재탐지설비의 감지기 배선을 노출배관으로 시공하고자 한다. 계통도의 감지기 배선에 다음과 같은 표기가 있다면, 이 도시기호가 의미하는 바를 모두 쓰시오. **2점**

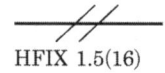

해설및정답 저독성난연가교 폴리올레핀 절연전선 1.5mm², 2가닥이 16mm 후강전선관에 삽입, 노출배선공사

(4) 수신기 공통선시험의 목적과 판정기준을 각각 쓰시오. **2점**

해설및정답 ① 공통선시험의 목적 : 하나의 공통선에 접속되는 경계구역의 수가 적합한지를 확인
② 판정기준 : 하나의 공통선에 접속되는 경계구역의 수(단선시험을 통한 단선의 수)가 7개 이하일 것

2) 자동화재탐지설비의 전원회로에 관한 다음 물음에 답하시오. **10점**

(1) 수신기 교류 전원부의 브리지 정류회로는 그림 (a)와 같고, 변압기 2차측 전압 파형은 그림 (b)와 같다. 변압기의 1차측 전압은 AC 60Hz, 220V이고, 2차측 전압은 AC 60Hz, 24V이다. 그림 (b)에 표시된 Vm(V)과 T(ms)를 각각 계산하시오. **3점**

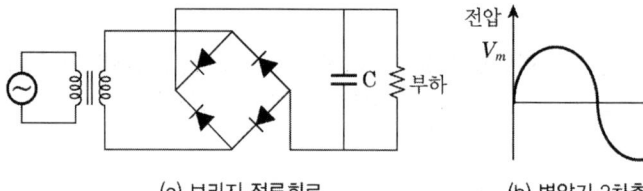

(a) 브리지 정류회로   (b) 변압기 2차측 전압파형

해설및정답
① $V_m = \sqrt{2}\,V = \sqrt{2} \times 24 = 33.941 ≒ 33.9\text{V}$
② $T = \dfrac{1}{f} = \dfrac{1}{60} = 0.01666 ≒ 16.7\text{ms}$

∴ ① $V_m = 33.9\text{V}$, ② $T = 16.7\text{ms}$

(2) 브리지 정류회로에서 콘덴서 C의 회로 내 역할을 쓰시오. **2점**

해설및정답 직류전압을 일정하게 유지하기 위하여

(3) 수신기 비상전원으로 연축전지를 사용하고자 한다. 주어진 조건을 참고하여 축전지의 최소 용량(mAh)을 계산하시오. 5점

조건
- 경계구역 수는 5개이고, P형 1급 수신기를 사용한다.
- 평상시 수신기가 감시상태일 때 흐르는 전류는 총 170mA이다.
- 화재가 발생하여 수신기가 동작상태일 때 흐르는 전류는 최대 400mA이다.
- 축전지의 보수율은 0.8을 적용한다.
- 최저 축전지 온도 5℃일 때 사용된 연축전지의 용량환산시간 K는 아래 표와 같다.

시간(분)	10분	20분	30분	60분	100분	120분	180분
용량환산시간 K	1.30	1.45	1.75	2.55	3.45	3.85	5.05

해설 및 정답

$C = \dfrac{1}{L}[K_1 I_1 + K_2 I_2]$

$= \dfrac{1}{0.8} \times [2.55 \times 170 + 1.3 \times (400 - 170)]$

$= 915.625 ≒ 915.6\text{mAh}$

∴ 915.6mAh

3) 비상콘센트설비에 관한 다음 물음에 답하시오. 10점

(1) 22.9kV를 수전하는 건축물에 비상콘센트설비를 설치하고자 한다. 비상콘센트설비의 화재안전기술기준(NFTC 504)상 비상콘센트설비의 상용전원회로 배선은 어디에서 분기할 수 있는지 모두 쓰시오. 2점

해설 및 정답 상용전원회로의 배선은 저압수전인 경우에는 인입개폐기의 직후에서, 고압수전 또는 특고압수전인 경우에는 전력용변압기 2차 측의 주차단기 1차 측 또는 2차 측에서 분기하여 전용배선으로 할 것

(2) 비상콘센트설비의 화재안전기술기준(NFTC 504)상 비상콘센트설비의 비상전원으로 사용할 수 있는 설비 4종류를 모두 쓰시오. 2점

해설 및 정답 자가발전설비, 축전지설비, 전기저장장치, 비상전원수전설비

(3) 지하 2층, 지상 15층, 연면적이 10,000m²인 건축물에 비상콘센트설비를 설치하고자 한다. 비상콘센트설비의 화재안전기술기준(NFTC 504)상 비상전원을 설치하지 않을 수 있는 경우를 모두 쓰시오. 3점

해설 및 정답
① 2 이상의 변전소에서 전력을 동시에 공급받을 수 있는 경우
② 하나의 변전소로부터 전력의 공급이 중단되는 때에는 자동으로 다른 변전소로부터 전력을 공급받을 수 있도록 상용전원을 설치한 경우

기출문제

(4) 소방관이 비상콘센트에 6kW의 동력을 사용하는 전동기를 연결하여 구조활동을 실시하였다. 이때 전동기 코드에 흐르는 전류(A)를 계산하시오(단, 이 전동기의 역률은 70%이다).

[3점]

해설및정답
$$I = \frac{P}{V\cos\theta} = \frac{6{,}000\,W}{220 \times 0.7} = 38.961 \fallingdotseq 38.96A$$
∴ 39A

설계 및 시공 모의고사
(제1회-제20회)

제1회 설계 및 시공 모의고사

01 다음 각 물음에 답하시오. 40점

1) 다음 〈조건〉과 같은 옥외소화전에서 노즐 출구에서의 유속(m/s)을 구하시오. 6점

> **조건**
> ① 배관의 내경은 65[mm]이다.
> ② 노즐의 내경은 19[mm]이다.
> ③ 배관의 마찰손실계수는 0.064이다.
> ④ 노즐에서의 마찰손실은 무시한다.

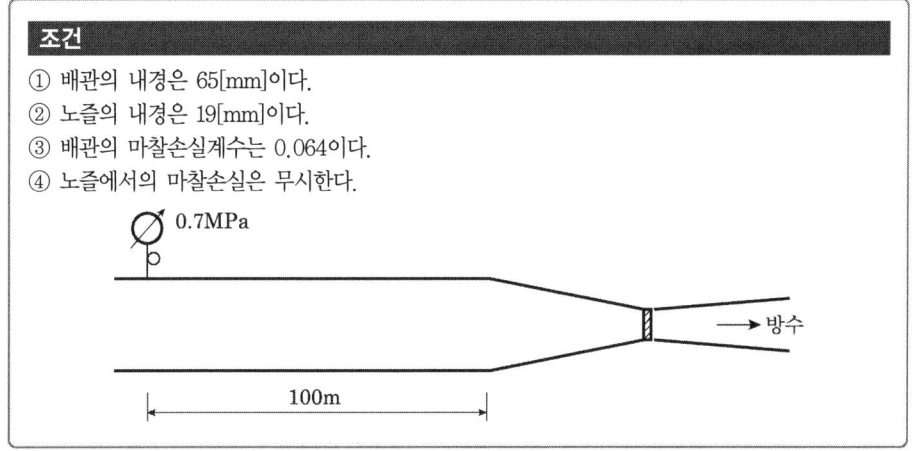

해설 및 정답

$$\frac{P_1}{r} + \frac{u_1^2}{2g} + Z_1 = \frac{P_2}{r} + \frac{u_2^2}{2g} + Z_2 + h_L$$

$P_1 : 0.7[\text{MPa}], \ P_2 : 0[\text{MPa}]$

$Q_1 = Q_2$

$A_1 u_1 = A_2 u_2$

$\frac{\pi}{4}(0.065)^2 \times u_1 = \frac{\pi}{4}(0.019)^2 \times u_2$

$u_2 = 11.7 u_1$

$h_L = 0.064 \times \frac{100}{0.065} \times \frac{u_1^2}{2 \times 9.8} = 5.02 u_1^2$

$\therefore \ \frac{0.7 \times 1,000}{9.8} + \frac{u_1^2}{2 \times 9.8} = \frac{(11.7 u_1)^2}{2 \times 9.8} + 5.02 u_1^2$

$u_1 = 2.444 ≒ 2.44 \text{m/s}$

$\therefore \ u_2 = 11.7 u_1 = 11.7 \times 2.44 = 28.548 ≒ 28.55[\text{m/s}]$

모의고사

2) 다음 〈조건〉에서의 필요한 물의 양(kg)과 화재하중(kg/m²)을 구하시오. **4점**

> **조건**
> ① 화재실의 크기는 가로 10[m], 세로 5[m], 높이 3[m]이다.
> ② 화재실에는 책상(10[kg], 발열량 3,000[kcal/kg]) 1개, 의자(2[kg], 발열량 2,000[kcal/kg]) 2개, 침대(20[kg], 발열량 6,000[kcal/kg]) 1개가 비치되어 있고 그 외의 가연물은 없다.
> ③ 소화에 사용되는 물은 20[℃]의 물이며, 냉각소화시 100[℃]의 수증기로 변화된다.

해설 및 정답

① 화재하중

$$Q(\text{kg/m}^2) = \frac{\sum Q_t}{4{,}500A} = \frac{(3{,}000 \times 10) \times 1 + (2{,}000 \times 2) \times 2 + (6{,}000 \times 20) \times 1}{4{,}500 \times (10 \times 5)}$$
$$= 0.702 \fallingdotseq 0.7[\text{kg/m}^2]$$

② 물의 양

$$Q = m \cdot C \cdot \Delta t + m \cdot r$$
$$158{,}000 = m \times 1 \times 80 + m \times 539$$
$$\therefore m = 255.250 \fallingdotseq 255.25[\text{kg}]$$

3) 다음 각 물음에 알맞게 답하시오. **8점**
  (1) 0.02[m³/s]의 유량으로 직경 50[cm]인 주철관속을 기름이 흐르고 있다. 길이 1,000[m]에 대한 손실수두는 몇 [m]인가? (기름의 점성계수는 0.0105[kgf·s/m²], 비중은 0.9이다) **3점**
  (2) 소화설비의 배관 유속을 3[m/s] 이하로 제한할 경우, 적합한 배관 관경 산정식 $d = 84.1\sqrt{Q}$로 성립된다. 이 식을 유도하시오. (단, d : 배관구경[mm], Q : 유량[m³/min]이다) **5점**

해설 및 정답

(1) $h_L = f \cdot \dfrac{L}{D} \cdot \dfrac{u^2}{2g}$

$u = \dfrac{Q}{A} = \dfrac{0.02}{\dfrac{\pi}{4}(0.5)^2} = 0.102[\text{m/s}]$

$f = \dfrac{64}{Re\,No}$

$Re\,No = \dfrac{D \cdot u \cdot \rho}{\mu} = \dfrac{0.5 \times 0.102 \times 102 \times 0.9}{0.0105} = 445.8857 \fallingdotseq 445.886$

$\therefore f = \dfrac{64}{445.886} = 0.1435 \fallingdotseq 0.144$

$\therefore h_L = 0.144 \times \dfrac{1{,}000}{0.5} \times \dfrac{(0.102)^2}{2 \times 9.8} = 0.1528 \fallingdotseq 0.153[\text{m}]$

(2) $Q = A \cdot u$

$D = \sqrt{\dfrac{4Q}{\pi u}}$

$$D = \sqrt{\frac{4Q}{\pi \times 3}} = 0.65147\sqrt{Q} \ [D : \text{(m)}, \ Q : \text{(m}^3/\text{s)}]$$

$D = K\sqrt{Q}$ 에서

$$K = \frac{D}{\sqrt{Q}} \times 0.65147$$

$D : 1[\text{m}] = 1,000[\text{mm}]$

$Q : 1m^3/s \times 60\text{sec/min} = 60[\text{m}^3/\text{min}]$

$$\therefore K = \frac{1,000}{\sqrt{60}} \times 0.65147 = 84.1$$

$$\therefore D = 84.1\sqrt{Q}$$

4) 다음 그림과 같은 직육면체의 물탱크에서 밸브를 완전히 개방할 경우 최저유효수면까지 물이 배수되는 소요시간(hr)을 계산하시오(단, 밸브 및 배수관의 마찰손실은 무시한다). **5점**

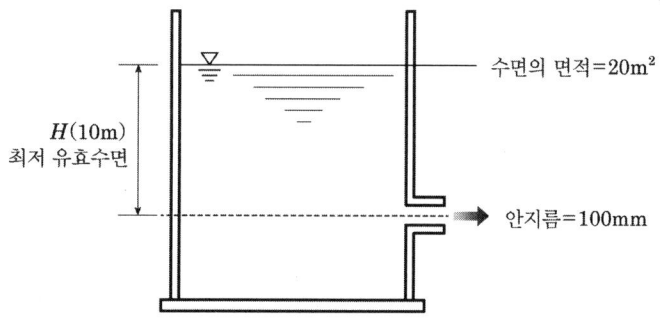

해설 및 정답

$$t = \frac{2A_1(\sqrt{H_1} - \sqrt{H_2})}{C \cdot A_2 \cdot \sqrt{2g}} = \frac{2 \times 20 \times (\sqrt{10} - \sqrt{0})}{\frac{\pi}{4}(0.1)^2 \times \sqrt{2 \times 9.8}} = 3,637.83[\text{sec}] \fallingdotseq 1.01[\text{hr}]$$

cf) 공식유도

$A_1 = 20[\text{m}^2] \qquad V_1 = \dfrac{dh}{dt}$

$A_2 = \dfrac{\pi}{4}D_2^2 \qquad V_2 = \sqrt{2gh}$

$A_1V_1 = A_2V_2$ 에서 $A_1 \cdot \dfrac{dh}{dt} = A_2 \cdot \sqrt{2gh}$

$$dt = \frac{A_1}{A_2} \cdot \frac{1}{\sqrt{2gh}} \cdot dh$$

$$\int dt = \int_0^H \frac{A_1}{A_2} \cdot \frac{1}{\sqrt{2g}} \cdot \frac{1}{\sqrt{h}} dh = \frac{A_1}{A_2} \cdot \frac{1}{\sqrt{2g}} \times \int_0^H h^{-\frac{1}{2}} dh$$

$$t = \frac{A_1}{A_2} \cdot \frac{1}{\sqrt{2g}} \times [2h^{\frac{1}{2}}]_0^H = \frac{20}{\frac{\pi}{4}(0.1)^2} \times \frac{1}{\sqrt{2 \times 9.8}} \times (2 \times 10^{\frac{1}{2}})$$

5) 내경 50[mm] 옥내소화전 노즐에서 420[L/min]이 분사된다. 배관 내의 물의 압력은 250[kPa], 노즐의 길이 300[mm], 노즐의 내경 20[mm], 필요한 반발력(kN)은? **6점**

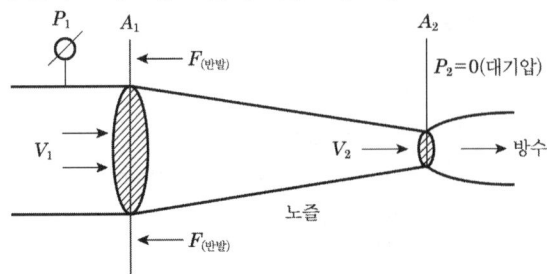

해설및정답

$\Delta F = P_1 A_1 - \rho Q(V_2 - V_1)$

$V_1 = \dfrac{Q}{A_1} = \dfrac{\left(\dfrac{0.42}{60}\right)}{\dfrac{\pi}{4}(0.05)^2} = 3.565 [\text{m/s}]$

$V_2 = \dfrac{Q}{A_2} = \dfrac{\left(\dfrac{0.42}{60}\right)}{\dfrac{\pi}{4}(0.02)^2} = 22.281 [\text{m/s}]$

$\therefore \Delta F = 250 kN/m^2 \times \dfrac{\pi}{4}(0.05)^2$
$\quad - 1,000 kg/m^3 \times \left(\dfrac{0.42}{60}\right) \times (22.281 - 3.565) \times 1kN/1,000N$
$= 0.359 [\text{kN}]$

cf) $\Delta F = \dfrac{\gamma Q^2 A_1}{2g}\left(\dfrac{A_1 - A_2}{A_1 \cdot A_2}\right)^2$

$\dfrac{9,800 \times \left(\dfrac{0.42}{60}\right)^2 \times \dfrac{\pi}{4}(0.05)^2}{2 \times 9.8} \times \left[\dfrac{\dfrac{\pi}{4}(0.05)^2 - \dfrac{\pi}{4}(0.02)^2}{\dfrac{\pi}{4}(0.05)^2 \times \dfrac{\pi}{4}(0.02)^2}\right]^2 = 343.9179 [\text{N}]$
$= 0.3439 [\text{kN}]$

6) 수면으로부터 일정거리 H(m)에 위치한 구멍을 통해 흘러나오는 물의 속도식인 토리첼리의 정리 $V = \sqrt{2gh}$ 를 유도하시오. **6점**

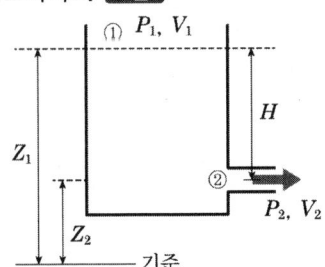

해설 및 정답

$$\frac{P_1}{\gamma}+\frac{V_1^2}{2g}+Z_1=\frac{P_2}{\gamma}+\frac{V_2^2}{2g}+Z_2$$

$P_1=0$(대기압), $V_1=0$(가정)

$Z_1-Z_2=H$

$P_2=0$ (대기압)

$$\therefore Z_1=\frac{V_2^2}{2g}+Z_2$$

$$H=\frac{V_2^2}{2g}$$

$$V_2^2=2gh$$

$$V_2=\sqrt{2gh}$$

7) 지면으로부터 수평상태인 공기의 수송관의 단면적이 0.68[m²]에서 0.18[m²]로 감소하고 있다. 0.68[kgf/s]의 공기가 이동할 때 감소되는 압력은 몇 [Pa]인가? (단, 공기의 비중량은 1.23[kgf/m³]이고, 배관 내의 손실은 없는 것으로 한다) **5점**

해설 및 정답

$$\frac{P_1}{\gamma_{(비중량)}}+\frac{u_1^2}{2g}=\frac{P_2}{\gamma_{(비중량)}}+\frac{u_2^2}{2g}$$

$$u_1=\frac{w}{A_1\cdot\gamma_1}=\frac{0.68}{0.68\times1.23}=0.813\risingdotseq0.81[\text{m/s}]$$

$$u_2=\frac{w}{A_2\cdot\gamma_2}=\frac{0.68}{0.18\times1.23}=3.071\risingdotseq3.07[\text{m/s}]$$

$$\therefore\frac{P_1-P_2}{\gamma}=\frac{u_2^2-u_1^2}{2g}$$

$$\therefore P_1-P_2=\frac{3.07^2-0.81^2}{2\times9.8}\times1.23kgf/m^3\times9.8N/kgf=5.392\risingdotseq5.39[\text{N/m}^2]$$

$\therefore 5.39[\text{Pa}]$

모의고사

02 거실제연설비에 대한 다음 〈그림〉과 〈조건〉을 보고 각 물음에 답하시오. 30점

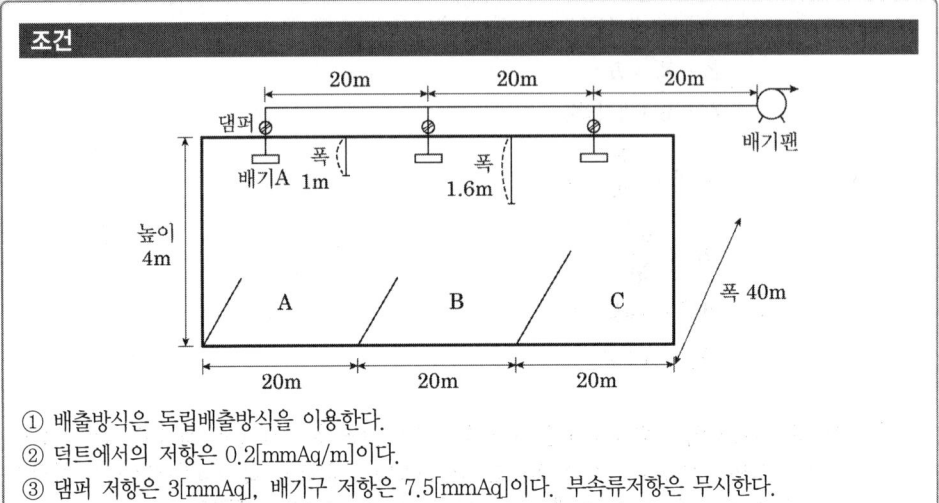

① 배출방식은 독립배출방식을 이용한다.
② 덕트에서의 저항은 0.2[mmAq/m]이다.
③ 댐퍼 저항은 3[mmAq], 배기구 저항은 7.5[mmAq]이다. 부속류저항은 무시한다.
④ 효율은 50[%], 전달계수는 1.1이다.
⑤ 소수점 3자리에서 반올림하여 2자리로 답하시오.

1) A실, B실, C실에 대한 각각의 배출량(CMH)를 답하고, 팬의 배출량(m^3/sec)을 답하시오. 4점

해설 및 정답
① A실 : 수직거리 2.5[m] 초과 3[m] 이하
대각선길이 = $\sqrt{40^2 + 20^2}$ = 44.72[m]
∴ 55,000[CMH]
② B실 : A실과 동일
∴ 55,000[CMH]
③ C실 : 수직거리 2[m] 초과 2.5[m] 이하
대각선 44.72[m]
∴ 50,000[CMH]
④ 팬배출량 : $\dfrac{55,000 m^3/hr}{3,600 \text{sec}/hr}$ = 15.277 ≒ 15.28[m^3/s]

2) 다음 표에 들어갈 빈칸을 답하시오. 8점

[거실의 바닥면적이 400[m²] 이상으로 구획된 예상제연구역인 경우]

직경	수직거리	배출량
40[m] 이하	2[m] 이하	①
	2[m] 초과 2.5[m] 이하	②
	2.5[m] 초과 3[m] 이하	③
	3[m] 초과	④
40[m] 초과 60[m] 이하	2[m] 이하	⑤
	2[m] 초과 2.5[m] 이하	⑥
	2.5[m] 초과 3[m] 이하	⑦
	3[m] 초과	⑧

해설 및 정답

① 40,000[CMH]   ② 45,000[CMH]
③ 50,000[CMH]   ④ 60,000[CMH]
⑤ 45,000[CMH]   ⑥ 50,000[CMH]
⑦ 55,000[CMH]   ⑧ 65,000[CMH]

3) A실, B실, C실에 대한 각각의 공기유입구의 크기(cm²)를 답하시오. 3점

해설 및 정답

$$공기유입구크기[cm^2] = \frac{Q(m^3/hr)}{60(min/hr)} \times 35 cm^2/[m^3/min]$$

① A실 : 공기유입구크기 $= \frac{55,000}{60} \times 35 = 32,083.33 [cm^2]$

② B실 : 공기유입구크기 $= \frac{55,000}{60} \times 35 = 32,083.33 [cm^2]$

③ C실 : 공기유입구크기 $= \frac{50,000}{60} \times 35 = 29,166.666 ≒ 29,166.67 [cm^2]$

4) 배연에 필요한 배기fan의 전동기 용량[HP]을 구하시오. 6점

해설 및 정답

$$P[HP] = \frac{P \cdot Q}{76 \cdot \eta} \cdot K$$

$Q = \frac{55,000}{3,600} m^3/s$ $\eta = 0.5$ $K = 1.1$

$P = 60m \times 0.2mmAq/m + 3mmAq + 7.5mmAq = 22.5[mmAq]$

$$\therefore P[HP] = \frac{22.5 \times \left(\frac{55,000}{3,600}\right)}{76 \times 0.5} \times 1.1 = 9.95[HP]$$

5) 화재안전기술기준(NFTC 501)에 의한 제연설비의 제연방식에 대해 설명하시오. **6점**

해설 및 정답
① 예상제연구역에 대해서는 연기배출과 동시에 공기유입이 될 수 있게 하고 배출구역이 거실일 경우에는 통로에 동시에 공기가 유입될 수 있도록 하여야 한다.
② 위 ①에도 불구하고 통로와 인접하고 있는 거실의 바닥면적이 50[m²] 미만으로 구획되고 그 거실에 통로가 인접하여 있는 경우에는 화재시 그 거실에서 직접 배출하지 아니하고 인접한 통로의 배출로 갈음할 수 있다. 다만, 그 거실이 다른 거실의 피난을 위한 경유거실인 경우에는 그 거실에서 직접 배출하여야 한다.
③ 통로의 주요구조부가 내화구조이며 마감이 불연재료 또는 난연재료로 처리되고 가연성 내용물이 없는 경우에는 그 통로는 예상제연구역으로 간주하지 아니할 수 있다. 다만, 화재발생시 연기의 유입이 우려되는 통로는 그러하지 아니하다.

6) 화재안전기술기준(NFTC 501)에 의한 예상제연구역에 대한 공기유입방식의 종류에 대해 설명하시오. **3점**

해설 및 정답
① 유입풍도를 경유한 강제 유입방식
② 자연유입방식
③ 인접한 제연구역 또는 통로에 유입되는 공기가 해당구역으로 유입되는 방식

03 이산화탄소소화설비에 대한 다음 각 물음에 답하시오. 30점

1) 다음 block diagram의 빈칸을 답하시오. 5점

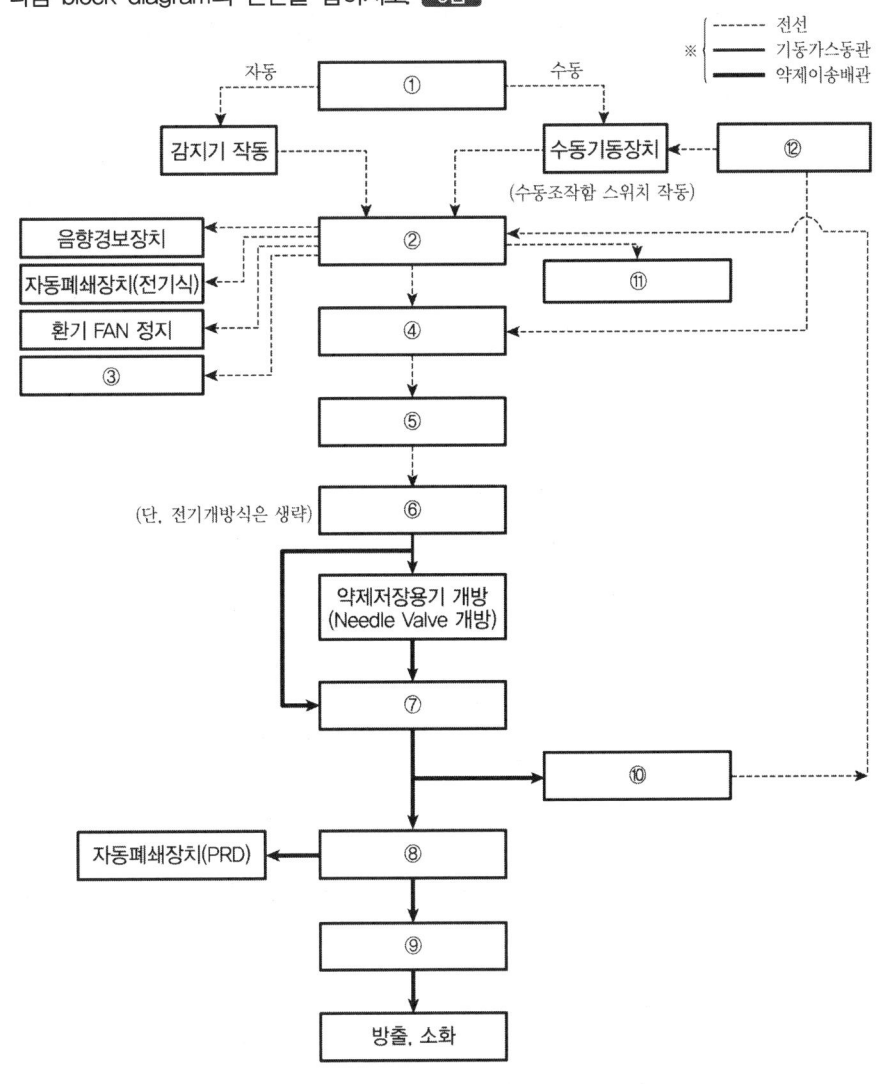

해설 및 정답
① 화재발생　　② 제어반　　③ 방출표시등
④ 지연장치　　⑤ 솔레노이드밸브　　⑥ 기동용가스용기 개방
⑦ 선택밸브 개방　　⑧ 배관　　⑨ 분사헤드
⑩ 압력스위치　　⑪ 화재표시반　　⑫ 방출지연스위치

2) 경량구조의 전자제품창고에 전역방출방식의 이산화탄소소화설비를 설치할 경우 필요한 과압배출구의 면적[mm²]을 구하시오. 7점

> **조건**
> ① 바닥면적 160[m²], 높이 5[m], 개구부 없음
> ② 용기 1병당 충전량은 45[kg], 용기체적은 68[L]임
> ③ 해당 방호구역 내에 설계농도가 2분 이내에 30[%]에 도달되기 위해서는 방호구역 1[m³]당 필요한 [kg] 선정 및 배출구면적 선정시 소수점 셋째자리까지 구하시오(넷째자리에서 반올림).
> ④ 이산화탄소의 $K_1 =0.51$, $K_2 =0.0019$, $t =20[℃]$ 적용
> ⑤ 방호구역의 허용강도는 1.2[kPa]이다.

해설 및 정답

$$A(\text{mm}^2) = \frac{239\,Q(\text{kg/min})}{\sqrt{P(\text{kPa})}}$$

$$Q(kg/\min) = \frac{w(kg)}{2\min}$$

$$w(kg) = V(m^3) \times 2.303 \times \log\left(\frac{100}{100-C}\right) \times \frac{1}{s}$$

$$s = K_1 + K_2 \times t = 0.51 + 0.0019 \times 20 = 0.548 [m^3/kg]$$

$$\therefore w(kg) = (160 \times 5) \times 2.303 \times \log\left(\frac{100}{100-30}\right) \times \frac{1}{0.548}$$

$$= 520.7871 ≒ 520.787 [kg]$$

$$\therefore A = \frac{239 \times \left(\dfrac{520.787}{2}\right)}{\sqrt{1.2}} = 56{,}811.6518 ≒ 56{,}811.652 [\text{mm}^2]$$

3) 이산화탄소소화설비 설치기준 중 가스압력식기동장치 설치기준을 기술하시오. 4점

해설 및 정답
① 기동용가스용기 및 해당 용기에 사용하는 밸브는 25[MPa] 이상 압력에 견딜 수 있는 것으로 할 것
② 기동용가스용기에는 내압시험압력의 0.8배부터 내압시험압력 이하에서 작동하는 안전장치를 설치할 것
③ 기동용가스용기의 용적은 5[L] 이상으로 하고 해당 용기에 저장하는 질소 등의 비활성기체는 6[MPa] 이상(21[℃] 기준)의 압력으로 충전할 것
④ 기동용가스용기에는 충전여부를 확인할 수 있는 압력게이지를 설치할 것

4) 이산화탄소소화설비 설치기준 중 화재표시반은 제어반에서의 신호를 수신하여 작동하는 기능을 가진 것으로 하되, 어떠한 기준에 따라 설치하여야 하는지 답하시오. 4점

해설 및 정답
① 각 방호구역마다 음향경보장치의 조작 및 감지기의 작동을 명시하는 표시등과 이와 연동하여 작동하는 벨, 부저 등의 경보기를 설치할 것. 이 경우 음향경보장치의 조작 및 감지기의 작동을 명시하는 표시등을 적용할 수 있다.

② 수동식기동장치는 그 방출용 스위치의 작동을 명시하는 표시등을 설치할 것
③ 소화약제의 방출을 명시하는 표시등을 설치할 것
④ 자동식 기동장치는 자동·수동의 절환을 명시하는 표시등을 설치할 것

5) 호스릴 이산화탄소소화설비를 설치할 수 있는 장소에 대해 답하시오. **5점**

해설및정답 화재시 현저하게 연기가 찰 우려가 없는 장소로서 다음 어느 하나에 해당하는 장소 (단 차고, 주차장 제외)
① 지상 1층 및 피난층에 있는 부분으로서 지상에서 수동 또는 원격조작에 따라 개방할 수 있는 개구부의 유효면적의 합계가 바닥면적의 15[%] 이상이 되는 부분
② 전기설비가 설치되어 있는 부분 또는 다량의 화기를 사용하는 부분(해당 설비의 주위 5[m] 이내의 부분을 포함한다)의 바닥면적이 해당 설비가 설치되어 있는 구획의 바닥면적의 $\frac{1}{5}$ 미만이 되는 부분

6) 다음 고압식 국소방출방식 그림에서 필요한 이산화탄소의 최소 약제량(kg)을 구하시오. **5점**

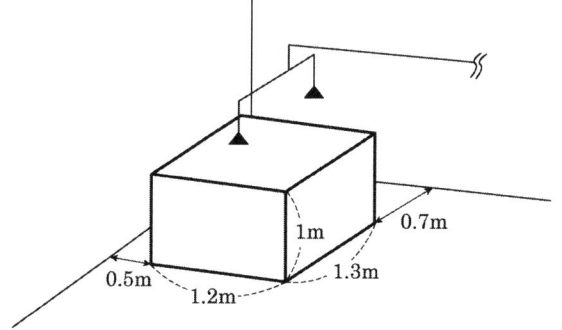

해설및정답
$$w(kg) = V(m^3) \times (8 - 6\frac{a}{A})kg/m^3 \times 1.4$$
$$V = (1.2m + 0.5m + 0.6m) \times (1.3m + 0.6m + 0.6m) \times (1m + 0.6m) = 9.2[m^3]$$
$$A = (1.2m + 0.5m + 0.6m) \times (1m + 0.6m) \times 2$$
$$\quad + (1.3m + 0.6m + 0.6m) \times (1m + 0.6m) \times 2$$
$$\quad = 15.36[m^2]$$
$$a = (1.3m + 0.6m + 0.6m) \times (1m \times 0.6m) \times 1 = 4[m^2]$$
$$\therefore w = 9.2m^3 \times \left(8 - 6\frac{4}{15.36}\right) kg/m^3 \times 1.4 = 82.915 = 82.92[kg]$$

제2회 설계 및 시공 모의고사

01 소방펌프에 대한 다음 각 물음에 답하시오. [40점]

1) 다음 〈조건〉에서의 펌프의 양정(m)을 구하시오. [7점]

> **조건**
> ① 펌프는 부압흡입방식이다.
> ② 펌프기동시 펌프흡입측의 진공계는 0.05[MPa]을 가리키고 있다.
> ③ 대기압은 절대압력으로 0.1[MPa]이다.
> ④ 펌프는 5단짜리 펌프이다.
> ⑤ 압축비는 1.85이다.
> ⑥ 진공계와 압력계의 높이차는 0.5[m]이다(0.1[MPa]=10[m]).

해설및정답 양정 H(m) = 진공압 + 게이지압 + 높이차

$$K = \left(\frac{P_2}{P_1}\right)^{\frac{1}{n}}$$

$P_2 = K^n \times P_1 = 1.85^5 \times 0.05 = 1.083 \text{[MPa]}$

∴ 게이지압 = 1.08 − 0.1 = 0.98[MPa]

∴ H = 5m + 98m + 0.5m = 103.5[m]

2) 다음 〈조건〉에서 공동현상이 발생하지 않을 설치가능한 최대의 높이차[펌프중심~풋밸브](m)를 구하시오. [8점]

> **조건**
> ① 0.1[MPa]=10[m]
> ② 대기압은 0.1[MPa]
> ③ 부압흡입방식이다.
> ④ 펌프에 연결된 흡입측배관의 수평부분 배관의 길이는 3[m]이다.
> ⑤ 풋밸브의 등가길이는 3[m]이다.
> ⑥ 흡입측배관에 설치된 풋밸브를 제외한 엘보, 개폐밸브, 스트레이너 등의 총 등가길이는 5[m]이다.
> ⑦ 엘보 아래로 풋밸브까지의 수직배관의 길이는 펌프중심~풋밸브까지의 높이차와 같다.
> ⑧ 필요흡입양정은 3[m]이다.
> ⑨ 흡입측배관 및 부품의 관마찰계수는 0.03을 적용한다.
> ⑩ 펌프 기동시 최대 토출량은 1,000[L/min]이다.
> ⑪ 펌프 흡입측배관의 관경은 100[mm]이다.
> ⑫ 수조내 물의 수온은 20[℃]이며 포화증기압은 0.01[MPa]이다.
> ⑬ 풀이과정 및 정답은 소수점 3자리에서 반올림하여 소수점 2자리까지 구하시오.

해설 및 정답

$NPSH_{av} = NPSH_{re}$

$NPSH_{re} = 3m$

$NPSH_{av} = \dfrac{P_o}{\gamma_{(비중량)}} - \dfrac{P_v}{\gamma_{(비중량)}} - \dfrac{P_h}{\gamma_{(비중량)}} - h$

$\therefore 3m = 10m - 1m - 0.03 \times \dfrac{(3+3+5+L)}{0.1} \times \dfrac{u^2}{2 \times 9.8} - L$

$u = \dfrac{Q}{A} = \dfrac{(\frac{1}{60})}{\frac{\pi}{4}(0.1)^2} = 2.12 m/s$

$\therefore 3m = 10m - 1m - 0.03 \times \dfrac{(11+L)}{0.1} \times \dfrac{2.12^2}{2 \times 9.8} - L(m)$

$\therefore 3m = 10m - 1m - 0.76m - 0.07L - L$

$\therefore 3m = 8.24m - 1.07Lm$

$1.07L = 5.24m$

$L = 4.897 ≒ 4.9[m]$ [참고 solve : 4.905m]

3) 〈그림〉과 같이 관로 상에 펌프가 설치되어 있는 경우 펌프의 소요동력(kW)을 계산하시오. (단, P_1 =500[Pa], P_2 =3[bar], Q=0.2[m³/s], d_1 =10[cm], d_2 =5[cm], h =3[m]이며, 0.101325[MPa] = 10,332[kgf/m²] = 1.013[bar]이다. h_L =0으로 가정) **8점**

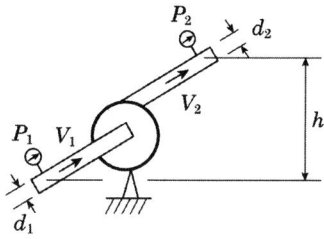

해설 및 정답

$\dfrac{P_1}{\gamma} + \dfrac{u_1^2}{2g} + Z_1 + Hp = \dfrac{P_2}{\gamma} + \dfrac{u_2^2}{2g} + Z_2 + h_L$

$P_1 = 500Pa,\ P_2 = 3bar \times \dfrac{101,325Pa}{1.013bar} = 300,074.04[Pa]$

$u_1 = \dfrac{Q}{A_1} = \dfrac{0.2}{\frac{\pi}{4}(0.1)^2} = 25.46[m/s]$

$u_2 = \dfrac{Q}{A_2} = \dfrac{0.2}{\frac{\pi}{4}(0.05)^2} = 101.86[m/s]$

$h_L = 0$

$\therefore \dfrac{500}{9,800} + \dfrac{(25.46)^2}{2 \times 9.8} + 0 + Hp = \dfrac{300,074.04}{9,800} + \dfrac{(101.86)^2}{2 \times 9.8} + 3 + 0$

∴ $Hp = 529.86[\text{m}]$

$$P = \frac{\gamma \cdot Q \cdot H}{102} = \frac{1,000 \times 0.2 \times 529.86}{102} = 1,038.94[\text{kW}]$$

4) 학교·공장·창고시설로서 동결의 우려가 있는 장소에 있어서는 기동스위치에 보호판을 부착하여 옥내소화전함 내에 설치할 수 있다. 다만, 이 경우에는 주펌프와 동등 이상의 성능이 있는 별도의 펌프로서 내연기관의 기동과 연동하여 작동되거나 비상전원을 연결한 펌프를 추가로 설치하여야 하는데, 어떠한 경우 펌프를 추가로 설치하지 않을 수 있는지 기술하시오. **5점**

해설 및 정답
① 지하층만 있는 건축물
② 고가수조를 가압송수장치로 설치한 경우
③ 수원이 건축물의 최상층에 설치된 방수구보다 높은 위치에 설치된 경우
④ 건축물의 높이가 지표면으로부터 10[m] 이하인 경우
⑤ 가압수조를 가압송수장치로 설치한 경우

5) 가압송수장치로서 내연기관을 사용하는 경우 설치기준 3가지를 기술하시오. **6점**

해설 및 정답
① 내연기관의 기동은 기동용수압개폐장치를 이용하는 방식의 기동장치를 설치하거나 또는 소화전함의 위치에서 원격조작이 가능하고 기동을 명시하는 적색등을 설치할 것
② 제어반에 따라 내연기관의 자동기동 및 수동기동이 가능하고 상시 충전되어 있는 축전지 설비를 갖출 것
③ 내연기관의 연료량은 펌프를 20분(층수가 30층 이상 49층 이하는 40분, 50층 이상은 60분) 이상 운전할 수 있는 용량일 것

6) 유량 1.1[m³/min], 양정 70[m]인 소방펌프의 제작, 설치 후의 성능시험 결과 양정이 60[m], 회전수가 1,700[rpm]이었다. 설계양정을 얻으려면 회전수를 어떻게 변경하여야 하는지 답하고, 당초 펌프에 연결된 모터의 동력이 11[kW]였다면 이후 모터의 동력은 몇 [kW]가 되어야 하는지 답하시오. [전달계수 K=1.1] **6점**

해설 및 정답

$$H_2 = \left(\frac{N_2}{N_1}\right)^2 \times H_1$$

$$70 = \left(\frac{N_2}{1,700}\right)^2 \times 60$$

∴ $N_2 = 1,836.21[\text{rpm}]$

∴ $L_2 = \left(\frac{N_2}{N_1}\right)^3 \times L_1 = \left(\frac{1,836.21}{1,700}\right)^3 \times \left(\frac{11}{1.1}\right) = 12.6[\text{kW}]$

∴ 이후 모터동력 = $12.6kw \times 1.1 = 13.86[\text{kW}]$

02 「옥내소화전설비의 화재안전기술기준(NFTC 102)」에 의거하여 다음 각 물음에 답하시오. 30점

1) 다음 〈조건〉과 〈도면〉을 참고하여 펌프의 토출량(L/min), 수원의 양(유효수량)(m^3), 전양정(m), 소요동력(kW)을 계산하시오. 15점

조건

① 입상관에서 분기되는 층별 방수구앵글밸브까지의 가지배관의 관경은 40[mm], 방수구를 제외한 전체 직관 및 상당길이 합은 1.7[m], 입상배관분기점과 방수구앵글밸브 높이차는 0.7[m]이다.
② 호스 마찰손실수두는 6.5[m]이다.
③ 펌프는 전동기 직결식이며, 소요동력 계산 시 효율은 60[%], 전달계수는 1.2를 적용할 것
④ 전양정 및 동력은 소수점 넷째자리까지 구하고, 도면 상 표기되지 아니한 배관길이와 기타 다른 조건은 무시한다.
⑤ 부속류의 등가길이는 다음과 같다.

구분	종류	40[mm]	50[mm]	65[mm]	80[mm]	100[mm]
관부속	45° 엘보	0.6[m]	0.7[m]	1.0[m]	1.1[m]	1.5[m]
	90° 엘보	1.3[m]	1.6[m]	2.0[m]	2.4[m]	3.2[m]
	분류티	2.5[m]	3.2[m]	4.1[m]	4.9[m]	6.3[m]
밸브류	게이트밸브	0.3[m]	0.3[m]	0.4[m]	0.5[m]	0.7[m]
	체크밸브	3.5[m]	4.4[m]	5.6[m]	6.7[m]	8.7[m]
	앵글밸브	7.0[m]	8.9[m]	11.3[m]	13.5[m]	17.6[m]

⑥ 배관 길이 100[m] 당 마찰손실수두는 다음과 같다.

유량 \ 관경	40[mm]	50[mm]	65[mm]	80[mm]	100[mm]
130[L/min]	9.4[m]	2.9[m]	0.6[m]	0.3[m]	0.1[m]
260[L/min]	34.0[m]	10.5[m]	3.0[m]	1.3[m]	0.3[m]

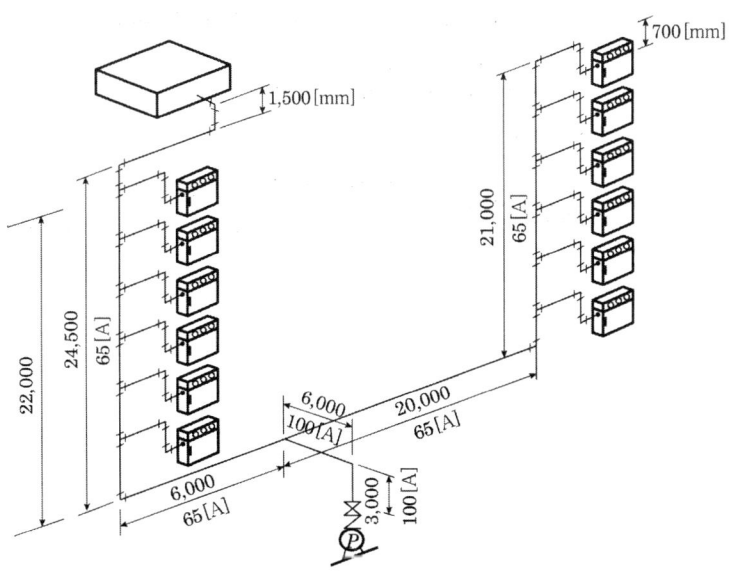

해설 및 정답

① 펌프의 토출량 : $Q = 2 \times 130 \text{L/min} = 260 [\text{L/min}]$

② 유효수원량 : $Q = 2 \times 2.6 \text{m}^3 = 5.2 [\text{m}^3]$

③ 전양정

  ⅰ) 좌측구간

    $H = h_1 + h_2 + h_3 + 17m$

      h_1(관부속, 마찰손실수두)

    100A : L = 3m + 6m + 8.7m + 0.7m + 3.2m + 6.3m = 27.9[m]

    $\therefore h_{L100A} = 27.9 \text{m} \times \dfrac{0.3m}{100m} = 0.0837[\text{m}]$

    65A : L = 6m + 22m + 2m + 4.1m = 34.1[m]

    $\therefore h_{L65A} = 34.1 \text{m} \times \dfrac{0.6m}{100m} = 0.2046[\text{m}]$

    40A : $h_{L40A} = (7 + 1.7) \text{m} \times \dfrac{9.4m}{100m} = 0.8178[\text{m}]$

    $\therefore H = (0.0837\text{m} + 0.2046\text{m} + 0.8178\text{m}) + 6.5\text{m} + (3\text{m} + 22\text{m} - 0.7\text{m}) + 17\text{m}$
        $= 48.9061[\text{m}]$

  ⅱ) 우측구간

    $H = h_1 + h_2 + h_3 + 17m$

      h_1(관부속, 마찰손실수두)

    $h_{L100A} = 0.0837[\text{m}]$

    65A : L = 20m + 21m + 2m + 2m = 45[m]

    $h_{L65A} = 45 \text{m} \times \dfrac{0.6m}{100m} = 0.27[\text{m}]$

    $h_{L40A} = 0.8178[\text{m}]$

    $\therefore H = (0.0837\text{m} + 0.27\text{m} + 0.8178\text{m}) + 6.5\text{m} + (3\text{m} + 21\text{m} - 0.7\text{m}) + 17\text{m}$
        $= 47.9715[\text{m}]$

    $\therefore$ 펌프양정 = 48.9061[m] 선정

④ 소요동력(kW)

$$P(\text{kW}) = \dfrac{\gamma Q H}{102\eta} K = \dfrac{1{,}000 \times \left(\dfrac{0.26}{60}\right) \times 48.9061}{102 \times 0.6} \times 1.2 = 4.15542 ≒ 4.1554[\text{kW}]$$

2) 옥내소화전설비의 수전방식에 따른 상용전원회로의 배선 설치기준 2가지를 기술하시오. 4점

해설및정답
① 저압수전인 경우에는 인입개폐기의 직후에서 분기하여 전용배선으로 하여야 하며, 전용의 전선관에 보호되도록 할 것
② 특별고압수전 또는 고압수전일 경우에는 전력용 변압기 2차측의 주차단기 1차측에서 분기하여 전용배선으로 하되, 상용전원의 상시공급에 지장이 없을 경우에는 주차단기 2차측에서 분기하여 전용배선으로 할 것. 다만, 가압송수장치의 정격입력전압이 수전전압과 같은 경우 위 ①기준에 따른다.

3) 옥내소화전설비의 비상전원을 제외할 수 있는 경우에 대해 기술하시오. 6점

해설및정답
① 2 이상의 변전소에서 전력을 동시에 공급받을 수 있는 경우
② 하나의 변전소로부터 전력공급이 중단되는 때에 자동으로 다른 변전소로부터 전력을 공급받을 수 있도록 상용전원을 설치한 경우
③ 가압수조방식인 경우

4) 직육면체 구조의 옥상수조 가압방식의 옥내소화전설비에서 수조의 바닥면적(저수면적) 50[m²], 저수면 높이 6[m]의 수조 바닥에 연결된 배관으로부터 수직으로 30[m] 하부에 위치한 내경 40[mm]의 옥내소화전 방수구를 통하여 소화수를 대기 중에 개방할 때 다음 사항을 산출하시오. 5점
① 방수구에서 분출시의 최대 순간유속(m/s) 2점
② 저장된 소화수를 수조 바닥까지 비우는데 걸리는 시간(○시간 ○분 단위까지 계산할 것)(단, 소화수조에 대한 추가 급수는 없으며, 전(全)배관 계통의 마찰손실은 무시한다) 3점

해설및정답
① $u = \sqrt{2gh} = \sqrt{2 \times 9.8 \times 36} = 26.56 m/s$
② $t = \dfrac{2A_1(\sqrt{H_1} - \sqrt{H_2})}{C \cdot A_2 \cdot \sqrt{2g}} = \dfrac{2 \times 50 \times (\sqrt{36} - \sqrt{30})}{\dfrac{\pi}{4} \times (0.04)^2 \times \sqrt{2 \times 9.8}} = 9,396.72 [sec]$
=2시간 36분

모의고사

03 분말소화설비에 대한 다음 각 물음에 답하시오. [40점]

> **조건**
> ① 제3종분말 사용
> ② 전역방출방식
> ③ 방호구역의 체적 1,000[m³]
> ④ 2.5[m²]의 개구부가 3개 있으며 자동폐쇄장치가 설치되어 있지 않음
> ⑤ 헤드 1개의 분구면적은 50[mm²]이며 방출율은 1[kg/mm² · min] 이하이다.
> ⑥ 가압식 분말소화설비 설치, 가압가스로 질소가스 사용
> ⑦ 가압용가스용기는 68[L]용, 6[MPa] 게이지압으로 충전되어 있다.
> ⑧ 저장용기 및 가압용가스용기는 20[℃]의 용기실에 설치되어 있다.
> ⑨ 대기압은 0.1[MPa]이다.
> ⑩ 분말저장용기는 300[L], 400[L], 500[L] 용기 중에 선택사용

1) 약제의 최소저장량(kg)을 구하시오. [2점]

해설 및 정답 $w = 1,000 m^3 \times 0.36 kg/m^3 + 7.5 m^2 \times 2.7 kg/m^2 = 380.25 [kg]$

2) 분말저장용기의 용적(L)을 선정하시오. [2점]

해설 및 정답 1[kg]당 1[L] 이상 ∴ 380.25[L] 필요
400[L] 용기 선정

3) 헤드 1개의 분당 방사량(kg/min)을 구하시오. [3점]

해설 및 정답 $50 mm^2 = \dfrac{\text{헤드 1개 방사량}(kg)}{1 kg/mm^2 \cdot \min \times 0.5 \min}$

∴ 헤드 1개 방사량 = 25[kg]
∴ 분당방사량 = 25kg ÷ 0.5min = 50[kg/min]

4) 필요한 헤드의 최소개수를 구하시오. [3점]

해설 및 정답 $\dfrac{380.25 kg \div 0.5 \min}{50 kg/\min} = 15.21$ ∴ 16개

5) 저장용기 내 모든 약제 방사시 필요한 가압용가스의 용기 수를 구하시오. [5점]

해설 및 정답 $380.25 kg \times 40 L/kg = 15,210 [L]$

$$\dfrac{P_1 V_1}{T_1} = \dfrac{P_2 V_2}{T_2}$$

$$V_2 = V_1 \times \dfrac{T_2}{T_1} \times \dfrac{P_1}{P_2}$$

$V_1 = 68L$, $T_1 = 273 + 20 = 293K$

$P_1 = 6.1 MPa_{abs}$

$P_2 = 0.1 MPa_{abs}$ $T_2 = 273 + 35 = 308K$

∴ $V_2 = 68 \times \dfrac{308}{293} \times \dfrac{6.1}{0.1} = 4,360.35[L]$

∴ $15,210L \div 4,360.35L = 3.48$ ∴ 4병

6) 설치하여야 할 전자개방밸브의 수를 구하시오. **2점**

해설및정답 2개

7) NFTC 108 가압용가스용기 설치기준을 기술하시오. **5점**

해설및정답
① 분말소화약제의 가스용기는 분말소화약제 저장용기에 접속하여 설치하여야 한다.
② 분말소화약제의 가압용가스용기를 3병 이상 설치한 경우에는 2개 이상의 용기에 전자개방밸브를 부착하여야 한다.
③ 분말소화약제의 가압용가스용기에는 2.5[MPa] 이하의 압력에서 조정이 가능한 압력조정기를 설치하여야 한다.
④ 가압용가스 또는 축압용가스는 다음의 기준에 따라 설치할 것
　㉠ 가압용가스 또는 축압용가스는 질소가스 또는 이산화탄소로 할 것
　㉡ 가압식 질소가스의 경우 분말약제 1[kg]당 40[L](1기압 35[℃]) 이상, 이산화탄소의 경우 분말약제 1[kg]당 20[g]에 배관청소에 필요한 양을 가산한 양 이상으로 할 것
　㉢ 축압식 질소가스의 경우 분말약제 1[kg]당 10[L](1기압 35[℃]) 이상, 이산화탄소의 경우 분말약제 1[kg]당 20[g] 이상에 배관청소에 필요한 양을 가산한 양 이상으로 할 것
　㉣ 배관의 청소에 필요한 양의 가스는 별도의 용기에 저장할 것

8) 3종분말약제의 190[℃], 215[℃], 300[℃]에서의 열분해 반응식을 쓰시오. **3점**

해설및정답
① 190[℃] : $2NH_4H_2PO_4 \rightarrow 2H_3PO_4 + 2NH_3$
② 215[℃] : $2H_3PO_4 \rightarrow H_4P_2O_7 + H_2O$
③ 300[℃] : $H_4P_2O_7 \rightarrow 2HPO_3 + H_2O$
cf) $NH_4H_2PO_4 \rightarrow NH_3 + HPO_3 + H_2O$

모의고사

9) 1기압 300[℃] 온도에서 생성되는 NH_3(암모니아)의 체적(m^3)을 구하시오. [5점]

해설및정답 $NH_4H_2PO_4$의 반응 mol 수

$$\frac{380.25 kg}{115 kg/kmol} = 3.306 ≒ 3.31[kmol]$$

∴ 생성되는 NH_3의 mol수 = 3.31[kmol]

∴ 생성되는 NH_3의 질량(kg) = 3.31kmol × 17kg/kmol = 56.27[kg]

∴ $PV = \frac{W}{M}RT$에서

$$V = \frac{WRT}{PM} = \frac{56.27 \times 0.082 \times (273+300)}{1 \times 17} = 155.523 ≒ 155.52[m^3]$$

제3회 설계 및 시공 모의고사

01 다음 각 물음에 답하시오. 40점

1) 실내의 화재시의 온도가 600[℃], 평상시 온도가 20[℃]였다면 개구부(크기 가로 2[m], 높이 3[m])의 상부에서의 내외의 압력차(Pa)를 구하고 연기유출속도(m/s)를 구하시오. (단, 공기의 평균분자량은 29, 연기의 평균분자량은 29.5, 개구부의 중성대는 개구부 중심부분으로 가정한다) 5점

해설 및 정답

① 압력차 $\triangle P = \gamma \cdot h = \rho \cdot g \cdot h$

∴ $\triangle \rho \cdot g \cdot h$

$\rho_{air} = \dfrac{PM}{RT} = \dfrac{1 \times 29}{0.082 \times (273+20)} = 1.21[kg/m^3]$

$\rho_{smoke} = \dfrac{PM}{RT} = \dfrac{1 \times 29.5}{0.082 \times (273+600)} = 0.41[kg/m^3]$

∴ $\triangle P = (1.21 - 0.41) \times 9.8 \times 1.5(m) = 11.76[Pa]$

② 연기유출속도

$u = \sqrt{2gh\left(\dfrac{\rho_{air}}{\rho_s} - 1\right)} = \sqrt{2 \times 9.8 \times 1.5 \times \left(\dfrac{1.21}{0.41} - 1\right)} = 7.57[m/s]$

2) 소화기구 및 자동소화장치의 화재안전기술기준(NFTC 101)에서 규정하는 자동확산소화기의 정의와 그 설치기준을 기술하시오. 3점

해설 및 정답

① 정의 : "자동확산소화기"란 화재를 감지하여 자동으로 소화약제를 방출 확산시켜 국소적으로 소화하는 다음 각 소화기를 말한다.
  (1) "일반화재용자동확산소화기"란 보일러실, 건조실, 세탁소, 대량화기취급소 등에 설치되는 자동확산소화기를 말한다.
  (2) "주방화재용자동확산소화기"란 음식점, 다중이용업소, 호텔, 기숙사, 의료시설, 업무시설, 공장 등의 주방에 설치되는 자동확산소화기를 말한다.
  (3) "전기설비용자동확산소화기"란 변전실, 송전실, 변압기실, 배전반실, 제어반, 분전반등에 설치되는 자동확산소화기를 말한다.
② 설치기준
  ㉠ 방호대상물에 소화약제가 유효하게 방출될 수 있도록 설치할 것
  ㉡ 작동에 지장이 없도록 견고하게 고정할 것

모의고사

3) 〈그림〉과 같이 길이 2[m], 직경이 5[cm]인 배관이 수조의 수면으로부터 4[m] 아래에 부착되어 있는 경우, 수조 부근에 설치된 글로브 밸브를 완전히 개방하였을 때 유량 Q[L/sec]를 계산하시오. (단, 관 입구의 손실계수 $K=0.5$, 글로브 밸브 완전 개방 시 손실계수 $K=10$, 관마찰계수 $f=0.02$이다) **5점**

해설 및 정답

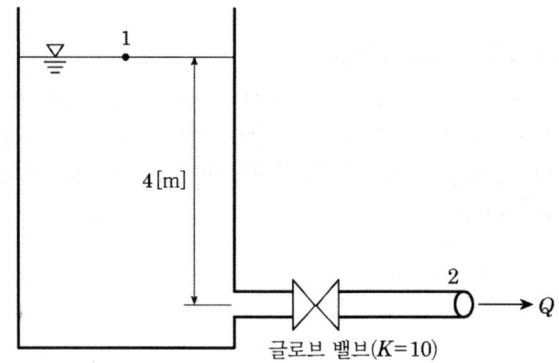

3) $Q = A_2 u_2$

$$\frac{P_1}{r} + \frac{u_1^2}{2g} + Z_1 = \frac{P_2}{r} + \frac{u_2^2}{2g} + Z_2 + h_L$$

$P_1 = P_2 = 0$, $u_1 = 0$

$$\therefore Z_1 = \frac{u_2^2}{2g} + Z_2 + h_L$$

여기서, $h_L = f \cdot \frac{L}{D} \cdot \frac{u_2^2}{2g} + K_1 \cdot \frac{u_2^2}{2g} + K_2 \cdot \frac{u_2^2}{2g}$

$$= 0.02 \times \frac{2}{0.05} \times \frac{u_2^2}{2g} + 0.5 \times \frac{u_2^2}{2g} + 10 \times \frac{u_2^2}{2g}$$

$$= 11.3 \frac{u_2^2}{2g}$$

$$\therefore Z_1 - Z_2 = \frac{u_2^2}{2g} + 11.3 \frac{u_2^2}{2g}$$

$$4m = 12.3 \frac{u_2^2}{2g}$$

$$u_2^2 = \frac{4 \times 2 \times 9.8}{12.3} \quad \therefore u_2 = 2.524 \fallingdotseq 2.52 [\text{m/s}]$$

$$\therefore Q = \frac{\pi}{4}(0.05)^2 \times 2.52 \times 1,000 L/m^3 = 4.948 \fallingdotseq 4.95 [L/\sec]$$

4) 삼상3선식 380[V]로 수전하는 곳의 부하전력이 95[kW], 역률이 85[%], 배선의 길이는 150[m]이며, 전압강하를 8[%]까지 허용하는 경우 전선의 단면적(mm²)을 계산하시오. **5점**

해설 및 정답

$$A = \frac{30.8LI}{1,000 \cdot e}$$

$$I = \frac{P}{\sqrt{3} \cdot V \cdot \cos\theta} = \frac{95 \times 10^3}{\sqrt{3} \times 380 \times 0.85} = 169.81[A]$$

$$e = 380V \times 0.08 = 30.4[V]$$

$$\therefore A = \frac{30.8 \times 150 \times 169.81}{1,000 \times 30.4} = 25.806 ≒ 25.81[mm^2]$$

5) 다음 〈그림〉과 같은 〈조건〉에서 동시에 3개의 소화전을 모두 개방, 사용시 말단 1번 소화전의 방수압력이 0.17[MPa], 방수량이 130[L/min]인 경우 다음 각 물음에 답하시오. (소수점 셋째자리에서 반올림하여 둘째자리까지 구하시오) **17점**

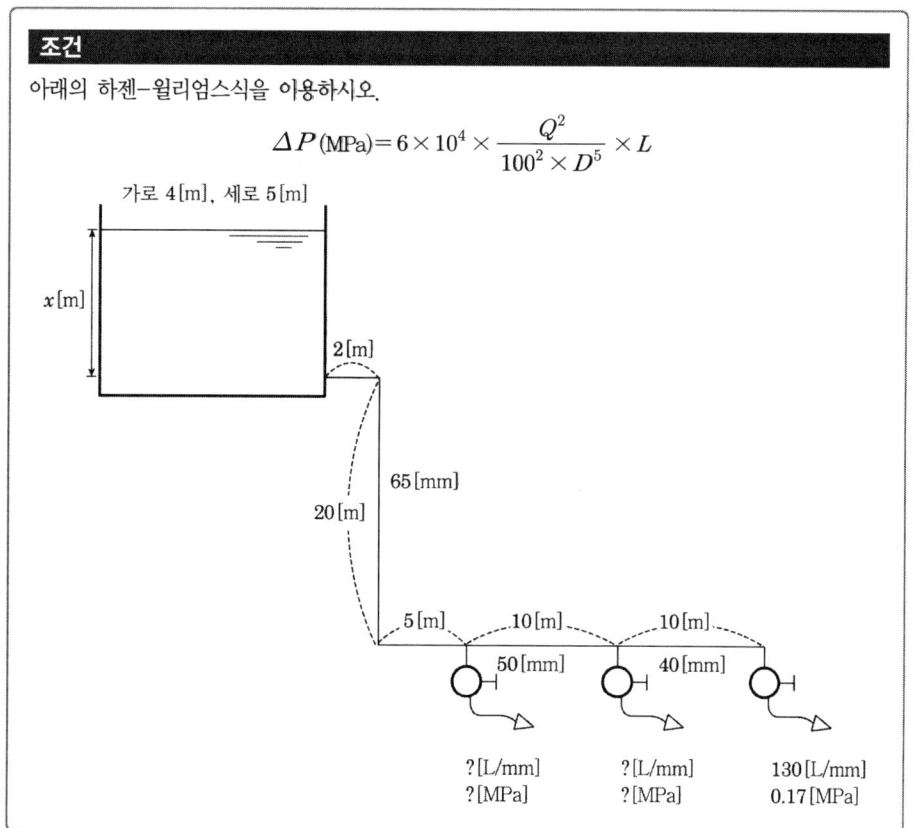

조건

아래의 하젠-윌리엄스식을 이용하시오.

$$\Delta P (\text{MPa}) = 6 \times 10^4 \times \frac{Q^2}{100^2 \times D^5} \times L$$

모의고사

① 각 소화전 노즐의 방출계수 K 값 **3점**
② 가지배관에서 방수구까지의 분기되는 부분의 배관길이 및 부품상당길이 무시하는 경우 2번 소화전과 3번 소화전의 방수압력(MPa) 및 방수량(L/min)을 구하시오. (말단소화전이 1번, 중간소화전 2번, 주배관 가까운 소화전 3번) **6점**
③ 수조에서의 수면에서부터 급수구까지의 수심(m)은 최소 몇 [m]가 필요한가? (0.1[MPa] = 10[m]를 이용, MPa 구하는 경우 소수점 셋째자리까지 구한 후 m 변경) **5점**
④ 시간변화에 따라 수면의 변화가 있다고 가정할 경우 위 ③의 수원을 확보한 수조 내의 물을 모두 소비하는데 걸리는 시간은 몇 분이 필요한가? (여기서 A_2 : 3개 노즐 면적의 합계이며 $K=0.653D^2$, D의 길이 m는 소수점 넷째자리에서 반올림하여 셋째자리로 구하시오) (단, 고가수조의 규격이 가로 4[m], 세로 5[m]) **3점**

해설 및 정답

① $130 = K\sqrt{10 \times 0.17}$

$$K = \frac{130}{\sqrt{10 \times 0.17}} = 99.705 \fallingdotseq 99.71$$

② • 2번 소화전

방수압 $P = 0.17 + 6 \times 10^4 \times \dfrac{130^2}{100^2 \times 40^5} \times 10 = 0.179 \fallingdotseq 0.18 [\text{MPa}]$

방수량 $Q = 99.71 \times \sqrt{10 \times 0.18} = 133.775 \fallingdotseq 133.78 [\text{L/min}]$

• 3번 소화전

방수압 $P = 0.18 + 6 \times 10^4 \times \dfrac{(130 + 133.78)^2}{100^2 \times 50^5} \times 10 = 0.193 \fallingdotseq 0.19 [\text{MPa}]$

방수량 $Q = 99.71 \times \sqrt{10 \times 0.19} = 137.440 \fallingdotseq 137.44 [\text{L/min}]$

③ 급수구 부분의 압력

$= 0.19 \text{MPa} + 6 \times 10^4 \times \dfrac{(130 + 133.78 + 137.44)^2}{100^2 \times 65^5} \times (5 + 20 + 2) - 0.2 \text{MPa}$

$= 0.012 [\text{MPa}] = 1.2 [\text{m}]$

∴ 1.2[m]

④ $t(\sec) = \dfrac{2 \cdot A_1 \cdot (\sqrt{H_1} - \sqrt{H_2})}{C \cdot A_2 \cdot \sqrt{2g}} = \dfrac{2 \times (4 \times 5) \times (\sqrt{21.2} - \sqrt{20})}{3 \times \dfrac{\pi}{4}(0.012)^2 \times \sqrt{2 \times 9.8}}$

여기서, $99.71 = 0.653 \times D^2$

∴ $D = 12.356 \fallingdotseq 12.36 [\text{mm}] \fallingdotseq 0.012 [\text{m}]$

∴ $t(\sec) = 3,520.64 \sec \fallingdotseq 58.677 \fallingdotseq 58.68 [\min]$

cf) 수면의 수위가 변하지 않는 경우

수원의 양 $= 4m \times 5m \times 1.2m = 24[m^3] = 24,000[L]$

∴ $\dfrac{24,000 L}{(130 + 133.78 + 137.44) L/\min} = 59.817 \fallingdotseq 59.82 [\min]$

02 NFTC 602, 603 설비에 대한 다음 각 물음에 답하시오. [30점]

1) NFTC 602 비상전원수전설비에 대한 다음 각 물음에 답하시오. [12점]
   ① 비상전원수전설비의 설치대상에 대해 기술하시오. [6점]
   ② 큐비클형 비상전원수전설비의 외함에 노출하여 설치할 수 있는 장치 6가지를 답하시오. [6점]

해설 및 정답

① ㉠ 스프링클러 : 차고·주차장으로서 스프링클러설비가 설치된 부분의 바닥면적 합계가 1,000[m²] 미만인 소방대상물
   ㉡ 간이스프링클러 : 간이스프링클러 설치장소
   ㉢ 포소화설비
      ⓐ 호스릴포소화설비 또는 포소화전만을 설치한 차고·주차장
      ⓑ 포헤드설비 또는 고정포방출구설비가 설치된 부분의 바닥면적의 합계가 1,000[m²] 미만인 소방대상물
   ㉣ 비상콘센트설비 : 비상콘센트설비 설치장소. 다만 지하층을 제외한 층수가 7층 이상으로서 연면적 2,000[m²] 이상 또는 지하층 바닥면적 합계가 3,000[m²] 이상인 특정소방대상물에 한함

② ㉠ 표시등(불연성 또는 난연성재료로 덮개를 설치한 것에 한한다)
   ㉡ 전선의 인입구 및 인출구
   ㉢ 환기장치
   ㉣ 전압계(퓨즈 등으로 보호한 것에 한한다)
   ㉤ 전류계(변류기의 2차측에 접속된 것에 한한다)
   ㉥ 계기용 전환스위치(불연성 또는 난연성재료로 제작된 것에 한한다)

2) 도로터널의 화재안전기술기준(NFTC 603)]에 관하여 다음 각 물음에 답하시오. [18점]
   ① 터널 길이가 100[m], 폭이 6[m]인 터널에 물분무소화설비를 설치할 경우 수원량(m³)은 얼마 이상으로 하여야 하는가? [2점]
   ② 터널에 설치하는 제연설비의 기준 설계화재강도(kW)와 기준 연기발생률(m³/min)을 답하시오. [2점]
   ③ 자동화재탐지설비 설치기준 중 감지기의 설치기준에 대해 기술하시오. [8점]
   ④ 터널에 설치하는 소화기의 설치기준을 기술하시오. [6점]

해설 및 정답

① $Q(L) = (25m \times 6m) \times 6L/m^2 \cdot \min \times 40\min \times 3 = 108,000[L] ≒ 108[m^3]$

② ㉠ 설계화재강도 = 20[MW] = 20,000[kW]
   ㉡ 연기발생률 = 80[m³/s] = 4,800[m³/min]

③ ㉠ 감지기의 감열부와 감열부 사이의 이격거리는 10[m] 이하로, 감지기와 터널 좌·우측 벽면과의 이격거리는 6.5[m] 이하로 설치할 것
   ㉡ 터널 천장의 구조가 아치형의 터널에 감지기를 터널진행 방향으로 설치하고자 하는 경우에는 감열부와 감열부 사이의 이격거리를 10[m] 이하로 하여 아치형 천장의 중앙 최상부에 1열로 감지기를 설치하여야 하며 감지기를 2열 이상 설치하고자 하는 경우에는 감열부와 감열부 사이 이격거리는 10[m] 이하로, 감지기간의 이격거리는 6.5[m] 이하로 설치할 것

ⓒ 감지기를 천장면에 설치하는 경우에는 감지기가 천장면에 밀착되지 않도록 고정금구 등을 사용하여 설치할 것
ⓔ 형식승인 내용에 설치방법이 규정된 경우에는 형식승인 내용에 따라 설치할 것. 다만, 감지기와 천장면과의 이격거리에 대해 제조사의 시방서에 규정되어 있는 경우에는 시방서의 규정에 따라 설치할 수 있다.

④ ⊙ 소화기의 능력단위는 A급 화재 3단위 이상, B급 화재 5단위 이상 및 C급 화재에 적응성이 있는 것으로 할 것
ⓒ 소화기의 총중량은 사용 및 운반의 편리성을 고려하여 7[kg] 이하로 할 것
ⓒ 소화기는 주행차로 우측 측벽에 50[m] 이내의 간격으로 2개 이상을 설치하며, 편도 2차선 이상의 양방향 터널과 4차로 이상의 일방향 터널의 경우에는 양쪽 측벽에 각각 50[m] 이내의 간격으로 엇갈리게 2개 이상을 설치할 것
ⓔ 바닥면으로부터 1.5[m] 이하의 높이에 설치할 것
ⓜ 소화기구함의 상부에 "소화기"라고 조명식 또는 반사식의 표지판을 부착하여 사용자가 쉽게 인지할 수 있도록 할 것

03 소방전기시설(자동화재탐지설비)에 대한 다음 각 물음에 답하시오. 30점

1) 다음과 같은 자동화재탐지설비의 〈평면도〉에서 ㉮~㉯의 전선가닥수를 구하시오. 8점

조건
① 수신기를 제외한 평면도는 전층 동일
② 지하2층, 지상5층이며 층별면적은 700[m²]임
③ 1층 평면도에서 A발신기에서 상승, 인하함
④ 지구공통선과 경종 및 표시등공통선을 분리하여 사용하고, 지구공통선은 7경계구역마다 1선씩 사용
⑤ 별도의 계단회로 및 엘리베이터 회로는 무시한다.
⑥ 전화선은 설치하지 않는다. 일제경보방식

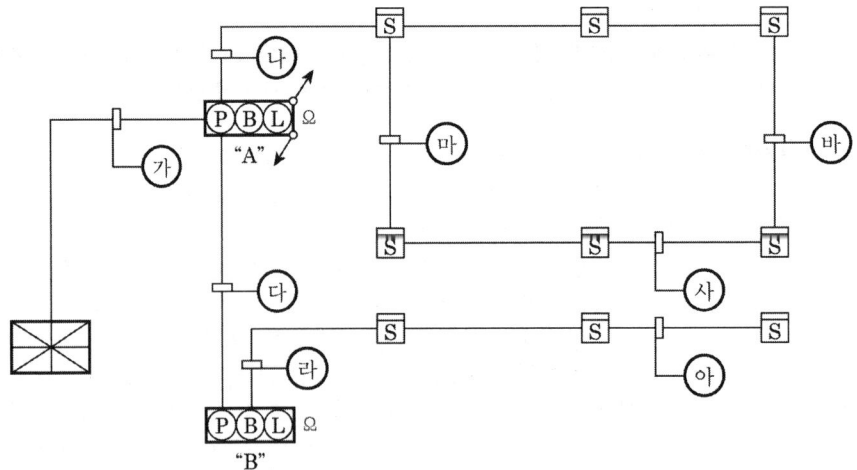

해설및정답 ㉮ 20가닥　　㉯ 4가닥
　　　　　　㉰ 6가닥　　㉱ 4가닥
　　　　　　㉲ 2가닥　　㉳ 2가닥
　　　　　　㉴ 2가닥　　㉵ 4가닥

2) 연기감지기의 설치장소에 대해 기술하시오. **8점**

해설및정답
① 계단, 경사로 및 에스컬레이터 경사로
② 복도(30[m] 미만 제외)
③ 엘리베이터 승강로(권상기실이 있는 경우에는 권상기실), 린넨슈트, 파이프 피트 및 덕트 기타 이와 유사한 장소
④ 천장 또는 반자높이가 15[m] 이상 20[m] 미만인 장소
⑤ 다음의 어느 하나에 해당하는 특정소방대상물의 취침, 숙박, 입원 등 이와 유사한 용도로 사용되는 거실
　㉠ 공동주택, 오피스텔, 숙박시설, 노유자시설, 수련시설
　㉡ 교육연구시설 중 합숙소
　㉢ 의료시설, 근린생활시설 중 입원실이 있는 의원, 조산원
　㉣ 교정 및 군사시설
　㉤ 근린생활시설 중 고시원

3) 공기관식 차동식 분포형감지기 설치기준 6가지를 기술하시오. **6점**

해설및정답
① 공기관의 노출부분은 감지구역마다 20[m] 이상이 되도록 할 것
② 공기관과 감지구역 각 변과의 수평거리는 1.5[m] 이하가 되도록 하고 공기관 상호 간의 거리는 6[m] 이하(주요구조부를 내화구조로 한 특정소방대상물 또는 그 부분에 있어서는 9[m] 이하)가 되도록 할 것
③ 공기관은 도중에서 분기하지 아니할 것
④ 하나의 검출부에 접속하는 공기관의 길이는 100[m] 이하로 할 것
⑤ 검출부는 5° 이상 경사되지 아니하도록 부착할 것
⑥ 검출부는 바닥으로부터 0.8[m] 이상 1.5[m] 이하의 위치에 설치할 것

4) 감지기 설치제외장소 8가지를 기술하시오. **8점**

해설및정답
① 헛간 등 외부와 기류가 통하는 장소로서 감지기에 따라 화재발생을 유효하게 감지할 수 없는 장소
② 부식성가스가 체류하고 있는 장소
③ 고온도 및 저온도로서 감지기의 기능이 정지되기 쉽거나 감지기의 유지관리가 어려운 장소
④ 목욕실, 욕조나 샤워시설이 있는 화장실. 기타 이와 유사한 장소

모의고사

⑤ 파이프덕트 등 그 밖, 이와 유사한 것으로서 2개 층마다 방화구획 된 것이거나 수평단면적이 5[m²] 이하인 것
⑥ 먼지, 가루 또는 수증기가 다량으로 체류하는 장소 또는 주방 등 평시에 연기가 발생하는 장소(연기감지기에 한한다)
⑦ 천장 또는 반자의 높이가 20[m] 이상인 장소
⑧ 프레스공장, 주조 공장 등 화재발생 위험이 적은 장소로서 감지기의 유지관리가 어려운 장소

제4회 설계 및 시공 모의고사

01 다음 각 물음에 알맞게 답하시오. [40점]

1) 도면과 같이 연결살수설비가 설치된 경우, A와 D헤드에서의 최소 방사량(100[L/min])과 방사압력(0.25[MPa])이 가능하도록 ㉮지점에서의 송수량 및 압력을 주어진 표를 참조하여 계산하시오. (단, 방출계수는 소수 둘째자리까지 계산하고, A헤드와 D헤드의 방사 압력은 같다고 가정한다) [16점]

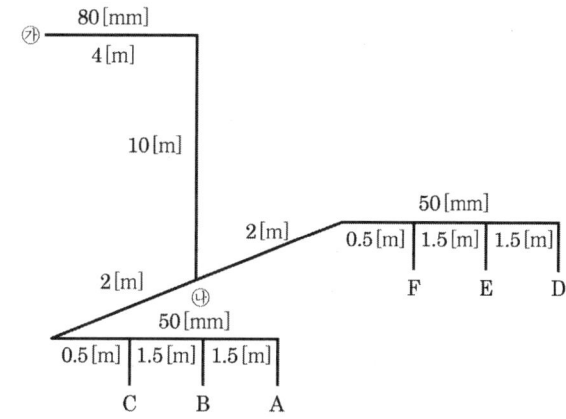

구 분	배 관	유량 (L/min)	배관길이 (m)	마찰손실(MPa) 1(m)당	마찰손실(MPa) 총계	낙차 (m)	필요압력 (MPa)
A헤드	–	100	–	–	–	–	0.25
	A–B	100	1.5	0.02	0.03	0	① P_B
B헤드	–	② Q_B	–	–	–	–	–
	B–C	③ Q_{B-C}	1.5	0.04	④ $\triangle P_{B-C}$	0	⑤ P_C
C헤드	–	⑥ Q_C	–	–	–	–	–
	C–㉯	⑦ $Q_{C-㉯}$	2.5	0.06	⑧ $\triangle P_{C-㉯}$	0	⑨ $P_㉯$
	㉯–㉮	⑩ $Q_{㉯-㉮}$	14	0.01	⑪ $\triangle P_{㉯-㉮}$	-10	⑫ $P_㉮$

해설 및 정답

① $P_B = P_A + \triangle P_{A-B} = 0.25 + 0.03 = 0.28 \text{[MPa]}$

② $Q_B = K\sqrt{10 P_B} = 63.25\sqrt{10 \times 0.28} = 105.837 ≒ 105.84 \text{[L/min]}$

$K = \dfrac{100}{\sqrt{10 \times 0.25}} = 63.245 ≒ 63.25$

③ $Q_{B-C} = Q_A + Q_B = 100 + 105.84 = 205.84 \text{[L/min]}$

모의고사

④ $\triangle P_{B-C} = 1.5m \times \dfrac{0.04MPa}{1m} = 0.06[\text{MPa}]$

⑤ $P_C = P_B + \triangle P_{B-C} = 0.28 + 0.06 = 0.34[\text{MPa}]$

⑥ $Q_C = K\sqrt{10P_C} = 63.25\sqrt{10 \times 0.34} = 116.627 ≒ 116.63[\text{L/min}]$

⑦ $Q_{C-나} = Q_A + Q_B + Q_C = 100 + 105.84 + 116.63 = 322.47[\text{L/min}]$

⑧ $\triangle P_{C-나} = 2.5m \times \dfrac{0.06MPa}{1m} = 0.15[\text{MPa}]$

⑨ $P_나 = P_C + \triangle P_{C-나} = 0.34 + 0.15 = 0.49[\text{MPa}]$

⑩ $Q_{나-가} = (Q_A + Q_B + Q_C) \times 2 = 322.47 \times 2 = 644.94[\text{L/min}]$

⑪ $\triangle P_{나-가} = 14m \times \dfrac{0.01MPa}{1m} = 0.14[\text{MPa}]$

⑫ $P_가 = P_나 + \triangle P_{나-가} + 낙차 = 0.49 + 0.14 - 0.1 = 0.53[\text{MPa}]$

2) 연결살수설비의 화재안전기술기준 중 폐쇄형헤드를 사용하는 연결살수설비의 주배관은 어디에 접속되어야 하는지 3가지를 답하시오. [6점]

해설및정답
① 옥내소화전설비의 주배관(옥내소화전설비가 설치된 경우)
② 수도배관(구경이 가장 큰 수도배관)
③ 옥상에 설치된 수조(다른 설비 수도 포함)

3) 가연성 가스의 저장취급시설에 설치하는 연결살수설비의 헤드기준 3가지를 기술하시오. [6점]

해설및정답
① 연결살수설비 전용의 개방형헤드를 설치할 것
② 가스저장탱크, 가스홀더 및 가스발생기의 주위에 설치하되 헤드상호간의 거리는 3.7[m] 이하로 할 것
③ 헤드의 살수범위는 가스저장탱크, 가스홀더 및 가스발생기의 몸체의 중간 윗부분의 모든 부분이 포함되도록 하여야 하고 살수된 물이 흘러내리면서 살수범위에 포함되지 아니한 부분에도 모두 적셔질 수 있도록 할 것

4) 아파트의 지하1층 주민공동시설(가로 40[m], 세로 20[m])에 연결살수설비를 설치하였다. 동결우려가 있어 개방형헤드(연결살수전용헤드)로 설치시 다음 물음에 답하시오. [6점]
   (1) 연결살수헤드의 설치수를 구하시오. (정방형 설치) [2점]
   (2) 송수구역마다 송수구 설치시 송수구의 수를 구하시오. [2점]
   (3) 송수구의 가까운 부분에 설치하는 자동배수밸브와 체크밸브의 순서를 설명하시오. [2점]

해설및정답
(1) 가로열설치수 $= \dfrac{가로열길이}{설치간격} = \dfrac{40m}{2 \times 3.7m \times \cos45°} = 7.64$ ∴ 8개

세로열설치수 $= \dfrac{세로열길이}{설치간격} = \dfrac{20m}{2 \times 3.7m \times \cos45°} = 3.82$ ∴ 4개

∴ 설치수 = 8×4 = 32개

(2) $\dfrac{32}{10} = 3.2$ ∴ 4개

(3) 송수구 → 자동배수밸브 순서로 설치함

5) 연결살수설비에 설치하는 선택밸브 설치기준 3가지를 기술하시오. 6점

해설및정답 ① 화재시 연소의 우려가 없는 장소로서 조작 및 점검이 쉬운 위치에 설치할 것
② 자동개방밸브에 따른 선택밸브를 사용하는 경우에는 송수구역에 방수하지 아니하고 자동밸브의 작동시험이 가능하도록 할 것
③ 선택밸브의 부근에는 송수구역 일람표를 설치할 것

02 다음 각 물음에 답하시오. 30점

1) 물분무헤드 설치제외대상에 대해 답하시오. 5점

해설및정답 ① 물에 심하게 반응하는 물질 또는 물과 반응하여 위험한 물질을 생성하는 물질을 저장 또는 취급하는 장소
② 고온의 물질 및 증류범위가 넓어 끓어 넘치는 위험이 있는 물질을 저장 또는 취급하는 장소
③ 운전시에 표면의 온도가 260[℃] 이상으로 되는 등 직접 분무를 하는 경우 그 부분에 손상을 입힐 우려가 있는 기계장치 등이 있는 장소

2) 다음 용어의 정의를 기술하시오. 10점
   (1) 미분무소화설비 2점
   (2) 미분무 2점
   (3) 저압미분무소화설비 2점
   (4) 중압미분무소화설비 2점
   (5) 고압미분무소화설비 2점

해설및정답 (1) 가압된 물이 헤드 통과 후 미세한 입자로 분무됨으로써 소화성능을 가지는 설비를 말하며 소화력을 증가시키기 위해 강화액 등을 첨가할 수 있다.
(2) 물만을 사용하여 소화하는 방식으로 최소설계압력에서 헤드로부터 방출되는 물입자 중 99[%]의 누적체적 분포가 400[μm] 이하로 분무되고 A·B·C급 화재에 적응성을 갖는 것을 말한다.
(3) 최고 사용압력이 1.2[MPa] 이하인 미분무소화설비
(4) 사용압력이 1.2[MPa]을 초과하고 3.5[MPa] 이하인 미분무소화설비
(5) 최저 사용압력이 3.5[MPa]을 초과하는 미분무소화설비

모의고사

3) 케이블덕트(높이 0.5[m], 폭 1[m], 길이 20[m])를 방호하기 위하여 물분무소화설비를 설치하였다. 필요한 수원의 양(L)을 구하시오. **4점**

해설및정답
$$Q(L) = A m^2 \times 12 L/m^2 \cdot \min \times 20 \min$$
$$= (1 \times 20) m^2 \times 12 L/m^2 \cdot \min \times 20 \min$$
$$= 4,800 [L]$$

4) 미분무소화설비의 화재안전기술기준 그림 2.1.1에서 규정하는 일반설계도서 작성시 필수적으로 명시되어야 하는 사항 7가지를 기술하시오. **5점**

해설및정답
① 건물사용자특성
② 사용자의 수와 장소
③ 실 크기
④ 가구와 실내 내용물
⑤ 연소가능한 물질들과 그 특성 및 발화원
⑥ 환기조건
⑦ 최초발화물과 발화물의 위치

5) 미분무소화설비 화재안전기술기준에서 규정하는 성능시험배관의 설치기준 4가지를 기술하시오. **6점**

해설및정답
① 성능시험배관은 펌프의 토출 측에 설치된 개폐밸브 이전에서 분기하여 직선으로 설치하고, 유량측정장치를 기준으로 전단 직관부에는 개폐밸브를, 후단 직관부에는 유량조절밸브를 설치할 것. 이 경우 개폐밸브와 유량측정장치 사이의 직관부 거리 및 유량측정장치와 유량조절밸브 사이의 직관부 거리는 해당 유량측정장치 제조사의 설치사양에 따르고, 성능시험배관의 호칭지름은 유량측정장치의 호칭지름에 따른다.
② 유입구에는 개폐밸브를 둘 것
③ 유량측정장치는 펌프의 정격토출량의 175% 이상 측정할 수 있는 성능이 있을 것
④ 가압송수장치의 체절운전 시 수온의 상승을 방지하기 위하여 체크밸브와 펌프 사이에서 분기한 구경 20mm 이상의 배관에 체절압력 미만에서 개방되는 릴리프밸브를 설치할 것

03 다음 각 물음에 답하시오. [30점]

1) 연결송수관설비에 대한 다음 〈조건〉을 참조하여 각 물음에 답하시오. [10점]

> **조건**
> ① 지표면(송수구)에서 최상층 방수구까지의 높이는 100[m]이다.
> ② 층별로 연결송수관설비 방수구가 4개씩 설치되었다.
> ③ 각 부분에 유효하게 물이 뿌려질 수 있는 호스의 연결개수는 2개이다. (15[m], 2본)
> ④ 호스는 65[mm] 마호스를 사용한다.
> ⑤ 가압송수장치의 흡입구는 송수구 설치높이와 동일하다.
> ⑥ 송수구에서 최고위 말단 방수구까지의 배관 및 관 부속물 마찰손실수두는 실양정의 20[%]이다.
> ⑦ 호스 마찰손실은 유량의 제곱에 비례하여 상승한다.
>
> **【 호스의 마찰손실수두 100[m]당 】**
>
> | | 호스의 호칭경 | | | | | |
> |---|---|---|---|---|---|---|
> | | 40[mm] | | 50[mm] | | 65[mm] | |
> | | 마호스 | 고무내장호스 | 마호스 | 고무내장호스 | 마호스 | 고무내장호스 |
> | 130 | 26[m] | 12[m] | 7[m] | 3[m] | – | – |
> | 350 | – | – | – | – | 10[m] | 4[m] |
>
> ⑧ 아파트가 아닌 일반대상물이다.

(1) 가압송수장치의 최소 토출량을 구하시오(L/min). [3점]

(2) 가압송수장치의 최소 전양정(m)을 구하시오. (소방차펌프의 정격토출양정은 70[m]이다) [4점]

(3) 송수구 부근에 설치하는 수동스위치의 설치기준 3가지를 기술하시오. [3점]

해설 및 정답

(1) $Q(L/\min) = 4 \times 800\,L/\min = 3{,}200\,[L/\min]$

(2) $H = h_1 + h_2 + h_3 + 35m - 70m$

   h_1(실양정) : $100[m]$

   h_2(배관, 부속물 마찰손실수두) : $100m \times 0.2 = 20[m]$

   h_3(호스마찰손실수두) : $30m \times \dfrac{10m}{100m} \times \dfrac{800^2}{350^2} = 15.673 ≒ 15.67[m]$

   ∴ $H = 100m + 20m + 15.67m + 35m - 70m = 100.67[m]$

(3) 수동스위치는 2개 이상 설치하되 그중 한 개는 다음 기준에 따라 송수구 부근에 설치할 것
   ㉠ 송수구로부터 5[m] 이내의 보기 쉬운 장소에 바닥으로부터 0.8[m] 이상 1.5[m] 이하로 설치할 것
   ㉡ 1.5[mm] 이상의 강판함에 수납하여 설치할 것
   ㉢ 접지하고 빗물이 들어가지 아니하는 구조로 설치할 것

2) 누설면적 0.02[m²]의 출입문이 있는 실 A와 누설면적 0.005[m²]의 창문이 있는 실 B가 〈그림〉과 같이 연결되어 있다. 이때 실 A에 0.1[m³/s]의 급기를 가할 경우 실 A와 외부와의 차압[Pa]을 계산하시오. 7점

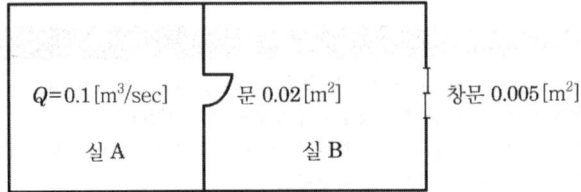

해설및정답

$$Q = 0.827\,AP^{\frac{1}{n}}$$

$$0.1 = 0.827 \times 0.02 \times (P_A - P_B)^{\frac{1}{2}}$$

$$P_A - P_B = 36.55$$

$$0.1 = 0.827 \times 0.005 \times (P_B - P_{OUT})^{\frac{1}{1.6}}$$

$$P_B - P_{OUT} = 163.55$$

$$\therefore (P_A - P_B) + (P_B - P_{OUT}) = 36.55 + 163.55 = 200.1[Pa]$$

3) 특별피난계단 제연설비 제어반의 기능 8가지를 쓰시오. 8점

해설및정답
① 수동기동장치의 작동여부에 대한 감시기능
② 감시선로 단선에 대한 감시기능
③ 급기구개구율의 자동조절장치의 작동여부에 대한 감시기능
④ 급기댐퍼의 개폐에 대한 감시 및 원격조작기능
⑤ 배출댐퍼 또는 개폐기의 작동여부에 대한 감시 및 원격조작기능
⑥ 급기송풍기와 유입공기의 배출용송풍기의 작동여부에 대한 감시 및 원격조작기능
⑦ 제연구역 출입문의 일시적인 고정개방 및 해정에 대한 감시 및 원격조작기능
⑧ 예비전원이 확보되고 예비전원 적합여부를 시험할 수 있을 것

4) 배출댐퍼 및 개폐기의 직근과 제연구역에 설치된 수동기동장치가 작동된 경우 연동되어야 하는 설비를 쓰시오. 5점

해설및정답
① 전층의 제연구역에 설치된 급기댐퍼의 개방
② 당해 층의 배출댐퍼 또는 개폐기의 개방
③ 급기송풍기 및 유입공기의 배출용송풍기의 작동
④ 개방·고정된 모든 출입문(제연구역과 옥내 사이 출입문)의 개폐장치의 작동

제5회 설계 및 시공 모의고사

01 옥외저장탱크에 포소화설비를 설치하려고 한다. 〈그림〉 및 〈조건〉을 이용하여 다음 각 물음에 답하시오. [40점]

> **조건**
> ① 탱크용량 및 형태
>   • 원유(휘발유)저장탱크 : 플루팅루프탱크(부상지붕)이며 탱크내 측면과 굽도리판 사이의 거리는 1.2[m]이다.
>   • 등유저장탱크 : 콘루프탱크
> ② 고정포방출구설비
>   • 원유(휘발유)저장탱크 : 특형, 방출구수는 2개
>   • 등유저장탱크 : Ⅰ형이며, 방출구수는 2개
> ③ 포소화약제종류 : 단백포 3[%]
> ④ 보조포소화전 : 쌍구형 4개 설치(각 방유제당 2개)
> ⑤ 구간별 배관길이
>
> | 배관번호 | ① | ② | ③ | ④ | ⑤ | ⑥ | ⑦ | ⑧ |
> |---|---|---|---|---|---|---|---|---|
> | 배관길이[m] | 20 | 10 | 10 | 50 | 50 | 100 | 47.9 | 50 |
>
> ⑥ 송액관 내의 유속은 3[m/sec] 이하 적용
> ⑦ 탱크 2대에서 동시화재는 없는 것으로 간주한다.
> ⑧ 조건 외의 것은 무시한다.
> ⑨ 소수점 셋째자리에서 반올림하여 2자리까지 구하시오.
> ⑩ 배관의 관경은 25, 32, 40, 50, 65, 80, 100, 125, 150[mm] 중 선택하시오.

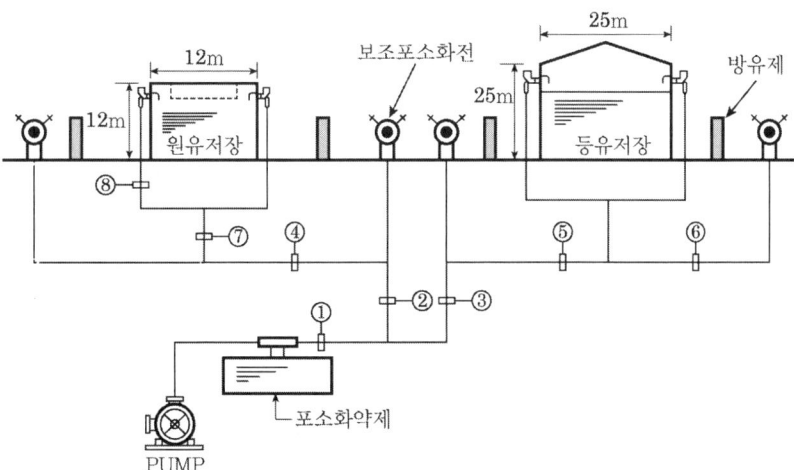

모의고사

1) 각 탱크 고정포방출구에 필요한 포수용액의 방수량(L/min)은 얼마인지 구하시오. **3점**

해설 및 정답   ① 원유저장탱크

$$Q(L/\min) = \frac{\pi}{4}(12^2 - 9.6^2) \times 8L/m^2 \cdot \min = 325.72[L/\min]$$

② 등유저장탱크

$$Q(L/\min) = \frac{\pi}{4}(25^2) \times 4L/m^2 \cdot \min = 1,963.495 L/\min ≒ 1,963.5[L/\min]$$

2) 보조포소화전에 필요한 포수용액의 방수량(L/min)은 얼마인지 구하시오. **3점**

해설 및 정답 $Q(L/\min) = 3 \times 400 L/\min = 1,200[L/\min]$

3) 각 탱크고정포방출구에 필요한 소화약제의 양(L)은 얼마인지 구하시오. **3점**

해설 및 정답   ① 원유저장탱크

$$Q(L) = \frac{\pi}{4}(12^2 - 9.6^2) \times 8L/m^2 \cdot \min \times 30\min \times 0.03 = 293.148 L ≒ 293.15[L]$$

② 등유저장탱크

$$Q(L/\min) = \frac{\pi}{4}(25)^2 \times 4L/m^2 \cdot \min \times 20\min \times 0.03 = 1,178.097 ≒ 1,178.1[L]$$

4) 보조포소화전에 필요한 소화약제의 양(L)은 얼마인지 구하시오. **3점**

해설 및 정답 $Q(L/\min) = 3 \times 400 L/\min \times 20\min \times 0.03 = 720[L]$

5) 그림에서 ①배관~⑧배관의 각 송액관 구경은 몇 [mm]인지 구하시오. **8점**

해설 및 정답

① 배관 : $D = \sqrt{\dfrac{4 \times \dfrac{3.1635}{60}}{\pi \times 3}} = 0.1495[m] = 149.5[mm]$ ∴ $150[mm]$

② 배관 : $D = \sqrt{\dfrac{4 \times \dfrac{1.52572}{60}}{\pi \times 3}} = 0.1038[m] = 103.8[mm]$ ∴ $125[mm]$

③ 배관 : $D = \sqrt{\dfrac{4 \times \dfrac{3.1635}{60}}{\pi \times 3}} = 0.1495[m] = 149.5[mm]$ ∴ $150[mm]$

④ 배관 : $D = \sqrt{\dfrac{4 \times \dfrac{1.12572}{60}}{\pi \times 3}} = 0.0892[m] = 89.2[mm]$ ∴ $100[mm]$

⑤ 배관 : $D = \sqrt{\dfrac{4 \times \dfrac{2.7635}{60}}{\pi \times 3}} = 0.1398[m] = 139.8[mm]$ ∴ $150[mm]$

⑥ 배관 : $D = \sqrt{\dfrac{4 \times \dfrac{0.8}{60}}{\pi \times 3}} = 0.0752[m] = 75.2[mm]$ ∴ $80[mm]$

⑦ 배관 : $D = \sqrt{\dfrac{4 \times \dfrac{0.32572}{60}}{\pi \times 3}} = 0.0479[m] = 47.9[mm]$ ∴ $50[mm]$

⑧ 배관 : $D = \sqrt{\dfrac{4 \times \dfrac{0.16286}{60}}{\pi \times 3}} = 0.0339[m] = 33.9[mm]$ ∴ $40[mm]$

6) 각 탱크화재 시 송액관에 필요한 포소화약제의 양(L)은 얼마인지 구하시오. (단, 화재안전기술기준을 따르며 75[mm] 이하 배관은 제외, 조건번호에 없는 배관은 제외) **3점**

해설및정답 ① 원유탱크화재시

$$Q[L] = \left[\dfrac{\pi}{4}(0.15)^2 \times 20 + \dfrac{\pi}{4}(0.125)^2 \times 10 + \dfrac{\pi}{4}(0.1)^2 \times 50\right] \times 1{,}000 L/m^3 \times 0.03$$
$$= 26.065[L] \fallingdotseq 26.07[L]$$

② 등유탱크 화재 시

$$Q[L] = \left[\dfrac{\pi}{4}(0.15)^2 \times 20 + \dfrac{\pi}{4}(0.15)^2 \times 10 + \dfrac{\pi}{4}(0.15)^2 \times 50 \right.$$
$$\left. + \dfrac{\pi}{4}(0.08)^2 \times 100\right] \times 1{,}000 L/m^3 \times 0.03$$
$$= 57.491[L] \fallingdotseq 57.49[L]$$

7) 펌프실에 필요한 포소화약제의 양(L)을 얼마인지 구하시오. **3점**

해설및정답 $Q[L] = 1{,}178.1 + 720 + 57.49 = 1{,}955.59[L]$

8) 다음 각 혼합장치의 정의를 답하고 도시기호를 그리시오. **8점**
  (1) 라인프로포셔너 **4점**
  (2) 프레져프로포셔너 **4점**

해설및정답 (1) 펌프와 발포기 중간에 설치된 벤츄리관의 벤츄리작용에 의하여 포소화약제를 흡입, 혼합하는 방식

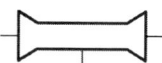

(2) 펌프와 발포기의 중간에 설치된 벤츄리관의 벤츄리작용과 펌프가압수의 포소화약제 저장탱크에 대한 압력에 의하여 포소화약제를 흡입·혼합하는 방식

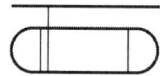

9) 팽창비에 따른 포의 분류에 대해 설명하시오. 6점

해설및정답

팽창비율에 따른 포의 종류	포방출구의 종류
팽창비가 20 이하인 것(저발포)	포헤드, 압축공기포헤드
팽창비가 80 이상, 1000 미만인 것(고발포)	고발포용 고정포방출구

구 분	팽창비
제1종 기계포	80 이상 250 미만
제2종 기계포	250 이상 500 미만
제3종 기계포	500 이상 1000 미만

02 분말소화설비에 대한 다음 물음에 답하시오. [40점]

1) 전기실에 제1종 분말소화약제를 이용하여 전역방출방식, 축압식으로 설치하려고 한다. 〈조건〉을 참조하여 각 물음에 답하시오. [15점]

조건
- 소방대상물의 크기는 가로 11[m], 세로 9[m], 높이 4.5[m]인 내화구조이다.
- 소방대상물의 중앙에 가로 1[m], 세로 1[m], 높이 4.5[m]인 기둥이 있고 기둥을 중심으로 가로, 세로 보가 교차되어 있으며 보는 수평보로서 천장으로부터 0.6[m]의 폭, 너비 0.4[m]의 크기이다.
- 보와 기둥은 모두 내열성재료이다.
- 전기실에는 0.7[m]×1.0[m] 개구부가 1개소 설치되어 있다. (자동폐쇄장치 미설치)
- 내열성재료는 방호구역에서 제외한다.
- 약제저장용기 1개의 내용적은 50[L]이다.
- 방사헤드 1개의 방출구면적은 0.45[cm^2]이다.
- 헤드 방출률은 7.82[kg/mm^2·min]이다.
- 오리피스면적은 가지배관 내 단면적의 70%를 초과하지 않는다.

(1) 제1종 분말소화약제의 최소 필요양(kg)을 구하시오. [3점]
(2) 저장에 필요한 약제저장용기의 수(병)를 구하시오. [3점]
(3) 설치에 필요한 방사헤드의 개수를 구하시오. [3점]
(4) 방출구면적이 오리피스면적과 동일하다고 할 경우 헤드가 연결되는 가지배관의 구경은 호칭경으로 몇 [mm]인가? [3점]
(5) 방사헤드 1개의 방사량(kg/min)을 구하시오. [3점]
(6) 저장용기 모든 약제 방사시 열분해로 생성되는 CO_2의 양은 몇 [kg]이며 부피는 몇 [m^3]인가? (단, 방호구역 내의 압력은 120[kPa$_{abs}$], 주위온도는 500[℃]이다) [5점]

해설 및 정답

(1) $W(kg) = [(11 \times 9 \times 4.5) - (1 \times 1 \times 4.5) - (0.6 \times 0.4 \times 10)$
$- (0.6 \times 0.4 \times 8)] \times 0.6\,kg/m^3 + (0.7 \times 1.0) \times 4.5\,kg/m^2$
$= 265.158 \fallingdotseq 265.16[kg]$

(2) $G = \dfrac{50}{0.8} = 62.5[kg/병]$

용기수 $= \dfrac{265.16kg}{62.5kg/병} = 4.24 \fallingdotseq 5병$

(3) 헤드 1개 방사량

$45mm^2 = \dfrac{헤드1개\,방사량(kg)}{7.82kg/mm^2 \cdot \min \times 0.5\min}$

∴ 헤드1개 방사량$(kg) = 175.95[kg]$

헤드수 $= \dfrac{총방사량(kg)}{헤드1개\,방사량(kg/개)} = \dfrac{5 \times 62.5kg}{175.95kg/개} = 1.77$ ∴ 2개

(4) $D = \sqrt{\dfrac{4 \times \dfrac{45mm^2}{0.7}}{\pi}} = 9.047[mm]$ ∴ 25[mm]

(5) $\dfrac{62.5kg \times 5}{2개 \times 0.5\min} = 312.5[kg/\min]$

모의고사

(6) $\dfrac{62.5kg \times 5}{84kg/kmol} = 3.72[kmol]$ ∴ CO_2는 1.86[kmol] 생성

∴ $CO_2(kg) = 1.86 \times 44 = 81.84[kg]$

$PV = \dfrac{W}{M}RT$에서 $V = \dfrac{WRT}{PM} = \dfrac{81.84 \times 8.314 \times 773}{120 \times 44} = 99.61[m^3]$

2) 호스릴분말소화설비 설치기준에 대해 기술하시오. **10점**

해설및정답 ① 방호대상물의 각 부분으로부터 하나의 호스접결구까지의 수평거리가 15[m] 이하가 되도록 할 것
② 소화약제의 저장용기의 개방밸브는 호스릴의 설치장소에서 수동으로 개폐할 수 있는 것으로 할 것
③ 소화약제의 저장용기는 호스릴을 설치하는 장소마다 설치할 것
④ 노즐은 하나의 노즐마다 1분당 다음 표에 따른 소화약제를 방사할 수 있는 것으로 할 것

소화약제의 종별	1분당 방사하는 소화약제의 양
제1종 분말	45[kg/min]
제2종, 3종 분말	27[kg/min]
제4종 분말	18[kg/min]

⑤ 저장용기에는 그 가까운 곳의 보기 쉬운 곳에 적색의 표시등을 설치하고, 이동식 분말소화설비가 있다는 뜻을 표시한 표지를 할 것

03 다음 각 물음에 답하시오. **30점**

1) 불활성기체소화설비의 다음 〈조건〉을 보고 배관의 최대허용응력(kPa)과 관의 두께(mm)를 구하시오. (단, 계산과정을 쓰고, 계산값은 소수점 셋째자리에서 반올림하여 둘째자리까지 구하시오) **8점**

> **조건**
> - 최대허용압력 : 16,000[kPa]
> - 배관의 바깥지름 : 8.5[cm]
> - 배관 재질 인장 강도 : 410[N/mm²]
> - 항복점 : 250[N/mm²]
> - 전기 저항 용접 배관 방식이며, 용접이음을 한다.

해설및정답 ① 허용응력은 인장강도의 1/4값과 항복점의 2/3값 중 작은 값×배관이음효율×1.2
따라서

$SE = 410 N/mm^2 \times \dfrac{1}{4} \times 0.85 \times 1.2 = 104.55[N/mm^2]$

$$= 104.55 \times 10^6 N/m^2 = 104{,}550 [\text{kPa}]$$

② 관의 두께(t) $= \dfrac{\text{PD}}{2\text{SE}} + \text{A} = \dfrac{16{,}000 \times 85}{2 \times 104{,}550} + 0 = 6.504 \fallingdotseq 6.5 [\text{mm}]$

2) 다음 〈조건〉을 참고하여 연돌효과에 의해 발생하는 압력채[Pa]를 계산하시오. **5점**

> **조건**
> - 건물 외부온도는 0[℃], 내부온도는 30[℃]이다.
> - 건물 높이는 100[m]이며, 중성대는 건물의 중앙에 위치한다.
> - 중성대 상부와 하부의 개구부 면적은 동일하다고 가정한다.

해설 및 정답 연돌효과에 의한 압력차

$$\triangle P = 3{,}460 \left(\dfrac{1}{T_o} - \dfrac{1}{T_i} \right) h = 3{,}460 \times \left(\dfrac{1}{273} - \dfrac{1}{303} \right) \times 50 = 62.742 [\text{Pa}] \fallingdotseq 62.74 [\text{Pa}]$$

① T_o(건물 외부온도) $= 0 + 273 = 273 [℃]$
② T_i(건물 내부온도) $= 30 + 273 = 303 [℃]$
③ h(중성대에서 건물 상부까지의 높이) $= 50 [m]$

3) 화재실 출입문 상부와 하부의 누설틈새가 같을 경우, 출입문 상부의 압력을 계산하시오.
(단, 화재실 온도는 600[℃]이며, 대기온도는 25[℃]이고, 출입문 높이는 2[m]이다) **4점**

해설 및 정답 출입문 상부 압력

$$\triangle P = 3{,}460 \left(\dfrac{1}{T_o} - \dfrac{1}{T_i} \right) h = 3{,}460 \times \left(\dfrac{1}{298} - \dfrac{1}{873} \right) \times 1.49 = 11.394 [\text{Pa}] \fallingdotseq 11.39 [\text{Pa}]$$

① T_o(건물 외부온도) $= 25 + 273 = 298 [K]$
② T_i(건물 내부온도) $= 600 + 273 = 873 [K]$
③ h(중성대에서 출입문 상부까지의 높이) $= H - h_1 = 2 - 0.51 = 1.49$
④ h_1(중성대의 위치) $= H \times \dfrac{1}{1 + \dfrac{T_i}{T_o}} = 2 \times \dfrac{1}{1 + \dfrac{873}{298}} = 0.508 \quad \therefore 0.51 [m]$

4) 불을 사용하는 설비로서 불꽃이 노출되는 장소인 유리공장, 용선로가 있는 장소, 용접실, 주조실, 주조실 등에 적응성 있는 열감지기 종류 3가지를 답하시오. **3점**

해설 및 정답
① 정온식 특종 열감지기
② 정온식 1종 열감지기
③ 열아날로그식 감지기

5) 누전경보기의 수신부 설치제외 장소를 답하시오. 6점

해설및정답
① 가연성의 증기·먼지·가스 등이나 부식성의 증기·가스 등이 다량으로 체류하는 장소
② 화약류를 제조하거나 저장 또는 취급하는 장소
③ 습도가 높은 장소
④ 온도의 변화가 급격한 장소
⑤ 대전류회로·고주파 발생회로 등에 따른 영향을 받을 우려가 있는 장소

6) 훈소화재의 우려가 있는 전화기기실, 통신기기실, 전산실, 기계제어실 등에 적응성 있는 연기감지기 종류 4가지를 답하시오. 4점

해설및정답
① 광전식스포트형
② 광전아날로그식스포트형
③ 광전식분리형
④ 광전아날로그식분리형

제6회 설계 및 시공 모의고사

01 다음 상가제연설비에 대한 〈그림〉을 보고 각 물음에 답하시오. **40점**

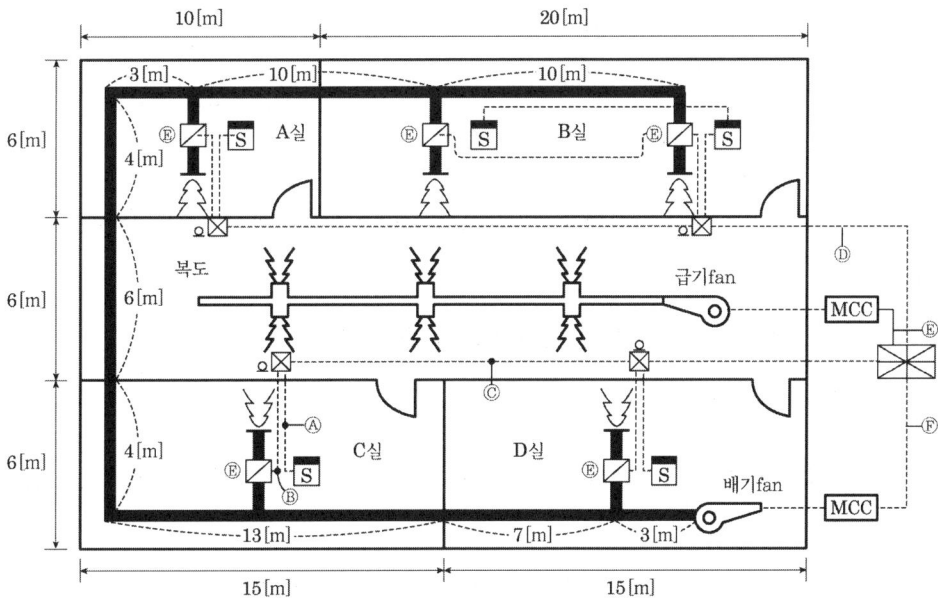

조건
① 인접구역상호제연방식, 독립배출방식을 사용
② 각 실은 내화구조의 벽으로 구획되어 있다.
③ 내화구조 건축물이며 층고는 5[m]이다.
④ 복도에는 가연성 내용물이 없고 불연재료로 마감처리되었다.
⑤ 배기팬의 효율은 70[%], 전달계수는 1.1이다.
⑥ 배기팬의 풍압은 아래식을 이용하여 풀이한다.
   풍압(mmAq) = 최대마찰손실압력(mmAq) + 누설압력(20mmAq) + 배출풍압(50mmAq)
⑦ 덕트내 마찰손실압력 계산은 아래 식을 이용한다.
$$h_L(mmAq) = 3 \times 10^{-7} \times \frac{Q(m^3/hr)^2}{2 \times g} \times L(m)$$
⑧ 중력가속도 $g = 9.81[m/sec^2]$을 적용
⑨ 덕트의 길이 계산시 부속품상당길이는 제외, 덕트는 원형 덕트이다.

모의고사

1) 각 예상제연구역(A실~D실)의 최소배출량(m³/hr)을 구하시오. **4점**

해설 및 정답
① A실
$Q = (6 \times 10)m^2 \times 1m^3/\text{min} \cdot m^2 \times 60\text{min}/hr = 3{,}600[m^3/hr]$
∴ $5{,}000[m^3/hr]$

② B실
$Q = (20 \times 6)m^2 \times 1m^2/\text{min} \cdot m^2 \times 60\text{min}/hr = 7{,}200[m^3/hr]$
∴ $7{,}200[m^3/hr]$

③ C실
$Q = (6 \times 15)m^2 \times 1m^3/\text{min} \cdot m^2 \times 60\text{min}/hr = 5{,}400[m^3/hr]$
∴ $5{,}400[m^3/hr]$

④ D실
$Q = (6 \times 15)m^2 \times 1m^3/\text{min} \cdot m^2 \times 60\text{min}/hr = 5{,}400[m^3/hr]$
∴ $5{,}400[m^3/hr]$

2) 배기팬의 배출량(m³/hr)을 답하시오. **1점**

해설 및 정답 $7{,}200[m^3/hr]$

3) 각 예상제연구역의 배출구의 수가 설치기준에 맞게 설치되었는지 검증하시오. **5점**

해설 및 정답
① A실
배출구~가장 먼 실의 부분 $= \sqrt{5^2 + 3^2} = 5.83[m]$
∴ 10[m] 이하
∴ 1개 설치

② B실
$S = 2R \cdot \cos 45° = 2 \times 10m \times \cos 45° = 14.14[m]$
∴ 가로열 설치수 $= \dfrac{20m}{14.14m} = 1.41$ ∴ 2개

∴ 세로열 설치수 $= \dfrac{6m}{14.14m} = 0.42$ ∴ 1개

∴ $2 \times 1 = 2$개 설치

③ C실
배출구~가장 먼 실의 부분 $= \sqrt{7.5^2 + 3^2} = 8.08[m]$
∴ 10[m] 이하 ∴ 1개 설치

④ D실
배출구~가장 먼 실의 부분 $= \sqrt{7.5^2 + 3^2} = 8.08[m]$
∴ 10[m] 이하 ∴ 1개 설치

4) 배기팬의 흡입측 풍도의 최소직경(m) 및 강판의 두께(mm)를 구하시오. **4점**

해설및정답
- 흡입측 풍도 최소직경 : $D = \sqrt{\dfrac{4Q}{\pi u}} = \sqrt{\dfrac{4 \times \left(\dfrac{7,200}{3,600}\right)}{\pi \times 15}} = 0.412m ≒ 0.41[m]$

  $0.41[m] = 410[mm]$
- 강판두께 $= 0.5[mm]$

! Reference

풍도단면의 긴변 또는 직경의 크기	450[mm] 이하	450[mm] 초과 750[mm] 이하	750[mm] 초과 1,500[mm] 이하	1,500[mm] 초과 2,250[mm] 이하	2,250[mm] 초과
강판두께	0.5[mm]	0.6[mm]	0.8[mm]	1.0[mm]	1.2[mm]

5) 배기팬의 모터동력(HP)을 구하시오. **5점**

해설및정답
$P(HP) = \dfrac{P \cdot Q}{76 \cdot \eta} \cdot K$

$Q = \dfrac{7,200}{3,600} m^3/s = 2[m^3/s]$

$\eta = 0.7 \qquad K = 1.1$

$P = h_L(mmAq) + 20mmAq + 50mmAq$

$h_L = 3 \times 10^{-7} \times \dfrac{3,600^2}{2 \times 9.81} \times 10 + 3 \times 10^{-7} \times \dfrac{7,200^2}{2 \times 9.81} \times 50$

$\quad = 41.614 ≒ 41.61[mmAq]$

$P = 41.61 + 20 + 50 = 111.61[mmAq]$

$\therefore P(HP) = \dfrac{111.61 \times 2}{76 \times 0.7} \times 1.1 = 4.615 ≒ 4.62[HP]$

6) 인접구역상호제연방식에 대해 설명하시오. **2점**

해설및정답 화재실에서는 배기를 실시하고 인접구역(실)에서는 급기를 실시하는 방식

7) Ⓐ~Ⓓ 선로의 배선수와 그 용도를 답하시오. [6점]
 (수동조작함 내에 수동조작스위치는 별도로 설치되었고 수동기동확인선로 및 복구는 없다. 감지기공통선과 전원공통선은 별도로 분리하여 설치한다)

해설 및 정답

구 분	배선수	용 도
Ⓐ	4	지구2, 공통2
Ⓑ	4	전원+, 전원-, 배기기동
		배기기동확인
Ⓒ	7	전원+, 전원-, 공통, 지구
		수동기동, 배기기동, 배기기동확인
Ⓓ	12	전원+, 전원-, 공통, 지구2
		수동기동2, 배기기동2, 배기기동확인3

8) A실 화재시 화염이 직경 2[m]의 크기로 발생하였을 때 t초 지난 후 실내 청결층의 높이가 3[m]가 된 경우 연기발생량(m³/sec)를 구하시오. (중력가속도 $g = 9.81$[m/s²] 적용) [4점]

해설 및 정답

$$t = \frac{20A}{P_f \sqrt{g}} \left(\frac{1}{\sqrt{y}} - \frac{1}{\sqrt{H}} \right)$$

$P_f = \pi D = \pi \times 2m = 6.283 ≒ 6.28[m]$

$\therefore t = \frac{20 \times (10 \times 6)}{6.28 \times \sqrt{9.81}} \times \left(\frac{1}{\sqrt{3}} - \frac{1}{\sqrt{5}} \right) = 7.939 ≒ 7.94[\sec]$

$\therefore Q = \frac{(10 \times 6 \times 2) m^3}{7.94 \sec} = 15.113 ≒ 15.11 [m^3/s]$

9) 제연설비의 화재안전기술기준 중 통로인 예상제연구역과 바닥면적이 400[m²] 이상인 통로 외의 예상제연구역에 설치하는 배출구의 설치위치 기준에 대해 답하시오. [6점]

해설 및 정답
① 예상제연구역이 벽으로 구획되어 있는 경우의 배출구는 천장, 반자 또는 이에 가까운 벽의 부분에 설치할 것. 다만, 배출구를 벽에 설치한 경우에는 배출구의 하단과 바닥간의 최단거리가 2[m] 이상이어야 한다.
② 예상제연구역 중 어느 한 부분이 제연경계로 구획되어 있을 경우에는 천장, 반자 또는 이에 가까운 벽의 부분(제연경계를 포함한다)에 설치할 것. 다만, 배출구를 벽 또는 제연경계에 설치하는 경우에는 배출구의 하단이 해당 예상제연구역에서 제연경계의 폭이 가장 짧은 제연경계의 하단보다 높이되도록 설치하여야 한다.

10) 제연설비의 화재안전기술기준 중 배출기의 설치기준 3가지를 답하시오. [3점]

해설 및 정답
① 배출기의 배출능력은 규정에 따른 배출량 이상이 되도록 할 것
② 배출기와 배출풍도의 접속부분에 사용하는 캔버스는 내열성(석면재료는 제외)이 있는 것으로 할 것
③ 배출기의 전동기 부분과 배풍기 부분은 분리하여 설치하여야 하며 배풍기 부분은 유효한 내열처리 할 것

02 다음 각 물음에 답하시오. 30점

1) 삼상 3선식 380[V]로 수전하는 곳의 부하전력이 95[kW], 역률이 85[%], 배선의 길이는 150[m]이며, 전압강하를 8[%]까지 허용하는 경우 전선의 단면적(mm²)을 계산하시오. 7점

해설 및 정답

$$A = \frac{30.8 LI}{1,000 e}$$

$$I = \frac{P}{\sqrt{3} \cdot V \cdot \cos\theta} = \frac{95 \times 10^3}{\sqrt{3} \times 380 \times 0.85} = 169.81 [A]$$

$$e = 380 V \times 0.08 = 30.4 [V]$$

$$A = \frac{30.8 \times 150 \times 169.81}{1,000 \times 30.4} = 25.806 ≒ 25.81 [mm^2]$$

2) 다음 비상콘센트 배선의 각 부분(①,②,③,④)의 전선의 굵기를 산정하시오. 8점

해설 및 정답

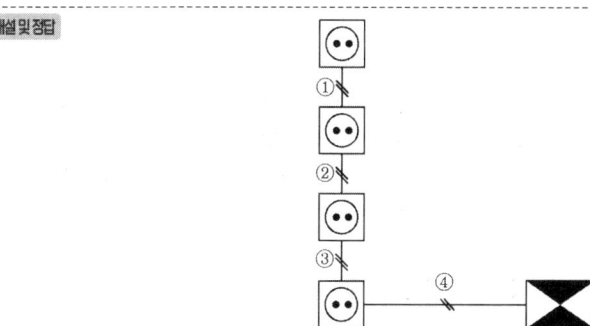

조건

① 배선 ①, ②, ③의 길이는 각각 3[m], ④는 50[m]이다.
② 비상콘센트의 부하는 각각 2[kVA]로 단상 220[V] 2가닥(접지선 제외)의 절연전선(HFIX)를 사용하고 ①~③ 부분의 전압강하는 정격전압의 5[%], ④ 부분의 전압강하는 정격전압의 10[%]이다.
③ 전선의 최소굵기는 HFIX 2.5[mm²]으로 한다.
④ 다음은 HFIX 전선의 허용전류표이다.

전선굵기(mm²)	2.5	4	6	10	16	25	35	50	70
허용전류(A)	26	35	45	61	81	106	131	158	200

해설 및 정답

$$I_1 = \frac{2,000 VA}{220 V} = 9.090 ≒ 9.09 [A]$$

$$I_2 = \frac{4,000 VA}{220 V} = 18.181 ≒ 18.18 [A]$$

$$I_3 = \frac{6,000 VA}{220 V} = 27.272 ≒ 27.27 [A]$$

$$I_4 = \frac{6,000 VA}{220 V} = 27.272 ≒ 27.27 [A]$$

모의고사

$$e = \frac{35.6LI}{1,000A} \text{ 에서 } A = \frac{35.6LI}{1,000e}$$

$$A_1 = \frac{35.6 \times 3 \times 9.09}{1,000 \times 11} = 0.0882[mm^2] \quad \therefore 2.5[mm^2]$$

① ~ ③ $e = 220V \times 0.05 = 11V$, ④ $e = 220V \times 0.1 = 22[V]$

$$A_2 = \frac{35.6 \times 3 \times 18.18}{1,000 \times 11} = 0.1765[mm^2] \quad \therefore 2.5[mm^2]$$

$$A_3 = \frac{35.6 \times 3 \times 27.27}{1,000 \times 11} = 0.2647[mm^2] \quad \therefore 2.5[mm^2]$$

$$A_4 = \frac{35.6 \times 50 \times 27.27}{1,000 \times 22} = 2.2063[mm^2] \quad \therefore 2.5[mm^2]$$

$\therefore A_1 = 2.5[\text{mm}^2]$ (허용전류 9.09[A] ≦ 26[A])
$\quad A_2 = 2.5[\text{mm}^2]$ (허용전류 18.18[A] ≦ 26[A])
$\quad A_3 = 4[\text{mm}^2]$ (허용전류 27.27[A] > 26[A])
$\quad A_4 = 4[\text{mm}^2]$ (허용전류 27.27[A] > 26[A])

3) 〈그림〉과 같이 내경 15[cm]인 사이폰 관을 통해 수조의 물을 배수하려고 하는 경우, 사이폰 관에 흐르는 유량이 최대로 되기 위한 높이 h[m]를 계산하시오. (단, 대기압은 1.03[kgf/cm²], 물의 포화증기압은 0.16[kgf/cm²]이고, 관로의 마찰손실은 무시한다) **7점**

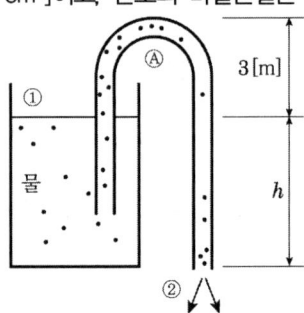

해설 및 정답

$$\frac{P_1}{\gamma} + \frac{u_1^2}{2g} + Z_1 = \frac{P_A}{\gamma} + \frac{u_A^2}{2g} + Z_A$$

$u_1 = 0 \quad u_A = u_2 \quad P_1 = 0$

$P_A = -0.87[\text{kgf/cm}^2 \cdot \text{gauge}]$

$Z_1 = 0 \quad Z_A = 3m$

$$\therefore 0 = \frac{-8,700}{1,000} + \frac{u^2}{2g} + 3$$

$$\therefore \frac{u^2}{2g} = 5.7[\text{m}] \qquad \therefore h = 5.7[\text{m}]$$

4) 소화설비에 적용되는 권선형 유도전동기가 3상 평형부하로서 다음과 같이 Y-Y결선되어 있는 경우, 3상 권선형 유도전동기의 피상전력(kVA), 역률, 유효전력(kW), 무효전력(kVar)을 계산하시오. (단, 상 전압의 크기는 200[V], 유도전동기 한 상의 임피던스 $Z = 8 + j6[\Omega]$이다) 8점

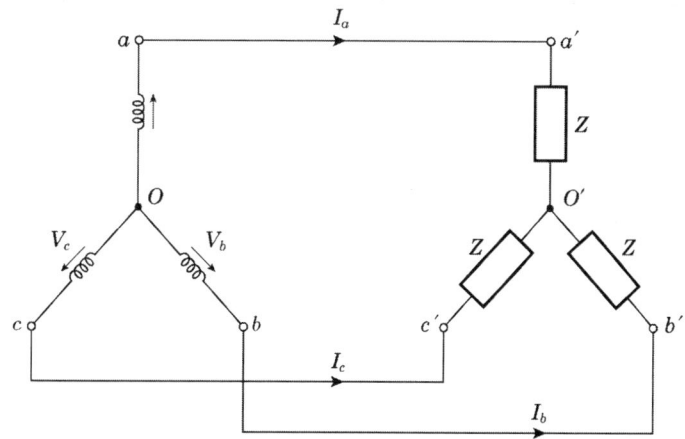

해설 및 정답

① 피상전력(kVA)

$Pa = 3 V_P I_P$

$I_P = \dfrac{V_P}{Z_P} = \dfrac{200}{\sqrt{8^2 + 6^2}} = 20[A]$

∴ $Pa = 3 \times 200 \times 20 = 12,000[VA] = 12[kVA]$

② 역률 : $\cos\theta = \dfrac{R}{Z} = \dfrac{8}{\sqrt{8^2 + 6^2}} = 0.8$

③ 유효전력(kW) : $P = 3 V_P I_P \cdot \cos\theta = 3 \times 200 \times 20 \times 0.8 = 9,600[W] ≒ 9.6[kW]$

④ 무효전력(kVar)

$\sin\theta = \dfrac{X}{Z} = \dfrac{6}{\sqrt{8^2 + 6^2}} = 0.6$

$\Pr = 3 V_P \cdot I_P \cdot \sin\theta = 3 \times 200 \times 20 \times 0.6 = 7,200[Var] ≒ 7.2[kVar]$

03 제연설비 및 특별피난계단제연설비에 대한 다음 각 물음에 답하시오. 30점

조건

① 평면도

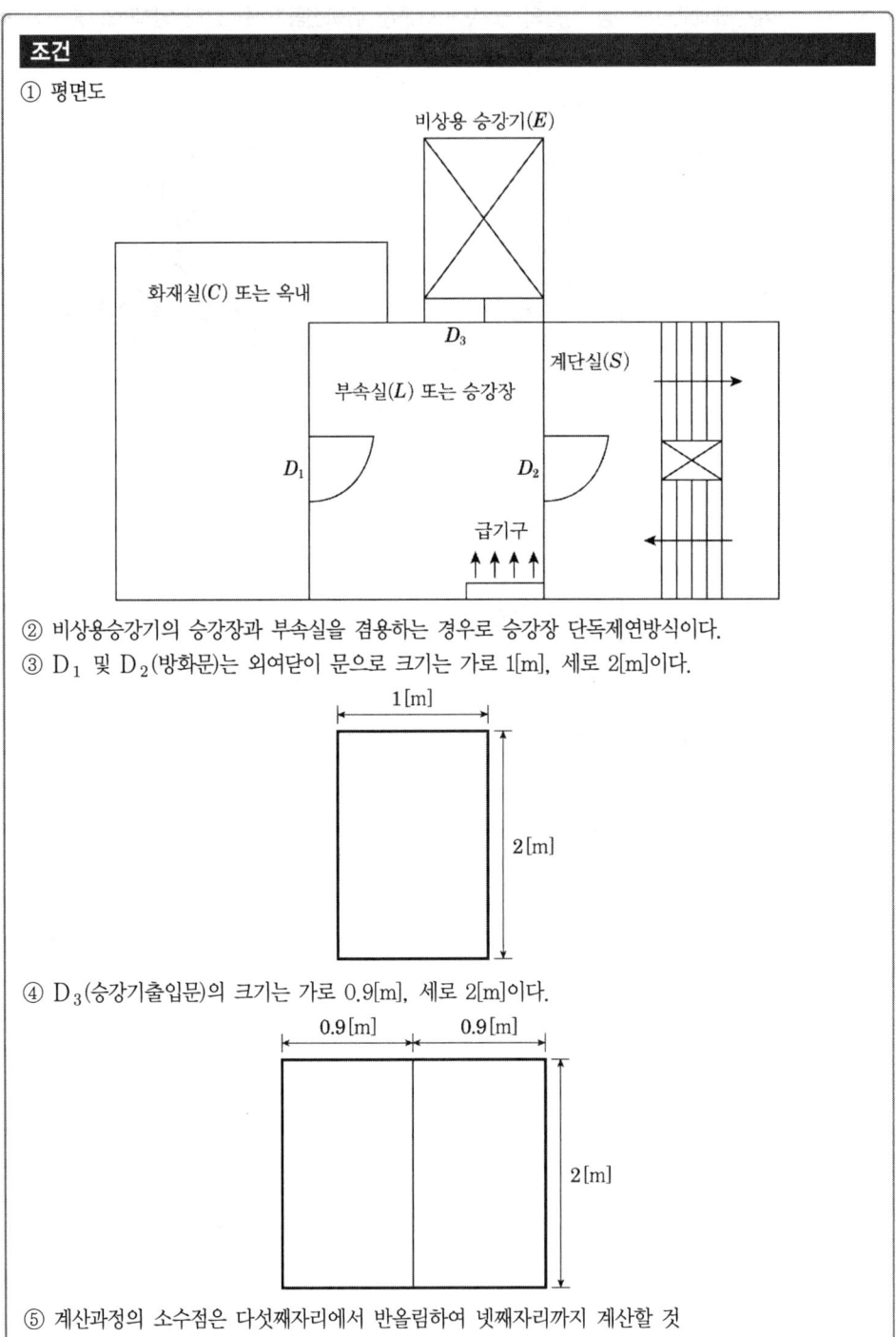

② 비상용승강기의 승강장과 부속실을 겸용하는 경우로 승강장 단독제연방식이다.
③ D_1 및 D_2(방화문)는 외여닫이 문으로 크기는 가로 1[m], 세로 2[m]이다.
④ D_3(승강기출입문)의 크기는 가로 0.9[m], 세로 2[m]이다.
⑤ 계산과정의 소수점은 다섯째자리에서 반올림하여 넷째자리까지 계산할 것

1) 누설틈새면적(m²)의 합을 소수 넷째자리까지 계산하시오. **6점**

해설 및 정답

Door 1 : $A_1 = \dfrac{L}{\ell} \times 0.01 m^2 = \dfrac{6m}{5.6m} \times 0.01 m^2 = 0.0107 [m^2]$

Door 2 : $A_2 = \dfrac{L}{\ell} \times 0.02 m^2 = \dfrac{6m}{5.6m} \times 0.02 m^2 = 0.0214 [m^2]$

Door 3 : $A_3 = \dfrac{L}{\ell} \times 0.06 m^2 = \dfrac{9.6m}{8m} \times 0.06 m^2 = 0.072 [m^2]$

∴ 누설틈새면적 합 = 0.0107 + 0.0214 + 0.072 = 0.1041 [m²]

2) 차압을 유지하기 위하여 제연구역에 공급하여야 할 누설량(m³/h)을 계산하시오. (단, 차압은 화재안전기술기준에서 정하는 최소 차압을 적용하며, 소수 둘째자리까지 계산할 것) **6점**

해설 및 정답

$Q = 0.827 \times A \times P^{\frac{1}{2}} \times 3{,}600 \sec/hr$

$\quad = 0.827 \times 0.1041 \times 40^{\frac{1}{2}} \times 3{,}600 = 1{,}960.15 [m^3/hr]$

3) 특별피난계단제연설비의 제연구역에 설치하는 급기구 댐퍼 설치기준 9가지 중 다음 빈칸을 채우시오. **10점**

> ① 급기댐퍼는 두께 1.5[mm] 이상의 강판 또는 이와 동등 이상의 강도가 있는 것으로 설치하여야 하며, 비내식성 재료의 경우에는 부식방지조치를 할 것
> ② 자동차압급기 댐퍼를 설치하는 경우 [㉠]이 있을 것
> ③ 자동차압급기 댐퍼는 [㉡]이 있을 것
> ④ 자동차압급기 댐퍼는 [㉢]일 것
> ⑤ 자동차압급기댐퍼는 「자동차압급기댐퍼의 성능인증 및 제품검사의 기술기준」에 적합한 것으로 설치할 것
> ⑥ 자동차압급기댐퍼가 아닌 댐퍼는 [㉣]로 할 것
> ⑦ 옥내에 설치된 화재감지기에 따라 모든 제연구역의 댐퍼가 개방되도록 할 것. 다만, 둘 이상의 특정소방대상물이 지하에 설치된 주차장으로 연결 되어있는 경우에는 [㉤]
> ⑧ 댐퍼의 작동이 전기적 방식에 의하는 경우 2.11.1.3.2 내지 2.11.1.3.5의 기준을, 기계적 방식에 따른 경우 2.11.1.3.3, 2.11.1.3.4 및 2.11.1.3.5 기준을 준용할 것
> ⑨ 그 밖의 설치기준은 2.11.1.3.1 및 2.11.1.3.8의 기준을 준용할 것

해설 및 정답
  ㉠ 차압범위의 수동설정기능과 설정범위의 차압이 유지되도록 개구율을 자동조절하는 기능이 있을 것
  ㉡ 옥내와 면하는 개방된 출입문이 완전히 닫히기 전에 개구율을 자동감소시켜 과압을 방지하는 기능이 있을 것
  ㉢ 주위온도 및 습도의 변화에 의해 기능이 영향을 받지 아니하는 구조일 것
  ㉣ 개구율을 수동으로 조절할 수 있는 구조로 할 것

㉥ 주차장에서 하나의 특정소방대상물의 제연구역으로 들어가는 입구에 설치된 제연용 연기감지기의 작동에 따라 특정소방대상물의 해당 수직풍도에 연결된 모든 제연구역의 댐퍼가 개방되도록 할 것

4) 특별피난계단 부속실 제연설비의 수직풍도가 담당하는 1개층 제연구역의 출입문 1개의 면적이 2[m²], 방연풍속이 0.7[m/s]일 경우 다음 물음에 알맞게 답하시오. **8점**
   (1) 자연배출식의 경우 수직풍도의 길이가 150[m]일 경우 그 내부 단면적(m²)을 계산하시오. **3점**
   (2) 기계배출식에 따라 송풍하는 경우 배출용 송풍기의 풍량(m³/s)을 계산하시오. (여유량은 송풍기 풍량의 10[%]를 적용할 것) **2점**
   (3) 송풍기를 이용한 기계배출식인 경우 수직풍도의 내부 단면적(m²)을 계산하시오. **3점**

해설 및 정답

(1) $A_P = \dfrac{Q_N}{2} \times 1.2 = \dfrac{2 \times 0.7}{2} \times 1.2 = 0.84 [\text{m}^2]$

(2) Q_N + 여유량
$2 \times 0.7 + 2 \times 0.7 \times 0.1 = 1.54 [\text{m}^3/\text{s}]$

(3) $A_P = \dfrac{Q}{15} = \dfrac{1.54}{15} = 0.102 ≒ 0.1 [\text{m}^2]$

제7회 설계 및 시공 모의고사

01 다음 각 물음에 답하시오. [30점]

1) 층수가 21층인 아파트(복도형)로서 층당 바닥면적이 1,500[m²]이며 특별피난계단이 3개소 설치되어 있다. 다음 물음에 답하시오. (단, 수평거리에 따른 설치는 무시하며 전선관은 수직으로 설치되어 있다) [10점]
   (1) 비상콘센트설비의 최소 회로수를 구하시오. [2점]
   (2) 비상콘센트함의 개수를 구하시오. [2점]
   (3) 비상콘센트를 보호하기 위한 비상콘센트보호함의 설치기준을 기술하시오. [3점]
   (4) 비상콘센트 사용전압이 단상 220[V]일 때 1개회로의 허용전류(A)를 구하시오. (다만, 역률은 90[%]로 가정한다) [3점]

해설 및 정답

(1) $\dfrac{11층 \sim 21층(11개)}{10개/1회로} = 1.1$ ∴ 2개 회로

(2) 11개

(3) ① 보호함에는 쉽게 개폐할 수 있는 문을 설치할 것
   ② 보호함 표면에 "비상콘센트"라고 표시한 표지를 설치할 것
   ③ 보호함 상부에 적색의 표시등을 설치할 것. 다만, 비상콘센트의 보호함을 옥내소화전함등과 접속하여 설치하는 경우에는 옥내소화전함등의 표시등과 겸용할 수 있다.

(4) $P = V \cdot I$

   $I = \dfrac{P}{V} = \dfrac{3 \times 1.5 \times 10^3 \, VA}{220\,V} = 20.454 ≒ 20.45[A]$

   cf) K는 고려하지 않음, K값은 모터의 경우 1.1 or 1.25 적용
   별도 K조건이 주어지는 경우 K값을 이용

2) 지하구 소방시설에 대한 다음 각 물음에 답하시오. [20점]
   (1) 소방시설법 시행령에서 규정하는 지하구의 정의를 기술하시오. [3점]
   (2) 지하구에 설치하는 소화기구의 설치기준 5가지를 기술하시오. [5점]
   (3) 지하구 내의 다음의 장소에는 어떠한 소화장치를 설치하여야 하는지 답하시오. [4점]
      ① 제어반 또는 분전반 [2점]
      ② 케이블접속부(절연유를 포함한 접속부에 한한다) [2점]
   (4) 지하구에 설치되는 연소방지설비 헤드의 설치기준 4가지를 기술하시오. [3점]
   (5) 연소방지재의 설치위치 4군데를 답하시오. [6점]

모의고사

해설및정답 (1) ① 전력·통신용의 전선이나 가스·냉난방용의 배관 또는 이와 비슷한 것을 집합 수용하기 위하여 설치한 지하 인공구조물로서 사람이 점검 또는 보수를 하기 위하여 출입이 가능한 것 중 다음의 어느 하나에 해당하는 것
　　1) 전력 또는 통신사업용 지하 인공구조물로서 전력구(케이블 접속부가 없는 경우에는 제외한다) 또는 통신구 방식으로 설치된 것
　　2) 1)외의 지하 인공구조물로서 폭이 1.8미터 이상이고 높이가 2미터 이상이며 길이가 50미터 이상인 것
②「국토의 계획 및 이용에 관한 법률」제2조 제9호에 따른 공동구

(2) ① 소화기의 능력단위는 A급 화재는 개당 3단위 이상, B급 화재는 개당 5단위 이상 및 C급 화재에 적응성이 있는 것으로 할 것
② 소화기 한 대의 총중량은 사용 및 운반의 편리성을 고려하여 7[kg] 이하로 할 것
③ 소화기는 사람이 출입할 수 있는 출입구(환기구, 작업구를 포함한다) 부근에 5개 이상 설치할 것
④ 소화기는 바닥면으로부터 1.5[m] 이하의 높이에 설치할 것
⑤ 소화기의 상부에 "소화기"라고 표시한 조명식 또는 반사식의 표지판을 부착하여 사용자가 쉽게 알 수 있도록 할 것

(3) ① 제어반 또는 분전반마다 가스·분말·고체에어로졸 자동소화장치 또는 유효설치 방호체적 이내의 소공간용 소화용구를 설치해야 한다.
② 케이블접속부(절연유를 포함한 접속부에 한한다.)마다 다음의 어느 하나에 해당하는 자동소화장치를 설치하되 소화성능이 확보될 수 있도록 방호공간을 구획하는 등 유효한 조치를 해야 한다.
　　1. 가스·분말·고체에어로졸 자동소화장치
　　2. 중앙소방기술심의위원회의 심의를 거쳐 소방청장이 인정하는 자동소화장치

(4) ① 천장 또는 벽면에 설치할 것
② 헤드간의 수평거리는 연소방지설비 전용헤드의 경우에는 2[m] 이하, 스프링클러헤드의 경우에는 1.5[m] 이하로 할 것
③ 소방대원의 출입이 가능한 환기구·작업구마다 지하구의 양쪽방향으로 살수헤드를 설정하되, 한쪽 방향의 살수구역의 길이는 3[m] 이상으로 할 것. 다만, 환기구 사이의 간격이 700[m]를 초과할 경우에는 700[m] 이내마다 살수구역을 설정하되, 지하구의 구조를 고려하여 방화벽을 설치한 경우에는 그렇지 않다.
④ 연소방지설비 전용헤드를 설치할 경우에는「소화설비용헤드의 성능인증 및 제품검사 기술기준」에 적합한 '살수헤드'를 설치할 것

(5) ① 분기구
② 지하구의 인입부 또는 인출부
③ 절연유 순환펌프 등이 설치된 부분
④ 기타 화재발생 위험이 우려되는 부분

02 도로터널의 화재안전기술기준에 대한 다음 각 물음에 답하시오. 40점

> **조건**
> ① 도로터널은 편도 4차선 일방향 터널로 길이는 200[m], 폭은 15[m]이다.
> ② 터널에 설치된 소방시설은 소화기구, 옥내소화전설비, 물분무소화설비, 자동화재탐지설비, 비상조명등, 연결송수관설비, 비상콘센트설비, 제연설비이다.
> ③ 도로터널에 설치된 분말소화기 3.3[kg](A급 화재 3단위 이상, B급 화재 5단위 이하 및 C급 화재 적응성)이다.
> ④ 물분무소화설비의 펌프 전원은 3상 380[V], 역률은 80[%]이다.

1) 도로터널에 설치되는 소화기의 개수를 산출하시오. (다만, 한쪽 측벽의 터널입구측과 출구측에 소화기를 설치한다는 조건) 2점

해설 및 정답
한쪽 측벽 $\dfrac{200m}{50m} - 1 = 3$개, 입구 1개, 출구 1개

반대쪽 측벽 $\dfrac{200m}{50m} = 4$개

∴ 3개 + 1개 + 1개 + 4개 = 9군데
∴ 9 × 2개씩 = 18개

2) 물분무소화설비 수원량(m³)을 구하시오. 3점

해설 및 정답 $Q = 25m \times 15m \times 6\,L/m^2 \cdot \min \times 40\min \times 3 = 270{,}000[L]$ ∴ $270[m^3]$

3) 물분무소화설비의 전동기 동력(kW)을 구하시오. (전양정은 60[m], 펌프효율은 85[%], 전달계수는 1.1이다) 2점

해설 및 정답
$P = \dfrac{\gamma Q H}{102\eta} K$

$Q = 25m \times 15m \times 6\,L/m^2 \cdot \min \times 3 = 6{,}750[L/\min]$

∴ $P = \dfrac{1{,}000 \times \left(\dfrac{6.75}{60}\right) \times 60}{102 \times 0.85} \times 1.1 = 85.64[\text{kW}]$

4) 전동기 역률을 95[%]로 개선시키기 위한 전력용 콘덴서의 용량(kVA)을 구하시오. 3점

해설 및 정답
$Q_C = P\left(\dfrac{\sqrt{1-\cos\theta_1^2}}{\cos\theta_1} - \dfrac{\sqrt{1-\cos\theta_2^2}}{\cos\theta_2}\right)$

$= 85.64 \times \left(\dfrac{\sqrt{1-0.8^2}}{0.8} - \dfrac{\sqrt{1-0.95^2}}{0.95}\right)$

$= 36.081 ≒ 36.08[\text{kVA}]$

5) 자동화재탐지설비의 최소경계구역수를 구하시오. **2점**

해설및정답 $\dfrac{200m}{25m} = 8$구역

cf) ④항 100[m] 이하임에도 불구하고 감지기 작동에 의하여 다른 소방시설이 연동되는 경우로서 해당 소방시설등의 작동을 위한 정확한 발화위치를 확인할 필요가 있는 경우에는 경계구역의 길이가 해당 설비 방호구역 등에 포함되도록 설치하여야 한다.

6) 터널 내 설치되는 비상조명등의 설치기준을 기술하시오. **3점**

해설및정답
① 상시 조명이 소등된 상태에서 비상조명등이 점등되는 경우 터널 안의 차도 및 보도의 바닥면은 조도는 10[lx] 이상 그 외 모든 지점의 조도는 1[lx] 이상이 될 수 있도록 설치할 것
② 비상조명등은 상용전원이 차단되는 경우 자동으로 비상전원으로 60분 이상 점등되도록 설치할 것
③ 비상조명등에 내장된 예비전원이나 축전지 설비는 상용전원의 공급에 의하여 상시 충전상태를 유지할 수 있도록 설치할 것

7) 터널 내에서 트럭에 화재가 발생하였다(트럭의 경우 화재발생시 화재강도가 30[MW]이며 연기발생량은 80[m³/s]로 가정한다). 이때 물분무소화설비가 동작되어 소화를 실시한 경우 소화에 필요한 물의 양(kg)을 구하시오. (화재는 NTP상태에서 발생하여 1기압 1,000[℃]까지 온도가 상승하였고, 물분무설비는 30분간 작동하여 0[W]로 완전소화하였다. 100[℃]에서 기화하여 이후 수증기상태로 1,000[℃]까지 상승하였다) **6점**

해설및정답
$Q(kcal) = 30 \times 10^3 \text{kW}(\text{kJ/s}) \times (30 \times 60)\sec = 54{,}000{,}000[\text{kJ}] = 12{,}960{,}000[\text{kcal}]$
∴ $12{,}960{,}000\text{kcal} = m \times 1\text{kcal/kg℃} \times 80℃ + m \times 539\text{kcal/kg}$
$\quad + m \times 0.44\text{kcal/kg℃} \times 900℃$
∴ $m = 12{,}768.47[\text{kg}]$

8) 도로터널 화재안전기술기준에서 규정하는 환기방식 중 종류환기방식과 횡류환기방식에 대해 설명하시오. **4점**

해설및정답
① 종류환기방식 : 터널 안의 배기가스와 연기 등을 배출하는 환기설비로서 기류를 종방향(출입구방향)으로 흐르게 하여 환기하는 방식
② 횡류환기방식 : 터널 안의 배기가스와 연기 등을 배출하는 환기설비로서 기류를 횡방향(천장방향, 터널설치 산, 언덕 위)으로 흐르게 하여 환기하는 방식

9) 도로터널 화재안전기술기준 중 제연설비의 설치기준에 대해 기술하시오. (사양, 기동, 비상전원제외) 5점

① 종류환기방식의 경우 제트팬의 소손을 고려하여 예비용 제트팬을 설치하도록 할 것
② 횡류환기방식(또는 반횡류환기방식) 및 대배기구방식의 배연용 팬은 덕트의 길이에 따라서 노출온도가 달라질 수 있으므로 수치해석 등을 통해서 내열온도 등을 검토한 후에 적용하도록 할 것
③ 대배기구의 개폐용 전동모터는 정전 등 전원이 차단되는 경우에도 조작상태를 유지할 수 있도록 할 것
④ 화재에 노출이 우려되는 제연설비와 전원공급선 및 제트팬 사이의 전원공급장치 등은 250[℃] 온도에서 60분 이상 운전상태를 유지할 수 있도록 할 것

10) 도로터널 화재안전기술기준 중 감지기의 설치기준에 대해 기술하시오. 10점

① 감지기의 감열부와 감열부 사이의 이격거리는 10[m] 이하로 감지기와 터널 좌·우측 벽면과의 이격거리는 6.5[m] 이하로 설치할 것
② 터널 천장의 구조가 아치형의 터널에 감지기를 터널 진행방향으로 설치하고자 하는 경우에는 감열부와 감열부 사이의 이격거리를 10[m] 이하로 하여 아치형 천장의 중앙 최상부에 1열로 감지기를 설치하여야 하며 감지기를 2열 이상 설치하고자 하는 경우에는 감열부와 감열부 사이의 이격거리는 10[m] 이하로, 감지기 간의 이격거리는 6.5[m] 이하로 설치할 것
③ 감지기를 천장면에 설치하는 경우에는 감지기가 천장면에 밀착되지 않도록 고정금구 등을 사용하여 설치할 것
④ 형식승인 내용에 설치방법이 규정된 경우에는 형식승인 내용에 따라 설치할 것. 다만, 감지기와 천자연과의 이격거리에 대해 제조사의 시방서에 규정되어있는 경우에는 시방서의 규정에 따라 설치할 수 있다.

모의고사

03 자동화재탐지설비에 대한 다음 각 물음에 답하시오. [30점]

1) 공기관식 차동식 분포형감지기의 설치기준을 기술하시오. [5점]

[해설 및 정답]
① 공기관의 노출부분은 감지구역마다 20[m] 이상이 되도록 할 것
② 하나의 검출부에 접속하는 공기관의 길이는 100[m] 이하로 할 것
③ 공기관과 감지구역 각 변과의 수평거리는 1.5[m] 이하가 되도록 하고 공기관 상호간의 거리는 6[m](주요구조부를 내화구조로 한 특정소방대상물 또는 그 부분에 있어서는 9[m]) 이하가 되도록 할 것
④ 공기관은 도중에 분기하지 아니할 것
⑤ 검출부는 5° 이상 경사되지 아니하도록 부착할 것
⑥ 검출부는 바닥으로부터 0.8[m] 이상 1.5[m] 이하의 위치에 설치할 것

2) 공기관의 길이가 160[m]인 경우 검출부의 최소설치수와 최대설치수를 구하시오. [5점]

[해설 및 정답]
① 최소수 = $\frac{160m}{100m}$ = 1.6 ∴ 2개
② 최대수 = $\frac{160m}{20m}$ = 8 ∴ 8개

3) 바닥면적이 500[m²]인 거실(가로 20[m], 세로 25[m])에 열전대식 차동식 분포형감지기 설치시 열전대의 최소설치수와 검출부의 최소설치수를 구하시오. (내화구조, 거실의 높이 10[m]) [5점]

[해설 및 정답]
① 열전대 최소설치수
$$\frac{500m^2}{22m^2} = 22.73 \quad \therefore 23개$$
② 검출부 최소설치수
$$\frac{23개}{20개} = 1.15 \quad \therefore 2개$$

4) 위 3)의 장소에 2종 열반도체식 차동식분포형감지기 설치시 설치하여야 하는 열반도체의 최소설치수와 검출부의 최소설치수를 구하시오. [5점]

[해설 및 정답]
열반도체수 : $\frac{500m^2}{36m^2} = 13.89 \quad \therefore 14개$
검출부수 : $\frac{14개}{15개} = 0.93 \quad \therefore 1개$

5) 위 3)의 장소에 광전식 2종 연기감지기 설치시 최소설치수를 구하시오. [5점]

[해설 및 정답] $\frac{500m^2}{75m^2} = 6.67 \quad \therefore 7개$

6) 연기감지기의 설치기준을 기술하시오. 5점

① 감지기 부착높이에 따라 다음 표에 따른 바닥면적마다 1개 이상으로 설치할 것

부착높이	1, 2종	3종
4[m] 미만	150	50
4[m] 이상 20[m] 미만	75	–

② 복도 및 통로에 있어서는 보행거리 30[m](3종-20[m])마다 계단 및 경사로에 있어서는 수직거리 15[m](3종-10[m])마다 1개 이상으로 설치할 것
③ 천장 또는 반자가 낮은 실내 또는 좁은 실내에 있어서는 출입구 가까운 부분에 설치할 것
④ 천장 또는 반자 부근에 배기구가 있는 경우 그 부근에 설치할 것
⑤ 감지기는 벽 또는 보로부터 0.6[m] 이상 떨어진 곳에 설치할 것

제8회 설계 및 시공 모의고사

01 다음 각 물음에 답하시오. [30점]

1) 다음 그림은 어느 한 층의 평면도이며 이 실 중 A실을 급기·가압하고자 할 때 주어진 〈조건〉을 참조하여 전체 누설량(m^3/s)을 구하시오. [8점]

조건

① A_1~A_3까지의 문은 외여닫이문으로서 각 문의 틈새길이가 5[m]이다.
② A_4~A_5까지의 문은 쌍여닫이문으로서 각 문의 틈새길이가 10[m]이다.
③ 창문의 틈새면적은 0.01[m^2]이다.
④ 모든 출입문은 실외쪽으로 열리는 구조이다.
⑤ 각 틈새면적 및 총 틈새면적, 누설량 등은 소수점 둘째자리까지 구할 것(셋째자리에서 반올림)
⑥ A실과 외부와의 압력차이는 100[Pa]이다.
⑦ 누설량 $Q(m^3/s) = 0.827 A \sqrt{P} \times 1.25$를 적용한다.

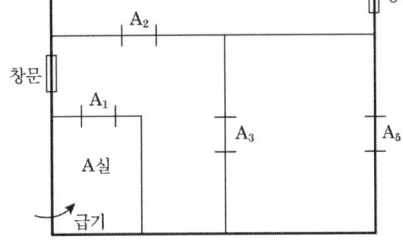

해설 및 정답

$A_1 \sim A_3$ 틈새면적 = $\dfrac{5.6m}{5.6m} \times 0.02m^2 = 0.02[m^2]$

$A_4 \sim A_5$ 틈새면적 = $\dfrac{10m}{9.2m} \times 0.03m^3 = 0.032 ≒ 0.03[m^2]$

창문 틈새면적 = 0.01[m^2]

① A_4와 창문 병렬 ∴ $0.03m^2 + 0.01m^2 = 0.04[m^2]$
② A_2와 위 ① 직렬

∴ $\left(\dfrac{1}{0.02^2} + \dfrac{1}{0.04^2}\right)^{-\frac{1}{2}} = 0.017 = 0.02[m^2]$

③ A_3과 A_5 직렬

∴ $\left(\dfrac{1}{0.02^2} + \dfrac{1}{0.03^2}\right)^{-\frac{1}{2}} = 0.010 ≒ 0.02[m^2]$

④ 창문과 ②, ③ 병렬
∴ $0.01 + 0.02 + 0.02 = 0.05[m^2]$

⑤ A_1과 ④ 직렬

∴ $\left(\dfrac{1}{0.02^2} + \dfrac{1}{0.05^2}\right)^{-\frac{1}{2}} = 0.018 ≒ 0.02[m^2]$

$$\therefore Q = 0.827 \times A \times \sqrt{P} \times 1.25 = 0.827 \times 0.02 \times \sqrt{100} \times 1.25$$
$$= 0.206 ≒ 0.21\,[\mathrm{m^3/s}]$$

2) 길이 20[m], 내경 80[mm]인 관에 물이 0.1[m³/s]로 흐를 때, Darcy-Weisbach식을 이용하여 계산한 압력손실이 1[MPa]인 경우 관마찰계수 f는 얼마인가? (1[MPa]=100[m])(소수점 셋째자리에서 반올림하여 둘째자리까지 구할 것) **4점**

해설 및 정답

$$h_L = f \cdot \frac{L}{D} \cdot \frac{u^2}{2g}$$

$h_L = 100\,[\mathrm{m}], \ L = 20\,[\mathrm{m}], \ D = 0.08\,[\mathrm{m}]$

$g = 9.8\,[\mathrm{m/s^2}]$

$$u = \frac{Q}{A} = \frac{0.1\,m^3/s}{\dfrac{\pi}{4}(0.08m)^2} = 19.894 ≒ 19.89\,[\mathrm{m/s}]$$

$$\therefore 100 = f \times \frac{20}{0.08} \times \frac{(19.89)^2}{2 \times 9.8}$$

$$\therefore f = 0.019 ≒ 0.02$$

3) 수신기와 100[m] 떨어진 지구경종 20개를 동시에 울릴 경우 선로의 전압강하(V)를 계산하시오. (단, 경종의 전압은 24[V], 1.5[W], 연결선은 1.6[mm] 단선 연동선이다) **4점**

해설 및 정답

$$I = \frac{P}{V} = \frac{1.5\,W \times 20}{24\,V} = 1.25\,[\mathrm{A}]$$

$$\therefore e = \frac{35.6LI}{1{,}000A} = \frac{35.6 \times 100 \times 1.25}{1{,}000 \times \dfrac{\pi}{4}(1.6mm)^2} = 2.213 ≒ 2.21\,[\mathrm{V}]$$

4) 부속실제연설비에서 누설량 $Q = 0.827A\sqrt{P}$ 계산식을 유도하시오. (다만 온도는 21[℃]로 가정, 유동계수 $C=0.641$ 적용한다) **5점**

해설 및 정답

$$Q = C \times A \times V = C \times A \times \sqrt{2gh} = C \times A \times \sqrt{2g \times \frac{\Delta P}{\gamma}}$$

$$= C \times A \times \sqrt{2g \times \frac{\Delta P}{\rho g}} = C \times A \times \sqrt{\frac{2}{\rho}\Delta P}$$

$$\rho = \frac{PM}{RT} = \frac{1 \times 29}{0.082 \times (273+21)} = 1.202 ≒ 1.2\,[\mathrm{kg/m^3}]$$

$$\therefore Q = 0.641 \times A \times \sqrt{\frac{2}{1.2}\Delta P} = 0.641 \times A \times 1.29\sqrt{\Delta P}$$
$$= 0.827A\sqrt{\Delta P}$$

모의고사

5) 틈새면적의 직렬구성일 경우 직렬인 두 문의 누설틈새면적을 산출하는 공식을 유도하시오. [6점]

[해설 및 정답]

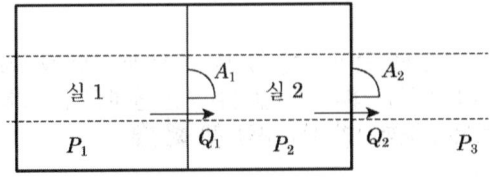

$Q_1 = 0.827 A_1 (P_1 - P_2)^{\frac{1}{2}}$

$Q_2 = 0.827 A_2 (P_2 - P_3)^{\frac{1}{2}}$

$Q_t = 0.827 A_t (P_1 - P_3)^{\frac{1}{2}}$

$Q_1 = Q_t$ 이므로

$0.827 \cdot A_1 (P_1 - P_2)^{\frac{1}{2}} = 0.827 \cdot A_t (P_1 - P_3)^{\frac{1}{2}}$

$\therefore \dfrac{P_1 - P_2}{P_1 - P_3} = \left(\dfrac{A_t}{A_1}\right)^2 \cdots ①$

$Q_2 = Q_t$ 이므로

$0.827 \cdot A_2 (P_2 - P_3)^{\frac{1}{2}} = 0.827 \cdot A_t (P_1 - P_3)^{\frac{1}{2}}$

$\therefore \dfrac{P_2 - P_3}{P_1 - P_3} = \left(\dfrac{A_t}{A_2}\right)^2 \cdots ②$

두 식 ①과 ②를 더하면

$\dfrac{P_1 - P_2 + P_2 - P_3}{P_1 - P_3} = \left(\dfrac{A_t}{A_1}\right)^2 + \left(\dfrac{A_t}{A_2}\right)^2$

$1 = \dfrac{A_t^2}{A_1^2} + \dfrac{A_t^2}{A_2^2}$

$1 = A_t^2 \left(\dfrac{1}{A_1^2} + \dfrac{1}{A_2^2}\right)$

$\therefore \dfrac{1}{A_t^2} = \dfrac{1}{A_1^2} + \dfrac{1}{A_2^2}$

$\therefore A_t = \left(\dfrac{1}{A_1^2} + \dfrac{1}{A_2^2}\right)^{-\frac{1}{2}}$

6) 소방시설의 내진설계기준 중 다음 용어정의를 답하시오. **3점**
   (1) 내진
   (2) 면진
   (3) 제진

해설 및 정답
(1) "내진"이란 면진, 제진을 포함한 지진으로부터 소방시설의 피해를 줄일 수 있는 구조를 의미하는 포괄적인 개념을 말한다.
(2) "면진"이란 건축물과 소방시설을 분리시켜 지반진동으로 인한 지진력이 직접구조물로 전달되는 양을 감소시킴으로써 내진성을 확보하는 수동적인 지진제어기술을 말한다.
(3) "제진"이란 별도의 장치를 이용하여 지진력에 상응하는 힘을 구조물 내에서 발생시키거나 지진력을 흡수하여 구조물이 부담해야 하는 지진력을 감소시키는 능동적 지진제어기술을 말한다.

02 다음 각 물음에 답하시오. **40점**

1) 지름이 40[mm]인 소방호스에 노즐선단의 구경이 13[mm]인 노즐팁이 부착되어 있고, 0.2[m³/min]의 물을 대기 중으로 방수할 경우 노즐을 소방호스에 부착시키기 위한 플랜지볼트에 걸리는 힘(N)을 구하시오. (단, 유동에는 마찰이 없는 것으로 한다) **5점**

해설 및 정답

$$u_1 = \frac{Q}{A_1} = \frac{\left(\frac{0.2}{60}\right)}{\frac{\pi}{4}(0.04)^2} = 2.652 ≒ 2.65[\text{m/s}]$$

$$u_2 = \frac{Q}{A_2} = \frac{\left(\frac{0.2}{60}\right)}{\frac{\pi}{4}(0.013)^2} = 25.113 ≒ 25.11[\text{m/s}]$$

$$F_x = P_1 A_1 - \rho Q(u_2 - u_1)$$

$$\frac{P_1}{\gamma} + \frac{u_1^2}{2g} + Z_1 = \frac{P_2}{\gamma} + \frac{u_2^2}{2g} + Z_2$$

$$Z_1 = Z_2 \quad P_2 = 0$$

$$\therefore \frac{P_1}{9,800} + \frac{2.65^2}{2 \times 9.8} = \frac{25.11^2}{2 \times 9.8}$$

$$\therefore P_1 = 311,744.8 \, Pa(N/m^2)$$

$$\therefore F_x = 311,744.8 \times \frac{\pi}{4}(0.04)^2 - 1,000 kg/m^3 \times \left(\frac{0.2}{60}\right) m^3/s \times (25.11 - 2.65) m/s$$

$$= 316.88[\text{N}]$$

모의고사

2) n-Heptane을 저장하는 5[m]×4[m]×4[m]인 저장창고에 전역방출방식의 할로겐화합물 및 불활성기체소화약제소화설비를 설치하고자 한다. 저장창고에 배관관경기준에 따른 10초 이내에 방사하여야 할 약제량[kg]을 계산하시오. (단, 창고의 최저예상온도는 20[℃], 최소 소화농도는 8.5[%], 소화약제의 선형상수 $K_1 = 0.2413$, $K_2 = 0.00088$이다) **5점**

해설 및 정답

$$W = \frac{V}{S} \times \frac{C \times 0.95}{100 - C \times 0.95}$$

$V = 80 [\text{m}^3]$

$S = K_1 + K_2 \times t = 0.2413 + 0.00088 \times 20 = 0.2589 [\text{m}^3/\text{kg}]$

$C = 8.5\% \times 1.3 = 11.05[\%]$

$\therefore W = \dfrac{80}{0.2589} \times \dfrac{11.05 \times 0.95}{100 - 11.05 \times 0.95} = 36.24 [\text{kg}]$

3) 수소를 저장하는 창고에 고압식 전역방출방식의 이산화탄소소화설비를 설치하고자 한다. 창고의 크기가 5[m]×4[m]×2[m]일 경우 최소 소화약제 저장량(kg)을 계산하시오. (단, 수소의 소화에 필요한 설계농도는 75[%], 설계농도 34[%]가 되기 위한 방사량은 0.742[kg/m³], 설계농도 34[%]일 경우 보정계수는 1, 비체적 $S = 0.56[\text{m}^3/\text{kg}]$, 개구부는 없는 것으로 한다) **6점**

해설 및 정답

$W = V(m^3) \times \alpha(kg/m^3) \times N$

$V = 5 \times 4 \times 2 = 40 [\text{m}^3]$

$\therefore \alpha = 1.0 [kg/m^3]$ 이용 $(45[\text{m}^3]$ 미만$)$

$\therefore W = 40 m^3 \times 1 kg/m^3 = 40 [\text{kg}]$

최소 45[kg] 적용

보정계수 N

① 설계농도 34[%]의 경우

$\alpha = 2.303 \times \log\left(\dfrac{100}{100-34}\right) \times \dfrac{1}{0.56} = 0.742 [\text{kg/m}^3]$

② 설계농도 75[%]의 경우

$\alpha = 2.303 \times \log\left(\dfrac{100}{100-75}\right) \times \dfrac{1}{0.56} = 2.476 [\text{kg/m}^3]$

$\therefore 1 : x(N) = 0.742 : 2.476$

$\therefore N = 3.34$

$\therefore W = 45 kg \times 3.34 = 150.3 [\text{kg}]$

4) 다음 도면의 수축부(②지점)에서 공동현상이 일어나지 않는 최고 높이 h[m]를 계산하시오. (단, 물의 포화증기압은 2.34[kPa]이고, 대기압은 100[kPa], 기타 주어지지 아니한 손실은 무시한다. 풀이과정 및 정답은 소수점 넷째자리에서 반올림하여 셋째자리까지 구하시오) **7점**

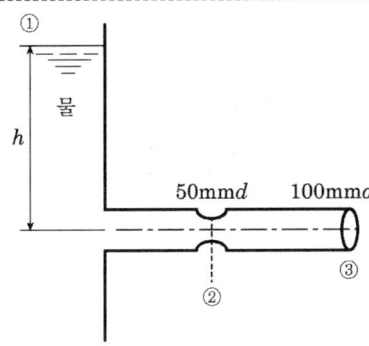

①과 ② 사이

$$\frac{P_1}{\gamma} + \frac{u_1^2}{2g} + Z_1 = \frac{P_2}{\gamma} + \frac{u_2^2}{2g} + Z_2$$

$P_1 = 0 \quad P_2 = 2.34 - 100 = -97.66[\text{kPa}]$

$Z_1 = h \quad Z_2 = 0 \quad u_1 = 0$

$\therefore h = \dfrac{-97.66}{9.8} + \dfrac{u_2^2}{2 \times 9.8}$

$h + 9.965 = \dfrac{u_2^2}{2 \times 9.8}$

$19.6h + 195.314 = u_2^2$

②와 ③ 사이

$A_2 u_2 = A_3 u_3$

$u_2 = \dfrac{A_3}{A_2} \cdot u_3 = \left(\dfrac{0.1}{0.05}\right)^2 \times \sqrt{2 \times 9.8 \times h}$

$u_2^2 = 313.6h$

$\therefore 19.6h + 195.314 = 313.6h$

$\therefore 195.314 = 294h \quad h = 0.664[\text{m}]$

모의고사

5) 사용되는 부하의 방전전류 특성곡선이 다음 〈그림〉과 같을 경우 축전지용량(Ah)을 계산하시오. (단, 축전지용량 $C = \dfrac{1}{L}KI$[Ah]이고, 보수율은 0.8이다) **7점**

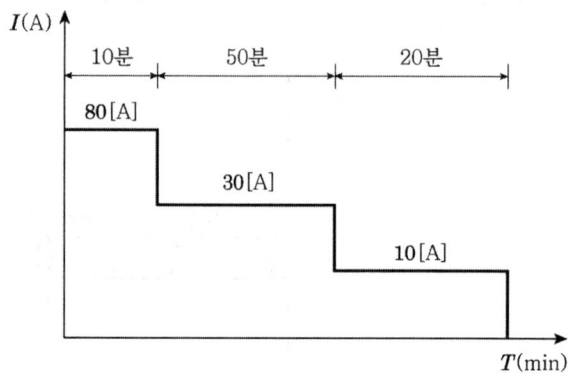

【 용량환산시간계수 K 】

시간[min]	10	20	30	50	60	70	80
K	1.30	1.45	1.75	2.20	2.55	3.00	3.15

해설및정답

$C_1 = \dfrac{1}{L}K_1I_1 = \dfrac{1}{0.8} \times 1.3 \times 80A = 130$[Ah]

$C_2 = \dfrac{1}{L}[K_1I_1 + K_2(I_2-I_1)]$

$\quad = \dfrac{1}{0.8}[2.55 \times 80 + 2.2(30-80)]$

$\quad = 117.5$[Ah]

$C_3 = \dfrac{1}{L}[K_1I_1 + K_2(I_2-I_1) + K_3(I_3-I_2)]$

$\quad = \dfrac{1}{0.8}[3.15 \times 80 + 3(30-80) + 1.45(10-30)]$

$\quad = 91.25$[Ah]

∴ 최댓값 130[Ah] 선정

03 다음 각 물음에 답하시오. [30점]

1) 단면적이 변하는 수평 원 관 내부를 비중량이 9.8[kN/m³]인 유체가 흐르고 있다. 안지름이 300[mm]인 곳과 100[mm]인 곳의 압력차가 14.7[kPa]일 때 유량은 몇 [m³/s]인가? (단, 배관마찰손실 및 협축부손실 등은 무시한다) [4점]

해설 및 정답

$$\frac{P_1}{\gamma} + \frac{u_1^2}{2g} = \frac{P_2}{\gamma} + \frac{u_2^2}{2g}$$

$$\frac{P_1}{\gamma} - \frac{P_2}{\gamma} = \frac{u_2^2}{2g} - \frac{u_1^2}{2g}$$

$A_1 u_1 = A_2 u_2$ 이므로 $300^2 \times u_1 = 100^2 \times u_2$

∴ $9u_1 = u_2$

$$\frac{14.7 kN/m^2}{9.8 kN/m^3} = \frac{(9u_1)^2 - u_1^2}{2 \times 9.8 m/s^2}$$

∴ $80 u_1^2 = 29.4 m^2/s^2$

$u_1^2 = \left(\frac{29.4}{80}\right)$ ∴ $u_1 = 0.606 ≒ 0.61 [m/s]$

∴ $Q = A_1 u_1 = \frac{\pi}{4}(0.3m)^2 \times 0.61 m/s = 0.043 ≒ 0.04 [m^3/s]$

2) 제연구역의 바닥 면적이 360[m²]인 경유거실에 배출기의 배출측 풍도를 원형으로 설치할 경우 풍도의 최소 직경(mm)과 제연구역에 설치하는 공기 유입구의 크기(cm²)를 계산하시오. (단, 제연구역 내로 공기가 유입되는 순간의 풍속은 5[m/s] 이하이다) [5점]

해설 및 정답 ① 풍도의 최소직경(mm)

$$D = \sqrt{\frac{4Q}{\pi u}}$$

$Q = 360 m^2 \times 1 m^3/m^2 \cdot \min = 360 m^3/\min = 6 [m^3/s], \ u = 20 [m/s]$

∴ $D = \sqrt{\frac{4 \times 6}{\pi \times 20}} = 0.618 m ≒ 618 [mm]$

② 공기유입구의 크기

$A(cm^2) = 360 m^3/\min \times 35 cm^2 / 1 m^3/\min = 12,600 [cm^2]$

모의고사

3) 동점성계수 $\nu = 2.4 \times 10^{-4}$[m²/s]이고, 비중 $s = 0.88$인 유체를 1[km] 떨어진 곳으로 곧은 원관을 통하여 이송하려고 할 때 1[km] 거리에서의 손실수두 H_L[m], 압력강하 $\triangle P$[Pa], 펌프의 최소동력 P[kW]을 계산하시오. (단, 관의 지름은 100[mm]이고, 유량은 0.02[m³/s]이다) **8점**

해설및정답 ① 손실수두

$$h_L = f \cdot \frac{L}{D} \cdot \frac{u^2}{2g}$$

$$ReNo = \frac{D \cdot u}{\nu}$$

$$u = \frac{Q}{A} = \frac{0.02 m^3/s}{\frac{\pi}{4}(0.1m)^2} = 2.546 ≒ 2.55[m/s]$$

$$ReNo = \frac{0.1 \times 2.55}{2.4 \times 10^{-4}} = 1,062.5$$

$$f = \frac{64}{ReNo} = \frac{64}{1062.5} = 0.0602 ≒ 0.06$$

$$\therefore h_L = 0.06 \times \frac{1,000}{0.1} \times \frac{(2.55)^2}{2 \times 9.8} = 199.056 ≒ 199.06[m]$$

② 압력강하 $\triangle P$

$$\triangle P = \gamma \cdot h = (9,800 N/m^3 \times 0.88) \times 199.06m = 1,716,693.44[Pa]$$

③ 수동력

$$P(kW) = \frac{\gamma QH}{102} = \frac{(0.88 \times 1,000) \times 0.02 \times 199.06}{102} = 34.347 ≒ 34.35[kW]$$

4) 역률 0.6, 출력 20[kW]인 전동기 부하에 병렬로 전력용 콘덴서를 설치하여 역률을 0.9로 개선하려고 한다. 전력용 콘덴서 용량은 몇 [VA]가 필요한가? **5점**

해설및정답

$$Q_C = P\left(\frac{\sqrt{1-\cos\theta_1^2}}{\cos\theta_1} - \frac{\sqrt{1-\cos\theta_2^2}}{\cos\theta_2}\right)$$

$$= 20 \times \left(\frac{\sqrt{1-0.6^2}}{0.6} - \frac{\sqrt{1-0.9^2}}{0.9}\right)$$

$$= 16.98 kVA = 16,980[VA]$$

5) 특별피난계단 제연설비의 제연구역 선정 방식에 따른 방연풍속 기준을 답하시오. 8점

해설 및 정답

제연구역		방연풍속
계단실 및 부속실 동시제연, 계단실 단독제연		0.5[m/s] 이상
부속실 단독제연, 비상용승강기승강장 단독제연	면하는 옥내가 거실인 경우	0.7[m/s] 이상
	면하는 옥내가 복도로서 방화구조인 것 (내화시간 30분 이상)	0.5[m/s] 이상

제 9 회 설계 및 시공 모의고사

01 다음 각 물음에 답하시오. [30점]

1) 물이 흐르고 있는 관로에서 a지점의 게이지압력이 300[kPa]이고 유량이 15[kg/s]일 때 a와 b지점 사이의 손실수두[m]를 계산하시오. [5점]

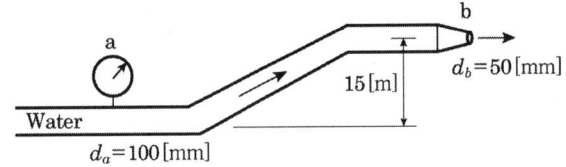

해설 및 정답

$$\frac{P_1}{\gamma} + \frac{u_1^2}{2g} + Z_1 = \frac{P_2}{\gamma} + \frac{u_2^2}{2g} + Z_2 + h_L$$

$P_2 = 0 \quad Z_1 = 0 \quad Z_2 = 15m$

$$u_1 = \frac{Q_1}{A_1} = \frac{0.015}{\frac{\pi}{4}(0.1)^2} = 1.91[\text{m/s}]$$

cf) $15[kg/s] = 0.015[m^3/s] \quad (1[m^3] = 1,000[kg])$

$$u_2 = \frac{Q_2}{A_2} = \frac{0.015}{\frac{\pi}{4}(0.05)^2} = 7.64[\text{m/s}]$$

$P_1 = 300[\text{kPa}]$

$$\therefore \frac{300}{9.8} + \frac{(1.91)^2}{2 \times 9.8} = \frac{(7.64)^2}{2 \times 9.8} + 15 + h_L$$

$h_L = 12.82[m]$

2) 비상콘센트설비의 정격전압이 220[V]일 경우 절연된 충전부와 외함 사이의 누설전류(mA)와 절연내력시험을 실시하기 위한 실효전압(V)을 계산하시오. [5점]

해설 및 정답

① 누설전류

$$I = \frac{V}{R} = \frac{500}{20 \times 10^6} = 0.000025[\text{A}] = 0.025[\text{mA}]$$

② 실효전압

$V = 220 \times 2 + 1,000 = 1,440[\text{V}]$

3) 스프링클러설비의 화재안전기술기준 중 규정하는 연소할 우려가 있는 개구부의 정의와 연소할 우려가 있는 개구부에 설치하는 개방형헤드 설치기준을 쓰시오. **5점**

해설및정답
① 연소할 우려가 있는 개구부 : 각 방화구획을 관통하는 컨베이어, 에스컬레이터 또는 이와 유사한 시설의 주위로서 방화구획을 할 수 없는 부분
② 개방형헤드 설치기준 : 연소할 우려가 있는 개구부에는 그 상하좌우에 2.5[m] 간격으로(개구부 폭이 2.5[m] 이하인 경우 그 중앙에) 스프링클러헤드를 설치하되 스프링클러헤드와 개구부의 내측면으로부터 직선거리가 15[cm] 이하가 되도록 할 것. 이 경우 사람이 상시 출입하는 개구부로서 통행에 지장이 있을 때에는 개구부의 상부 또는 측면(개구부 폭이 9[m] 이하인 경우에 한한다)에 설치하되, 헤드상호간의 간격은 1.2[m] 이하로 설치하여야 한다.

4) 지름이 3[m]이고, 높이가 2[m]인 특수가연물을 저장하는 창고에 국소방출방식으로 고발포용 고정포방출구를 설치할 경우 필요한 포수용액의 양(m³)을 계산하시오. (단, 소화약제는 단백포 3[%]를 사용한다) **5점**

해설및정답
$$Q(m^3) = Am^2 \times 3L/m^2 \cdot \min \times 10\min \times \frac{1m^3}{1,000L}$$
$$= \frac{\pi}{4}(3+6\times2)^2 \times 3 \times 10 \times \frac{1}{1,000}$$
$$= 5.301 \fallingdotseq 5.3[m^3]$$

5) 공동현상(Cavitation)의 정의, 발생한계조건, 방지대책에 대해 답하시오. **5점**

해설및정답
① 정의 : 펌프흡입측에서 발생될 수 있는 이상현상으로서 펌프로 흡입되는 물의 압력이 해당온도에서의 포화증기압보다 작게 되는 경우 물이 급격하게 증발되어 기포가 생성되는 현상
② 발생한계조건
  ㉠ $NPSH_{av} < NPSH_{re}$: 발생
  ㉡ $NPSH_{av} > NPSH_{re}$: 발생하지 않음
  ㉢ $NPSH_{av} = NPSH_{re}$: 발생한계
  ㉣ $NPSH_{av} \geq NPSH_{re} \times 1.3$: 설계조건

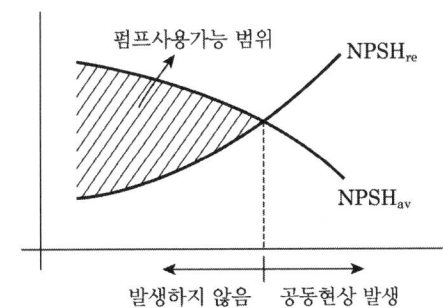

③ 방지대책
　㉠ 정압흡입방식 적용
　㉡ 흡입측 배관 마찰손실을 작게 한다.
　㉢ 흡입측 배관 길이를 짧게 한다.
　㉣ 흡입측 배관 유속을 낮춘다.
　㉤ 흡입측 배관 관경을 크게 한다.
　㉥ 양흡입펌프를 이용한다.
　㉦ 임펠러 속도를 늦춘다.

6) 다음 위험물 저장탱크(타원형탱크)의 내용적 90[%]에 등유를 저장하고 있다. 소요단위(정수)는 얼마인지를 구하시오. **5점**

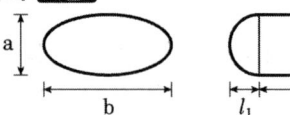

여기서, a : 2[m], b : 3[m], l : 5[m], l_1 : 1.5[m], l_2 : 1.5[m]

해설 및 정답

$$V = \frac{\pi}{4}(ab)\left[\ell + \frac{\ell_1+\ell_2}{3}\right] = \frac{\pi}{4}(2\times 3) \times \left[5 + \frac{1.5+1.5}{3}\right] = 28.274 ≒ 28.27[\text{m}^3]$$

∴ 용량 = $28.27 m^3 \times 0.9 = 25.443 ≒ 25.44[\text{m}^3]$
　등유 지정수량=1,000[L]=1[m³]
∴ 지정수량의 25.44배
∴ 위험물 지정수량 10배당 1소요 단위
∴ $\frac{25.44}{10} = 2.54$단위
∴ 3단위 필요

02 특수가연물을 10[m] 높이로 저장하는 랙크식 창고에 화재조기진압용 스프링클러설비를 설치하고자 한다. 〈조건〉을 참고하여 다음 각 물음에 알맞게 답하시오. 30점

> **조건**
> ① 창고의 크기는 가로 30[m], 세로 50[m], 높이 12[m]이다.
> ② K값은 방수량이 가장 많은 헤드를 기준으로 할 것
> ③ 헤드는 정방형으로 배치한다.

1) 방호구역 내 최소 헤드 설치개수를 계산하시오. 5점

해설및정답 $S = \sqrt{9.3} = 3.049 ≒ 3.05[m]$

가로열설치수 $= \dfrac{30}{3.05} = 9.83$ ∴ 10개

세로열설치수 $= \dfrac{50}{3.05} = 16.39$ ∴ 17개

∴ 10×17 = 170개

cf) 헤드 하나 방호면적 : 6[m²] 이상 9.3[m²] 이하

헤드사이거리 ┌ 높이 9.1[m] 미만인 경우 2.4[m] 이상, 3.7[m] 이하
       └ 높이 9.1[m] 이상 13.7[m] 이하인 경우 3.1[m] 이하

2) 펌프의 토출량[L/min]을 계산하시오. 5점

해설및정답 $Q = 12 \times K\sqrt{10P}$

$K = 320$, $P = 0.28$ 적용

∴ $Q = 12 \times 320 \sqrt{10 \times 0.28} = 6,425.55[L/min]$

3) 수원의 양[m³]을 계산하시오. 5점

해설및정답 $Q = 12 \times K\sqrt{10P} \times 60 = 12 \times 320\sqrt{10 \times 0.28} \times 60 = 385,532.94[L]$
$≒ 385.53[m^3]$

4) 화재조기진압용 스프링클러설비를 설치할 장소의 구조 적합기준 5가지를 쓰시오. 10점

해설및정답 ① 해당 층의 높이가 13.7[m] 이하일 것. 다만 2층 이상일 경우에는 해당 층의 바닥을 내화구조로 하고 다른 부분과 방화구획할 것

② 천장의 기울기가 $\dfrac{168}{1,000}$ 을 초과하지 않아야 하고 이를 초과하는 경우에는 반자를 지면과 수평으로 설치할 것

③ 천장은 평평하여야 하며 철재나 목재트러스구조인 경우 철재나 목재의 돌출부분이 102[mm]를 초과하지 아니할 것

④ 보로 사용되는 목재·콘크리트 및 철재 사이의 간격이 0.9[m] 이상 2.3[m] 이하일 것. 다만 보의 간격이 2.3[m] 이상인 경우에는 화재조기 진압용 스프링클러헤드의 동작을 원활히 하기 위하여 보로 구획된 부분의 천장 및 반자의 넓이가 28[m²]를 초과하지 아니할 것
⑤ 창고 내의 선반의 형태는 하부로 물이 침투되는 구조로 할 것

5) 화재조기진압용 스프링클러설비 설치기준 중 환기구 기준을 답하시오. **5점**

해설및정답 ① 공기의 유동으로 인하여 헤드의 작동온도에 영향을 주지 않는 구조일 것
② 화재감지기와 연동하여 동작하는 자동식 환기장치를 설치하지 아니할 것. 다만, 자동식환기장치를 설치할 경우에는 최소작동온도가 180[℃] 이상일 것

03 다음 물음에 알맞게 답하시오. **30점**

1) 특수가연물을 저장하는 랙크식 창고(가로 22[m], 세로 20[m], 높이 10.5[m])에 가로 4[m], 세로 16[m], 높이 8[m]인 랙크를 3개 설치하고 라지드롭형스프링클러헤드(폐쇄형)를 정방형으로 설치할 경우 최소 설치 헤드 수와 소화수조에 저장하여야 하는 수원의 양(m³)을 계산하시오. (단, 랙크 높이는 6[m]이다) **5점**

해설및정답 ① 헤드 수
  ㉠ 천장
   가로열 : $\dfrac{22m}{2 \times 1.7m \times \cos 45°} = 9.15$ ∴ 10개
   세로열 : $\dfrac{20m}{2 \times 1.7m \times \cos 45°} = 8.32$ ∴ 9개
   ∴ 9×10 = 90개
  ㉡ 랙크
   가로열 : $\dfrac{4m}{2 \times 1.7m \times \cos 45°} = 1.66$ ∴ 2개
   세로열 : $\dfrac{16m}{2 \times 1.7m \times \cos 45°} = 6.65$ ∴ 7개
   ∴ 2×7×3열×3개 = 126개
  ∴ 총 헤드 수 90+126 = 216개
② 수원의 양
  $Q = 30 \times 9.6m^3 = 30 \times 160L/min \times 60min = 288m^3$

2) 지하 3층, 지상 30층(층고 3[m])인 아파트에 연결송수관설비를 설치하려고 한다. 펌프의 전동기 용량(kW)은 최소 얼마 이상으로 하여야 하는가? (단, 층별 방수구는 3개, 송수구 및 방수구는 당해 지면으로부터 1[m] 높이에 설치, 배관 및 호스의 마찰손실수두는 실양정의 30[%], 효율은 70[%], K = 1.1을 적용한다) 5점

해설 및 정답

$P(kW) = \dfrac{\gamma QH}{102\eta}K$

$Q = 1,200[\text{L/min}]$ 선정(아파트, 방수구 3개)

$H = h_1 + h_2 + h_3 + 35m - 70m$

실양정 $h_1 = (3m - 1m) + 3m \times 28 + (1m) = 87[m]$

$H = 87m + 87m \times 0.3 + 35m - 70m = 78.1[m]$

$\therefore P = \dfrac{1,000 \times \left(\dfrac{1.2}{60}\right) \times 78.1}{102 \times 0.7} \times 1.1 = 24.064 ≒ 24.06[kW]$

3) 근린생활시설의 용도로 사용되는 지상1층~지상5층의 특정소방대상물에 설치하여야 하는 피난기구 수와 설치 가능한 피난기구의 종류를 쓰시오. (단, 각 층의 바닥면적은 1,000[m²]로 동일하다. 감소규정을 적용하지 않는다) 5점

해설 및 정답

$\dfrac{1,000m^2}{1,000m^2} = 1$개

3, 4, 5층 1개씩 총 3개

① 피난기구수 : 총 3개
② ┌ 3층 : 미끄럼대, 구조대, 다수인피난장비, 승강식피난기, 완강기, 피난교, 피난사다리, 피난용트랩
   └ 4층, 5층 : 구조대, 다수인피난장비, 승강식피난기, 완강기, 피난교, 피난사다리

4) 분말소화설비의 음향경보장치 기준 중 방송에 따른 경보장치의 설치기준을 쓰시오. 5점

해설 및 정답
① 증폭기 재생장치는 화재시 연소의 우려가 없고 유지관리가 쉬운 장소에 설치할 것
② 방호구역 또는 방호대상물이 있는 구획의 각 부분으로부터 하나의 확성기까지의 수평거리는 25[m] 이하가 되도록 할 것
③ 제어반의 복구스위치를 조작하여도 경보를 계속 발할 수 있는 것으로 할 것

모의고사

5) 주차장에 설치하는 호스릴포소화설비 또는 포소화전설비의 설치기준 5가지를 기술하시오.

[10점]

해설및정답 ① 소방대상물의 어느 층에 있어서도 그 층에 설치된 호스릴포방수구 또는 포소화전방 수구(5개 이상 설치된 경우 5개)를 동시에 사용할 경우 각 이동식 포노즐 선단의 포수용액 방사압력이 0.35[MPa] 이상이고, 300[L/min] 이상(1개 층 바닥면적이 200[m^2] 이하인 경우 230[L/min] 이상)의 포수용액을 수평거리 15[m] 이상으로 방사할 수 있도록 할 것
② 저발포의 포소화약제를 사용할 수 있는 것으로 할 것
③ 호스릴 또는 호스를 호스릴포방수구 또는 포소화전 방수구로 분리하여 비치하는 때에는 그로부터 3[m] 이내의 거리에 호스릴함 또는 호스함을 설치할 것
④ 호스릴함 또는 호스함은 바닥으로부터 높이 1.5[m] 이하의 위치에 설치하고 그 표면에는 "포호스릴함(또는 포소화전함)"이라고 표시한 표지와 적색의 위치표시등을 설치할 것
⑤ 방호대상물의 각 부분으로부터 하나의 호스릴포방수구까지의 수평거리는 15[m] 이하(포소화전 방수구의 경우 25[m] 이하)가 되도록 하고 호스릴 또는 호스의 길이는 방호대상물의 각 부분에 포가 유효하게 뿌려질 수 있도록 할 것

제 10 회 설계 및 시공 모의고사

01 다음과 같이 옥내소화전설비가 설치되어 있을 때 다음 〈조건〉을 이용하여 물음에 답하시오. [30점]

> **조건**
> ① 소화전은 층당 3개씩 설치되어 있다.
> ② 부압수조방식이며 흡입측에 설치된 연성계는 0.04[MPa]을 지시하고 있다.
> ③ 펌프 중심에서 최고층 소화전 방수구까지의 실고는 25[m]이다.
> ④ 최고층의 모든 소화전 방수구 개방시 말단 소화전에서의 방사압력은 0.21[MPa]이다.
> ⑤ 토출측 배관 및 관 부속의 마찰손실은 토출측 실양정의 35[%]로 한다.
> ⑥ 호스의 마찰손실수두는 다음 표를 이용할 것
>
> 【 호스의 마찰손실수두 100[m]당 】
>
> | | 호스의 호칭경 | | | | | |
> |---|---|---|---|---|---|---|
> | | 40[mm] | | 50[mm] | | 65[mm] | |
> | | 마호스 | 고무내장호스 | 마호스 | 고무내장호스 | 마호스 | 고무내장호스 |
> | 130 | 26[m] | 12[m] | 7[m] | 3[m] | – | – |
> | 350 | – | – | – | – | 10[m] | 4[m] |
>
> ⑦ 호스는 길이 15[m], 구경 40[mm]의 마호스 2개를 사용한다.
> ⑧ 호스의 마찰손실은 유량의 2승에 비례한다.
> ⑨ 방수노즐의 구경은 13[mm]이며 노즐계수 C는 0.97이다.
> ⑩ $Q(\text{L/min}) = 0.6597 CD^2 \sqrt{10P}$ 이용, $D(\text{mm})$, $P(\text{MPa})$
> ⑪ 0.1[MPa]=10[m] 적용
> ⑫ 대기압은 0.1[MPa](절대압)이다.

1) 최고층 말단 노즐에서의 방사량(L/min)은 얼마인가? [3점]

해설 및 정답
$Q = 0.6597 \cdot C \cdot D^2 \cdot \sqrt{10P}$
$\quad = 0.6597 \times 0.97 \times 13^2 \times \sqrt{10 \times 0.21}$
$\quad = 156.716 ≒ 156.72[\text{L/min}]$

2) 펌프의 전양정은 몇 [m]인가? [3점]

해설 및 정답
$H = h_1 + h_2 + h_3 + 21m$
$\quad = 4m + 25m + (25m \times 0.35) + 30m \times \dfrac{26m}{100m} \times \dfrac{156.72^2}{130^2} + 21m$
$\quad = 70.085 ≒ 70.09[\text{m}]$

모의고사

3) 주수원의 양(m^3)과 옥상수원의 양(m^3)을 구하시오. **4점**

해설 및 정답
① 주수원 : $Q(m^3) = 2 \times 2.6m^3 = 5.2[m^3]$
② 옥상수원 : $Q(m^3) = 5.2m^3 \times \dfrac{1}{3} = 1.73[m^3]$

4) 옥내소화전 방수구 설치기준을 기술하시오. **10점**

해설 및 정답 옥내소화전방수구는 다음의 기준에 따라 설치하여야 한다.
① 특정소방대상물의 층마다 설치하되, 해당 특정소방대상물의 각 부분으로부터 하나의 옥내소화전 방수구까지의 수평거리가 25[m](호스릴옥내소화전설비를 포함한다) 이하가 되도록 할 것. 다만, 복층형 구조의 공동주택의 경우에는 세대의 출입구가 설치된 층에만 설치할 수 있다.
② 바닥으로부터의 높이가 1.5[m] 이하가 되도록 할 것
③ 호스는 구경 40[mm](호스릴옥내소화전설비의 경우에는 25[mm]) 이상의 것으로서 특정소방대상물의 각 부분에 물이 유효하게 뿌려질 수 있는 길이로 설치할 것
④ 호스릴옥내소화전설비의 경우 그 노즐에는 노즐을 쉽게 개폐할 수 있는 장치를 부착할 것

5) 위 설비의 체절압력은 최대 몇 [MPa]인가? **2점**

해설 및 정답 $0.7MPa \times 1.4 = 0.98[Mpa]$

6) 가압송수장치가 4단 펌프라면 이 펌프의 압축비는 얼마인가? **3점**

해설 및 정답 $K = \sqrt[n]{\dfrac{P_2}{P_1}} = \sqrt[4]{\dfrac{0.1 + (0.7 - 0.04)}{0.1 - 0.04}} = 1.886 ≒ 1.89$

7) 부압수조방식에서의 물올림장치의 설치기준을 기술하시오. **5점**

해설 및 정답
① 물올림장치에는 전용의 수조를 설치할 것
② 수조의 유효수량은 100[L] 이상으로 하되, 구경 15[mm] 이상의 급수배관에 따라 해당 탱크에 물이 계속 보급되도록 할 것

02 다음 도면과 〈조건〉을 참고하여 각 물음에 알맞게 답하시오. 30점

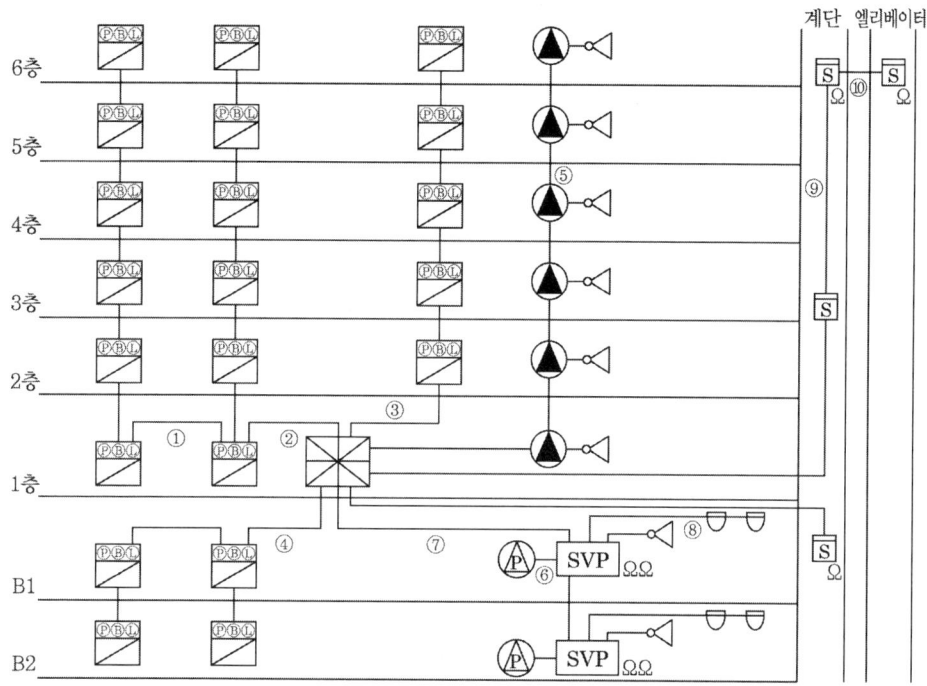

조건

① 건축물의 구조는 내화구조이며, 연면적은 5,000[m²]이고, 지상 층의 층고는 3[m], 지하 층의 층고는 4[m]이다(일제경보방식 채택).
② 자동화재탐지설비는 발신기 공통선 1선, 경종·표시등 공통선 1선으로 한다.
③ 옥내소화전설비의 펌프 기동방식은 지상은 기동용수압개폐방식, 지하는 ON-OFF 방식으로 한다.
④ 습식스프링클러설비(지상 층)와 준비작동식스프링클러설비(지하 층)가 설치되어 있으며, 감지기 공통선과 전원 공통선은 별도로 한다.
⑤ 계통도 상에 종단저항이 표기되어 있지 않는 곳은 기기 수용상자 내에 종단저항이 설치된 것으로 간주한다.
⑥ 기타 주어지지 아니한 조건은 국가화재안전성능/기술기준을 적용하며, 시스템을 운용하기 위한 최소 전선수를 사용하도록 한다.
⑦ 발신기에는 전화선을 설치하지 않으며 SVP에는 전화선을 설치한다.

1) 계통도 상 ①번부터 ⑩번 배관까지의 간선의 최소 가닥수를 쓰시오. 5점

①	②	③	④	⑤	⑥	⑦	⑧	⑨	⑩
13	20	12	14	6	4	15	8	4	2

간선의 용도	①	②	③	④	⑤	⑥	⑦	⑧	⑨	⑩
지구선	6	12	5	4						
공통선	1	2	1	1						
응답선	1	1	1	1						
경종선	1	1	1	1						
표시등선	1	1	1	1						
경종·표시등 공통선	1	1	1	1						
기동확인 표시등선	2	2	2	2						
ON				1						
OFF				1						
공통선				1						
유수검지스위치(PS)					2					
탬퍼스위치(TS)					2					
사이렌					1					
공통선					1					
전원+							1			
전원−						1	1			
전화							1			
밸브개방(SV)						1	2			
밸브개방확인(PS)						1	2			
탬퍼스위치(TS)						1	2			
사이렌							1			
감지기 A							2	2		
감지기 B							2	2		
감지기 공통선							1	4		
감지기 계단									1	
감지기 엘리베이터									1	1
감지기 공통선									2	1
계	13	20	12	14	6	4	15	8	4	2

2) 계통도 상 ②④⑤⑦⑨ 배관의 간선의 용도를 쓰시오. **5점**

해설 및 정답 ②④⑤⑦⑨ 배관의 간선의 용도

②	지구선 12, 공통선 2, 응답선 1, 경종 및 표시등 공통선 1, 경종선 1, 표시등선 1, 기동확인 표시등선 2
④	지구선 4, 공통선 1, 응답선 1, 경종 및 표시등 공통선 1, 경종선 1, 표시등선 1, 기동확인 표시등선 2, ON 1, OFF 1, 공통선 1
⑤	유수검지스위치(PS) 2, 탬퍼스위치(TS) 2, 사이렌 1, 공통선 1
⑦	전원 + 1, 전원 − 1, 전화 1, 밸브개방(SV) 2, 밸브개방확인(PS) 2, 탬퍼스위치(TS) 2, 사이렌 1, 감지기 A 2, 감지기 B 2, 감지기 공통 1
⑨	감지기 계단 1, 감지기 엘리베이터 1, 공통 2

3) 수신기의 설치기준 9가지를 기술하시오. **7점**

해설 및 정답 수신기 설치기준
① 수위실 등 상시 사람이 근무하는 장소에 설치할 것. 다만, 사람이 상시 근무하는 장소가 없는 경우에는 관계인이 쉽게 접근할 수 있고 관리가 용이한 장소에 설치할 수 있다.
② 수신기가 설치된 장소에는 경계구역 일람도를 비치할 것. 다만, 모든 수신기와 연결되어 각 수신기의 상황을 감시하고 제어할 수 있는 수신기(이하 "주수신기"라 한다)를 설치하는 경우에는 주수신기를 제외한 기타 수신기는 그러하지 아니하다.
③ 수신기의 음향기구는 그 음량 및 음색이 다른 기기의 소음 등과 명확히 구별될 수 있는 것으로 할 것
④ 수신기는 감지기·중계기 또는 발신기가 작동하는 경계구역을 표시할 수 있는 것으로 할 것
⑤ 화재·가스 전기 등에 대한 종합방재반을 설치한 경우에는 해당 조작반에 수신기의 작동과 연동하여 감지기·중계기 또는 발신기가 작동하는 경계구역을 표시할 수 있는 것으로 할 것
⑥ 하나의 경계구역은 하나의 표시등 또는 하나의 문자로 표시되도록 할 것
⑦ 수신기의 조작 스위치는 바닥으로부터의 높이가 0.8[m] 이상 1.5[m] 이하인 장소에 설치할 것
⑧ 하나의 특정소방대상물에 2 이상의 수신기를 설치하는 경우에는 수신기를 상호간 연동하여 화재발생 상황을 각 수신기마다 확인할 수 있도록 할 것
⑨ 화재로 인하여 하나의 층의 지구음향장치 배선이 단락되어도 다른 층의 화재통보에 지장이 없도록 각 층 배선 상에 유효한 조치를 할 것

모의고사

4) 부착높이별 감지기종류 중 부착높이가 8[m] 이상 15[m] 미만인 경우 설치가능한 감지기 종류를 답하시오. 5점

해설 및 정답
① 차동식 분포형
② 이온화식 1종 또는 2종
③ 광전식(스포트형·분리형·공기흡입형) 1종 또는 2종
④ 연기복합형
⑤ 불꽃감지기

【 부착높이별 적응성 】

부착높이	감지기의 종류
8[m] 이상 15[m] 미만	① 차동식 분포형 ② 이온화식 1종 또는 2종 ③ 광전식(스포트형·분리형·공기흡입형) 1종 또는 2종 ④ 연기복합형 ⑤ 불꽃감지기
15[m] 이상 20[m] 미만	① 이온화식 1종 ② 광전식(스포트형·분리형·공기흡입형) 1종 ③ 연기복합형 ④ 불꽃감지기
20[m] 이상	① 불꽃감지기 ② 광전식(분리형·공기흡입형) 중 아날로그방식

5) 축적기능이 있는 수신기를 설치하여야 하는 경우와 그렇지 아니한 경우에 대해 설명하시오. 8점

해설 및 정답
① 축적기능이 있는 수신기를 설치하여야 하는 경우 : 다음의 장소로서 일시적으로 발생한 열, 연기 또는 먼지 등으로 인하여 감지기가 화재신호를 발신할 우려가 있는 장소
  ㉠ 지하층, 무창층 등으로서 환기가 잘되지 않는 장소
  ㉡ 실내면적이 40[m²] 미만인 장소
  ㉢ 감지기의 부착면과 실내바닥과의 거리가 2.3[m] 이하인 장소
② 그렇지 아니한 경우 : 비화재보방지 기능이 있는 감지기를 설치한 경우

비화재보방지 기능이 있는 감지기의 종류	
• 불꽃감지기	• 정온식 감지선형 감지기
• 분포형 감지기	• 복합형 감지기
• 광전식 분리형 감지기	• 아날로그방식의 감지기
• 다신호방식의 감지기	• 축적방식의 감지기

03 다음 각 물음에 답하시오. 40점

1) 〈그림〉과 같이 구획된 전산기기실과 통신기기실에 할로겐화합물소화설비 및 불활성기체소화설비를 설치하려고 한다. 〈조건〉을 참조하여 각 물음에 알맞게 답하시오. 25점

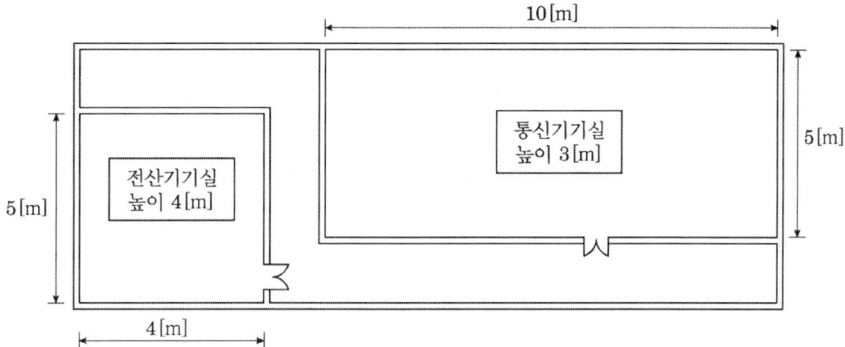

조건

① 전산기기실인 경우
  ㉠ 할로겐화합물소화설비를 설치한다.
  ㉡ 소화농도는 A·C급 화재 : 8.5[%], B급 화재 : 10[%]로 한다.
  ㉢ 선형상수 K_1=0.2413, K_2=0.00088이다.
  ㉣ 예상 최저온도는 20[℃]이다.
② 통신기기실인 경우
  ㉠ 불활성기체소화설비를 설치한다.
  ㉡ 소화농도는 A·C급 화재 : 32.5[%], B급 화재 : 31[%]로 한다.
  ㉢ 선형상수 K_1=0.65799, K_2=0.00239이다.
  ㉣ 저장용기의 내용적은 80[L], 1병당 충전량은 12.5[m³]이다.
  ㉤ 예상 최저온도는 5[℃]이다.

(1) 화재안전기술기준에서 정한 배관 구경 선정 조건을 만족하기 위한 전산기기실에 10초 이내에 방사하여야 할 약제량(kg)은 최소 얼마 이상인가? 5점
(2) 화재안전기술기준에서 정한 배관 구경 선정 조건을 만족하기 위한 통신기기실에 방사하여야 하는 유량(m³/sec)는 얼마인가? 5점
(3) 통신기기실용으로 저장 용기실에 저장하여야 용기수는 몇 병인가? 5점
(4) 저장용기 설치장소의 설치기준을 쓰시오. 10점

해설 및 정답

(1) $W(kg) = \dfrac{V}{S} \times \left(\dfrac{C \times 0.95}{100 - C \times 0.95} \right)$

$V = 5 \times 4 \times 4 = 80 [m^3]$

$S = K_1 + K_2 \times t = 0.2413 + 0.00088 \times 20 = 0.2589 [m^3/kg]$

$C = 8.5\% \times 1.35 = 11.475 ≒ 11.48\%$

∴ $W = \dfrac{80}{0.2589} \times \left(\dfrac{11.48 \times 0.95}{100 - 11.48 \times 0.95} \right) = 37.82 [kg]$

모의고사

(2) $Q(m^3/\text{sec}) = \dfrac{V(m^3) \times 2.303 \times \dfrac{V_S}{S} \times \log\left(\dfrac{100}{100 - C \times 0.95}\right)}{2 \times 60\text{sec}}$

$V(m^3) = 10m \times 5m \times 3m = 150[\text{m}^3]$

$C = 32.5\% \times 1.35 = 43.875[\%] \fallingdotseq 43.88[\%]$

V_S : 20[℃]에서의 비체적

$V_S = K_1 + K_2 \times 20 = 0.65799 + 0.00239 \times 20 = 0.70579[\text{m}^3/\text{kg}]$

S : 5[℃]에서의 비체적

$S = K_1 + K_2 \times 5 = 0.65799 + 0.00239 \times 5 = 0.66994[\text{m}^3/\text{kg}]$

$\therefore\ Q(m^3/\text{sec}) = \dfrac{150(m^3) \times 2.303 \times \dfrac{0.70579}{0.66994} \times \log\left(\dfrac{100}{100 - 43.88 \times 0.95}\right)}{2 \times 60\text{sec}}$

$= 0.710 m^3/\text{sec} \fallingdotseq 0.71[\text{m}^3/\text{sec}]$

(3) $Q(m^3) = V(m^3) \times X = V(m^3) \times 2.303 \times \dfrac{V_S}{S} \times \log\left(\dfrac{100}{100 - C}\right)$

$V(m^3) = 10m \times 5m \times 3m = 150[\text{m}^3]$

$C = 32.5\% \times 1.35 = 43.875[\%] \fallingdotseq 43.88[\%]$

V_S : 20[℃]에서의 비체적

$V_S = K_1 + K_2 \times 20 = 0.65799 + 0.00239 \times 20 = 0.70579[\text{m}^3/\text{kg}]$

S : 5[℃]에서의 비체적

$S = K_1 + K_2 \times 5 = 0.65799 + 0.00239 \times 5 = 0.66994[\text{m}^3/\text{kg}]$

$\therefore\ Q(m^3) = 150 \times 2.303 \times \dfrac{0.70579}{0.66994} \times \log\left(\dfrac{100}{100 - 43.88}\right)$

$= 91.305 \fallingdotseq 91.3[\text{m}^3]$

병수 $= \dfrac{91.3 m^3}{12.5 m^3} = 7.3$ $\therefore$ 8병

(4) ① 방호구역 외의 장소에 설치할 것. 다만, 방호구역 내에 설치할 경우에는 피난 및 조작이 용이하도록 피난구 부근에 설치할 것

② 온도가 55[℃] 이하이고 온도변화가 적은 곳에 설치할 것

③ 직사광선 및 빗물이 침투할 우려가 없는 곳에 설치할 것

④ 방화문으로 구획된 실에 설치할 것

⑤ 용기의 설치장소에는 당해 용기가 설치된 곳임을 표시하는 표지를 할 것

⑥ 용기 간의 간격은 점검에 지장이 없도록 3[cm] 이상의 간격을 유지할 것

⑦ 저장용기와 집합관을 연결하는 연결배관에는 체크밸브를 설치할 것. 다만, 저장용기가 하나의 방호구역만을 담당하는 경우에는 그러하지 아니하다.

2) 부탄의 완전연소 조성농도(%)를 구하시오. **4점**

해설및정답
$$C_{st} = \frac{연료의\ mol수}{연료의\ mol수 + 공기의\ mol수} \times 100$$

$$C_4H_{10} + \frac{13}{2}O_2 \rightarrow 4CO_2 + 5H_2O + Qkcal$$

공기의 $mol수 = \frac{13}{2} \times \frac{1}{0.21} = 30.952 \fallingdotseq 30.95$

$\therefore C_{st} = \frac{1}{1+30.95} \times 100 = 3.129 \fallingdotseq 3.13[\%]$

3) 층수가 지상55층(층별 바닥면적 3,500[m²]인 건축물에 필요한 유수검지장치의 수를 답하시오. **2점**

해설및정답 $55 \times 2 = 110$

4) 바닥면적이 180[m²]인 주차장에 포소화전을 3개 설치시 필요한 수용액의 양(L)과 가압송수장치의 토출량(L/min)을 구하시오. (3[%] 수성막포 설치, 라인프로포셔너방식 이용) **4점**

해설및정답
① 수용액의 양(L)
　　$Q = 3 \times 6,000L \times 0.75 = 13,500[L]$
② 가압송수장치 토출량(L/min)
　　$Q = 3 \times 230L/\min = 690[L/\min]$

5) 축압식 분말소화설비에서 축압식 분말용기 1병당 80[L]용이며 충전비 0.8을 사용하여 1종 분말을 충전하였고 충전된 분말가루의 체적이 용기 체적의 3/4인 경우 용기에 설치된 압력계의 지침은 얼마(kPa)인가? (질소가스를 이용, 저장장소의 온도는 20[℃], 소수점 셋째자리까지 구하시오) **5점**

해설및정답
$G = \dfrac{V}{C} = \dfrac{80}{0.8} = 100[kg/병]$

필요한 질소의 $L = 100kg \times 10L/kg = 1,000[L]$ $(101.325[kPa],\ 35[℃])$
용기 한 병당 기체부체적 $= 20[L]$

$\dfrac{P_1 V_1}{T_1} = \dfrac{P_2 V_2}{T_2}$ 에서

$P_2 = P_1 \times \dfrac{V_1}{V_2} \times \dfrac{T_2}{T_1}$

$= 101.325 kPa \times \dfrac{1,000L}{20L} \times \dfrac{273+20}{273+35} = 4,819.5170 \fallingdotseq 4,819.517[kPa]$

모의고사

따라서 $4{,}819.517 kPa - 101.325 kPa = 4{,}718.192 [kPa]$

> **! Reference** ── 축압식 3.3kg 분말소화기 제원 ──
>
> - 약제 중량 : 3.3[kg]
> - 충전 압력 : 9.8[kg/cm^2]
> - 시험 압력 : 19.6[kg/cm^2]
> - 총중량 : 5.42[kg]
> - 능력 단위 : A급 : 3단위, B급 : 5단위, C급 : 적용
> - 방사 시간 : 11초
> - 방사 거리 : 4~6[m]
> - 분말 겉보기 비중 : 0.820[g/mL]
> - 소화기 1병당 50[L] 규격

제11회 설계 및 시공 모의고사

01 다음 도면을 보고 각 물음에 답하시오. 40점

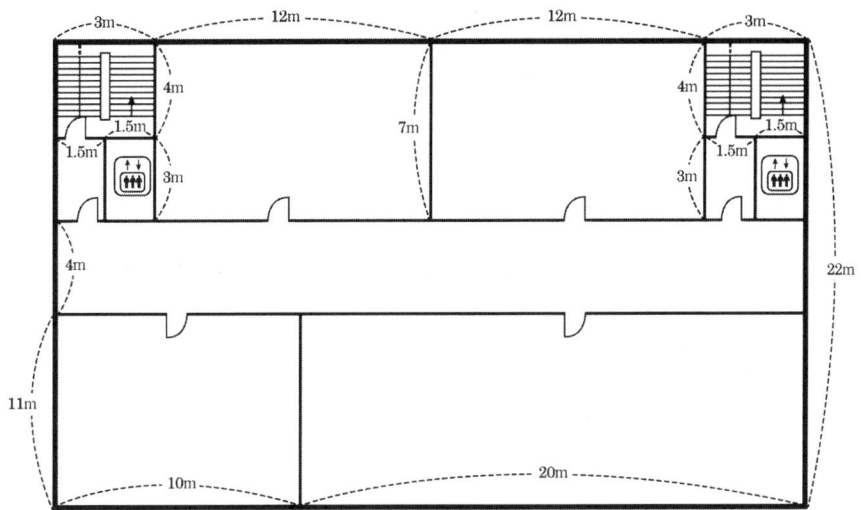

조건

① 내화구조, 불연재료 마감
② 지하 2층, 지상 12층
③ 지하1, 2층은 주차장, 지상1층~12층은 근린생활시설
④ 지상층의 경우 무창층은 없다.
⑤ 특별피난계단구조이며 전실제연설비가 설치
⑥ 층고 4[m]이며 지상층의 경우 반자가 설치되고 반자와 천장 사이 거리는 1[m], 지하층은 반자미설치 상태
⑦ 주차장의 경우 계단실, E/V실, 부속실을 제외하고는 구획된 실은 없다.
⑧ 지상1층~12층은 위 도면과 같이 동일한 구조이다.
⑨ 지하1, 2층의 경우 준비작동식 스프링클러설비가 설치
   지상1층~12층의 경우 습식스프링클러설비가 설치
⑩ 지하1, 2층 부속실에는 헤드가 설치되어 있다.

1) 자동화재탐지설비 설치시 필요한 총 경계구역의 수를 구하시오. 6점

해설및정답 ① 수평경계구역

$$\frac{(30m \times 22m) - (3m \times 4m \times 2) - (1.5m \times 3m \times 2)}{600m^2} = 1.045$$

∴ 2개

모의고사

∴ 2개×12개층=24개, 지하1층 1개, 지하2층 1개
② 수직경계구역
　㉠ E/V 권상기실 2개
　㉡ 계단
　　ⓐ 좌계단지상 : $\dfrac{4m \times 12m}{45m} = 1.06$　　∴ 2개
　　　지하 : 1개
　　ⓑ 우계단지상 : $\dfrac{4m \times 12m}{45m} = 1.06$　　∴ 2개
　　　지하 : 1개
　∴ 6개
∴ 총 경계구역=26 + 2 + 6=34개

2) 엘리베이터권상기실, 계단실, 부속실, 복도에 연기감지기 2종 설치시 필요한 연기감지기의 전체 설치수를 구하시오. **6점**

해설및정답　① 권상기실 : 2개
　　② 계단실 : 좌계단 지상=$\dfrac{4m \times 12}{15m} = 3.2$　　∴ 4개
　　　　　　좌계단 지하=1개
　　　　　　우계단 지상=$\dfrac{4m \times 12}{15m} = 3.2$　　∴ 4개
　　　　　　우계단 지하=1개
　　∴ 계단실 총 10개
　　③ 부속실 : 2개×12개층+4개×2개층=32개
　　④ 복도 : $\dfrac{30m}{30m} = 1$　　∴ 1개
　　∴ 1개×12=12개
　　∴ 전체 설치수=2 + 10 + 32 + 12=56개

3) 각 실, 주차장에는 차동식스포트형 1종 감지기 설치시 필요한 감지기의 전체 설치수를 구하시오. **8점**

해설및정답　① 1층~12층
　　㉠ $\dfrac{12m \times 7m}{90m^2} = 0.93$　　∴ 1개
　　∴ 1개 × 2개실=2개
　　㉡ $\dfrac{11m \times 10m}{90m^2} = 1.22$　　∴ 2개

ⓒ $\dfrac{11m \times 20m}{90m^2} = 2.44$ ∴ 3개

∴ 층별 7개 설치

∴ 7 × 12 = 84개

② 지하1, 2층

$\dfrac{(30m \times 22m) - (3m \times 7m \times 2)}{45m^2} = 13.73 ≒ 14개$

교차회로방식 이용 ∴ 14×2=28개

∴ 28개×2개층=56개

③ 총 설치수 = 84 + 56 = 140개

4) P형수신기로 설치시 수신기에서 첫 번째 발신기로 연결되는 간선의 수와 용도를 기술하시오. (소화설비, 피난설비, 소화활동설비 간선 제외, 지하발신기 설치) **6점**

해설및정답 ① 간선의 수 = 55

② 용도

㉠ 지구공통선 - 5

㉡ 경종 및 표시등 공통선 - 1

㉢ 경종선 - 13

㉣ 표시등선 - 1

㉤ 발신기(응답)선 - 1

㉥ 회로(지구)선 - 34

[22.12.1 개정, 11층 이상의 경우 R형으로만 설치가능]

5) R형수신기로 설치시 수신기에서 첫 번째 발신기로 연결되는 간선의 수와 용도를 기술하시오. (수신기에서 전원을 공급하는 방식) **6점**

해설및정답 ① 간선의 수 = 7

② 용도

㉠ 전원선 - 2

㉡ 신호선 - 2

㉢ 공통선 - 1

㉣ 표시등선 - 1

㉤ 발신기(응답)선 - 1

6) R형수신기의 특징을 5가지 기술하시오. 4점

해설및정답 ① 간선수(설치수)가 적게 들어 경제적이다.
② 선로의 길이를 길게 할 수 있다.
③ 신호의 전달이 명확하다.
④ 이설, 증설 등이 용이하다.
⑤ 고유신호를 전달하는 중계기가 설치되어 있다.

7) 축적기능이 있는 수신기로 설치하여야 하는 경우에 대해 기술하시오. 4점

해설및정답 다음의 경우로서 일시적으로 발생한 열·연기·먼지 등으로 감지기가 화재신호를 발신할 우려가 있는 경우
① 지하층, 무창층 등으로서 환기가 잘되지 않는 장소
② 실내 면적이 $40[m^2]$ 미만인 장소
③ 감지기 부착면과 실내 바닥과의 거리가 $2.3[m]$ 이하인 장소

02 다음 수계소화설비에 대한 각 물음에 답하시오. 30점

1) 국소방출방식의 고발포용고정포방출구 설치시 방호면적(m²)과 필요한 포소화약제의 양(L)을 구하시오. 8점

조건
① 방화대상물은 높이 1.5[m], 직경 2[m]의 특수가연물저장탱크이다.
② 합성계면활성제포 6[%]형을 사용

해설 및 정답
① 방호면적(m²)
   D = 2m + 1.5m × 3 × 2 = 11[m]
   $A = \dfrac{\pi}{4}D^2 = \dfrac{\pi}{4}(11m)^2 = 95.033 ≒ 95.03[m^2]$

② 포소화약제의 양(L)
   $Q(L) = Am^2 \times 3L/m^2 \cdot min \times 10min \times S$
   $= 95.03m^2 \times 3L/m^2 \cdot min \times 10min \times 0.06$
   $= 171.054 ≒ 171.05[L]$

2) 다음 〈조건〉을 보고 간이스프링클러설비의 필요한 수원의 양(m³)을 구하시오. 5점

조건
① 근린생활시설, 연면적 1,500[m²], 층별 설치된 헤드수 30개
② 펌프방식 이용, 지하1층~지상4층 구조, 지하1층은 주차장으로 준비작동식(표준형 헤드)으로 설치, 지상1~4층은 습식(간이형 헤드)으로 설치

해설 및 정답 $Q = 5 \times 80L/min \times 20min = 8,000[L] = 8[m^3]$

3) 랙크식창고에 화재조기진압용스프링클러설비 설치시 필요한 수원의 양(m³)을 구하시오. 5점

조건
① 창고 높이 13[m], 물건 적재 높이 10[m], 설치된 헤드수 50개
② 최소수원량 선정, 옥상수원 제외

해설 및 정답 $Q = 12 \times K\sqrt{10P} \times 60 = 12 \times 320\sqrt{10 \times 0.28} \times 60$
$= 385,532.94[L] ≒ 385.53[m^3]$

모의고사

4) 옥외소화전설비의 설치 수와 필요한 수원의 양(m³)을 구하시오. **8점**

> **조건**
> ① 각층별 바닥면적 5,000[m²](가로 100[m], 세로 50[m]), 총 3층 구조
> ② 건물외벽으로부터 옥외소화전 이격거리는 10[m] 설치

해설 및 정답 ① 설치 수

$$S = (\sqrt{40^2 - 10^2}) \times 2 = 77.459 ≒ 77.46m$$

$$\therefore 설치수 = \frac{(100m \times 2) + (50m \times 2)}{77.46m} = 3.87$$

∴ 4개

② 수원의 양 $Q = 2 \times 7m^3 = 14[m^3]$

5) 바닥면적이 180[m²]인 주차장에 포소화전을 3개 설치시 필요한 수용액의 양(L)과 가압송수장치의 토출량(L/min)을 구하시오. (3[%] 수성막포 설치, 라인프로포셔너 방식 이용) **4점**

해설 및 정답 ① 수용액 양(L)

$Q = 3 \times 6,000L \times 0.75 = 13,500[L]$

② 가압송수장치 토출량(L/min)

$Q = 3 \times 230L/min = 690[L/min]$

03 다음 각 물음에 답하시오. **30점**

1) 상업용주방자동소화장치의 설치기준을 기술하시오. **8점**

해설 및 정답 ① 소화장치는 조리기구의 종류별로 성능인증을 받은 설계 매뉴얼에 적합하게 설치할 것
② 감지부는 성능인증 받은 유효높이 및 위치에 설치할 것
③ 차단장치(전기 또는 가스)는 상시확인 및 점검이 가능하도록 설치할 것
④ 후드에 설치되는 분사헤드는 후드의 가장 긴 변의 길이까지 방출될 수 있도록 약제 방출 방향 및 거리를 고려하여 설치할 것
⑤ 덕트에 설치되는 분사헤드는 성능인증 받은 길이 이내로 설치할 것

2) 옥내소화전설비에서 수전방식에 따른 상용전원회로의 배선 설치기준 2가지를 기술하시오. 6점

해설및정답
① 저압수전인 경우에는 인입개폐기 직후에서 분기하여 전용배선, 전용전선관에 보호되도록 할 것
② 특고압 또는 고압수전인 경우에는 전력용변압기 2차측의 주차단기 1차측에서 분기하여 전용배선 하되, 상용전원 상시공급에 지장이 없는 경우 2차측에서 분기하여 전용배선할 것. 다만, 가압송수장치의 정격입력전압이 수전전압과 같은 경우 위 ① 기준에 따른다.

3) 옥내소화전설비에서 비상전원설치를 제외할 수 있는 경우 3가지를 기술하시오. 6점

해설및정답
① 2 이상의 변전소에서 전력을 동시에 공급받을 수 있는 경우
② 하나의 변전소로부터 전력의 공급이 중단될 때에 자동으로 다른 변전소로부터 전력을 공급받을 수 있도록 상용전원을 설치한 경우
③ 가압수조방식인 경우

4) 부압수조방식의 펌프의 흡입측 배관의 설치기준을 기술하시오. 5점

해설및정답
① 공기고임이 생기지 아니하는 구조로 하고 여과장치를 설치할 것
② 수조가 펌프보다 낮게 설치된 경우에는 각 펌프(충압펌프 포함)마다 수조로부터 별도로 설치할 것

5) 옥내소화전설비에서 배관을 소방용합성수지배관으로 사용할 수 있는 경우에 대해 기술하시오. 5점

해설및정답
① 배관을 지하에 매설하는 경우
② 다른 부분과 내화구조로 구획된 덕트 또는 피트의 내부에 설치하는 경우
③ 천장과 반자를 불연재료 또는 준불연재료로 설치하고 그 내부에 습식으로 배관을 설치하는 경우

제 12 회 설계 및 시공 모의고사

01 다음 〈도면〉을 보고 각 물음에 답하시오. 40점

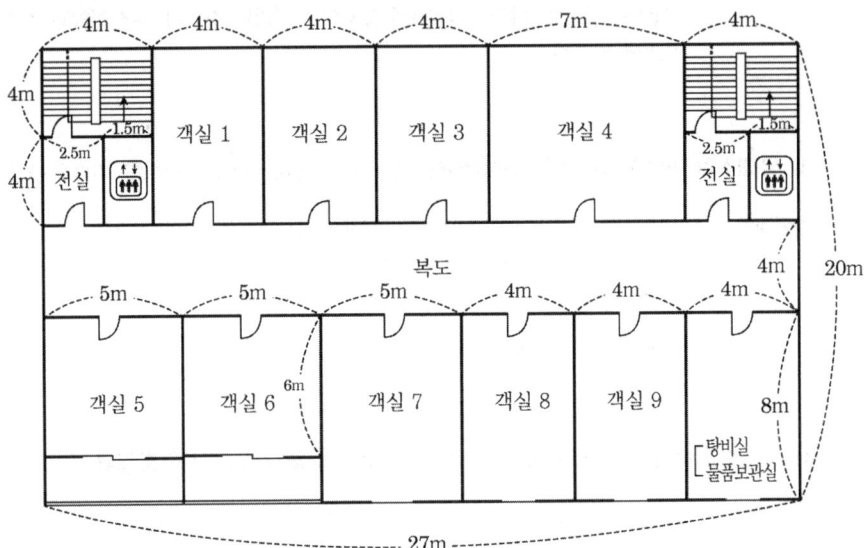

조건
① 내화구조, 불연재료 마감
② 숙박시설(관광호텔), 지상1층~15층 건축물, 1층을 제외한 2층~15층까지 위 평면도와 동일한 구조이다.
③ 객실마다 간이완강기 설치
④ 3층~10층 완강기 설치
⑤ 노대를 포함한 건물 주요구조부가 내화구조이며 노대가 외기에 면하는 부분에 설치되었으며, 도로 또는 공지에 면하여 있다.

1) 필요한 완강기의 수를 구하고 그 근거를 설명하시오. 6점

해설 및 정답   숙박시설의 경우 500m²마다 적응성 있는 피난기구 1개 설치, 발코니가 설치된 객실의 경우 바닥면적 산정에서 제외

$$\therefore \frac{(27m \times 20m) - (5m \times 8m \times 2)}{500m^2} = 0.92$$

∴ 1개
1, 2층 및 11층 이상 제외
∴ 1개×8개층=8개

2) 간이완강기의 수를 구하시오. 2점

해설및정답 9실×2개×8개층=144개

3) 다음 피난기구 적응성 표의 빈칸을 채우시오. 8점

설치장소별 구분 \ 층별	1층	2층	3층	4층 이상 10층 이하
1. 노유자시설		①		②
2. 의료시설·근린생활시설 중 입원실이 있는 의원·접골원·조산원			③	구조대·피난교·피난용트랩·다수인피난장비·승강식피난기
3. 「다중이용업소의 안전관리에 관한 특별법 시행령」 제2조에 따른 다중이용업소로서 영업장의 위치가 4층 이하인 다중이용업소	④			
4. 그 밖의 것			⑤	피난사다리·구조대·완강기·피난교·간이완강기·공기안전매트·다수인피난장비·승강식피난기

해설및정답 ① 미끄럼대, 구조대, 피난교, 다수인피난장비, 승강식피난기
② 구조대, 피난교, 다수인피난장비, 승강식피난기
③ 미끄럼대, 구조대, 다수인피난장비, 승강식피난기, 피난교, 피난용트랩
④ 미끄럼대, 구조대, 다수인피난장비, 승강식피난기, 완강기, 피난사다리
⑤ 미끄럼대, 구조대, 다수인피난장비, 승강식피난기, 완강기, 간이완강기, 공기안전매트, 피난사다리, 피난교, 피난용트랩

모의고사

4) 주요구조부가 내화구조이고 건널복도가 설치된 층에는 피난기구 수에서 건널복도수의 2배의 수를 뺀 수로 설치할 수 있다. 이 경우 건널복도의 기준 3가지를 기술하시오. **3점**

해설및정답 ① 내화구조 또는 철골조로 되어 있을 것
② 건널복도 양단의 출입구에 자동폐쇄장치를 한 60분+ 또는 60분 방화문(방화셔터 제외)이 설치되어 있을 것
③ 피난, 통행 또는 운반의 전용 용도일 것

5) 설치하여야 할 인명구조기구의 종류 및 설치 수를 답하시오. **3점**

해설및정답 ① 종류
  ㉠ 방열복 또는 방화복(헬멧, 보호장갑 및 안전화 포함)
  ㉡ 공기호흡기
  ㉢ 인공소생기
② 설치 수
  각 2개 이상

6) 다음 용어의 정의를 기술하시오. **8점**
  ① 방열복 **2점**
  ② 방화복 **2점**
  ③ 공기호흡기 **2점**
  ④ 인공소생기 **2점**

해설및정답 ① 고온의 복사열에 가까이 접근하여 소방활동을 수행할 수 있는 내열피복을 말한다.
② 화재진압 등의 소방활동을 수행할 수 있는 피복을 말한다.
③ 소화활동시에 화재로 인하여 발생하는 각종 유독가스 중에서 일정시간 사용할 수 있도록 제조된 압축공기식 개인호흡장비(보조마스크 포함)를 말한다.
④ 호흡 부전 상태인 사람에게 인공호흡을 시켜 환자를 보호하거나 구급하는 기구를 말한다.

7) 건물 옥상의 직하층 또는 최상층이 어떠한 구조인 경우 피난기구의 설치를 제외할 수 있는지 답하시오. **6점**

해설및정답 ① 주요구조부가 내화구조일 것
② 옥상면적이 $1,500[m^2]$ 이상일 것
③ 옥상으로 쉽게 통할 수 있는 창 또는 출입구가 설치되어 있을 것
④ 옥상이 소방사다리차가 쉽게 통행할 수 있는 도로 또는 공지에 면하여 설치되어 있거나 옥상으로부터 피난층 또는 지상으로 통하는 2 이상의 피난계단 또는 특별피난계단이 건축법에 적합하게 설치되어 있을 것

8) 다음 용어의 정의를 기술하시오. **4점**
   ① 다수인피난장비
   ② 승강식피난기

해설및정답 ① 화재시 2인 이상의 피난자가 동시에 해당층에서 지상 또는 피난층으로 하강하는 피난기구를 말한다.
② 사용자의 몸무게에 의하여 자동으로 하강하고 내려서면 스스로 상승하여 연속적으로 사용할 수 있는 무동력 승강식 피난기를 말한다.

02 불활성기체소화설비에 대한 다음 각 물음에 답하시오. **30점**

> **조건**
> ① 실면적 : 300[m^2], 층고 : 3.5[m], 소화농도 : 35.84[%]
> ② 전기실로서 예상온도는 10[℃]~20[℃]이다.
> ③ 1병당 80[L], 충전압력 : 19,965[kPa](게이지압), 저장용기실 온도 : 20[℃]
> ④ 대기압은 101[kPa]이다.
> ⑤ K_1, K_2의 값은 소수점 다섯째자리에서 반올림하여 구할 것

1) 소화약제량(m^3) 산출식을 쓰고, 각 기호를 설명하시오. **5점**

해설및정답
$$Q(m^3) = V(m^3) \times 2.303 \times \frac{V_s}{s} \times \log\left(\frac{100}{100-c}\right)$$

Q : 약제체적(m^3)
V : 실(방호구역)의 체적(m^3)
V_s : 1기압, 20℃에서의 약제비체적(m^3/kg)
s : 선형상수, 1기압 t℃에서의 약제비체적(m^3/kg)
  $s = k_1 + k_2 \times t$
t : 방호구역의 최소예상온도(℃)
c : 소화약제의 설계농도(%)
설계농도＝소화농도×보정계수(A급-1.2, B급-1.3, C급-1.35)

모의고사

2) IG-541의 선형상수 K_1과 K_2를 구하시오. **5점**

해설 및 정답

① $K_1 = \dfrac{22.4}{M}$

$M = 28 \times 0.52 + 40 \times 0.4 + 44 \times 0.08 = 34.08 \,[\text{kg/kmol}]$

$\therefore K_1 = \dfrac{22.4}{M} = \dfrac{22.4}{34.08} = 0.65727 ≒ 0.6573 \,[\text{m}^3/\text{kg}]$

② $K_2 = \dfrac{K_1}{273} = \dfrac{0.6573}{273} = 0.00240 ≒ 0.0024 \,[\text{m}^3/\text{kg}℃]$

3) IG-541의 소화약제량(m^3)을 구하시오. **5점**

해설 및 정답

$Q(m^3) = V(m^3) \times 2.303 \times \dfrac{V_s}{s} \times \log\left(\dfrac{100}{100-c}\right)$

$V = 300 \times 3.5 = 1,050 \,[\text{m}^3]$

$V_s = K_1 + K_2 \times 20 = 0.6573 + 0.0024 \times 20 = 0.7053 \,[\text{m}^3/\text{kg}]$

$s = K_1 + K_2 \times 10 = 0.6573 + 0.0024 \times 10 = 0.6813 \,[\text{m}^3/\text{kg}]$

$c = 35.84\% \times 1.35 = 48.384 ≒ 48.38 \,[\%]$

$\therefore Q = 1,050 \times 2.303 \times \dfrac{0.7053}{0.6813} \times \log\left(\dfrac{100}{100-48.38}\right) = 718.912 ≒ 718.91 \,[\text{m}^3]$

4) IG-541의 최소 저장 용기 수를 구하시오. **5점**

해설 및 정답

$\dfrac{P_1 V_1}{T_1} = \dfrac{P_2 V_2}{T_2}$

$V_2 = V_1 \times \dfrac{T_2}{T_1} \times \dfrac{P_1}{P_2} = 0.08 m^3 \times \dfrac{273+10}{273+20} \times \dfrac{(19,965+101)}{101}$

$= 15.351 ≒ 15.35 \,[\text{m}^3/\text{병}]$

$\therefore$ 용기 수 $= \dfrac{718.91 m^3}{15.35 m^3/\text{병}} = 46.83$ $\therefore$ 47병

5) 선택밸브 통과시 최소유량(m^3/s)을 구하시오. **5점**

해설 및 정답

유량$(\text{m}^3/\text{s}) = \left[V \times 2.303 \times \dfrac{V_s}{s} \times \log\left(\dfrac{100}{100 - C \times 0.95}\right) \right] \div 120\text{sec}$

$= \left[1,050 \times 2.303 \times \dfrac{0.7053}{0.6813} \times \log\left(\dfrac{100}{100 - 48.38 \times 0.95}\right) \right] \div 120\text{sec}$

$= 5.576 ≒ 5.58 \,[\text{m}^3/\text{s}]$

6) 아래의 〈표〉를 참조하여 화재안전기술기준에 따라 할로겐화합물 및 불활성기체 소화설비를 설치하려고 할 때 다음을 구하시오. **5점**

【 압력배관용 탄소강관(Sch40)의 규격 】

호칭지름	25A	32A	40A	50A	65A	100A
바깥지름(mm)	34.0	42.7	48.6	60.5	76.3	114.3
관 두께(mm)	3.4	3.6	3.7	3.9	5.2	6.0

① 호칭지름이 32[A]인 압력배관용탄소강관(Sch40)에 분사헤드가 접속되어 있다. 이때 분사헤드 오리피스의 최대구경(mm)을 구하시오. **3점**
② 호칭구경이 65[A]인 압력배관용탄소강관을 사용하여 용접이음으로 배관을 접합할 경우 배관에 적용할 수 있는 최대 허용압력(MPa)을 구하시오. (단, 인장강도는 380[MPa], 항복점은 220[MPa]이며, 이 배관에 전기저항 용접배관을 함에 따라 배관이음효율은 0.85이다) **2점**

해설 및 정답

① 오리피스면적 $= \frac{\pi}{4}(42.7 - 3.6 \times 2)^2 \times 0.7 = 692.858 ≒ 692.86[\text{mm}^2]$

∴ $692.86 mm^2 = \frac{\pi}{4}(Dmm)^2$

∴ $D = 29.701 ≒ 29.7[\text{mm}]$

② $t(mm) = \frac{PD}{2SE} + A$

$SE = 380 MPa \times \frac{1}{4} \times 0.85 \times 1.2 = 96.9[\text{MPa}]$

$t = 5.2[\text{mm}]$
$A = 0[\text{mm}]$
$D = 76.3[\text{mm}]$

∴ $P = \frac{t \times 2SE}{D} = \frac{5.2 \times 2 \times 96.9}{76.3} = 13.207 ≒ 13.21[\text{MPa}]$

03 다음 각 물음에 답하시오. [30점]

1) 공칭시야각 120°, 공칭감시거리 20[m]인 불꽃감지기를 실내의 천장 면에서 바닥 면을 향하여 균등하게 배치(설치간격을 동일하게 배치)하여 화재를 감시하고자 한다. 불꽃감지기 1개가 방호하는 감지면적을 계산하고 기준면적 및 설치간격을 동일하게 배치할 때의 최소 설치수량을 산출하시오. (단, 실의 크기는 14[m]×28[m]이고, 천장 높이는 5[m]이며, 기타 다른 조건은 무시한다) [5점]

해설및정답 ① 감지면적

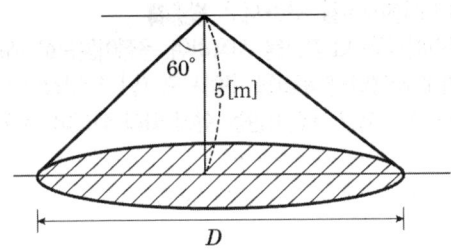

$D = (5m \times \tan 60°) \times 2 = 17.32 [m]$

$\therefore A = \dfrac{1}{2} \times (17.32)^2 = 149.991 ≒ 149.99 [m^2]$

② 설치 수

㉠ 감지면적 이용 : $\dfrac{14m \times 28m}{149.99 m^2} = 2.61$ ∴3개

㉡ 설치간격 동일하게 배치

ⓐ 가로설치 수 $= \dfrac{14m}{2 \times 8.66m \times \cos 45°} = 1.14$ ∴2개

ⓑ 세로설치 수 $= \dfrac{28m}{2 \times 8.66m \times \cos 45°} = 2.28$ ∴3개

∴ $2 \times 3 = 6$개

∴ 설치 수 = 6개

2) 특수가연물을 저장하는 창고의 바닥면적이 200[m²]인 장소에 압축공기포소화설비를 설치하려고 한다. 필요한 최소한의 포수용액량과 분사헤드설치시 분사헤드의 최소설치개수를 구하시오. [5점]

해설및정답 ① 포수용액량

$Q(L) = 200m^2 \times 2.3 L/m^2 \cdot \min \times 10\min = 4{,}600 [L]$

② 헤드 수

$\dfrac{200 m^2}{9.3 m^2} = 21.5$ ∴22개

3) 화재안전기술기준에서 규정하는 다음 용의의 정의를 기술하시오. 6점
   ① 압축공기포소화설비 2점
   ② 이산화탄소소화설비에서의 교차회로방식 2점
   ③ 무선통신보조설비의 누설동축케이블 2점

해설및정답
① 압축공기 또는 압축질소를 일정비율로 포수용액에 강제주입 혼합하는 방식을 말한다.
② 하나의 방호구역 내에 2 이상의 화재감지기 회로를 설치하고 인접한 2 이상의 화재감지기가 동시에 감지되는 때에 이산화탄소소화설비가 작동하여 소화약제가 방출되는 방식을 말한다.
③ 동축케이블의 외부도체에 가느다란 홈을 만들어서 전파가 외부로 새어나갈 수 있도록 한 케이블을 말한다.

4) 스프링클러설비의 헤드 설치 제외 장소 중 천장과 반자 사이에 헤드를 제외할 수 있는 경우에 대해 기술하시오. 5점

해설및정답
① 천장과 반자 양쪽이 불연재료로 되어 있는 경우로서 그 사이의 거리 및 구조가 다음의 어느 하나에 해당하는 부분
   ㉠ 천장과 반자 사이의 거리가 2[m] 미만인 부분
   ㉡ 천장과 반자 사이의 벽이 불연재료이고 그 사이의 거리가 2[m] 이상으로서 그 사이에 가연물이 존재하지 아니하는 부분
② 천장·반자 중 한쪽이 불연재료로 되어 있고 천장과 반자 사이의 거리가 1[m] 미만인 부분
③ 천장 및 반자가 불연재료 외의 것으로 되어 있고 천장과 반자 사이의 거리가 0.5[m] 미만인 부분

5) 스프링클러설비의 급수개폐밸브 작동표시스위치의 설치기준 3가지를 기술하시오. 4점

해설및정답
① 급수개폐밸브가 잠긴 경우 탬퍼스위치의 동작으로 인하여 감시제어반 또는 수신기에 표시되어야 하며 경보음을 발할 것
② 탬퍼스위치는 감시제어반 또는 수신기에서 동작의 유무확인과 동작시험 도통시험을 할 수 있을 것
③ 급수개폐밸브의 작동표시 스위치에 사용되는 전기배선은 내화전선 또는 내열전선으로 설치할 것

6) 가연성 가스의 저장·취급시설에 설치하는 연결살수설비의 헤드 설치기준을 쓰시오. [5점]

해설 및 정답
① 연결살수설비 전용의 개방형 헤드를 설치할 것
② 가스저장탱크, 가스홀더 및 가스발생기의 주위에 설치하되, 헤드상호간의 거리는 3.7[m] 이하로 할 것
③ 헤드의 살수범위는 가스저장탱크, 가스홀더 및 가스발생기의 몸체의 중간 윗부분의 모든 부분이 포함되도록 하여야 하고, 살수된 물이 흘러내리면서 살수범위에 포함되지 아니한 부분에도 모두 적셔질 수 있도록 할 것

제13회 설계 및 시공 모의고사

01 일제살수식 스프링클러설비에 대한 다음 〈그림〉을 보고 각 물음에 답하시오. **40점**

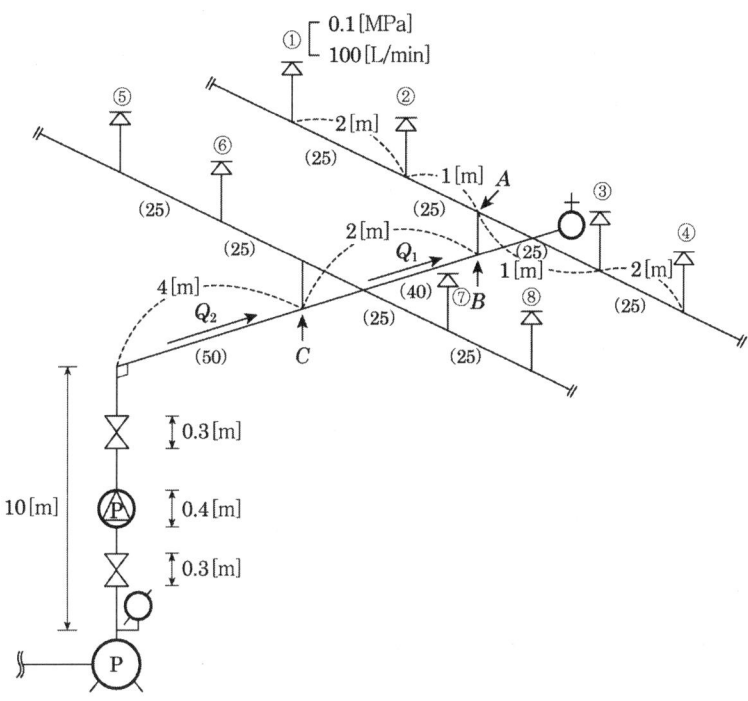

조건

- 주어지지 않은 조건은 무시한다.
- ①헤드에서의 방수압은 0.1[MPa], 방수량은 100[L/min]이다.
- 모든 헤드의 방출계수는 동일하며 ①~④ 가지배관과 ⑤~⑧ 가지배관은 동일한 구조이다.
- 배관의 마찰손실압력은 아래의 하젠-윌리엄스(Hazzen-William's)식을 따른다.

$$\Delta Pm = \frac{6 \times 10^4 \times Q^2}{C^2 \times D^5}$$

ΔPm : 배관 1[m]당의 마찰손실압력(MPa/m), Q : 유량(L/min)
C : 조도(120), D : 관경(mm)

- 압력단위변환시 10[m]=0.1[MPa]이다.
- 가지배관과 교차배관의 분기지점 티 사이의 거리는 1[m]이다. 속도수두는 무시한다.
- 소수점 셋째자리에서 반올림하여 둘째자리까지 이용하여 답하시오.

모의고사

【 배관의 호칭구경별 안지름(mm) 】

호칭구경	25	32	40	50	65	80	100
내경	28	36	42	53	66	79	103

【 관이음쇠·밸브류 등의 마찰손실수두에 상당하는 직관길이(m) 】

관이음쇠 밸브의 호칭경(mm)	90° 엘보	90°T(측류)	일제개방 밸브	게이트밸브	체크밸브
ϕ 25	0.9	1.5	4.5	0.18	4.5
ϕ 32	1.2	1.8	5.4	0.24	5.4
ϕ 40	1.5	2.1	6.5	0.30	6.5
ϕ 50	2.1	3.0	8.4	0.39	8.4
ϕ 65	2.4	3.6	10.2	0.48	10.2
ϕ 100	4.2	6.3	16.5	0.81	16.5

1) ②번 헤드에서의 방수압(MPa)과 방수량(L/min)을 구하시오. **6점**

해설 및 정답

① 방수압 : $P_2 = P_1 + \triangle P_{1\sim 2} = 0.1 + \dfrac{6 \times 10^4 \times 100^2}{120^2 \times 28^5} \times (2+1.5)$

$\qquad\qquad = 0.108 ≒ 0.11 [\text{MPa}]$

② 방수량 : $Q_2 = 100\sqrt{10P_2} = 100\sqrt{10 \times 0.11} = 104.880 ≒ 104.88 [\text{L/min}]$

2) Q_1의 유량과 B부분에서의 압력(MPa)을 구하시오. **6점**

해설 및 정답

① Q_1의 유량 $= (100 + 104.88) \times 2 = 409.76 [\text{L/min}]$

② $P_B = P_2 + \triangle P_{2\sim A} + \triangle P_{A \sim B} + 0.01 MPa$

$\qquad = 0.11 + \dfrac{6 \times 10^4 \times 204.88^2}{120^2 \times 28^5} \times (1+1.5) + \dfrac{6 \times 10^4 \times 409.76^2}{120^2 \times 42^5} \times (1+2.1) + 0.01$

$\qquad = 0.162 ≒ 0.16 [\text{MPa}]$

3) Q_2의 유량과 펌프토출측압력계의 압력(MPa)을 구하시오. **6점**

해설및정답 ① Q_2의 유량

$$P_C = P_B + \triangle P_{B \sim C} = 0.16 + \frac{6 \times 10^4 \times 409.76^2}{120^2 \times 42^5} \times (2+2.1)$$

$$= 0.181 \fallingdotseq 0.18[\text{MPa}]$$

$$Q_B : Q_C = K\sqrt{10P_B} : K\sqrt{10P_C}$$

$$\therefore Q_C = Q_B \times \frac{\sqrt{P_C}}{\sqrt{P_B}} = 409.76 \times \frac{\sqrt{0.18}}{\sqrt{0.16}} = 434.616 \fallingdotseq 434.62[\text{L/min}]$$

$$\therefore Q_2 = 409.76 + 434.62 = 844.38[\text{L/min}]$$

② 펌프토출측 압력

$$P = P_C + \triangle P_{C \sim 펌프} + 낙차$$

$$= 0.18 + \frac{6 \times 10^4 \times (844.38)^2}{120^2 \times 53^5} \times (4+(10-1)+3+2.1+0.39 \times 2+8.4) + 0.1$$

$$= 0.473 \fallingdotseq 0.47[\text{MPa}]$$

4) 펌프의 축동력(kW)을 구하시오. (효율 70[%], 전달계수 1.1) **2점**

해설및정답

$$P(kW) = \frac{\gamma QH}{102\eta} = \frac{1,000 \times \left(\frac{0.84}{60}\right) \times 47}{102 \times 0.7} = 9.215 \fallingdotseq 9.22[\text{kW}]$$

5) 스프링클러설비를 압력수조방식으로 설치한 경우 내용적이 40[m³]인 압력수조 내 내용적의 1/2만큼 물이 있는 경우 최초 수조 내 유지해야 할 공기압(게이지압력)은 몇 [MPa]인가? **5점**

> **조건**
> ① 대기압은 0.1[MPa]
> ② 압력수조의 자동식공기압축기는 최초세팅시에만 기동하고 화재시 자동동작하지 않는다.
> ③ 최고위 스프링클러헤드까지의 높이는 20[m]이고 마찰손실은 무시한다.
> ④ 기준개수는 10개를 기준하며 화재시 최소수원량이 방수될 때까지 규정방수압 이상이 유지될 것

해설및정답 $P = 0.2\text{MPa} + 0.1\text{MPa} = 0.3[\text{MPa}]$

$$P_1 V_1 = P_2 V_2$$

$$P_1 = P_2 \times \frac{V_2}{V_1} = (0.3+0.1) \times \frac{36}{20} = 0.72[\text{MPa}]$$

$$\therefore 최초 게이지압 = 0.72 - 0.1 = 0.62[\text{MPa}]$$

모의고사

6) 온도 60[℃], 압력 100[kPa]인 산소가 지름 10[mm]인 관 속을 흐르고 있다. 임계 레이놀드 수가 2,100일 때 층류로 흐를 수 있는 최대 평균속도(m/s)를 계산하시오. (단, 점성계수 $\mu = 23 \times 10^{-6}$[kg/m·s], 산소의 기체상수 $R = 260$[N·m/kg·K]이다) **5점**

해설 및 정답

$$2,100 = \frac{D \cdot u \cdot \rho}{\mu}$$

$$\rho = \frac{P}{RT} = \frac{100 \times 10^3 N/m^2}{260 N \cdot m/kg \cdot K \times (273+60)K} = 1.155 ≒ 1.16 [kg/m^3]$$

$$\therefore u = \frac{2,100 \times 23 \times 10^{-6} kg/m \cdot s}{0.01m \times 1.16 kg/m^3} = 4.163 ≒ 4.16 [m/s]$$

7) 다음 용어의 정의를 기술하시오. **6점**
   (1) 부압식스프링클러설비 **3점**
   (2) 소방전원 보존형 발전기 **3점**

해설 및 정답 (1) 가압송수장치에서 준비작동식 유수검지장치의 1차측까지는 항상 정압의 물이 가압되고, 2차측 폐쇄형 스프링클러헤드까지는 소화수가 부압으로 되어있다가 화재시 감지기의 작동에 의해 정압으로 변하여 유수가 발생하면 작동하는 스프링클러설비
   (2) 소방부하 및 소방부하 이외의 부하(이하 비상부하라 한다)겸용의 비상발전기로서, 상용전원 중단 시에는 소방부하 및 비상부하에 비상전원이 동시에 공급되고, 화재 시 과부하에 접근될 경우 비상부하의 일부 또는 전부를 자동적으로 차단하는 제어장치를 구비하여, 소방부하에 비상전원을 연속 공급하는 자가발전설비

8) 다음의 경우 펌프의 작동기준에 대해 답하시오. **4점**
   (1) 습식유수검지장치 또는 건식유수검지장치를 사용하는 설비의 경우 **2점**
   (2) 준비작동식유수검지장치 또는 일제개방밸브를 사용하는 설비의 경우 **2점**

해설 및 정답 (1) ㉠ 유수검지장치의 발신에 의해 작동
            ㉡ 기동용수압개폐장치에 의하여 작동
            ㉢ 위 두 가지 혼용에 따라 작동
         (2) ㉠ 화재감지기의 화재감지에 의하여 작동
            ㉡ 기동용수압개폐장치에 의해 작동
            ㉢ 위 두 가지 혼용에 따라 작동

02 다음 각 물음에 답하시오. 30점

1) 〈그림〉과 같이 거실제연설비가 대상인 층에 각각 칸막이로 구획되고 반자높이가 2.3[m]이며 바닥면적이 60[m²]인 7개의 거실이 통로에 면해 있으며 거실배기, 통로급기방식을 적용하고자 한다. 이때 각실을 단독제연하지 않고 공동제연할 경우 배출기의 최소배출량(CMH)를 답하시오. 3점

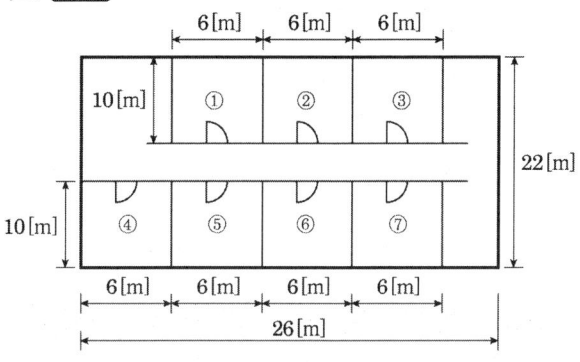

해설 및 정답 $60m^2 \times 1m^3/min \cdot m^2 \times 60min/hr = 3,600[m^3/hr]$

∴ 5,000[CMH] 선정

총 7개 실이므로

5,000×7＝35,000[CMH]

2) 실의 크기가 20[m](가로)×15[m](세로)×5[m](높이)인 공간에서 큰 화염의 화재가 발생하여 t초 지난 후의 청결층 높이 y(m)의 값이 1.8[m]가 되었다면, 다음의 식을 이용하여 물음에 답하시오. 3점

> **조건**
>
> ① $Q = \dfrac{A(H-y)}{t}$
>
> [Q=연기의 발생량(m³/sec), A=바닥면적(m²), H=층 높이(m), t=시간(sec)]
>
> ② 위 식에서 시간 t(초)는 다음의 Hinkley식을 만족한다.
>
> 공식 : $t = \dfrac{20A}{P_f \times \sqrt{g}} \times \left(\dfrac{1}{\sqrt{y}} - \dfrac{1}{\sqrt{H}}\right)$
>
> 단, g는 중력가속도이고 9.81[m/s²]이고 P_f는 화재경계의 길이(m)로써 큰 화염의 경우 12[m], 중간화염의 경우 6[m], 작은 화염의 경우 4[m]를 적용한다.
>
> ③ 연기 생성률(M, kg/s)에 관련된 식은 다음과 같다.
>
> $M = 0.188 \times P_f \times y^{\frac{3}{2}}$

① 상부의 배연구로부터 몇 [m³/min]의 연기를 배출해야 이 청결층의 높이가 유지되는지 구하시오. 2점

② 연기의 생성률(kg/s)을 구하시오. 1점

모의고사

해설및정답
① $Q = \dfrac{A(H-y)}{t}$

$t = \dfrac{20A}{P_f\sqrt{g}}\left(\dfrac{1}{\sqrt{y}} - \dfrac{1}{\sqrt{H}}\right)$

$= \dfrac{20 \times 300}{12 \times \sqrt{9.81}} \times \left(\dfrac{1}{\sqrt{1.8}} - \dfrac{1}{\sqrt{5}}\right) = 47.594[\text{sec}]$

$\fallingdotseq 47.59[\text{sec}]$

$\therefore Q = \dfrac{300 \times (5-1.8)}{47.59}(m^3/s) \times 60\text{sec/min} = 1,210.338 \fallingdotseq 1,210.34[m^3/\text{min}]$

② $M = 0.188 \times P_f \times y^{\frac{3}{2}} = 0.188 \times 12 \times 1.8^{\frac{3}{2}} = 5.448 \fallingdotseq 5.45[\text{kg/s}]$

3) 다음 〈조건〉에서의 펌프의 비교회전도(rpm/m³/min·m)를 구하시오. **6점**

조건
① 모터의 극수는 4극, 주파수 120[Hz], 슬립 5[%]
② 정격토출량 2,000[L/min], 정격토출압력 1[MPa]
③ 4단 펌프
④ 모터와 임펠러 간의 회전수 차이는 없다.

해설및정답
$N_s = \dfrac{N\sqrt{Q}}{\left(\dfrac{H}{n}\right)^{\frac{3}{4}}}$

$N = \dfrac{120f}{P}(1-S) = \dfrac{120 \times 120}{4} \times (1-0.05) = 3,420[\text{rpm}]$

$\therefore N_s = \dfrac{3,420\sqrt{2}}{\left(\dfrac{100}{4}\right)^{\frac{3}{4}}} = 432.599 \fallingdotseq 432.6[\text{rpm/m}^3/\text{min} \cdot \text{m}]$

4) 개방형스프링클러헤드를 설치하여야 하는 장소를 답하시오. **2점**

해설및정답
① 무대부
② 연소할 우려가 있는 개구부

5) 조기반응형헤드를 설치하여야 하는 장소를 답하시오. **3점**

해설및정답
① 공동주택, 노유자시설의 거실
② 오피스텔, 숙박시설의 침실
③ 병원, 의원의 입원실

6) 연소할 우려가 있는 개구부에 헤드를 설치시 설치기준을 기술하시오. [6점]

해설 및 정답 상하좌우에 2.5[m]의 간격으로(개구부의 폭이 2.5[m] 이하인 경우에는 그 중앙에) 스프링클러헤드를 설치하되, 스프링클러헤드와 개구부의 내측면으로부터 직선거리는 15[cm] 이하가 되도록 할 것. 이 경우 사람이 상시 출입하는 개구부로서 통행에 지장이 있는 때에는 개구부의 상부 또는 측면(개구부의 폭이 9[m] 이하인 경우에 한함)에 설치하되 헤드상호간의 간격은 1.2[m] 이하로 설치할 것

7) 소방전원 보존형 발전기 제어장치의 설치기준 3가지를 기술하시오. [7점]

해설 및 정답 ① 소방전원 보존형임을 식별할 수 있도록 표기할 것
② 발전기 운전시 소방부하 및 비상부하에 전원이 동시공급되고 그 상태를 확인할 수 있는 표시가 되도록 할 것
③ 발전기가 정격용량을 초과할 경우 비상부하는 자동적으로 차단되고 소방부하만 공급되는 상태를 확인할 수 있는 표시가 되도록 할 것

03 분말소화설비에 대한 다음 각 물음에 답하시오. [30점]

1) 다음 〈그림〉에서 필요한 최소 약제량(kg)을 구하시오. [8점]

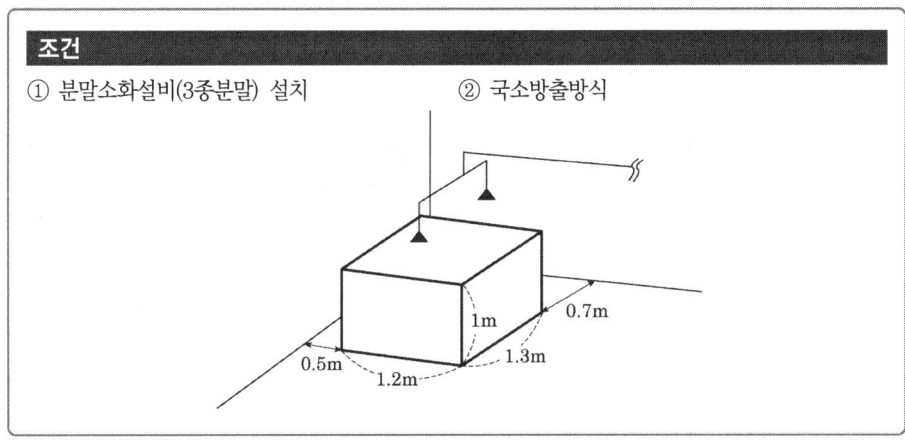

해설 및 정답
$$w(kg) = V(m^3) \times \left(3.2 - 2.4\frac{a}{A}\right) kg/m^3 \times 1.1$$
$$V = (1.3m + 0.6m \times 2) \times (1.2m + 0.6m + 0.5m) \times (1m + 0.6m) = 9.2[m^3]$$
$$A(m^2) = (2.5m \times 1.6m \times 2) + (2.3m \times 1.6m \times 2) = 15.36[m^2]$$
$$a(m^2) = 2.5m \times 1.6m \times 1 = 4[m^2]$$
$$\therefore w = 9.2m^3 \times \left(3.2 - 2.4 \times \frac{4}{15.36}\right) kg/m^3 \times 1.1 = 26.059 ≒ 26.06[kg]$$

모의고사

2) 위 1)문제 답안에서의 분말(kg)이 방사시 300℃에서 분해, 생성되는 암모니아(NH_3)의 질량(kg)을 구하시오. (P : 인의 원자량=31, 풀이과정상 소수점 셋째자리에서 반올림) **5점**

해설및정답 $NH_4H_2PO_4 \rightarrow NH_3 + HPO_3 + H_2O$

$NH_4H_2PO_4$의 $M = 115[kg/kmol]$

∴ 반응 mol 수 $= \dfrac{26.06}{115} = 0.226 ≒ 0.23[kmol]$

∴ 생성 $NH_3\ mol$ 수 $= 0.23[kmol]$

∴ 생성 $NH_3(kg) = 0.23 kmol \times 17 kg/kmol = 3.91[kg]$

3) 분말소화설비의 가압용가스용기의 설치기준 4가지를 기술하시오. **7점**

해설및정답 ① 분말소화약제의 가압용가스용기를 3병 이상 설치한 경우에는 2개 이상의 용기에 전자개방밸브를 부착하여야 한다.
② 분말소화약제의 가압용가스용기에는 2.5[MPa] 이하의 압력에서 조정이 가능한 압력조정기를 설치하여야 한다.
③ 분말소화약제의 가스용기는 분말소화약제의 저장용기에 접속하여 설치하여야 한다.
④ 가압용가스 또는 축압용가스는 다음 기준에 따라 설치할 것
　㉠ 가압용가스 또는 축압용가스는 질소가스 또는 이산화탄소로 할 것
　㉡ 가압용가스에 질소가스를 사용하는 경우 질소가스는 소화약제 1[kg]마다 40[L](1기압, 35[℃] 상태환산) 이상, 이산화탄소를 사용하는 경우 이산화탄소는 소화약제 1[kg]에 대하여 20[g]에 배관의 청소에 필요한 양을 가산한 양 이상으로 할 것
　㉢ 축압용가스에 질소가스를 사용하는 것의 질소가스는 소화약제 1[kg]에 대하여 10[L](1기압, 35[℃] 상태환산) 이상, 이산화탄소를 사용하는 것의 이산화탄소는 소화약제 1[kg]에 대하여 20[g]에 배관의 청소에 필요한 양을 가산한 양 이상으로 할 것
　㉣ 배관의 청소에 필요한 양의 가스는 별도의 용기에 저장할 것

4) 분말소화설비의 저장용기의 설치기준 6가지를 기술하시오. 10점

해설및정답 ① 저장용기의 내용적은 다음에 따를 것

종 별	약제 1[kg]당 내용적
제1종 분말	0.8[L]
제2종 분말	1[L]
제3종 분말	1[L]
제4종 분말	1.25[L]

② 저장용기에는 가압식은 최고사용압력의 1.8배 이하, 축압식은 용기 내압시험압력의 0.8배 이하의 압력에서 작동하는 안전밸브를 설치할 것
③ 저장용기에는 저장용기의 내부압력이 설정압력으로 되었을 때 주밸브를 개방하는 정압작동장치를 설치할 것
④ 저장용기의 충전비는 0.8 이상으로 할 것
⑤ 저장용기 및 배관에는 잔류 소화약제를 처리할 수 있는 청소장치를 설치할 것
⑥ 축압식의 분말소화설비는 사용압력의 범위를 표시한 지시압력계를 설치할 것

제 14 회 설계 및 시공 모의고사

01 다음 각 물음에 답하시오. 40점

1) 〈그림〉은 어느 특정소방대상물을 방호하기 위한 옥외소화전설비의 평면도이다. 다음 각 물음에 답하시오. 7점

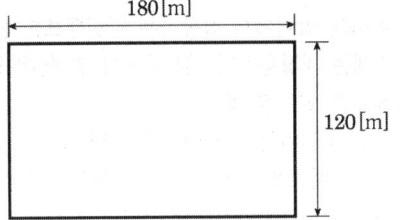

(1) 옥외소화전의 최소 설치개수를 구하시오. 3점
(2) 수원의 저수량(m³)을 구하시오. 2점
(3) 가압송수장치의 토출량(LPM)을 구하시오. 2점

─────────────────────────

해설및정답

(1) $\dfrac{(180m \times 2) + (120m \times 2)}{80m} = 7.5$

∴ 8개

(2) $2 \times 7m^3 = 14[m^3]$

(3) $2 \times 350 L/min = 700[L/min]$

2) 온도 20[℃], 압력 1.2[kPa], 밀도 1.96[kg/m³]인 이산화탄소가 50[kg/s]의 질량유속으로 배출되고 있다. 이산화탄소의 과압배출구 단면적(m²)을 구하시오. (단, 중력가속도는 9.8[m/s²]이다) 4점

─────────────────────────

해설및정답

$A(mm^2) = \dfrac{239 Q(kg/min)}{\sqrt{P(kPa)}}$

$Q = 50 kg/s \times 60 s/min = 3{,}000 [kg/min]$

$P = 1.2 [kPa]$

$A = \dfrac{239 \times 3{,}000}{\sqrt{1.2}} = 654{,}528.45 mm^2 = 0.654 ≒ 0.65[m^2]$

> **Reference**
>
> $m = AU\rho$
>
> $\therefore A = \dfrac{m}{U\rho} = \dfrac{50 kg/s}{\sqrt{2 \times 9.8 \times \dfrac{1.2 \times 10^3 N/m^2}{1.96 \times 9.8 N/m^3}} \times 1.96 kg/m^3} = 0.73 [m^2]$

3) 주차장 할론 1301에서 1[m³]당 0.52[kg]을 방사하고 비체적이 0.162[m³/kg]인 경우 소화약제 농도는 몇 [%]가 되겠는가? **4점**

해설 및 정답

할론(%) = $\dfrac{\text{방사된 할론 체적}}{\text{방호구역의 체적} + \text{방사된 할론 체적}} \times 100$

$= \dfrac{0.52 \times 0.162}{1 + 0.52 \times 0.162} \times 100$

$= 7.769[\%] ≒ 7.77[\%]$

4) 다음은 어느 실들의 평면도이다. 이 중 A실을 급기가압하고자 할 때 주어진 조건을 이용하여 다음을 구하시오. **7점**

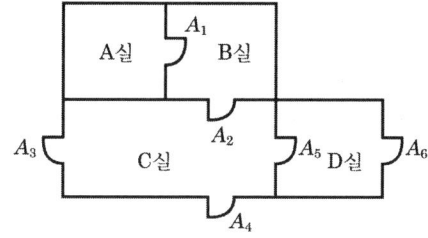

조건

① 실 외부대기의 기압은 101,300[Pa]로서 일정하다.
② A실에 유지하고자 하는 기압은 101,500[Pa]이다.
③ 각 실의 문들의 틈새면적은 0.01[m²]이다.
④ 어느 실을 급기가압할 때 그 실의 문 틈새를 통하여 누출되는 공기의 양은 다음의 식에 따른다.

$Q = 0.827A \cdot P^{\frac{1}{2}}$

여기서, Q : 누출되는 공기의 양(m³/s)
　　　　A : 문의 전체 누설틈새면적(m²)
　　　　P : 문을 경계로 한 기압차(Pa)

(1) A실의 전체 누설틈새면적 A(m²)를 구하시오. (단, 소수점 아래 여섯째자리에서 반올림하여 소수점 아래 다섯째자리까지 나타내시오) **5점**

(2) A실에 유입해야 할 풍량(L/s)을 구하시오. 2점

해설 및 정답

(1) ① $A_5 - A_6 = \left(\dfrac{1}{0.01^2} + \dfrac{1}{0.01^2}\right)^{-\frac{1}{2}} = 0.007071 \fallingdotseq 0.00707[m^2]$

② $A_3, A_4, ① = 0.01 + 0.01 + 0.00707 = 0.02707[m^2]$

③ $A_1 - A_2 - ② = \left(\dfrac{1}{0.01^2} + \dfrac{1}{0.01^2} + \dfrac{1}{0.02707^2}\right)^{-\frac{1}{2}}$

$= 0.006841 \fallingdotseq 0.00684[m^2]$

(2) $Q = 0.827 A \cdot \sqrt{P}$
$= 0.827 \times 0.00684 \times \sqrt{200} \times 1,000 L/m^3$
$= 79.997 \fallingdotseq 80[L/s]$

5) 건축물 내부에 설치된 주차장에 전역방출방식의 분말소화설비를 설치하고자 한다. 〈조건〉을 참조하여 다음 각 물음에 답하시오. 8점

조건
① 방호구역의 바닥면적은 600[m²]이고 높이는 4[m]이다.
② 방호구역에는 자동폐쇄장치가 설치되지 아니한 개구부가 있으며 그 면적은 10[m²]이다.
③ 소화약제는 제1인산암모늄을 주성분으로 하는 분말소화약제를 사용한다.
④ 축압용 가스는 질소가스를 사용한다.

(1) 필요한 최소약제량(kg)을 구하시오. 4점
(2) 필요한 축압용 가스의 최소량(m³)을 구하시오. 4점

해설 및 정답 (1) $w = V \times \alpha + A \times B$
$= (600 \times 4) \times 0.36 + 10 \times 2.7$
$= 891[kg]$

(2) $891 kg \times 10 L/kg = 8,910[L] \fallingdotseq 8.91[m^3]$

02 경유를 저장하는 탱크의 내부직경 50[m]인 플루팅루프탱크(부상지붕구조)에 포소화설비를 설치하여 방호하려고 할 때 다음 물음에 답하시오. 30점

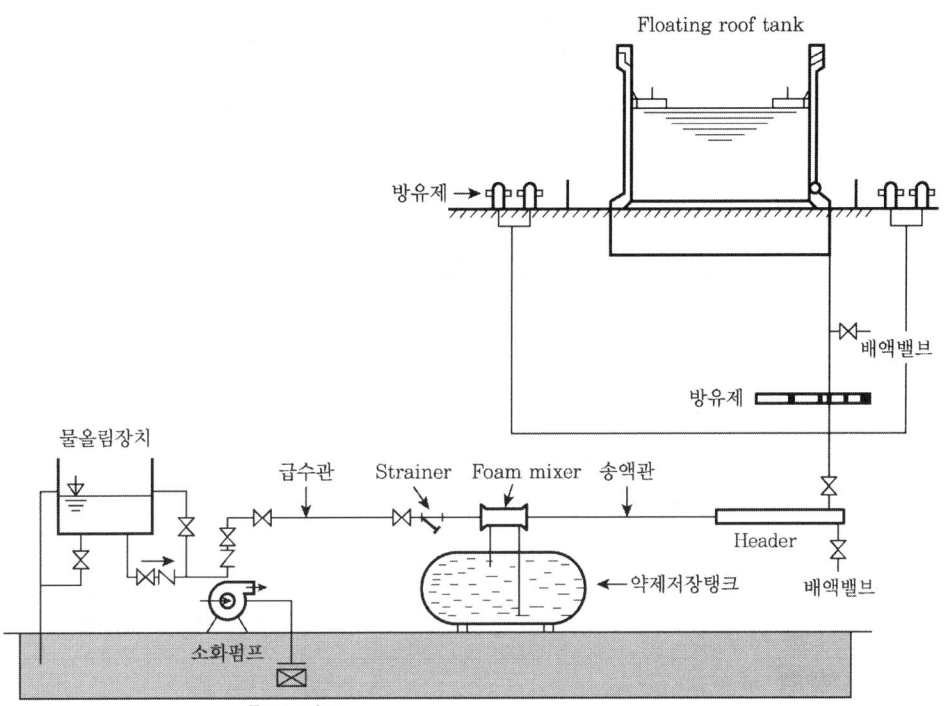

조건
① 소화약제는 6[%]용의 단백포를 사용하며, 수용액의 분당방출량은 8[L/m² · min]이고, 방사시간은 20분으로 한다.
② 탱크내면과 굽도리판의 간격은 1.2[m]로 한다.
③ 고정포방출구의 보조포소화전은 5개 설치되어 있으며 방사량은 400[L/min]이다.
④ 송액관의 내경은 100[mm]이고, 배관길이는 200[m]이다.
⑤ 수원의 밀도는 1,000[kg/m³], 포소화약제의 밀도는 1,050[kg/m³]이다.

1) 가압송수장치의 분당토출량(L/min)을 구하시오. 4점

해설 및 정답
$$Q = \left[\frac{\pi}{4}(50m)^2 - \frac{\pi}{4}(47.6m)^2\right] \times 8L/m^2 \cdot \min + 3 \times 400 L/\min$$
$$= 2{,}671.773 \fallingdotseq 2{,}671.77 [L/\min]$$

모의고사

2) 수원의 양(m³)을 구하시오. `4점`

해설및정답 $Q = A \times Q \times T \times S + N \times 400\text{L/min} \times 20\text{min} \times S + A \times L \times 1,000\text{L/m}^3 \times S$

$= \left[\dfrac{\pi}{4}(50m)^2 - \dfrac{\pi}{4}(47.6m)^2\right] \times 8\,L/m^2 \cdot \min \times 20\min \times 0.94$

$\quad + (3 \times 8,000\,L \times 0.94) + \left(\dfrac{\pi}{4}(0.1)^2 \times 200 \times 1,000\text{L/m}^3 \times 0.94\right)$

$= 51,705.887L ≒ 51.71[\text{m}^3]$

3) 포소화약제의 양(L)을 구하시오. `4점`

해설및정답 $Q = A \times Q \times T \times S + N \times 400\text{L/min} \times 20\text{min} \times S \times A \times L \times 1,000\text{L/m}^3 \times S$

$= \left[\dfrac{\pi}{4}(50m)^2 - \dfrac{\pi}{4}(47.6m)^2\right] \times 8L/m^2 \cdot \min \times 20\min \times 0.06$

$\quad + (3 \times 8,000L \times 0.06) + \left(\dfrac{\pi}{4}(0.1)^2 \times 200 \times 1,000\text{L/m}^3 \times 0.06\right)$

$= 3,330.375 ≒ 3,300.38[L]$

4) 수원의 질량유량(kg/s) 및 포소화약제의 질량유량(kg/s)을 구하시오. `4점`

해설및정답 $m = A \cdot u \cdot \rho$

① 수원의 질량유량

$m = 2,671.77\,L/\min \times 1kg/L \times \dfrac{1\min}{60\sec} \times 0.94 = 41.857 ≒ 41.86[\text{kg/s}]$

② 포소화약제의 질량유량

$m = 2,671.77\,L/\min \times 0.06 \times 1.05kg/L \times \dfrac{1\min}{60\sec} = 2.805 ≒ 2.81[\text{kg/s}]$

5) 포소화설비 자동식기동장치 중 폐쇄형스프링클러헤드를 사용하는 경우의 설치기준 3가지를 기술하시오. `6점`

해설및정답 ① 표시온도가 79[℃] 미만인 것을 사용하고, 1개의 스프링클러헤드의 경계면적은 20[m²] 이하로 할 것
② 부착면의 높이는 바닥으로부터 5[m] 이하로 하고 화재를 유효하게 감지할 수 있도록 할 것
③ 하나의 감지장치 경계구역은 하나의 층이 되도록 할 것

6) 위험물안전관리에 관한 세부기준 제133조에 따른 포소화설비 설치기준 중 포소화설비의 수동식기동장치 설치기준 5가지를 기술하시오. 8점

해설및정답
① 직접조작 또는 원격조작에 의하여 가압송수장치, 수동식 개방밸브 및 포소화약제 혼합장치를 기동할 수 있을 것
② 2 이상의 방사구역을 갖는 포소화설비는 방사구역을 선택할 수 있는 구조로 할 것
③ 기동장치의 조작부는 화재시 용이하게 접근이 가능하고 바닥면으로부터 0.8[m] 이상 1.5[m] 이하의 높이에 설치할 것
④ 기동장치의 조작부에는 유리 등에 의한 방호조치가 되어있을 것
⑤ 기동장치의 조작부 및 호스접속구에는 직근의 보기 쉬운 장소에 각각 "기동장치의 조작부" 또는 "접속구"라고 표시할 것

모의고사

03 다음 〈그림〉을 보고 각 물음에 답하시오. 30점

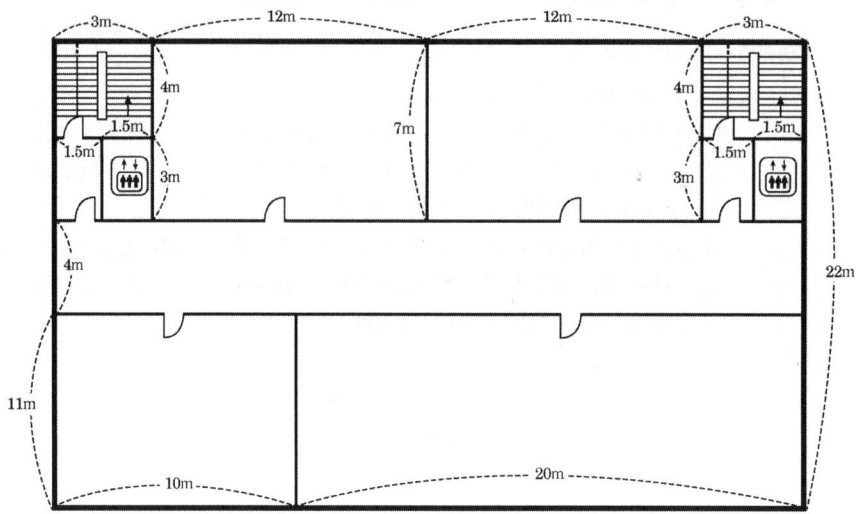

조건
① 내화구조, 불연재료 마감, 근린생활시설
② 지하 2층, 지상 12층이며 전층 위 도면과 동일한 구조이다.
③ 특별피난계단구조이며 전실제연설비가 설치됨
④ 전층 습식스프링클러설비가 설치되었으며 헤드의 설치는 정방형으로 설치한다.
⑤ 지하2층의 12[m]×7[m](2개실)의 경우 각각 통신실, 전기실로서 HFC-23 패키지 시스템 설치(모듈러)
⑥ 지하2층의 통신실, 전기실에는 가스헤드가 2개씩 설치되어 있으며 해당실의 높이는 4[m]이다.
⑦ HFC-23의 $K_1=0.3164$, $K_2=0.0012$
⑧ 설계농도는 최대허용설계농도를 적용하여 약제량 산정
⑨ HFC-23용기의 최대충전밀도는 720.8[kg/m³]을 적용, 가압식방식 사용
⑩ 저장용기는 68[L]용 내압방폭구조용기 사용
⑪ 전기실, 통신실의 최소예상온도=10[℃]
⑫ 선형상수는 소수점 넷째자리 모두 이용, 약제량 계산시 소수점 셋째자리에서 반올림하여 둘째자리까지 구하시오.
⑬ 10초 동안 약제가 방사될 때 해당 설계농도의 95[%]에 해당하는 약제가 방출된다.

1) 전층 설치하여야 할 총 스프링클러헤드의 수를 구하시오. 8점

해설및정답 ① 12[m] × 7[m]인 거실

$$\text{가로설치 수} = \frac{12m}{2 \times 2.3m \times \cos 45°} = 3.69 \quad \therefore 4\text{개}$$

$$\text{세로설치 수} = \frac{7m}{2 \times 2.3m \times \cos 45°} = 2.15 \quad \therefore 3\text{개}$$

∴ 4×3 = 12개

② 4[m] × 30[m]인 복도

$$가로설치 \ 수 = \frac{30m}{2 \times 2.3m \times \cos 45°} = 9.22 \quad \therefore 10개$$

$$세로설치 \ 수 = \frac{4m}{2 \times 2.3m \times \cos 45°} = 1.23 \quad \therefore 2개$$

$$\therefore 10 \times 2 = 20개$$

③ 11[m] × 10[m]인 거실

$$세로설치 \ 수 = \frac{11m}{2 \times 2.3m \times \cos 45°} = 3.38 \quad \therefore 4개$$

$$가로설치 \ 수 = \frac{10m}{2 \times 2.3m \times \cos 45°} = 3.07 \quad \therefore 4개$$

$$\therefore 4 \times 4 = 16개$$

④ 11[m] × 20[m]인 거실

$$가로설치 \ 수 = \frac{20m}{2 \times 2.3m \times \cos 45°} = 6.15 \quad \therefore 7개$$

$$세로설치 \ 수 = \frac{11m}{2 \times 2.3m \times \cos 45°} = 3.38 \quad \therefore 4개$$

$$\therefore 7 \times 4 = 28개$$

  $\therefore$ 지하1층~12층 = $(12 \times 2 + 20 + 16 + 28) \times 13 = 1,144개$

  $\therefore$ 지하2층 = $20 + 16 + 28 = 64개$

  $\therefore$ 총 헤드 수 = $1,144 + 64 = 1,208개$

2) 해당 건물에 필요한 스프링클러 수원의 양을 주수원과 옥상수원으로 구분하여 답하시오. **2점**

해설 및 정답 ① 주수원 $Q = 30 \times 1.6 = 48[m^3]$

② 옥상수원 $Q = 48m^3 \times \dfrac{1}{3} = 16[m^3]$

3) 전기실에 설치되는 HFC-23 소화설비의 소화약제량(kg)을 구하시오. (통신실 동일) **5점**

해설 및 정답
$$w(kg) = \frac{V}{S} \times \frac{C}{100 - C}$$

$V = 12m \times 7m \times 4m = 336[m^3]$

$S = K_1 + K_2 \times t = 0.3164 + 0.0012 \times 10 = 0.3284$

$C = 30[\%]$ 적용

$\therefore w = \dfrac{336}{0.3284} \times \dfrac{30}{100 - 30} = 438.489 ≒ 438.49[kg]$

모의고사

4) 최대충전밀도에 따른 1병당 충전질량(kg)을 구하고 실제 충전할 수 있는 1병당 충전질량(kg)을 구하시오. (소수점 셋째자리에서 반올림하여 둘째자리까지 답하시오) **5점**

해설및정답
① 최대충전밀도에 따른 1병당 충전질량
$$G = 68\,L \times 0.7208\,kg/L = 49.014 ≒ 49.01\,[kg/병]$$
② 실제 충전할 수 있는 1병당 충전질량(kg)
$$\frac{438.49\,kg}{49.01\,kg/병} = 8.946 \quad \therefore 9병$$
$$\therefore \frac{438.49\,kg}{9병} = 48.721 ≒ 48.72\,[kg/병]$$

5) 화재안전기술기준에 의한 총 방사유량(kg/s)을 구하고 헤드의 방출률이 3[kg/mm²·sec]인 경우 헤드의 분구면적(mm²)을 구하시오. **5점**

해설및정답
① 방사유량(kg/s) = $\dfrac{\dfrac{V}{S} \times \left(\dfrac{C \times 0.95}{100 - C \times 0.95}\right)}{10\,\sec}$

$= \dfrac{\dfrac{336}{0.3284} \times \left(\dfrac{30 \times 0.95}{100 - 30 \times 0.95}\right)}{10\,\sec}$

$= 40.782 ≒ 40.78\,[kg/s]$

② 분구면적 = $\dfrac{헤드1개\ 방사량}{방출률 \times 방사시간}$

$= \dfrac{\dfrac{336}{0.3284} \times \left(\dfrac{30 \times 0.95}{100 - 30 \times 0.95}\right) \div 2개}{3kg/mm^2 \cdot \sec \times 10\,\sec}$

$= 6.797 ≒ 6.8\,[mm^2]$

6) 설계농도 유지시간(soaking time, holding time)의 정의를 기술하시오. **5점**

해설및정답 가스계 소화약제가 헤드에서 방사되어 설계농도에 도달된 이후에 최소설계농도를 유지하여야 하는 시간. 즉 재발화가 일어나지 않는 완전소화를 달성하는데 필요한 시간

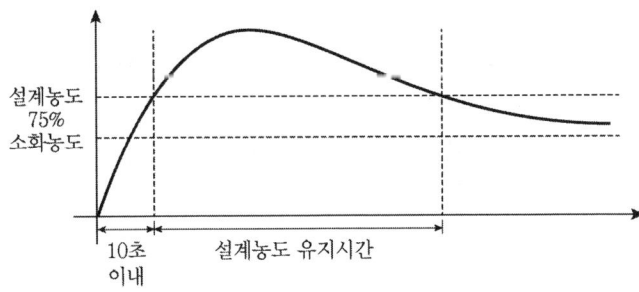

7) 가스계소화설비(이산화탄소, 할론)에서 호스릴소화설비로 설치할 수 있는 경우에 대해 기술하시오. 6점

해설 및 정답 화재시 현저하게 연기가 찰 우려가 없는 장소로서 다음 어느 하나에 해당하는 장소(차고, 주차장 제외)
① 지상 1층 및 피난층에 있는 부분으로서 지상에서 수동 또는 원격조작에 따라 개방할 수 있는 개구부의 유효면적의 합계가 바닥면적의 15[%] 이상이 되는 부분
② 전기설비가 설치되어 있는 부분 또는 다량의 화기를 사용하는 부분(해당 설비주위 5[m] 이내 부분 포함)의 바닥면적이 해당 설비가 설치되어 있는 구획의 바닥면적의 $\frac{1}{5}$ 미만이 되는 부분

8) 할로겐화합물 및 불활성기체소화설비를 재충전하거나 교체하여야 하는 기준을 답하시오. 4점

해설 및 정답 할로겐화합물 소화약제의 경우 저장용기의 약제량손실이 5[%]를 초과하거나 압력손실이 10[%]를 초과하는 경우
불활성기체소화약제의 경우 압력손실이 5[%]를 초과하는 경우

제15회 설계 및 시공 모의고사

01 특별피난계단의 부속실에 설치되는 제연설비에 관한 다음 각 물음에 답하시오. [30점]

> **조건**
> ① 특별피난계단의 부속실 단독제연방식이다.
> ② 복도에는 유입공기의 배출을 위한 배출용댐퍼가 설치되어 있으며 수직풍도를 이용하는 유입공기의 배출을 실시하고 있다.
> ③ 옥상층에 급기용 송풍기 및 배출용송풍기(유입공기배출용)가 설치되어 있다.
> ④ 급기용송풍기의 풍량은 아래 식을 이용한다.
> $0.827 A \sqrt{P} \times 1.2$ + 보충량(출입문 1개 면적×방연풍속)
> A=총 누설틈새면적(m^2), P=유지하고자 하는 차압(Pa)
> ⑤ 부속실과 옥내와의 차압은 100[Pa]을 유지하도록 한다.
> ⑥ 1층~15층까지 부속실의 수는 15개이다. (옥상층 포함 총 16개층)
> ⑦ 부속실은 아래 그림과 같다. (2층~15층)
> 전층 계단실 및 부속실 출입문의 크기는 그림과 같이 동일하다.
> ⑧ 승강로 상부 기계실과 승강로 사이의 개구부면적은 0.3[m^2]이다.
>
> > **! Reference — NFTC 501A 2.9.1.3**
> > 제연구역으로부터 누설하는 공기가 승강기의 승강로를 경유하여 승강로의 외부로 유출하는 유출면적은 승강로 상부의 승강로와 기계실 사이의 개구부 면적을 합한 것을 기준으로 할 것(직렬)
>
> ⑨ 급기송풍기 및 배출송풍기의 전달계수 K=1.1 적용, 효율=80[%] 적용, 필요한 풍압=80[mmAq]

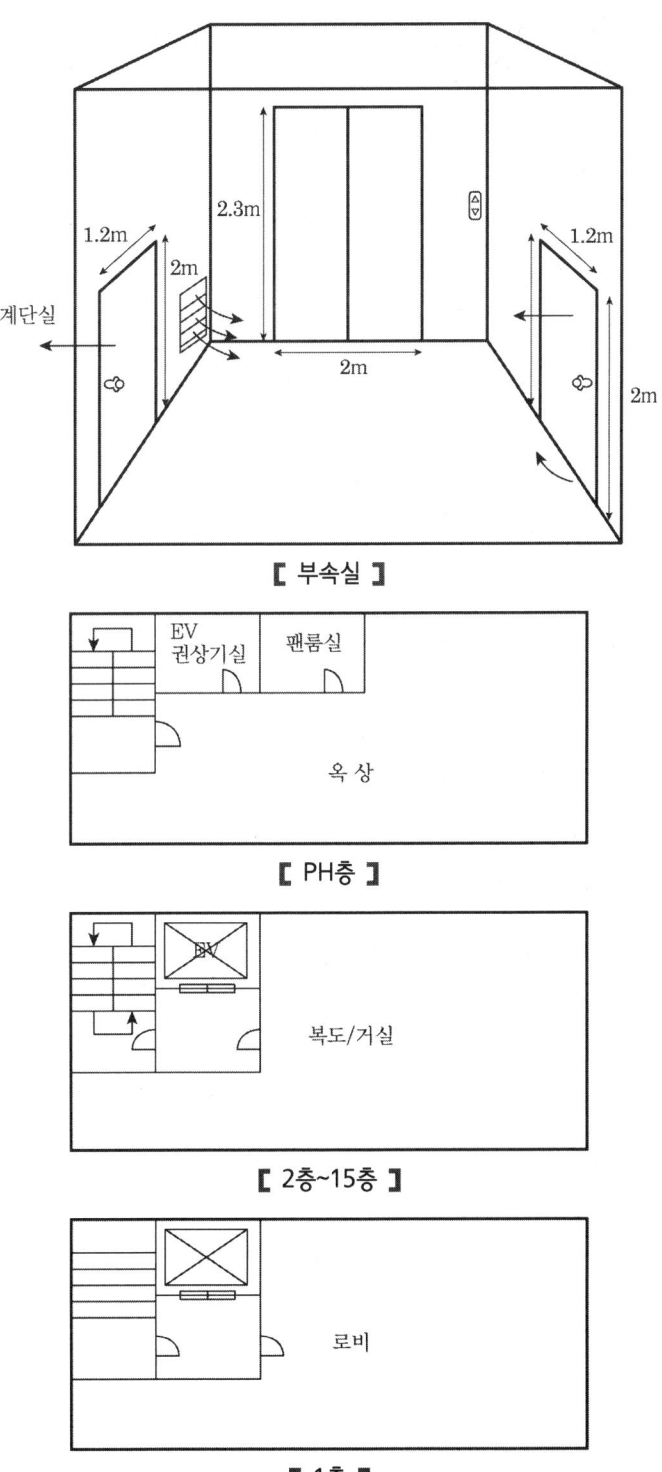

[부속실]

[PH층]

[2층~15층]

[1층]

모의고사

1) 부속실에서의 총 누설틈새면적(m²)을 계산하시오. (풀이과정 및 정답은 소수점 셋째자리에서 반올림할 것) **10점**

해설및정답 ① 부속실 ~ E/V 출입문 ~ 승강로 상부

E/V 출입문 틈새면적

$$A = \frac{(2 \times 2 + 2.3 \times 3)}{8} \times 0.06 m^2 = 0.081 ≒ 0.08 [m^2]$$

E/V 출입문 총 틈새면적 $= 0.08 m^2 \times 15 = 1.2 [m^2]$

∴ 부속실 ~ E/V출입문 ~ 승강로 상부

$$A = \left(\frac{1}{1.2^2} + \frac{1}{0.3^2}\right)^{-\frac{1}{2}} = 0.291 ≒ 0.29 [m^2]$$

② 부속실~계단실~옥외

2층~15층 계단실 출입문

$$A = \frac{(2 \times 2 + 1.2 \times 2)}{5.6} \times 0.02 m^2 = 0.022 ≒ 0.02 [m^2]$$

1층 계단실 출입문

$$A = \frac{(2 \times 2 + 1.2 \times 2)}{5.6} \times 0.01 m^2 = 0.011 ≒ 0.01 [m^2]$$

부속실~계단실 총 틈새면적

$$A = 0.02 m^2 \times 14 + 0.01 m^2 = 0.29 [m^2]$$

∴ 부속실~계단실~옥외

$$A = \left(\frac{1}{0.29^2} + \frac{1}{0.02^2}\right)^{-\frac{1}{2}} = 0.019 ≒ 0.02 [m^2]$$

③ 부속실~옥내

2층~15층

$$A = \frac{(2 \times 2 + 1.2 \times 2)}{5.6} \times 0.01 m^2 = 0.011 ≒ 0.01 [m^2]$$

1층

$$A = \frac{(2 \times 2 + 1.2 \times 2)}{5.6} \times 0.02 m^2 = 0.022 ≒ 0.02 [m^2]$$

∴ 부속실~옥내

$$A = 0.01 m^2 \times 14 + 0.02 m^2 = 0.16 [m^2]$$

④ 총 누설틈새면적

$$A = 0.29 m^2 + 0.02 m^2 + 0.16 m^2 = 0.47 [m^2]$$

2) 급기용송풍기의 풍량(m³/hr)을 구하시오. (부속실에 면하는 부분은 복도이다) **4점**

해설 및 정답
$$Q = 0.827 \cdot A\sqrt{P} \times 1.2 + 보충량$$
$$= 0.827 \times 0.47 \times \sqrt{100} \times 1.2 + (1.2 \times 2)m^2 \times 0.5 m/s$$
$$= 5.864 ≒ 5.86 [\text{m}^3/\text{s}]$$
$$\therefore 5.86 m^3/s \times 3{,}600 s/hr = 21{,}096 [\text{m}^3/\text{hr}]$$

3) 배출용송풍기의 풍량(m³/hr)을 구하시오. (여유량은 고려하지 않는다) **2점**

해설 및 정답
$$Q_N = (1.2 \times 2)\,\text{m}^2 \times 0.5\,\text{m/s} = 1.2\,[\text{m}^3/\text{s}]$$
$$\therefore 1.2\,\text{m}^3/\text{s} \times 3{,}600\,\text{s/hr} = 4{,}320\,[\text{m}^3/\text{hr}]$$

4) 배출용송풍기의 동력(kW)을 구하시오. **5점**

해설 및 정답
$$P(kw) = \frac{P_t Q}{102\eta} K = \frac{80 \times 1.2}{102 \times 0.8} \times 1.1 = 1.294 ≒ 1.29\,[\text{kW}]$$

5) 유입공기의 배출을 위한 기계배출식에서 수직풍도의 내부 단면적(m²)을 구하시오. **3점**

해설 및 정답
$$A = \frac{Q_N}{15} = \frac{1.2\,m^3/s}{15\,m/s} = 0.08\,[\text{m}^2]$$

6) 누설면적 0.02[m²]의 출입문이 있는 실 A와 누설면적 0.005[m²]의 창문이 있는 실 B가 〈그림〉과 같이 연결되어 있다. 이때 실 A에 0.1[m³/s]의 급기를 가할 경우 실 A와 외부와의 차압(Pa)을 계산하시오. **6점**

Q=0.1[m³/sec]   문 0.02[m²]   창문 0.005[m²]
실 A   실 B

해설 및 정답
$$Q = 0.827 \cdot A \cdot P^{\frac{1}{n}}$$
$$0.1 = 0.827 \times 0.02 \times (P_A - P_B)^{\frac{1}{2}}$$
$$(P_A - P_B)^{\frac{1}{2}} = \frac{0.1}{0.827 \times 0.02} = 6.045 ≒ 6.05$$

$$P_1 - P_2 = (6.05)^2 = 36.6$$

$$0.1 = 0.827 \times 0.005 \times (P_B - P_{OUT})^{\frac{1}{1.6}}$$

$$(P_B - P_{OUT})^{\frac{1}{1.6}} = \frac{0.1}{0.827 \times 0.005} = 24.183 ≒ 24.18$$

$$P_2 - P_3 = (24.18)^{1.6} = 163.504 ≒ 163.5$$

$$\therefore (P_A - P_B) + (P_B - P_{OUT}) = 36.6 + 163.5 = 200.1$$

02 다음 각 물음에 답하시오. 30점

1) 지면으로부터 수평상태인 공기의 수송관의 단면적이 0.68[m²]에서 0.18[m²]로 감소하고 있다. 0.68[kgf/s]의 공기가 이동할 때 감소되는 압력은 몇 [Pa]인가? (단, 공기의 비중량은 1.23[kgf/m³]이고, 배관 내의 손실은 없는 것으로 한다) 5점

해설 및 정답

$$\frac{P_1}{\gamma} + \frac{u_1^2}{2g} + Z_1 = \frac{P_2}{\gamma} + \frac{u_2^2}{2g} + Z_2$$

$P_1 - P_2 = ?$

$Z_1 = Z_2$

$$u_1 = \frac{W}{A_1 \cdot \gamma_1} = \frac{0.68 kgf/s}{0.68 m^2 \times 1.23 kgf/m^3} = 0.813 ≒ 0.81 [m/s]$$

$$u_2 = \frac{W}{A_2 \cdot \gamma_2} = \frac{0.68 kgf/s}{0.18 m^2 \times 1.23 kgf/m^3} = 3.071 ≒ 3.07 [m/s]$$

$$\therefore P_1 - P_2 = \frac{3.07^2 - 0.81^2}{2 \times 9.8} \times 1.23 kgf/m^3 \times 9.8 N/kgf = 5.392 ≒ 5.39 [N/m^2]$$

$$\therefore 5.39 [Pa]$$

2) 다음 〈그림〉과 같이 양정 50[m]의 성능을 갖는 펌프가 운전 중일 때 노즐에서의 방수압이 0.15[MPa]이었다. 만약 노즐의 방수압을 0.25[MPa]로 증가하고자 할 때 펌프가 요구하는 양정 H(m)은 얼마인지를 계산하시오. (단, 1[atm] = 0.1[MPa] = 10[m]이다) 5점

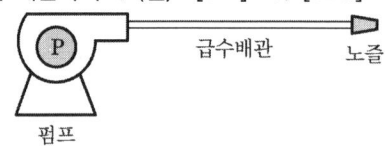

급수배관   노즐

펌프

조건

① 배관의 마찰손실은 하젠-윌리엄스 공식을 이용한다.
② 노즐의 방출계수 K=100으로 한다.
③ 펌프의 특성곡선은 토출 유량과 무관하다.
④ 펌프와 노즐은 수평으로 설치되어 있다.

해설 및 정답
$$Q_1 = K\sqrt{10P_1} = 100\sqrt{10 \times 0.15} = 122.47[\text{L/min}]$$
$$Q_2 = 100\sqrt{10 \times 0.25} = 158.11[\text{L/min}]$$
$$\triangle P_1 = 0.5 - 0.15 = 0.35[\text{MPa}]$$
$$\triangle P_2 = 0.35 \times \frac{158.11^{1.85}}{122.47^{1.85}} = 0.56[\text{MPa}]$$
$$\therefore H = 56m + 25m = 81[m]$$

3) 알칼리 축전지의 정격용량은 60[Ah], 상시부하 3[kW], 표준전압 100[V]인 부동충전방식인 충전기의 2차 출력은 몇 [kVA]인가? **5점**

해설 및 정답 2차출력 = 표준전압 × 2차 충전전류

$$2차 충전전류 = \frac{정격용량}{방전시간율} + \frac{상시부하}{표준전압} = \frac{60Ah}{5h} + \frac{3{,}000\,VA}{100\,V} = 42[A]$$

∴ 2차출력 = 100V × 42A = 4,200[VA] ≒ 4.2[kVA]

4) 역률 0.6, 출력 20[kW]인 전동기 부하에 병렬로 전력용 콘덴서를 설치하여 역률을 0.9로 개선하려고 한다. 전력용 콘덴서의 용량은 몇 [kVA]가 필요한가? **5점**

해설 및 정답
$$Q_c = P\left[\frac{\sqrt{1-\cos\theta_1^2}}{\cos\theta_1} - \frac{\sqrt{1-\cos\theta_2^2}}{\cos\theta_2}\right]$$
$$= 20\left[\frac{\sqrt{1-0.6^2}}{0.6} - \frac{\sqrt{1-0.9^2}}{0.9}\right]$$
$$= 16.98[\text{kVA}]$$

5) 정문 안내실에서 100[m]의 거리에 위치한 공장동 건물(지상 7층/지하 1층, 연면적 5,000[m²])이 있다. 각 층별로 2회로씩 사용하며(총 16회로), 발신기의 경우 50[mA/개], 램프의 경우 30[mA/개]의 전류가 소모된다. 다음의 물음에 답하시오. (단, 여기서 사용되는 전선은 HIV 1.6[mm](단면적 2[mm²])로 한다) **10점**
   (1) 표시등(램프)의 총 소요전류는 몇 [A]인가? **3점**
   (2) 공장동 건물의 지상 1층에서 화재발생 시 경종의 소모전류는 몇 [A]인가? **3점**
   (3) 정문 안내실에서 공장동 건물까지의 전압강하는 몇 [V]인가? (단, 전선의 고유저항은 도전율을 고려하여 0.0178[Ω·mm²/m]이다) **4점**

해설 및 정답 (1) 30mA × 16 = 480[mA] ≒ 0.48[A]
　　　　(2) 50mA × 2 × 8개층 = 80[mA] ≒ 0.8[A]

모의고사

(3) $e = 2IR$

$$R = \rho \cdot \frac{L}{A} = 0.0178\,\Omega \cdot mm^2/m \times \frac{100m}{2mm^2} = 0.89[\Omega]$$

$$I = 0.48A + 0.8A = 1.28[A]$$

$$\therefore e = 2 \times 1.28 \times 0.89 = 2.278 ≒ 2.28[V]$$

03 다음 각 물음에 답하시오. 40점

1) 보일러실, 건조실, 세탁소 등의 경우 자동확산소화기를 추가로 설치하여야 하는데 이때 어떠한 설비가 설치된 경우 자동확산소화기설치를 제외할 수 있는가? 3점

해설및정답 스프링클러설비, 간이스크링클러설비, 물분무등소화설비, 상업용주방자동소화장치

2) 소화기의 설치기준 중 부속용도별로 추가하여야 하는 소화기구 및 자동소화장치에서 액화석유가스를 연료로 사용하는 연소기기가 있는 장소의 경우 추가하여야 하는 소화기구에 대해 기술하시오. 4점

해설및정답 각 연소기로부터 보행거리 10[m] 이내에 능력단위 3단위 이상의 소화기 1개 이상. 다만, 상업용주방자동소화장치가 설치된 장소는 제외한다.

3) 물분무소화설비의 물분무헤드 설치제외장소에 대해 답하시오. 5점

해설및정답
① 물에 심하게 반응하는 물질 또는 물과 반응하여 위험한 물질을 생성하는 물질을 저장 또는 취급하는 장소
② 고온의 물질 및 증류범위가 넓어 끓어넘치는 위험이 있는 물질을 저장 또는 취급하는 장소
③ 운전시 표면의 온도가 260[℃] 이상으로 되는 등 직접 분무를 하는 경우 그 부분에 손상을 입힐 우려가 있는 기계장치 등이 있는 장소

4) 미분무소화설비의 설계도서 작성시 별표1(일반설계도서, 특별설계도서)을 제외한 화재안전기준에 의한 설계도서작성시 고려사항 6가지를 답하시오. 6점

해설및정답
① 점화원의 형태
② 초기 점화되는 연료유형
③ 화재 위치
④ 문과 창문의 초기상태(열림, 닫힘) 및 시간에 따른 변화상태
⑤ 공기조화설비, 자연형(문, 창문) 및 기계형 여부
⑥ 시공유형과 내장재유형

5) 미분무소화설비 설치기준 중 성능시험배관의 설치기준 4가지를 답하시오. 6점

해설및정답 ① 성능시험배관은 펌프의 토출 측에 설치된 개폐밸브 이전에서 분기하여 직선으로 설치하고, 유량측정장치를 기준으로 전단 직관부에는 개폐밸브를 후단 직관부에는 유량조절밸브를 설치할 것. 이 경우 개폐밸브와 유량측정장치 사이의 직관부 거리 및 유량측정장치와 유량조절밸브 사이의 직관부 거리는 해당 유량측정장치 제조사의 설치사양에 따르고, 성능시험배관의 호칭지름은 유량측정장치의 호칭지름에 따른다.
② 유입구에는 개폐밸브를 둘 것
③ 유량측정장치는 펌프의 정격토출량의 175% 이상 측정할 수 있는 성능이 있을 것
④ 가압송수장치의 체절운전 시 수온의 상승을 방지하기 위하여 체크밸브와 펌프 사이에서 분기한 구경 20mm 이상의 배관에 체절압력 미만에서 개방되는 릴리프밸브를 설치할 것

6) 휴대용비상조명등의 설치기준을 기술하시오. 8점

해설및정답 ① 다음 각 장소에 설치할 것
　　㉠ 숙박시설 또는 다중이용업소에는 객실 또는 영업장 안의 구획된 실마다 잘 보이는 곳(외부 설치시 출입문 손잡이로부터 1[m] 이내 부분)에 1개 이상 설치
　　㉡ 대규모점포와 영화상영관에는 보행거리 50[m] 이내마다 3개 이상 설치
　　㉢ 지하상가 및 지하역사에는 보행거리 25[m] 이내마다 3개 이상 설치
② 설치높이는 바닥으로부터 0.8[m] 이상 1.5[m] 이하의 높이에 설치할 것
③ 어둠속에서 위치를 확인할 수 있도록 할 것
④ 사용시 자동으로 점등되는 구조일 것
⑤ 외함은 난연성능이 있을 것
⑥ 건전지를 사용하는 경우에는 방전방지조치를 하여야 하고 충전식 밧데리의 경우에는 상시 충전되도록 할 것
⑦ 건전지 및 충전식 밧데리의 용량은 20분 이상 유효하게 사용할 수 있는 것으로 할 것

7) 지하상가에서의 복도의 보행거리가 500[m]인 경우 설치하여야 하는 휴대용비상조명등의 설치수를 구하시오. 3점

해설및정답 $\dfrac{500m}{25m} = 20$

∴ $20 \times 3 = 60$개

8) 비상조명등의 설치제외장소와 휴대용비상조명등의 설치제외장소를 답하시오. **5점**

해설 및 정답
① 비상조명등 설치제외장소
  ㉠ 거실 각 부분으로부터 하나의 출입구에 이르는 보행거리가 15[m] 이내인 부분
  ㉡ 의원, 경기장, 공동주택, 의료시설, 학교의 거실
② 휴대용 비상조명등 설치제외장소
  ㉠ 지상1층 또는 피난층으로서 복도, 통로 또는 창문 등의 개구부를 통하여 피난이 용이한 경우
  ㉡ 숙박시설로서 복도에 비상조명등을 설치한 경우

제16회 설계 및 시공 모의고사

01 다음 각 물음에 답하시오. **40점**

1) 수신기의 부하특성이 〈조건〉과 같을 경우 수신기에 내장하는 축전지용량(Ah)을 구하시오. **3점**

조건
① 감시전류 I_1=2.5[A]
② 경보전류 I_2=9.5[A]
③ 용량환산시간계수는 다음과 같다.

방전시간(min)	10	20	30	40	50	60	70	80	90	100
용량환산시간계수	0.6	0.8	1.0	1.2	1.4	1.6	1.8	1.9	2.0	2.1

④ 건물규모는 지하 5층, 지상 25층이다.

해설 및 정답

$C = \dfrac{1}{L}(K_1 I_1 + K_2 I_2) = \dfrac{1}{0.8} \times (1.6 \times 2.5 + 0.6 \times 9.5) = 12.125\,Ah ≒ 12.13[Ah]$

$C = \dfrac{1}{L}[K_1 I_1 + K_2(I_2 - I_1)] = \dfrac{1}{0.8} \times [1.8 \times 2.5 + 0.6 \times (9.5 - 2.5)]$

　　$= 10.875 ≒ 10.88[Ah]$

∴ 10.88[Ah] 선정

2) 바닥면적 300[m²], 높이 3.7[m]의 전기실로 전기화재를 가정하여 할로겐화합물소화설비를 설치하려고 한다. 〈조건〉을 보고 다음 물음에 답하시오. **15점**

조건
① 1기압, 20[℃]를 기준으로 한다.
② HFC-227ea의 소화농도 8.75[%]이다.
③ 방호구역 안에 콘크리트 기둥이 3개 있으며 기둥당 체적은 3[m³]이다.
④ 할로겐화합물소화약제 저장용기는 68[L]/75[kg]이다.
⑤ 주어진 조건 이외에는 화재안전성능/기술기준을 따른다.

(1) HFC-227ea의 분자량을 답하시오. **3점**
(2) HFC-227ea의 소화약제 선형상수 K_1과 K_2를 구하시오. (소수점 여섯째자리에서 반올림하여 소수점 다섯째자리까지 구하시오) **3점**
(3) HFC-227ea의 최소약제량(kg)을 구하시오. **3점**
(4) HFC-227ea의 저장용기 수를 구하시오. **3점**
(5) HFC-227ea의 한 병당 용기 내 게이지압(MPa)을 구하시오. **3점**

모의고사

해설및정답 (1) C_3HF_7 의 $M = 12 \times 3 + 1 + 19 \times 7 = 170 [\text{kg/kmol}]$

(2) $K_1 = \dfrac{22.4}{170} = 0.131764 ≒ 0.13176$

$K_2 = \dfrac{0.13176}{273} = 0.000482 ≒ 0.00048$

(3) $W(kg) = \dfrac{V}{S} \times \dfrac{C}{100-C}$

$V = 300 \times 3.7 - 3 \times 3 = 1{,}101 [\text{m}^3]$

$C = 8.75\% \times 1.35 = 11.81[\%]$

$S = K_1 + K_2 \times 20 = 0.13176 + 0.00048 \times 20 = 0.14136$

$\therefore W = \dfrac{1{,}101}{0.14136} \times \left(\dfrac{11.81}{100-11.81}\right) = 1{,}043.016 ≒ 1{,}043.02[\text{kg}]$

(4) $\dfrac{1{,}043.02 kg}{75 kg} = 13.9 \quad \therefore 14병$

(5) $PV = \dfrac{W}{M}RT$

$P = \dfrac{WRT}{VM} = \dfrac{75 \times 8.314 \times (273+20)}{0.068 \times 170} = 15{,}804.511 \text{kPa} ≒ 15.804511[\text{MPa}]$

$\therefore 15.804511 \text{MPa} - 0.101325 \text{MPa} = 15.703186 \text{MPa} ≒ 15.7[\text{MPa gauge}]$

---

3) 도로터널에 다음 〈조건〉과 같은 비상조명등을 설치할 경우 다음 각 물음에 답하시오. **7점**

조건

① 도로터널은 편도3차선 일방향 터널로 길이는 1,200[m]이다.
② 도로터널의 폭은 12[m], 천장의 높이는 8[m]이며 조명등의 높이는 5[m]이다.
③ 조명등은 220[V] 40[W] 형광등(소비전류는 0.2[A]) 1등용이며, 1개의 광속은 2,750[lm]이다.
④ 조명률(%)을 위한 천장반사율은 50[%], 벽반사율은 50[%], 바닥반사율은 10[%]이다.

반사율	천정	70[%]			50[%]			30[%]		
	벽	70	50	30	70	50	30	70	50	30
	바닥	10			10			10		
실지수		조명율(%)								
1.5		64	55	49	58	51	45	52	46	42
2.0		69	61	55	62	56	51	57	52	44
2.5		72	66	60	65	60	56	60	55	48
3.0		74	69	64	68	63	59	62	58	52
4.0		77	73	69	71	67	64	65	62	56
5.0		79	75	72	73	70	67	67	64	60

⑤ 감광보상율은 1.4이며, 그 외 조건은 화재안전성능/기술기준에 따른다.

(1) 실지수를 구하시오. **2점**
(2) 비상조명등을 설치할 경우 형광등의 개수를 구하시오. **3점**
(3) 비상조명등의 사용에 따른 부하용량(kVA)을 구하시오. **2점**

해설 및 정답

(1) 실지수 $= \dfrac{X \cdot Y}{H(X+Y)} = \dfrac{1{,}200m \times 12m}{5m\,(1{,}200m + 12m)} = 2.376 ≒ 2.38$

(2) $N = \dfrac{DAE}{FU} = \dfrac{1.4 \times (12 \times 1{,}200) \times 10}{2{,}750 \times 0.56} = 130.9$

∴ 131개

cf) 도로터널 바닥 : 10[lx] 이상
    실지수 2.0에서의 조명률 적용

(3) 131개 × 0.2A = 26.2A
    부하용량 = 사용전압 × 부하전류 = 220V × 26.2A = 5,764[VA]
    ∴ 5.76[kVA]

4) 비상경보설비 및 단독경보형감지기에 대한 다음 물음에 답하시오. **15점**
   (1) 단독경보형감지기의 설치대상을 기술하시오. **5점**
   (2) 비상경보설비의 화재신호등을 송수신하는 방식의 종류와 정의를 쓰시오. **3점**
   (3) 발신기의 설치기준을 기술하시오. **3점**
   (4) 비상경보설비의 전원회로의 절연저항 측정지점 및 절연저항 기준을 쓰시오. **4점**

해설 및 정답

(1) ① 교육연구시설 내에 있는 기숙사 또는 합숙소로서 연면적 2천㎡ 미만인 것
    ② 수련시설 내에 있는 기숙사 또는 합숙소로서 연면적 2천㎡ 미만인 것
    ③ 수용인원 100인미만 수련시설(숙박시설이 있는 것만 해당한다)
    ④ 연면적 400㎡ 미만의 유치원
    ⑤ 공동주택 중 연립주택 및 다세대주택

(2) ① "유선식"은 화재신호등을 배선으로 송수신하는 방식
    ② "무선식"은 화재신호등을 전파에 의해 송수신하는 방식
    ③ "유무선식"은 유선식과 무선식을 겸용으로 사용하는 방식

(3) ① 조작이 쉬운 장소에 설치하고 조작스위치는 바닥으로부터 0.8[m] 이상 1.5[m] 이하의 높이에 설치할 것
    ② 특정소방대상물의 층마다 설치하되 해당 특정소방대상물의 각 부분으로부터 수평거리가 25[m] 이하가 되도록 할 것. 다만, 복도 또는 별도로 구획된 실로서 보행거리가 40[m] 이상일 경우 추가로 설치하여야 한다.
    ③ 발신기의 위치 표시등은 함의 상부에 설치하되 그 불빛은 부착면으로부터 15° 이상의 범위 안에서 부착지점으로부터 10[m] 이내의 어느 곳에서도 쉽게 식별할 수 있는 적색등으로 할 것

(4) ① 전원회로의 전로와 대지 사이 및 배선상호간의 절연저항

【 전기설비기술기준 제52조 】

전로의 사용전압(V)	DC시험전압(V)	절연저항(MΩ)
SELV 및 PELV	250	0.5
FELV, 500[V] 이하	500	1.0
500[V] 초과	1,000	1.0

(주) 특별저압(extra low voltage : 2차 전압이 AC 50[V], DC 120[V] 이하)으로 SELV(비접지회로 구성) 및 PELV(접지회로 구성)은 1차와 2차가 전기적으로 절연된 회로, FELV는 1차와 2차가 전기적으로 절연되지 않은 회로

② 부속회로의 전로와 대지 사이 및 배선상호간의 절연저항 : 1경계구역마다 직류 250[V] 절연저항 측정기를 사용하여 측정한 절연저항이 0.1[MΩ] 이상일 것

02 다음 각 물음에 답하시오. 30점

1) 옥내소화전설비 화재안전기술기준 중 옥상수원을 설치하지 아니할 수 있는 경우에 대해 기술하시오. 7점

해설및정답
① 지하층만 있는 건축물
② 고가수조를 가압송수장치로 설치한 옥내소화전설비
③ 수원이 건축물의 최상층에 설치된 방수구보다 높은 위치에 설치된 경우
④ 건축물의 높이가 지표면으로부터 10[m] 이하인 경우
⑤ 주펌프와 동등 이상의 성능이 있는 별도의 펌프로서 내연기관의 기동과 연동하여 작동되거나 비상전원을 연결하여 설치한 경우
⑥ 학교, 공장, 창고시설로서 동결우려가 있는 장소에 기동스위치에 보호판을 부착하여 옥내소화전함 내에 설치한 경우
⑦ 가압수조를 가압송수장치로 설치한 옥내소화전설비

2) 옥내소화전설비 화재안전기술기준 중 수원을 전용수조로 설치하지 아니할 수 있는 경우에 대해 기술하시오. 4점

해설및정답
① 옥내소화전펌프의 풋밸브 또는 흡수배관의 흡수구를 다른 설비의 풋밸브 또는 흡수구보다 낮은 위치에 설치한 때
② 고가수조로부터 옥내소화전설비의 수직배관에 물을 공급하는 급수구를 다른 설비의 급수구보다 낮은 위치에 설치한 때

3) 옥내소화전설비 화재안전기술기준 중 비상전원의 종류를 답하고 비상전원의 설치기준을 기술하시오. 6점

해설및정답 ① 비상전원의 종류
  ㉠ 자가발전설비
  ㉡ 축전지설비
  ㉢ 전기저장장치
② 설치기준
  ㉠ 점검에 편리하고 화재 및 침수 등의 재해로 인한 피해를 받을 우려가 없는 곳에 설치할 것
  ㉡ 옥내소화전설비를 유효하게 20분 이상 작동할 수 있을 것
  ㉢ 상용전원으로부터 전력공급이 중단된 때에는 자동으로 비상전원으로부터 전력을 공급받을 수 있도록 할 것
  ㉣ 비상전원(내연기관의 기동 및 제어용 축전지 제외)의 설치장소는 다른 장소와 방화구획할 것. 이 경우 그 장소에는 비상전원공급에 필요한 기구나 설비 외의 것(열병합발전설비에 필요한 기구나 설비 제외)을 두어서는 아니된다.
  ㉤ 비상전원을 실내에 설치하는 때에는 그 실내에 비상조명등을 설치할 것

4) 옥내소화전 방수압을 이용한 방수량계산시 다음 공식을 유도하시오. (풀이과정상 소수점 셋째자리에서 반올림하여 둘째자리로 표현하시오) 7점

$Q = 112.65 \times D^2 \times \sqrt{P}$
(Q : 방수량(L/min), D : 노즐직경(inch), P : 방수압(PSI))
(1[inch]=0.0254[m], 10.332[mH₂O] = 14.7[PSI], g =9.8[m/s²])

해설및정답
$Q = A \cdot u = \dfrac{\pi}{4}D^2 \times \sqrt{2gh} = 3.48 D^2 \times \sqrt{h}$

$h : P = 10.332 : 14.7$

$10.332P = 14.7h$

∴ $h = 0.702P ≒ 0.7P$

∴ $Q = 3.48 D^2 \sqrt{0.7P} = 2.91 D^2 \sqrt{P}$ ($Q = m^3/s$, $D = m$, $P = PSI$)

$Q = K \cdot D^2 \sqrt{P}$

$K = \dfrac{Q}{D^2 \sqrt{P}} \times 2.91$

$Q : 1[m^3/s] = 60,000[L/min]$, $D : 1[m] \times \dfrac{1[inch]}{0.0254[m]} = 39.37[inch]$

∴ $K = \dfrac{60,000}{39.37^2 \sqrt{1}} \times 2.91 = 112.645 ≒ 112.65$

∴ $Q = 112.65 \times D^2 \times \sqrt{P}$

모의고사

5) 스프링클러설비 방식 중 상향식 스프링클러설비로 설치하여야 하는 설비는 어떠한 설비이며 해당 설비에서 하향식 헤드를 설치할 수 있는 경우 3가지에 대해 답하시오. **6점**

해설및정답 ① 상향식 스프링클러설비를 설치하여야 하는 설비 : 습식 스프링클러설비 및 부압식 스프링클러설비 외의 설비
∴ 건식, 준비작동식, 일제살수식
② 하향식 헤드를 설치할 수 있는 경우
㉠ 드라이펜던트 스프링클러헤드를 사용하는 경우
㉡ 스프링클러헤드의 설치장소가 동파우려가 없는 곳인 경우
㉢ 개방형 스프링클러헤드를 사용하는 경우

03 다음 각 물음에 답하시오. 30점

1) 다음 〈조건〉에서의 알칼리축전지 용량[Ah]과 2차 충전전류[A], 2차출력[kVA]을 구하시오. 8점

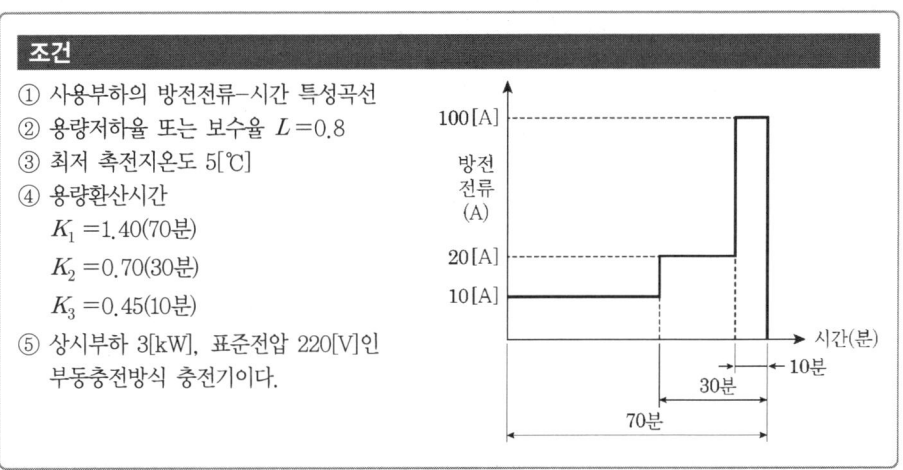

조건
① 사용부하의 방전전류-시간 특성곡선
② 용량저하율 또는 보수율 $L=0.8$
③ 최저 축전지온도 5[℃]
④ 용량환산시간
  $K_1=1.40$(70분)
  $K_2=0.70$(30분)
  $K_3=0.45$(10분)
⑤ 상시부하 3[kW], 표준전압 220[V]인 부동충전방식 충전기이다.

해설 및 정답
① 축전지용량

$$C = \frac{1}{L}\left[K_1 I_1 + K_2(I_2 - I_1) + K_3(I_3 - I_2)\right]$$

$$= \frac{1}{0.8}\left[1.4 \times 10 + 0.7(20-10) + 0.45(100-20)\right]$$

$$= 71.25[Ah]$$

② 2차 충전전류(A) $= \dfrac{정격용량(Ah)}{방전율(h)} + \dfrac{상시부하(VA)}{표준전압(V)}$

$$= \frac{71.25 Ah}{5h} + \frac{3{,}000\,VA}{220\,V}$$

$$= 27.886 ≒ 27.89[A]$$

③ 2차 출력
$P = V \cdot I = 220\,V \times 27.89\,A = 6{,}135.8[VA] ≒ 6.14[kVA]$

2) 화재안전기술기준에서 다른 부분과 방화구획을 하여야 하는 장소 4가지를 기술하시오. 4점

해설 및 정답
① 감시제어반 전용실(비상전원 설치대상의 경우)
② 비상전원 설치장소(내연기관 기동 및 제어용 축전지 제외)
③ 가압수조 및 가압원 설치장소
④ 가스계소화설비의 저장용기실

모의고사

3) 아래와 같은 위험물 옥외탱크저장소에 포소화설비와 물분무소화설비를 설치하고자 한다. 다음 각 물음에 답하시오. [18점]

조건
① 탱크본체에 보강링은 1열씩 설치되었다.
② 화재시 한 개 탱크로 가정한다.(포소화설비)
③ 물분무소화설비는 화재시 모든 탱크에서 방사한다.
④ 부상지붕구조탱크내측면과 굽도리판 사이의 거리는 1.2[m]이다.

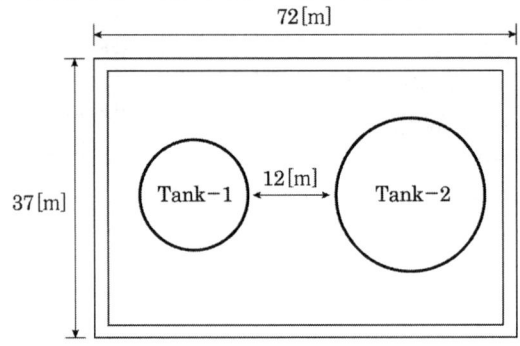

항목	Tank-1	Tank-2
탱크형식/포방출구	고정지붕구조(CRT)/Ⅱ형	부상지붕구조(FRT)/특형
지정 물질	제4류 2석유류(비수용성)	제4류 1석유류(비수용성)
탱크 규격	직경 20[m]×높이 15[m]	직경 25[m]×높이 12[m]
저장량/포농도	4,200[m³]/3[%]	4,900[m³]/3[%]

(1) 각 탱크별 고정포방출구의 포수용액 방수량(LPM)을 구하시오. [4점]
(2) 보조포소화전의 포수용액 방수량(LPM)을 구하시오. [3점]
(3) 각 탱크별 물분무소화설비의 방수량(LPM)을 구하시오. [3점]
(4) 전체 소화시스템에 필요한 물의 양(m³)을 구하시오. [4점]
(5) 각 탱크의 기초가 없다고 가정할 경우 방유제의 높이(m)를 구하시오. [4점]

해설및정답 (1) TANK-1

$$Q = \frac{\pi}{4}(20m)^2 \times 4\,L/m^2 \cdot \min = 1{,}256.64\,[L/\min]$$

TANK-2

$$Q = \left[\frac{\pi}{4}(25m)^2 - \frac{\pi}{4}(22.6m)^2\right] \times 8\,L/m^2 \cdot \min = 717.79\,[L/\min]$$

(2) $\dfrac{72m \times 2 + 37m \times 2}{75m} = 2.91 \quad \therefore 3개$

$\therefore Q = 3 \times 400\,L/\min = 1{,}200\,[L/\min]$

(3) TANK-1

$Q(\text{L/min}) = \pi D \times 37\text{L/m} \cdot \min$
$= \pi \times 20\text{m} \times 37\text{L/m} \cdot \min$
$= 2,324.78[\text{L/min}]$

TANK-2

$Q(\text{L/min}) = \pi \times 25\text{m} \times 37\text{L/m} \cdot \min$
$= 2,905.97[\text{L/min}]$

(4) 고정포방출구 수원량 + 보조포수원량 + 물분무수원량
$= 1,256.64\text{L/min} \times 30\min \times 0.97 + 1,200\text{L/min} \times 20\min \times 0.97$
$+ (2,324.78 + 2,905.97)\text{L/min} \times 20\min$
$= 164,463[\text{L}] \fallingdotseq 164.46[\text{m}^3]$

(5) $A \times H = 4,900\text{m}^3 \times 1.1 + \dfrac{\pi}{4}(20m)^2 \times H$

$(72 \times 37) \times H = 4,900 \times 1.1 + \dfrac{\pi}{4}(20m)^2 \times H$

$H = 2.293[\text{m}] \fallingdotseq 2.29[\text{m}]$

제 17 회 설계 및 시공 모의고사

01 지하 층수가 5층이고 지상 층수가 50층인 주상복합건축물에 대한 다음 각 물음에 답하시오.

40점

> **조건**
> ① 지하2층~지하5층 주차장
> ② 지하1층~지상5층 근린생활시설 및 판매시설
> ③ 지상6층~지상50층 공동주택(아파트)
> ④ 지하5층~지상5층 층고 5[m], 지상6층~지상50층 층고 4[m]
> ⑤ 지하5층~지상5층 부분 층별 옥내소화전 설치수 10개, 지상6층~50층 층별 옥내소화전 설치수 4개씩 설치
> ⑥ 펌프실 등은 지하5층에 설치
> ⑦ 옥내소화전 방수구 높이는 바닥으로부터 1[m] 높이에 설치
> ⑧ 세대내 반자까지의 높이는 바닥으로부터 2.5[m]이고 반자에 헤드가 설치됨
> 지하5층~지상5층(저층)의 경우 헤드설치높이는 바닥으로부터 4.5[m]이다.
> ⑨ 지하5층~지상5층까지는 층별헤드수가 200개 설치
> ⑩ 층별 세대수는 20세대이고 세대당 12개 헤드 설치
> ⑪ 지하5층~지상5층까지의 스프링클러설비와 지상6층~지상50층 스프링클러설비는 분리되어 별도의 수조, 펌프 등을 사용한다.(저층용, 고층용)
> 옥내소화전도 동일하게 저층용, 고층용으로 분리되어 설치되었다.
> 저층(상가부분)과 고층(아파트) 부분은 건축상 완전구획되었다.
> ⑫ 배관압력손실
> ㉠ 저층용 최상층 옥내소화전까지 마찰손실수두 : 8[m]
> ㉡ 고층용 최상층 옥내소화전까지 마찰손실수두 : 12[m]
> ㉢ 저층용 최상층 스프링클러헤드까지 배관마찰손실수두 : 8[m]
> ㉣ 고층용 최상층 스프링클러헤드까지 배관마찰손실수두 : 12[m]
> ㉤ 옥내소화전 호스 및 노즐의 마찰손실수두 : 2[m](저층, 고층 동일)
> ⑬ 실양정계산시 흡입구위치는 지하5층 바닥으로부터 0.5[m] 높은 위치에 설치되어 있다.
> (모든 펌프 동일, 정압흡입방식)
> ⑭ 연결송수관설비 설치시 저층용/고층용 분리설치하였고 고층용연결송수관설비의 경우 별도 가압송수장치를 설치하였다.

1) 저층용/고층용 옥내소화전 및 스프링클러 소화펌프의 양정(m) 및 토출량(m³/min)을 계산하시오. **8점**

해설및정답
① 저층용 옥내소화전
   ㉠ 양정 $H = h_1 + h_2 + h_3 + 17\text{m}$
   $= [(5\text{m} - 0.5\text{m}) + 5\text{m} \times 8 + 1\text{m}] + 8\text{m} + 2\text{m} + 17\text{m}$
   $= 72.5[\text{m}]$
   ㉡ 토출량 $Q = N \times 130\text{L/min}$
   $= 2 \times 130\text{L/min} = 260[\text{L/min}] ≒ 0.26[\text{m}^3/\text{min}]$

② 고층용 옥내소화전
   ㉠ 양정 $H = h_1 + h_2 + h_3 + 17\text{m}$
   $= [(5\text{m} - 0.5\text{m}) + 5\text{m} \times 9 + 4\text{m} \times 44 + 1\text{m}] + 12\text{m} + 2\text{m} + 17\text{m}$
   $= 257.5[\text{m}]$
   ㉡ 토출량 $Q = N \times 130\text{L/min}$
   $= 4 \times 130\text{L/min} = 520[\text{L/min}] ≒ 0.52[\text{m}^3/\text{min}]$

③ 저층용 스프링클러
   ㉠ 양정 $H = h_1 + h_2 + 10\text{m}$
   $= [(5\text{m} - 0.5\text{m}) + 5\text{m} \times 8 + 4.5\text{m}] + 8\text{m} + 10\text{m}$
   $= 67[\text{m}]$
   ㉡ 토출량 $Q = N \times 80\text{L/min}$
   $= 30 \times 80\text{L/min} = 2,400[\text{L/min}] ≒ 2.4[\text{m}^3/\text{min}]$

④ 고층용 스프링클러
   ㉠ 양정 $H = h_1 + h_2 + 10\text{m}$
   $= [(5\text{m} - 0.5\text{m}) + 5\text{m} \times 9 + 4\text{m} \times 44 + 2.5\text{m}] + 12\text{m} + 10\text{m}$
   $= 250[\text{m}]$
   ㉡ 토출량 $Q = N \times 80\text{L/min}$
   $= 10 \times 80\text{L/min} = 800[\text{L/min}] ≒ 0.8[\text{m}^3/\text{min}]$

2) 저층용/고층용 옥내소화전 및 스프링클러 수원의 양(m³)을 구하시오. (각 설비마다 예비펌프가 설치되어 있다) **6점**

해설및정답
① 저층용 옥내소화전 수원의 양
$Q = 2 \times 2.6\text{m}^3 = 5.2[\text{m}^3]$
② 고층용 옥내소화전 수원의 양
$Q = 4 \times 7.8\text{m}^3 = 31.2[\text{m}^3]$
③ 저층용 스프링클러 수원의 양
$Q = 30 \times 1.6\text{m}^3 = 48[\text{m}^3]$
④ 고층용 스프링클러 수원의 양
$Q = 10 \times 4.8\text{m}^3 = 48[\text{m}^3]$

모의고사

3) 별도 연결송수관설비 설치시 토출량 기준표를 작성하고 해당 건물에 설치되는 연결송수관 설비용 가압송수장치의 정격토출량을 답하시오. **6점**

해설 및 정답

층당 방수구	1~3개	4개	5개
일반대상물	2,400[L/min]	3,200[L/min]	4,000[L/min]
계단실형APT	1,200[L/min]	1,600[L/min]	2,000[L/min]

∴ 1600[L/min]

4) 다음 괄호 안을 채우시오 **6점**

이 건물에 설치하는 통신, 신호배선은 (①)배선을 설치하도록 하고, (②)시에 (③)표시가 되며 정상작동할 수 있는 성능을 갖도록 설비를 하여야 한다.
그리고 위 배선방식을 사용하여야 하는 배선은 아래와 같다.
(④   )
(⑤   )
(⑥   )

해설 및 정답
① 이중
② 단선
③ 고장
④ 수신기와 수신기 사이의 통신배선
⑤ 수신기와 중계기 사이의 신호배선
⑥ 수신기와 감지기 사이의 신호배선

5) 피난안전구역에 설치되는 소방시설의 설치기준에 대한 다음 물음에 답하시오. **14점**
  ① 제연설비 설치기준 **3점**
  ② 피난유도선 설치기준 **6점**
  ③ 인명구조기구 설치기준 **5점**

해설 및 정답
① 피난안전구역과 비제연구역간의 차압은 50[Pa](옥내에 스프링클러 설치시 12.5[Pa]) 이상으로 하여야 한다. 다만, 피난안전구역의 한쪽 면 이상이 외기에 개방된 구조의 경우에는 설치하지 아니할 수 있다.
② ㉠ 피난안전구역이 설치된 층의 계단실 출입구에서 피난안전구역 주출입구 또는 비상구까지 설치할 것
   ㉡ 계단실에 설치하는 경우 계단 및 계단참에 설치할 것
   ㉢ 피난유도표시부의 너비는 최소 25[mm] 이상으로 설치할 것
   ㉣ 광원점등방식으로 설치하되 60분 이상 유효하게 작동할 것

③ ㉠ 방열복, 인공소생기를 각 2개 이상 비치할 것
㉡ 45분 이상 사용할 수 있는 성능의 공기호흡기(보조마스크 포함)를 2개 이상 비치하여야 한다. 다만, 피난안전구역이 50층 이상에 설치되어 있을 경우에는 동일한 성능의 예비용기를 10개 이상 비치할 것
㉢ 화재시 쉽게 반출할 수 있는 곳에 비치할 것
㉣ 인명구조기구가 설치된 장소의 보기 쉬운 곳에 "인명구조기구"라는 표지판 등을 설치할 것

02 다음 각 물음에 답하시오. 30점

1) 다음 화재안전기술기준에 대해 답하시오. 15점
    (1) 축광방식 피난유도선 설치기준 5가지를 답하시오. 5점
    (2) 아래 〈조건〉에서의 소화수조의 용량을 답하시오. 6점

> **조건**
> ① 건축물의 연면적 : 38,500[m²]
> ② 층별 바닥면적 : 지하1층(2,000[m²]), 지상1층(13,500[m²]), 지상2층(13,500[m²]), 지상3층(9,500[m²])
> ③ 특정 소방대상물로부터 180[m] 이내에 75[mm] 이상의 상수도관이 설치되지 않아 전용의 소화수조를 설치한다.

   (3) 위 문제에서의 흡수관 투입구, 채수구 수를 답하시오. 4점

해설 및 정답
(1) ① 구획된 각 실로부터 주출입구 또는 비상구까지 설치할 것
② 바닥으로부터 높이 50[cm] 이하의 위치 또는 바닥 면에 설치할 것
③ 피난유도 표시부는 50[cm] 이내의 간격으로 연속되도록 설치할 것
④ 부착대에 의하여 견고하게 설치할 것
⑤ 외광 또는 조명장치에 의하여 상시 조명이 제공되거나 비상조명등에 의한 조명이 제공되도록 설치할 것

(2) 특정소방대상물의 연면적을 아래 표에 의한 기준면적으로 나누어 얻은 수(소수점 이하는 1로 함)에 20[m³]을 곱한 양 이상일 것

구분	기준면적
1. 지상 1, 2층의 바닥면적 합계가 15,000[m²] 이상인 경우	7,500[m²]
2. 1호에 해당하지 아니한 경우	12,500[m²]

∴ 1, 2층 바닥면적의 합이 27,000[m²]이므로

$$\frac{38,500 m^2}{7,500 m^2} = 5.13 ≒ 6$$

∴ 소화수조의 용량 = 6 × 20m³ = 120[m³]

(3) 흡수관투입구의 수=2개(80[m³] 미만의 경우 1개, 80[m³] 이상의 경우 2개 이상)
채수구의 수=3개

소요수량(m³)	20[m³] 이상 40[m³] 미만	40[m³] 이상 100[m³] 미만	100[m³] 이상
채수구의 수	1개	2개	3개

2) 할로겐화합물 및 불활성기체소화설비의 수동식기동장치 설치기준 7가지를 답하시오. **7점**

해설 및 정답
① 방호구역마다 설치할 것
② 당해 방호구역의 출입구 부근 등 조작을 하는 자가 쉽게 피난할 수 있는 장소에 설치할 것
③ 기동장치의 조작부는 바닥으로부터 0.8[m] 이상 1.5[m] 이하의 위치에 설치하고, 보호판 등에 따른 보호장치를 설치할 것
④ 기동장치에는 가깝고 보기 쉬운 곳에 "할로겐화합물 및 불활성기체 소화설비 기동장치"라는 표지를 할 것
⑤ 전기를 사용하는 기동장치에는 전원표시등을 설치할 것
⑥ 기동장치의 방출용 스위치는 음향경보장치와 연동하여 조작될 수 있는 것으로 할 것
⑦ 5[kg] 이하의 힘을 가하여 기동할 수 있는 구조로 설치할 것

3) 다음 〈그림〉과 같은 배관에 직접 연결된 살수헤드에서 200[L/min]의 유량으로 물이 방수되고 있다. 화살표 방향으로 흐르는 Q_1 및 Q_2의 유량(L/min)을 계산하시오. **8점**

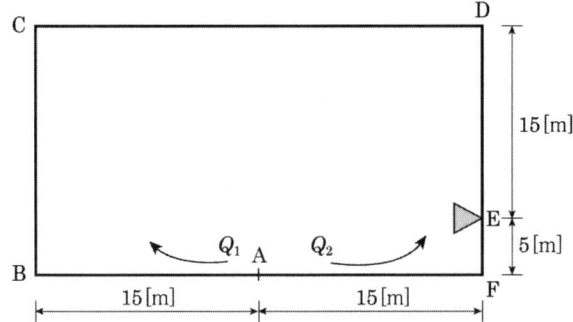

조건
① 배관 마찰손실은 하젠-윌리엄스 공식을 사용하되 편의상 다음과 같다고 가정한다.
$\Delta P = \dfrac{6 \times 10^4 \times Q^2}{100^2 \times d^5}$ [MPa/m]
② 배관의 안지름은 40[mm]이다.
③ 배관 부속품의 등가길이는 무시한다.

해설 및 정답 $200\text{L/min} = Q_1 + Q_2$

$\triangle P_1 = \triangle P_2$

$\dfrac{6\times 10^4 \times Q_1^2}{100^2 \times 40^5} \times (15+20+30+15) = \dfrac{6\times 10^4 \times Q_2^2}{100^2 \times 40^5} \times (15+5)$

∴ $80 \cdot Q_{12} = 20 \cdot Q_{22}$

$4Q_{12} = Q_{22}$

$2Q_1 = Q_2$

∴ $200\text{L/min} = Q_1 + 2Q_1$

$Q_1 = 66.67[\text{L/min}]$

$Q_2 = 133.33[\text{L/min}]$

---

03 다음 각 물음에 답하시오. `30점`

1) 제연구역인 부속실과 옥내와의 사이의 차압을 40[Pa]로 유지할 경우 부속실의 최소 누설량 (m³/h)은? (다만 여유율은 25%이며 계산 중 틈새면적은 소수점 여섯째자리에서 반올림하여 다섯째자리까지 구하고 누설량은 소수점 셋째자리에서 반올림하여 둘째자리까지 답하시오)

`10점`

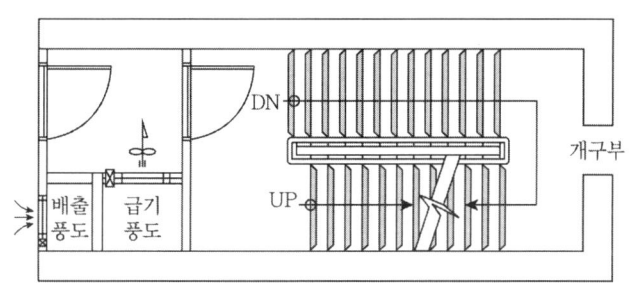

문 종류	열린 방향	문의 크기(m)	문 수
외여닫이	옥내 → 부속실	1[m]×2.1[m]	1
외여닫이	부속실 → 계단실	1[m]×2.1[m]	1
계단실 개구부 (자동폐쇄장치 미설치)	–	0.5[m²]	1

해설 및 정답 옥내 → 부속실 출입문 틈새면적

$A = \dfrac{6.2m}{5.6m} \times 0.01m^2 = 0.01107[\text{m}^2]$

부속실 → 계단실 출입문 틈새면적

$A = \dfrac{6.2m}{5.6m} \times 0.02m^2 = 0.02214[\text{m}^2]$

계단실의 개구부면적 = 0.5[m²]

모의고사

∴ 부속실~계단실 개구부 틈새면적

$$A = \left[\frac{1}{(0.02214)^2} + \frac{1}{(0.5)^2}\right]^{-\frac{1}{2}} = 0.022118 ≒ 0.02212[m^2]$$

∴ 부속실 총 누설틈새면적=0.01107 + 0.02212=0.03319[m^2]

∴ $Q = 0.827A\sqrt{P} \times 1.25 \times 3{,}600\text{sec/hr}$
$= 0.827 \times 0.03319 \times \sqrt{40} \times 1.25 \times 3{,}600$
$= 781.187 ≒ 781.19[m^3/hr]$

2) 건물의 최상부와 최하부에 동일한 면적의 개구부가 존재하는 경우 연돌효과에 따른 최대 압력차(Pa)를 계산하시오. **7점**

> **조건**
> 외기온도는 −20[℃], 샤프트내부온도는 20[℃], 건물높이는 50[m], 공기분자량은 28.96[kg/kmol] 이다. 중성대위치는 건물높이의 중간에 위치한다.

해설 및 정답 $\triangle P = \triangle \gamma \cdot h = \triangle \rho \cdot g \cdot h$

$= \dfrac{PM}{R}\left(\dfrac{1}{T_1} - \dfrac{1}{T_2}\right) \cdot g \cdot h$

$= \dfrac{1\text{atm} \times 28.96\text{kg/kmol}}{0.082\text{atm} \cdot m^3/\text{kmol} \cdot K}\left(\dfrac{1}{T_o} - \dfrac{1}{T_i}\right) \times 9.8\text{m/s}^2 \times h(\text{m})$

$= 3{,}461.07\left(\dfrac{1}{T_o} - \dfrac{1}{T_i}\right) \cdot h$

$≒ 3{,}460\left(\dfrac{1}{T_o} - \dfrac{1}{T_i}\right) \cdot h$

$≒ 3{,}460\left(\dfrac{1}{273-20} - \dfrac{1}{273+20}\right) \times 25$

$= 46.675 ≒ 46.68[\text{Pa}]$

3) 어느 특별피난계단 부속실의 제연설비에서 소요되는 급기량이 3,000[CMH], 누설량이 1,000[CMH]일 때 다음 물음에 답하시오. **8점**

> **조건**
> ① 차압=50[Pa] ② 댐퍼하중=2[kgf/m^2] ③ 추의 무게=3[kgf]

(1) 플랩댐퍼의 최소 날개면적(m^2)과 높이 $H(m)$를 구하시오. (폭은 0.5[m]이다)(소수점 셋째자리에서 반올림하여 둘째자리까지 구하시오) **4점**
(2) 균형추의 위치 $h(m)$를 구하시오. (각 풀이과정에서 소수점 넷째자리에서 반올림하여 셋째자리까지 구하시오) **4점**

해설 및 정답

(1) 날개면적 $A = \dfrac{g}{5.85} = \dfrac{\left(\dfrac{2,000}{3,600}\right)}{5.85} = 0.094 \fallingdotseq 0.09\text{m}^2$

높이 $= \dfrac{0.09\text{m}^2}{0.5\text{m}} = 0.18[\text{m}]$

(2) 차압에 의한 힘 성분토크 = 댐퍼하중에 의한 토크 + 추 하중 토크

㉠ 차압에 의한 힘성분토크

$\left(50\text{N/m}^2 \times \dfrac{1\text{kgf}}{9.8\text{N}}\right) \times 0.09\text{m}^2 \times 0.18\text{m} \times \dfrac{1}{2} = 0.0413 \fallingdotseq 0.041[\text{kgf}\cdot\text{m}]$

㉡ 댐퍼 하중에 의한 토크

$2\text{kgf/m}^2 \times 0.09\text{m}^2 \times 0.18\text{m} \times \dfrac{1}{2} \fallingdotseq 0.016[\text{kgf}\cdot\text{m}]$

㉢ 추 하중에 의한 토크

$3\text{kgf} \times h(\text{m})$

$\therefore\ 0.041\text{kgf}\cdot\text{m} = 0.016\text{kgf}\cdot\text{m} + 3\text{kgf}\cdot h(\text{m})$

$h(\text{m}) = 0.0083 \fallingdotseq 0.008[\text{m}]$

4) 〈그림〉과 같이 수조에서 관을 통해 물이 송출되고 있다. 유량이 0.035[m³/s]이고, 송출부분에서 물의 분류 직경이 8[cm]일 때 관로와 부속기기에 의해서 발생하는 손실수두 H_L [m]를 계산하시오. **7점**

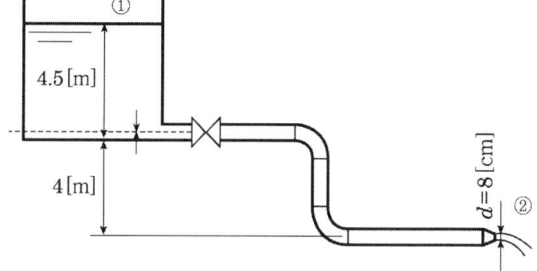

해설 및 정답

$\dfrac{P_1}{\gamma} + \dfrac{u_1^2}{2g} + Z_1 = \dfrac{P_2}{\gamma} + \dfrac{u_2^2}{2g} + Z_2 + H_L$

$P_1 = P_2 = 0 \qquad u_1 = 0$

$\therefore\ H_L = (Z_1 - Z_2) - \dfrac{u_2^2}{2g}$

$u_2 = \dfrac{Q_2}{A_2} = \dfrac{0.035\text{m}^3/\text{s}}{\dfrac{\pi}{4}(0.08\text{m})^2} = 6.963 \fallingdotseq 6.96[\text{m/s}]$

$\therefore\ H_L = 8.5 - \dfrac{(6.96)^2}{2 \times 9.8} = 6.028 \fallingdotseq 6.03[\text{m}]$

설계 및 시공 모의고사

01 다음 옥외탱크저장소에 포소화설비를 설치하였다. 〈조건〉을 보고 물음에 답하시오. 40점

조건
① 방유제 내에 휘발유탱크 1기와 경유탱크 1기를 설치하였다.
② 휘발유탱크에 특형방출구를 설치하였다.
③ 휘발유 탱크의 직경은 20[m]이며 탱크내측과 굽도리판 사이의 거리는 1.5[m]이다.
④ 경유탱크의 직경은 10[m]이며 Ⅱ형방출구를 설치하였다.
⑤ 두 탱크의 높이는 12[m]이고 최대저장높이는 10[m]이다.(최대량 저장)
⑥ 두 탱크에서 동시에 화재가 발생하는 경우는 없다.
⑦ 방유제주변에는 보조포소화전을 쌍구형으로 설치
⑧ 방유제는 직사각형의 형태로 설치
⑨ 고정포방출구에서의 최소방수압력은 0.2[MPa]이다.
⑩ 가압송수장치에서 휘발유탱크 고정포방출구까지의 마찰손실압력은 0.1[MPa](0.1[MPa]=10[m]) 가압송수장치에서 경유탱크 고정포방출구까지의 마찰손실압력은 0.09[MPa], 보조포소화전까지의 마찰손실압력은 0.09[MPa]이다. 호스에서의 마찰손실수두는 8[m]이다.
⑪ 가압송수장치와 보조포소화전과의 실양정은 0[m]이다.
⑫ 수성막포 3[%]형을 사용, 프레져프로포셔너방식 이용
⑬ 송액관의 보정량은 무시한다.
⑭ 탱크의 기초체적은 무시한다.
⑮ 고정포방출구의 방출률

포방출구의 종류 위험물의 구분	Ⅰ형		Ⅱ형		특형		Ⅲ형		Ⅳ형	
	포수용액량 (L/m²)	방출률 (L/m²·min)	포수용액량 (L/m²)	방출률 (L/m²·min)	포수용액량 (L/m²)	방출률 (L/m²·min)	포수용액량 (L/m²)	방출률 (L/m²·min)	포수용액량 (L/m²)	방출률 (L/m²·min)
제4류 위험물 중 인화점이 21[℃] 미만인 것	120	4	220	4	240	8	220	4	220	4
제4류 위험물 중 인화점이 21[℃] 이상 70[℃] 미만인 것	80	4	120	4	160	8	120	4	120	4
제4류 위험물 중 인화점이 70[℃] 이상인 것	60	4	100	4	120	8	100	4	100	4

⑯ 옥외탱크 저장소의 보유공지

저장 또는 취급하는 위험물의 최대 저장량	공지의 너비
지정수량의 500배 이하	3미터 이상
지정수량의 500배 초과 1,000배 이하	5미터 이상
지정수량의 1,000배 초과 2,000배 이하	9미터 이상
지정수량의 2,000배 초과 3,000배 이하	12미터 이상
지정수량의 3,000배 초과 4,000 이하	15미터 이상
지정수량의 4,000배 초과	당해 탱크의 최대지름과 탱크의 높이 또는 길이 중 큰 것과 같은 거리 이상이어야 한다. 다만, 30미터 초과의 경우에는 30미터 이상으로 할 수 있고, 15미터 미만의 경우에는 15미터 이상으로 하여야 한다.

1) 휘발유탱크 및 경유탱크의 고정포방출구에 필요한 수용액의 양(L)을 각각 구하시오. **4점**

해설및정답 ① 휘발유탱크

$$Q(L) = Am^2 \times 240L/m^2$$
$$= \left[\frac{\pi}{4}(20m)^2 - \frac{\pi}{4}(17m)^2\right] \times 240L/m^2$$
$$= 20,923.007 ≒ 20,923.01[L]$$

② 경유탱크

$$Q(L) = Am^2 \times 120L/m^2$$
$$= \frac{\pi}{4}(10m)^2 \times 120L/m^2$$
$$= 9,424.777 ≒ 9,424.78[L]$$

2) 휘발유탱크와 방유제 사이 이격거리, 경유탱크와 방유제 사이 이격거리를 구하시오. **4점**

해설및정답 ① 휘발유탱크와 방유제 사이 이격거리 : 휘발유탱크높이의 $\frac{1}{2}$ 이상 $= 12m \times \frac{1}{2} = 6[m]$

② 경유탱크와 방유제 사이 이격거리 : 경유탱크높이의 $\frac{1}{3}$ 이상 $= 12m \times \frac{1}{3} = 4[m]$

모의고사

3) 휘발유탱크와 경유탱크 사이 보유공지의 너비 그리고 방유제 주변의 둘레를 구하시오. `4점`

해설 및 정답
① 보유공지의 너비
  ㉠ 휘발유탱크 보유공지
  $$\text{저장량} = \frac{\pi}{4}(20\text{m})^2 \times 10\text{m} = 3{,}141.59[\text{m}^3]$$
  $$\text{지정수량} = 200[\text{L}] = 0.2[\text{m}^3]$$
  ∴ 지정수량의 15,707배, 4,000배 초과
  ∴ 공지너비 = 20[m]

  ㉡ 경유탱크 보유공지
  $$\text{저장량} = \frac{\pi}{4}(10\text{m})^2 \times 10\text{m} = 785.4[\text{m}^3]$$
  $$\text{지정수량} = 1{,}000[\text{L}] = 1[\text{m}^3]$$
  ∴ 지정수량의 785.4배, 500배 초과 1,000배 이하
  ∴ 공지너비 = 5[m]
  ∴ 휘발유탱크와 경유탱크 사이 보유공지 = 20[m]

② 방유제주변 둘레
  $= (20\text{m} + 6\text{m} \times 2) \times 2 + (6\text{m} + 20\text{m} + 20\text{m} + 10\text{m} + 4\text{m}) \times 2$
  $= 184[\text{m}]$

4) 보조포소화전의 설치 수를 구하시오. `4점`

해설 및 정답 184m ÷ 75m = 2.45 ∴ 3개

5) 보조포소화전에 필요한 수용액의 양[L]을 구하시오. `4점`

해설 및 정답 $Q(\text{L}) = N \times 8{,}000\text{L} = 3 \times 8{,}000\text{L} = 24{,}000[\text{L}]$

6) 가압송수장치의 토출량(L/min)과 전양정(m)을 구하시오. `4점`

해설 및 정답
① 가압송수장치의 토출량 = 고정포방출구토출량 + 보조포소화전토출량
  ㉠ 고정포방출구토출량
    ⓐ 휘발유탱크
    $$Q(\text{L/min}) = \left[\frac{\pi}{4}(20\text{m})^2 - \frac{\pi}{4}(17\text{m})^2\right] \times 8\text{L/m}^2 \cdot \text{min} = 697.43[\text{L/min}]$$
    ⓑ 경유탱크
    $$Q(\text{L/min}) = \frac{\pi}{4}(10\text{m})^2 \times 4\text{L/m}^2 \cdot \text{min} = 314.159 ≒ 314.16[\text{L/min}]$$
  ∴ 697.43[L/min]

ⓒ 보조포소화전 토출량
$Q(\text{L/min}) = 3 \times 400\text{L/min} = 1{,}200[\text{L/min}]$
∴ 가압송수장치 토출량=697.43 + 1,200=1,897.43[L/min]
② 전양정(m) = 최대양정(m)
  ㉠ 휘발유탱크 H=10m + 12m + 20m=42[m]
  ㉡ 경유탱크 H=9m + 12m + 20m=41[m]
  ㉢ 보조포소화전 H=9m + 8m + 0m + 35m=52[m]
  ∴ 52[m]

7) 방유제의 용량을 선정하시오(m³). **3점**

해설및정답 최대탱크용량의 110[%]

∴ $\frac{\pi}{4}(20\text{m})^2 \times 10\text{m} \times 1.1 = 3{,}455.751 ≒ 3{,}455.75[\text{m}^3]$

8) 방유제용량(m³)을 만족하기 위한 방유제의 높이(H)를 구하시오(m). **4점**

해설및정답 방유제 용량=(방유제 바닥면적 × 방유제 높이) - (각 탱크의 기초체적)
　　　　　　 - (최대탱크 이외 탱크의 방유제 높이까지의 체적(기초제외))

∴ $3{,}455.75\text{m}^3 = (32 \times 60)\text{m}^2 \times H(\text{m}) - 0\text{m}^3 - \frac{\pi}{4}(10\text{m})^2 \times H(\text{m})$

∴ $3{,}455.75\text{m}^3 = 1{,}841.46H$
∴ $H = 1.876 ≒ 1.88[\text{m}]$

9) 포소화설비의 수동식기동장치 설치기준 6가지를 기술하시오. **10점**

해설및정답
① 직접조작 또는 원격조작에 따라 가압송수장치, 수동식개방밸브 및 소화약제혼합장치를 기동할 수 있는 것으로 할 것
② 2 이상의 방사구역을 가진 포소화설비에는 방사구역을 선택할 수 있는 구조로 할 것
③ 기동장치의 조작부는 화재시 쉽게 접근할 수 있는 곳에 설치하되 바닥으로부터 0.8[m] 이상 1.5[m] 이하의 위치에 설치하고 유효한 보호장치를 설치할 것
④ 기동장치의 조작부 및 호스접결구에는 가까운 곳의 보기 쉬운 곳에 각각 "기동장치의 조작부" 및 "접결구"라고 표시한 표지를 설치할 것
⑤ 차고 또는 주차장에 설치하는 포소화설비의 수동식 기동장치는 방사구역마다 1개 이상 설치할 것
⑥ 항공기격납고에 설치하는 포소화설비의 수동식기동장치는 각 방사구역마다 2개 이상을 설치하되 그중 1개는 각 방사구역으로부터 가장 가까운 곳 또는 조작에 편리한 장소에 설치하고 1개는 화재감지수신기를 설치한 감시실 등에 설치할 것

모의고사

02 다음 각 물음에 답하시오. [30점]

1) 양흡입 원심펌프 및 배관의 규격이 다음과 같을 때 물음에 답하시오. [10점]

> **조건**
> ① 정격토출량은 5.6[m³/min], 정격양정은 70[m]
>   정격 rpm은 1,750[rpm], 흡입고는 3.9[m](부압수조방식)이다.
> ② 흡입측배관의 마찰손실수두는 0.91[m], 수온은 20[℃](포화수증기압수두 : 0.24[m])
> ③ Thoma의 계수는 0.04이다.
> ④ 0.1[MPa]=10[m], 대기압은 0.1[MPa]이다.

① 비속도를 구하시오. [3점]
② 유효흡입양정(m)을 구하시오. [3점]
③ 필요흡입양정(m)을 구하시오. [2점]
④ 공동현상 발생여부를 판단하시오. (설계조건을 적용함) [2점]

해설 및 정답

① $N_S = \dfrac{N\sqrt{Q}}{\left(\dfrac{H}{n}\right)^{\frac{3}{4}}} = \dfrac{1750\sqrt{\dfrac{5.6}{2}}}{(70)^{\frac{3}{4}}} = 121[\text{rpm/m}^3/\text{min}\cdot\text{m}]$

② $NPSH_{av} = \dfrac{P_O}{\gamma} - \dfrac{P_V}{\gamma} - \dfrac{P_h}{\gamma} - h = 10\text{m-}0.24\text{m-}0.91\text{m-}3.9\text{m} = 4.95[\text{m}]$

③ $NPSH_{re} = \delta \cdot H = 0.04 \times 70\text{m} = 2.8[\text{m}]$

④ $NPSH_{av} \geq NPSH_{re} \times 1.3$
   $NPSH_{re} \times 1.3 = 2.8m \times 1.3 = 3.64[\text{m}]$
   4.95[m]는 3.64[m]보다 크므로 공동현상이 발생하지 않는다.

2) 아래 〈그림〉과 같은 동심이중관의 수력반경(m)을 구하시오. [4점]

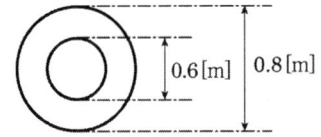

해설 및 정답

$Rh = \dfrac{\text{유동단면적}}{\text{접수길이}} = \dfrac{\dfrac{\pi}{4}D^2 - \dfrac{\pi}{4}d^2}{\pi D + \pi d}$

$= \dfrac{\dfrac{\pi}{4}(D^2 - d^2)}{\pi(D+d)} = \dfrac{\dfrac{\pi}{4}(D+d)(D-d)}{\pi(D+d)}$

$= \dfrac{1}{4}(D-d) = \dfrac{1}{4}(0.8\text{m} - 0.6\text{m}) = 0.05[\text{m}]$

3) 지하구화재안전기술기준 중 공동구의 통합감시시설 구축등의 설치기준 3가지를 기술하시오. 5점

해설 및 정답 ① 소방관서와 지하구의 통제실 간에 화재 등 소방활동과 관련된 정보를 상시 교환할 수 있는 정보통신망을 구축할 것
② 정보통신망(무선통신망을 포함한다)은 광케이블 또는 이와 유사한 성능을 가진 선로일 것
③ 수신기는 지하구의 통제실에 설치하되 화재신호, 경보, 발화지점 등 수신기에 표시되는 정보가 조 2.8.1.3에 적합한 방식으로 119상황실이 있는 관할 소방관서의 정보통신장치에 표시되도록 할 것

4) 화재안전기술기준에 따른 옥내소화전설비의 감시제어반과 동력제어반을 구분하여 설치하지 아니할 수 있는 경우에 대해 답하시오. 5점

해설 및 정답 ① 다음에 해당하지 아니하는 특정소방대상물에 설치되는 옥내소화전설비
  ㉠ 층수가 7층 이상으로서 연면적이 2,000[m²] 이상인 것
  ㉡ 위 ㉠에 해당하지 아니하는 특정소방대상물로서 지하층의 바닥면적의 합계가 3,000[m²] 이상인 것
② 내연기관에 따른 가압송수장치를 사용하는 옥내소화전설비
③ 고가수조에 따른 가압송수장치를 사용하는 옥내소화전설비
④ 가압수조에 따른 가압송수장치를 사용하는 옥내소화전설비

5) 거실제연설비의 제연구획의 종류 3가지와 그 설치기준 3가지를 기술하시오. 6점

해설 및 정답 ① 제연구획의 종류
  ㉠ 보
  ㉡ 제연경계벽
  ㉢ 벽(화재시 자동으로 구획되는 가동벽, 셔터, 방화문 포함)
② 설치기준
  ㉠ 재질은 내화재료, 불연재료 또는 제연경계벽으로 성능을 인정받은 것으로서 화재시 쉽게 변형, 파괴되지 아니하고 연기가 누설되지 않는 기밀성 있는 재료로 할 것
  ㉡ 제연경계는 제연경계의 폭이 0.6[m] 이상이고 수직거리는 2[m] 이내이어야 한다. 다만, 구조상 불가피한 경우는 2[m]를 초과할 수 있다.
  ㉢ 제연경계벽은 배연시 기류에 따라 그 하단이 쉽게 흔들리지 아니하여야 하며 또한 가동식의 경우에는 급속히 하강하여 인명에 위해를 주지 아니하는 구조일 것

모의고사

03 다음 각 물음에 답하시오. [30점]

1) 다음 비상방송설비 〈계통도〉를 보고 각 물음에 답하시오. [10점]

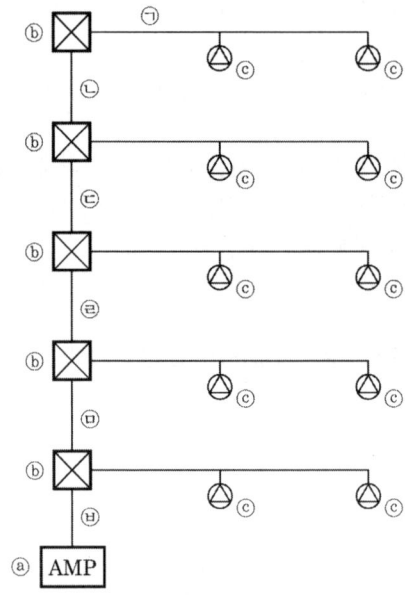

조건
① 우선경보방식(일반방송은 전층 일제방송)
② 일반방송과 비상방송 겸용설비(음량조정기 설치)
③ 공통선은 공용사용, 일반방송과 비상방송 별도 결선

(1) ⓐ 위치(AMP)에 음량조정기 설치시 ㉠~㉥의 배선수를 답하시오. [3점]
(2) ⓑ 위치(분기박스)에 음량조정기 설치시 ㉠~㉥의 배선수를 답하시오. [3점]
(3) ⓒ 위치(스피커)에 음량조정기 설치시 ㉠~㉥의 배선수를 답하시오. [2점]
(4) 일제경보방식인 경우 ㉠~㉥의 배선수를 답하시오. (ⓑ 위치(분기박스)에 음량조정기 설치시) [2점]

해설및정답 (1) ㉠ 2선(공통, 방송스피커)
㉡ 3선(공통, 일반, 5층 비상방송)
㉢ 4선(공통, 일반, 4층 비상방송, 5층 비상방송)
㉣ 5선(공통, 일반, 3층, 4층, 5층 비상방송)
㉤ 6선(공통, 일반, 2층, 3층, 4층, 5층 비상방송)
㉥ 7선(공통, 일반, 1층, 2층, 3층, 4층, 5층 비상방송)
(2) 위 (1) 답과 동일
(3) ㉠ 3선
㉡ 3선
㉢ 4선

　　　　ⓔ 5선
　　　　ⓜ 6선
　　　　ⓗ 7선
　　→ ⑴ 답과 동일
　⑷ ㉠ 2선(공통, 방송)
　　　ⓛ~ⓗ 3선(공통, 일반, 비상방송)

2) 비상방송설비에 설치하는 상용전원 및 비상전원의 설치기준을 기술하시오. **5점**

해설및정답 ① 상용전원 설치기준
　　　㉠ 전원은 전기가 정상적으로 공급되는 축전지, 전기저장장치(외부전기에너지를 저장해두었다가 필요한 때 전기를 공급하는 장치) 또는 교류전압옥내간선으로 하고 전원까지의 배선은 전용으로 할 것
　　　ⓛ 개폐기에는 "비상방송설비용"이라고 표시한 표지를 할 것
　　② 비상전원 설치기준 : 비상방송설비에 대한 감시상태를 60분간 지속한 후 유효하게 10분 이상 경보할 수 있는 축전지설비(수신기를 내장하는 경우 포함) 또는 전기저장장치를 설치하여야 한다.

3) 자동화재속보설비의 설치기준에 대해 기술하시오. **10점**

해설및정답 ① 자동화재탐지설비와 연동으로 작동하며 자동적으로 화재발생상황을 소방관서에 전달되는 것으로 할 것. 이 경우, 부가적으로 특정소방대상물의 관계인에게 화재발생상황을 전달되도록 할 수 있다.
② 조작스위치는 바닥으로부터 0.8[m] 이상 1.5[m] 이하의 높이에 설치할 것
③ 속보기는 소방관서에 통신망으로 통보하도록 하며 데이터 또는 코드전송방식을 부가적으로 설치할 수 있다. 단 데이터 및 코드전송방식의 기준은 소방청장이 정하며 고시하는 속보기의 제품검사 기술기준에 따른다.
④ 문화재에 설치하는 자동화재속보설비는 ①에도 불구하고 속보기에 감지기를 직접 연결하는 방식(자동화재탐지설비 1경계구역에 한함)으로 할 수 있다.
⑤ 속보기는 소방청장이 정하여 고시한 속보기의 제품검사기술기준에 적합한 것으로 설치하여야 한다.

4) 특별피난계단 제연설비에서 배출댐퍼 및 개폐기의 직근과 제연구역에 설치된 수동기동장치가 작동된 경우 연동되어야 하는 설비를 기술하시오. **5점**

해설및정답 ① 전층의 제연구역에 설치된 급기댐퍼의 개방
② 당해 층의 배출댐퍼 또는 개폐기의 개방
③ 급기송풍기 및 유입공기의 배출용송풍기(설치한 경우)의 작동
④ 개방·고정된 모든 출입문(제연구역과 옥내 사이 출입문에 한함)의 개폐장치의 작동

제19회 설계 및 시공 모의고사

01 옥내소화전설비가 설치된 지하 1층/지상 5층 규모의 건물이 있다. 다음 물음에 답하시오. 30점

> **조건**
> ① 옥내소화전은 각 층에 1개씩 설치
> ② 펌프의 위치는 수조의 수위보다 높은 곳에 설치(펌프실의 국소대기압은 1[atm])
> ③ 펌프효율 65[%], 전달계수 K=1.1
> ④ 표준대기압 적용
> ⑤ 펌프 흡입측 배관구경은 20[cm], 토출측 배관구경은 15[cm]
> ⑥ 펌프 흡입측 배관 및 부속류 마찰손실압력은 0.5[m]
> ⑦ 정격토출량으로 펌프 기동 시 흡입측 진공계 지시값이 250[mmHg]
>   토출측 압력계 지시값이 260[kPa]이며, 이때 포화수증기압은 3,000[Pa]
> ⑧ 수조는 가로 1.25[m]×세로 1.25[m]
> ⑨ 1[atm]=10.332[mH$_2$O]=760[mmHg]=101,325[Pa]=101.325[kPa]
> ⑩ 모든 풀이과정 및 정답은 소수점 셋째자리에서 반올림하여 둘째자리까지 구하시오.
>   3)문제(정수) 제외

1) 유효흡입양정(NPSH$_{av}$)(m)을 구하시오. 4점

해설 및 정답

$$NPSH_{av} = \frac{P_o}{\gamma} - \frac{P_v}{\gamma} - \frac{P_h}{\gamma} - h$$

$$= 10.332\text{m} - 250\text{mmHg} \times \frac{10.332\text{m}}{760\text{mmHg}}$$

$$= 6.933 ≒ 6.93[\text{m}]$$

2) 펌프 중심에서 풋밸브까지의 수직거리(m)를 구하시오. 4점

해설 및 정답

$$h = 250\text{mmHg} \times \frac{10.332\text{m}}{760\text{mmHg}} - 0.5\text{m} - 3,000\text{Pa} \times \frac{10.332\text{m}}{101,325\text{Pa}}$$

$$= 2.592 ≒ 2.59[\text{m}]$$

3) 법적 유효수량 확보를 위한 수면으로부터 풋밸브까지의 수직거리를 구하여 정수(m)로 답하시오. **4점**

해설 및 정답 $Q = 2.6 \text{m}^3$

$$\therefore H = \frac{2.6 \text{m}^3}{1.25 \text{m} \times 1.25 \text{m}} = 1.664 \fallingdotseq 2[\text{m}]$$

4) 펌프의 최소전양정(m)을 구하시오. (펌프 흡입구와 토출구의 높이차 및 진공계에서 압력계까지의 마찰손실 무시) **8점**

해설 및 정답
$$\frac{P_1}{\gamma} + \frac{u_1^2}{2g} + Z_1 + E_P = \frac{P_2}{\gamma} + \frac{u_2^2}{2g} + Z_2 + h_L$$

$Z_1 = Z_2, \ h_L = 0$

$$E_P = \frac{P_2}{\gamma} + \frac{u_2^2}{2g} - \frac{P_1}{\gamma} - \frac{u_1^2}{2g}$$

$P_2 = 260[\text{kPa}] \qquad \gamma = 9.8[\text{kN/m}^3]$

$$P_1 = -250 \text{mmHg} \times \frac{101.325 \text{kPa}}{760 \text{mmHg}} = -33.33[\text{kPa}]$$

$$u_1 = \frac{\left(\frac{0.13}{60}\right) \text{m}^3/\text{s}}{\frac{\pi}{4}(0.2\text{m})^2} = 0.068 \fallingdotseq 0.07[\text{m/s}]$$

$$u_2 = \frac{\left(\frac{0.13}{60}\right) \text{m}^3/\text{s}}{\frac{\pi}{4}(0.15m)^2} = 0.122 \fallingdotseq 0.12[\text{m/s}]$$

$$\therefore E_P = \frac{260 \text{kN/m}^2}{9.8 \text{kN/m}^3} + \frac{(0.12 \text{m/s})^2}{2 \times 9.8 \text{m/s}^2} - \frac{-33.33 \text{kN/m}^2}{9.8 \text{kN/m}^3} - \frac{(0.07 \text{m/s})^2}{2 \times 9.8 \text{m/s}^2}$$
$$= 29.932 \fallingdotseq 29.93[\text{m}]$$

5) 펌프에 설치되는 전동기의 동력(kW)을 구하시오. (동력계산시 양정은 최소전양정의 1.2배를 적용) **4점**

해설 및 정답
$$P(kW) = \frac{\gamma QH}{102 \cdot \eta} K$$

$H = 29.93 \times 1.2 = 35.916 \fallingdotseq 35.92[\text{m}]$

$$\therefore P(kW) = \frac{1,000 \times \left(\frac{0.13}{60}\right) \times 35.92}{102 \times 0.65} \times 1.1 = 1.290 \fallingdotseq 1.29[\text{kW}]$$

모의고사

6) 사용할 수 있는 배관의 종류를 나열하시오. **6점**

해설 및 정답 사용압력이 1.2[MPa] 미만인 경우
① 배관용 탄소강관(KS D 3507)
② 이음매 없는 구리 및 구리합금관(KS D 5301), 다만 습식의 경우에 해당
③ 배관용 스테인레스 강관(KS D 3576) 또는 일반배관용 스테인레스 강관(KS D 3595)
④ 덕타일 주철관(KS D 4311)

> **! Reference — 사용압력이 1.2[MPa] 이상일 경우**
> ① 압력배관용 탄소강관(KS D 3562)
> ② 배관용 아크용접 탄소강강관(KS D 3583)

02 3선식 유도등에 관한 다음 물음에 답하시오. 30점

1) 점등 상태와 충전 상태를 평상시와 비상시 구분하여 답하시오. (비상시란 상용전원 차단을 의미한다) 3점

해설및정답
① 평상시
  ㉠ 점등상태 : 소등
  ㉡ 충전상태 : 충전
② 비상시
  ㉠ 점등상태 : 점등
  ㉡ 충전상태 : 비충전

2) 장점 및 단점 각 2가지 쓰시오. 4점

해설및정답
① 장점
  ㉠ 평상시 소등상태이므로 절전효과 있음
  ㉡ 등기구의 수명연장
② 단점
  ㉠ 평상시 피난구 인식, 위치 상실
  ㉡ 평상시 배선, 등기구, 램프 등의 이상여부 파악이 어려움

3) 배선도를 작도하시오. 4점

해설및정답

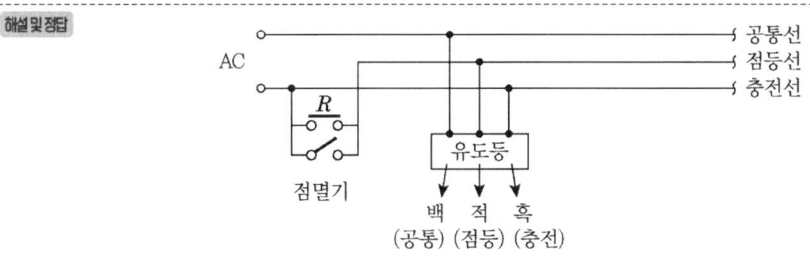

4) 유도등을 3선식으로 설치할 수 있는 장소 3가지를 쓰시오. 3점

해설및정답
① 외부광에 따라 피난구 또는 피난방향을 쉽게 식별할 수 있는 장소
② 공연장, 암실 등으로서 어두워야 할 필요가 있는 장소
③ 특정소방대상물의 관계인 또는 종사원이 주로 사용하는 장소

모의고사

5) 3선식의 유도등이 점등되어야 하는 경우 5가지를 쓰시오. [5점]

해설 및 정답
① 자동화재탐지설비의 감지기 또는 발신기가 작동되는 때
② 비상경보설비의 발신기가 작동되는 때
③ 상용전원이 정전되거나 전원선이 단선되는 때
④ 방재업무를 통제하는 곳 또는 전기실의 배전반에서 수동으로 점등하는 때
⑤ 자동소화설비가 작동되는 때

6) 11층에 22[W] 중형 피난구유도등이 24개 설치되었다. A.C 220[V]의 전원에 연결하여 점등 될 경우 공급전류(A)를 구하시오. (유도등의 역률은 0.8이며, 충전전류는 무시) [3점]

해설 및 정답
$P = VI\cos\theta$

$I = \dfrac{P}{V \cdot \cos\theta} = \dfrac{22W \times 24}{220V \times 0.8} = 3[A]$

7) 6)의 계산에 의하여 중형 피난구유도등 내 내장되어야 할 예비전원 용량(Ah)을 구하시오. (K − 10분(0.53), 30분(0.85), 60분(1.65)) [3점]

해설 및 정답
$C = \dfrac{1}{L}KI = \dfrac{1}{0.8} \times 1.65 \times \dfrac{3A}{24} = 0.257 ≒ 0.26[Ah]$

8) 다음 괄호 안을 채우시오. [5점]

- 피난구유도등 및 거실통로유도등은 상용전원으로 등을 켜는 경우에는 직선거리 (①)[m]의 위치에서, 비상전원으로 등을 켜는 경우에는 직선거리 (②)[m]의 위치에서 각기 보통시력(시력 1.0에서 1.2의 범위 내를 말한다)으로 피난유도표시에 대한 식별이 가능하여야 한다.
- 복도통로유도등에 있어서 상용전원으로 등을 켜는 경우에는 직선거리 (③)[m]의 위치에서, 비상전원으로 등을 켜는 경우에는 직선거리 (④)[m]의 위치에서 보통시력에 의하여 표시면의 화살표가 쉽게 식별되어야 한다.
- 유도등의 교류입력측과 외함 사이, 교류입력측과 충전부 사이 및 절연된 충전부와 외함 사이의 각 절연저항의 DC 500[V]의 절연저항계로 측정한 값이 (⑤)[MΩ] 이상이어야 한다.

해설 및 정답
① 30
② 20
③ 20
④ 15
⑤ 5

03 다음 각 물음에 답하시오. [40점]

1) 상수도 시설이 없는 지역에 단층으로 가로 155[m], 세로 155[m] 규모의 다수의 불특정인이 이용하는 시설을 건립하고자 한다. 다음 물음에 답하시오. [20점]
   (1) 옥외소화전 개수 및 옥외소화전 수원량(m^3)을 구하시오. [4점]
   (2) 소화수조의 용량(m^3)을 구하시오. [4점]
   (3) 설치하여야 할 흡수관 투입구 수를 구하시오. [2점]
   (4) 설치하여야 할 채수구 수와 채수구 펌프 용량(L/min)을 구하시오. [2점]
   (5) 흡수관 투입구와 채수구의 설치기준을 기술하시오. [8점]

해설 및 정답

(1) 옥외소화전 설치 수 : $\dfrac{155m \times 4}{80m} = 7.75$ ∴ 8개

   수원량 $Q = 2 \times 7m^3 = 14[m^3]$

(2) 1, 2층 바닥면적 합계 $= 155 \times 155 = 24,025[m^2]$

   $15,000[m^2]$ 이상이므로

   $\dfrac{24,025m^2}{7,500m^2} = 3.2$ ∴ 4

   ∴ $4 \times 20m^3 = 80[m^3]$

(3) $80[m^3]$ 이상이므로 2개

(4) 2개, 2,200[L/min]

(5) ① 흡수관투입구 설치기준
   ㉠ 소방차가 2[m] 이내 지점까지 접근할 수 있는 위치에 설치할 것
   ㉡ 지하에 설치하는 소화용수설비의 흡수관 투입구는 그 한변이 0.6[m] 이상이거나 직경이 0.6[m] 이상인 것으로 하고 소요수량이 $80[m^3]$ 미만인 것은 1개 이상 $80[m^3]$ 이상인 것은 2개 이상을 설치하여야 하며 "흡수관 투입구"라고 표시한 표지를 할 것

   ② 채수구 설치기준
   ㉠ 소방차가 2[m] 이내 지점까지 접근할 수 있는 위치에 설치할 것
   ㉡ 채수구는 다음 표에 따라 소방용호스 또는 소방용흡수관에 사용하는 구경 65[mm] 이상의 나사식결합금속구를 설치할 것

소요수량	$20[m^3]$ 이상 $40[m^3]$ 미만	$40[m^3]$ 이상 $100[m^3]$ 미만	$100[m^3]$ 이상
채수구수	1개	2개	3개

   ㉢ 채수구는 지면으로부터 높이가 0.5[m] 이상 1[m] 이하의 위치에 설치하고 "채수구"라고 표시한 표지를 할 것

모의고사

2) 대형소화기에 관하여 다음 물음에 답하시오. **20점**
  (1) 대형소화기의 정의를 쓰시오. **2점**
  (2) 대형소화기 약제별 충전량을 쓰시오. (물, 포, 할로겐화합물, 이산화탄소, 강화액, 분말) **6점**
  (3) 가로 100[m], 세로 155[m], 2층 규모의 판매시설에 설치하여야 할 대형소화기(분말) 개수를 산출하시오. (내화구조이며, 난연재료로 마감됨, 최소능력단위 기준 적용) **4점**
  (4) 다음 괄호 안을 채우시오. **4점**

  > 대형소화기를 설치하여야 할 특정소방대상물 또는 그 부분에 (①)·(②)·(③) 또는 (④)를 설치한 경우에는 해당 설비의 유효범위 안의 부분에 대하여는 대형소화기를 설치하지 아니할 수 있다.

  (5) 소화기의 감소규정에서 소형소화기를 설치하여야 할 특정소방대상물 또는 그 부분에 어떠한 설비를 설치한 경우 해당설비 유효범위 부분에서 소화기의 2/3(대형소화기의 경우 1/2)를 감소할 수 있는가? **4점**

해설 및 정답 (1) 화재시 사람이 운반할 수 있도록 운반대와 바퀴가 설치되어 있고 능력단위가 A급 10단위 이상, B급 20단위 이상인 소화기를 말한다.

(2) ① 물 소화기 - 80[L]
② 포 소화기 - 20[L]
③ 강화액 소화기 - 60[L]
④ 이산화탄소 - 50[kg]
⑤ 할로겐화합물 - 30[kg]
⑥ 분말 - 20[kg]

(3) 판매시설 100[m^2]마다 1단위 이상
내화구조, 난연재료 마감
∴ 200[m^2]마다 1단위 이상
∴ $\dfrac{100 \times 155 \times 2}{200} = 155$ 단위
∴ $\dfrac{155 단위}{10 단위/개} = 15.5$
∴ 16개

(4) ① 옥내소화전설비
② 스프링클러설비
③ 물분무등소화설비
④ 옥외소화전설비

(5) 옥내소화전설비, 스프링클러설비, 물분무등소화설비, 옥외소화전설비, 대형소화기

제20회 설계 및 시공 모의고사

01 그림과 같이 수평원심식 펌프를 설치할 때, 다음 물음에 답하시오. [30점]

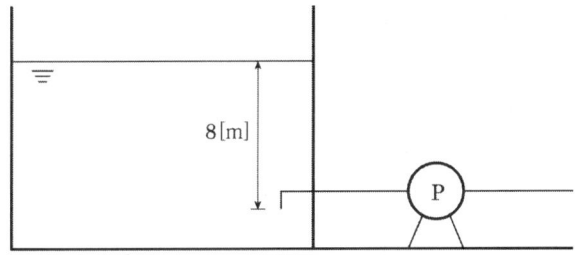

조건
① 물탱크 상부 대기압 : 1.0332[kgf/cm²]
② 펌프실 수온 10[℃]
③ 10[℃] 물의 비중량 : 998[kgf/m³]
④ 10[℃] 물의 포화증기압 : 125[kgf/m²]
⑤ 흡입측 배관 마찰손실 : 0.5[m]
⑥ 설계 : NPSH$_{av}$는 NPSH$_{re}$의 값에 30[%] 여유를 둔다.

1) 유효흡입양정(NPSH$_{av}$) 및 필요흡입양정(NPSH$_{re}$)의 정의를 쓰시오. [6점]

해설 및 정답
① 유효흡입양정 : 펌프 성능과는 무관, 펌프 흡입측 배관시스템에 따라 결정되는 값으로서 펌프기동시 펌프 내로 유입되는 유체의 절대압력값
② 필요흡입양정 : 펌프생산시 결정되는 값으로서 기동시 공동현상을 일으키지 않기 위해 펌프가 요구하는 최소한의 흡입유체의 절대압력값

2) 유효흡입양정(NPSH$_{av}$) 및 필요흡입양정(NPSH$_{re}$)을 구하시오. [6점]

해설 및 정답 ① 유효흡입양정

$$NPSH_{av} = \frac{Po}{\gamma} - \frac{Pv}{\gamma} - \frac{P_h}{\gamma} + h = \frac{10332}{998} - \frac{125}{998} - 0.5m = 9.727 ≒ 9.73[\text{m}]$$

② $NPSH_{re} \times 1.3 = 9.73[\text{m}]$
∴ $NPSH_{re} = 7.484 ≒ 7.48[\text{m}]$

모의고사

3) 공동현상의 정의를 쓰시오. `4점`

해설 및 정답 펌프흡입측 배관에서 발생될 수 있는 현상으로 흡수되는 물의 압력이 그 온도에서의 포화증기압보다 작게 되면 물이 급격하게 증발되어 기포가 생성되는 현상. 진동, 소음을 수반하고 양수불능까지 초래함

4) 공동현상의 원인, 현상, 대책을 쓰시오. `6점`

해설 및 정답
① 원인
   ㉠ 펌프가 수원보다 높고 흡입수두가 클 때
   ㉡ 펌프의 임펠러 회전속도가 클 때
   ㉢ 펌프의 흡입관경이 작을 때
   ㉣ 흡입측 배관의 유속이 빠를 때
   ㉤ 흡입측 배관의 마찰손실이 클 때
   ㉥ 물의 온도가 높을 때
② 현상
   ㉠ 소음과 진동이 발생한다.
   ㉡ 침식이 생긴다.
   ㉢ 토출량 및 양정이 감소되고 전체적인 펌프의 효율이 감소된다.
③ 방지법
   ㉠ 펌프의 설치위치를 가급적 낮춘다.
   ㉡ 회전차를 수중에 완전히 잠기게 한다.
   ㉢ 흡입관경을 크게 한다.
   ㉣ 펌프의 회전수를 낮춘다.
   ㉤ 2대 이상의 펌프를 사용한다.
   ㉥ 양흡입 펌프를 사용한다.

5) 수격현상의 정의를 쓰시오. `4점`

해설 및 정답 펌프나 밸브를 갑작스럽게 조작하면 관속을 흐르는 액체의 속도가 급격히 변하면서 운동에너지가 압력에너지로 바뀌게 된다. 이때 고압이 발생되어 배관이나 관 부속물에 무리한 힘을 가하게 되는데 이러한 현상을 수격작용이라 한다.

6) 맥동현상의 정의를 쓰시오. `4점`

해설 및 정답 펌프운전 중 송출유량이 주기적으로 변하면서 압력계의 눈금이 흔들리고 토출배관에 진동과 소음을 수반하는 현상

02 다음 〈그림〉을 보고 물음에 답하시오. 40점

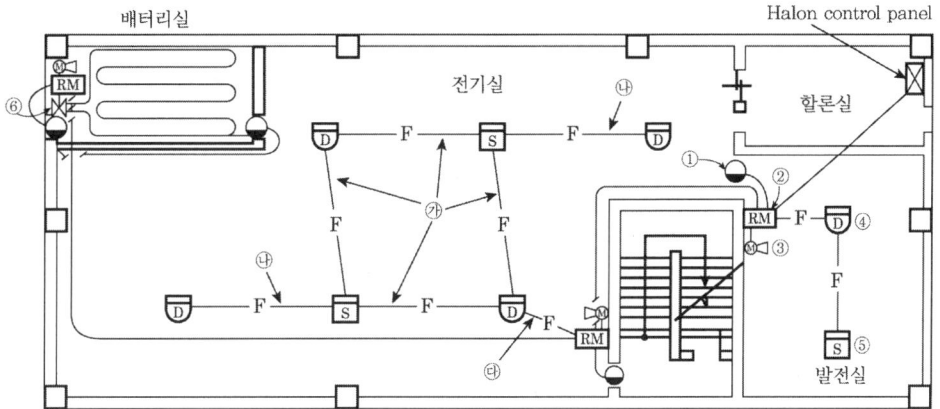

조건
① 도면의 축적은 NS이며, 모든 배관배선은 콘크리트 매입으로 한다.
② 사용하는 전선관은 후강전선관이며, 사용전선은 HFIX전선으로 한다.
③ 비상스위치는 1가닥을 사용하며, 규정을 지키는 최소배선을 한다.
④ 종단저항은 수동조작함 내 수납한다.
⑤ 감지기 공통선과 전원-선은 분리하여 별도 배선한다.

1) 도면에 표시된 그림기호 ①~⑥의 명칭을 쓰시오. 6점

해설 및 정답
① 방출표시등
② 수동조작함
③ 모터사이렌
④ 차동식 스포트형 감지기
⑤ 연기감지기
⑥ 검출부(차동식 분포형 감지기)

2) 도면에 표시된 ㉮~㉰의 전선관 굵기 및 배선가닥수를 쓰시오. (예 16C(2-2.5[mm²] HIFX)) 6점

해설 및 정답
① ㉮ : 16C(4-1.5[mm²] HFIX)
② ㉯ : 16C(4-1.5[mm²] HFIX)
③ ㉰ : 22C(8-1.5[mm²] HFIX)

3) 배터리실의 수동조작함에서 전기실의 수동조작함, 전기실의 수동조작함에서 발전실의 수동조작함, 발전실의 수동조작함에서 할론컨트롤패널까지 각 구간의 전선 가닥수 및 명칭을 쓰시오. **15점**

해설및정답 ① 배터리실 수동조작함에서 전기실 수동조작함 구간 : 8선전원+, 전원-, 감지기공통선, 지구, 방출표시등, 사이렌, 기동, 비상
② 전기실수동조작함에서 발전실수동조작함 구간 : 13선전원+, 전원-, 감지기공통선, 감지기A, 감지기B, 지구, 방출표시등×2, 사이렌×2, 기동×2, 비상
③ 발전실수동조작함에서 할론컨트롤패널 구간 : 18선전원+, 전원-, 감지기공통선, 감지기A×2, 감지기B×2, 지구, 방출표시등×3, 사이렌×3, 기동×3, 비상

4) 전기실의 층고가 8[m]일 경우 설치할 수 있는 감지기의 종류를 쓰시오. **5점**

해설및정답 차동식 분포형감지기
이온화식 1종, 2종 연기감지기
광전식 1종, 2종 연기감지기
연기복합형감지기
불꽃감지기

5) 열반도체식 차동식 분포형감지기 감지부의 그 부착높이에 따른 설치면적 기준표를 작성하시오. **5점**

해설및정답

구 분		종류	
		1종	2종
8[m] 미만	내화구조	65	36
	기타구조	40	23
8[m] 이상 15[m] 미만	내화구조	50	36
	기타구조	30	23

6) NFTC 203에 의거하여 용접실, 주조실 등 불을 사용하는 설비로서 불꽃이 노출되는 장소에 설치할 수 있는 감지기의 종류 3가지를 쓰시오. **3점**

해설및정답 ① 정온식 특종감지기
② 정온식 1종감지기
③ 열아날로그식 감지기

03 다음 각 물음에 답하시오. 30점

1) 제조업체 제시값이 다음과 같은 디젤엔진구동식의 소화펌프를 설치 후 성능시험을 한 결과 1,700[rpm]에서 다음과 같이 결과가 나왔다. 다음 물음에 답하시오. 20점

제조업체의 제시값				성능시험 결과값			
	체절운전	정격운전	최대운전		체절운전	정격운전	최대운전
유량(gpm)	0	1,000	1,500	유량(gpm)	0	955	1,434
압력(psi)	99	82	54	압력(psi)	90	75	50

(1) 성능시험결과 그 결과값이 제조사의 제시값에 미치지 못하였다. 이때 제조사에서 제시한 성능을 모두 얻기 위하여 필요한 회전수(rpm)를 구하시오. (펌프구경의 변화는 없다) 10점

(2) 조치 후 성능시험 예상값[표]을 쓰시오. 10점

> **조건**
> 14.7[psi] = 0.101325[MPa], 1[gal] = 3.785[L]
> (소수점 이하 셋째자리에서 반올림하여 둘째자리까지 구하시오)

조치 후 성능시험 예상값			
	체절운전	정격운전	최대운전
유량(Lpm)			
압력(MPa)			

해설및정답 (1) ① 정격운전시

㉠ $Q_2 = \left(\dfrac{N_2}{N_1}\right) \times Q_1$

$1,000 = \left(\dfrac{N_2}{1,700}\right) \times 955$

∴ $N_2 = 1,780.104 ≒ 1,780.1[\text{rpm}]$

㉡ $H_2 = \left(\dfrac{N_2}{N_1}\right)^2 \times H_1$

$82 = \left(\dfrac{N_2}{1,700}\right)^2 \times 75$

∴ $N_2 = 1,777.563 ≒ 1,777.56[\text{rpm}]$

② 과부하운전시

㉠ $Q_2 = \left(\dfrac{N_2}{N_1}\right) \times Q_1$

$1,500 = \left(\dfrac{N_2}{1,700}\right) \times 1,434$

$\therefore N_2 = 1,778.242 ≒ 1,778.24[\text{rpm}]$

ⓒ $H_2 = \left(\dfrac{N_2}{N_1}\right)^2 \times H_1$

$54 = \left(\dfrac{N_2}{1,700}\right)^2 \times 50$

$\therefore N_2 = 1,766.691 ≒ 1,766.69[\text{rpm}]$

$\therefore$ 최대 rpm $= 1,780.1[\text{rpm}]$

(2) 체절운전유량=0

정격운전유량$= 955g/\min \times \dfrac{3.785L}{1g} \times \dfrac{1,780.1}{1,700} = 3,784.989 ≒ 3,784.99[\text{L/min}]$

최대운전유량$= 1,434g/\min \times \dfrac{3.785L}{1g} \times \dfrac{1,780.1}{1,700} = 5,683.429 ≒ 5,683.43[\text{L/min}]$

체절운전압력$= 90\,psi \times \dfrac{0.101325MPa}{14.7\,psi} \times \left(\dfrac{1,780.1}{1,700}\right)^2 = 0.680 ≒ 0.68[\text{MPa}]$

정격운전압력$= 75\,psi \times \dfrac{0.101325MPa}{14.7\,psi} \times \left(\dfrac{1,780.1}{1,700}\right)^2 = 0.566 ≒ 0.57[\text{MPa}]$

최대운전압력$= 50\,psi \times \dfrac{0.101325MPa}{14.7\,psi} \times \left(\dfrac{1,780.1}{1,700}\right)^2 = 0.377 ≒ 0.38[\text{MPa}]$

	체절운전	정격운전	최대운전
유량(L/min)	0	3,784.99	5,683.43
압력(MPa)	0.68	0.57	0.38

2) 옥내소화전설비에서 내연기관을 사용할 경우 설치기준 3가지를 쓰시오. **5점**

해설 및 정답 ① 내연기관의 기동은 기동장치를 설치하거나 또는 소방전함의 위치에서 원격조작이 가능하고 기동을 명시하는 적색등을 설치할 것
② 제어반에 따라 내연기관의 자동기동 및 수동기동이 가능하고 상시 충전되어 있는 축전지 설비를 갖출 것
③ 내연기관의 연료량은 펌프를 20분(층수가 30층 이상 49층 이하 경우 40분, 50층 이상은 60분) 이상 운전할 수 있는 용량일 것

3) 게이지압력 200[kPa], 온도 400[K]의 공기가 10[m/s]의 속도로 흐르는 지름 10[cm]의 원관이 지름 20[cm]인 원관이 연결된 다음 게이지압력 180[kPa], 온도 350[K]로 흐른다. 공기가 이상기체라면 정상상태에서 지름 20[cm]인 원관에서의 공기의 속도(m/s)는? (공기분자량=29, 대기압=101[kPa]) 5점

해설 및 정답

$A_1 u_1 \rho_1 = A_2 u_2 \rho_2$

$\rho_1 = \dfrac{PM}{RT} = \dfrac{(101+200) \times 29}{8.314 \times 400} = 2.624 \fallingdotseq 2.62 [\text{kg/m}^3]$

$\rho_2 = \dfrac{PM}{RT} = \dfrac{(101+180) \times 29}{8.314 \times 350} = 2.800 \fallingdotseq 2.8 [\text{kg/m}^3]$

$\therefore \dfrac{\pi}{4}(0.1\text{m})^2 \times 10\text{m/s} \times 2.62 \text{kg/m}^3 = \dfrac{\pi}{4}(0.2\text{m})^2 \times U_{2(\text{m/s})} \times 2.8 \text{kg/m}^3$

$\therefore U_2 = 2.339 \fallingdotseq 2.34 [\text{m/s}]$

 MEMO